国家出版基金项目
NATIONAL PUBLICATION FOUNDATION

先进粒子加速器系列
主编 赵振堂

射频电子辐照加速器 原理与关键技术

Principles and Key Technologies of Radio Frequency Accelerators for Electron Irradiation

李金海 编著

上海交通大学出版社
SHANGHAI JIAO TONG UNIVERSITY PRESS

内容提要

本书为"十三五"国家重点图书出版规划项目"核能与核技术出版工程·先进粒子加速器系列"之一。主要内容包括射频电子辐照加速器原理及相关技术，电子辐照加工的相关应用如直线加速器及其加速管设计技术、梅花瓣加速器和蛇形加速器等新型的重入式射频加速器设计技术、辐照均匀化技术、电子束流引出与打靶技术等。

本书具有一定的理论技术深度和广度，可作为相关专业本科生与研究生的教学参考书，也可作为辐照领域的专业研究人员、工程技术人员和相关企业人员的参考资料。

图书在版编目(CIP)数据

射频电子辐照加速器原理与关键技术／李金海编
著．—上海：上海交通大学出版社，2020
(先进粒子加速器系列)
核能与核技术出版工程
ISBN 978 - 7 - 313 - 23186 - 4

Ⅰ．①射…　Ⅱ．①李…　Ⅲ．①射频－电子加速器－研
究　Ⅳ．①TL54

中国版本图书馆 CIP 数据核字(2020)第 070347 号

射频电子辐照加速器原理与关键技术
SHEPIN DIANZI FUZHAO JIASUQI YUANLI YU GUANJIAN JISHU

编　　著：李金海
出版发行：上海交通大学出版社　　　　　　地　　址：上海市番禺路 951 号
邮政编码：200030　　　　　　　　　　　　电　　话：021 - 64071208
印　　制：苏州市越洋印刷有限公司　　　　经　　销：全国新华书店
开　　本：710mm×1000mm　1/16　　　　印　　张：25.25
字　　数：421 千字
版　　次：2020 年 9 月第 1 版　　　　　　印　　次：2020 年 9 月第 1 次印刷
书　　号：ISBN 978 - 7 - 313 - 23186 - 4
定　　价：198.00 元

核能与核技术出版工程

丛书编委会

总主编
杨福家（复旦大学，教授、中国科学院院士）

编　委（按姓氏笔画排序）
于俊崇（中国核动力研究设计院，研究员、中国工程院院士）
马余刚（复旦大学现代物理研究所，研究员、中国科学院院士）
马栩泉（清华大学核能技术设计研究院，教授）
王大中（清华大学，教授、中国科学院院士）
韦悦周（广西大学资源环境与材料学院，教授）
申　森（上海核工程研究设计院，研究员级高工）
朱国英（复旦大学放射医学研究所，研究员）
华跃进（浙江大学农业与生物技术学院，教授）
许道礼（中国科学院上海应用物理研究所，高级工程师）
孙　扬（上海交通大学物理与天文系，教授）
苏著亭（中国原子能科学研究院，研究员级高工）
肖国青（中国科学院近代物理研究所，研究员）
吴国忠（中国科学院上海应用物理研究所，研究员）
沈文庆（中国科学院上海分院，研究员、中国科学院院士）
陆书玉（上海市环境科学学会，教授）
周邦新（上海大学材料研究所，研究员、中国工程院院士）
郑明光（国家电力投资集团公司，研究员级高工）
赵振堂（中国科学院上海高等研究院，研究员、中国工程院院士）
胡思得（中国工程物理研究院，研究员、中国工程院院士）
徐　銤（中国原子能科学研究院，研究员、中国工程院院士）
徐步进（浙江大学农业与生物技术学院，教授）
徐洪杰（中国科学院上海应用物理研究所，研究员）
黄　钢（上海健康医学院，教授）
曹学武（上海交通大学机械与动力工程学院，教授）
程　旭（上海交通大学核科学与工程学院，教授）
潘健生（上海交通大学材料科学与工程学院，教授、中国工程院院士）

先进粒子加速器系列

编 委 会

总　　序

　　1896 年法国物理学家贝可勒尔对天然放射性现象的发现,标志着原子核物理学的开始,直接导致了居里夫妇镭的发现,为后来核科学的发展开辟了道路。1942 年人类历史上第一个核反应堆在芝加哥的建成被认为是原子核科学技术应用的开端,至今已经历了 70 多年的发展历程。核技术应用包括军用与民用两个方面,其中民用核技术又分为民用动力核技术(核电)与民用非动力核技术(即核技术在理、工、农、医方面的应用)。在核技术应用发展史上发生的两次核爆炸与三次重大核电站事故,成为人们长期挥之不去的阴影。然而全球能源匮乏以及生态环境恶化问题日益严峻,迫切需要开发新能源,调整能源结构。核能作为清洁、高效、安全的绿色能源,还具有储量最丰富、高能量密集度、低碳无污染等优点,受到了各国政府的极大重视。发展安全核能已成为当前各国解决能源不足和应对气候变化的重要战略。我国《国家中长期科学和技术发展规划纲要(2006—2020 年)》明确指出“大力发展核能技术,形成核电系统技术自主开发能力”,并设立国家科技重大专项“大型先进压水堆及高温气冷堆核电站专项”,把“钍基熔盐堆”核能系统列为国家首项科技先导项目,投资 25 亿元,已在中国科学院上海应用物理研究所启动,以创建具有自主知识产权的中国核电技术品牌。

　　从世界范围来看,核能应用范围正不断扩大。据国际原子能机构最新数据显示:截至 2018 年 8 月,核能发电量美国排名第一,中国排名第四;不过在核能发电的占比方面,截至 2017 年 12 月,法国占比约为 71.6%,排名第一,中国仅约 3.9%,排名几乎最后。但是中国在建、拟建的反应堆数比任何国家都多,相比而言,未来中国核电有很大的发展空间。截至 2018 年 8 月,中国投入商业运行的核电机组共 42 台,总装机容量约为 3 833 万千瓦。值此核电发展的历史机遇期,中国应大力推广自主开发的第三代以及第四代的"快堆""高温气冷堆""钍基熔盐堆"核电技术,努力使中国核电走出去,带动中国由核电大国向核电强国跨越。

随着先进核技术的应用发展,核能将成为逐步代替化石能源的重要能源。受控核聚变技术有望从实验室走向实用,为人类提供取之不尽的干净能源;威力巨大的核爆炸将为工程建设、改造环境和开发资源服务;核动力将在交通运输及星际航行等方面发挥更大的作用。核技术几乎在国民经济的所有领域得到应用。原子核结构的揭示,核能、核技术的开发利用,是 20 世纪人类征服自然的重大突破,具有划时代的意义。然而,日本大海啸导致的福岛核电站危机,使得发展安全级别更高的核能系统更加急迫,核能技术与核安全成为先进核电技术产业化追求的核心目标,在国家核心利益中的地位愈加显著。

在 21 世纪的尖端科学中,核科学技术作为战略性高科技,已成为标志国家经济发展实力和国防力量的关键学科之一。通过学科间的交叉、融合,核科学技术已形成了多个分支学科并得到了广泛应用,诸如核物理与原子物理、核天体物理、核反应堆工程技术、加速器工程技术、辐射工艺与辐射加工、同步辐射技术、放射化学、放射性同位素及示踪技术、辐射生物等,以及核技术在农学、医学、环境、国防安全等领域的应用。随着核科学技术的稳步发展,我国已经形成了较为完整的核工业体系。核科学技术已走进各行各业,为人类造福。

无论是科学研究方面,还是产业化进程方面,我国的核能与核技术研究与应用都积累了丰富的成果和宝贵的经验,应该系统整理、总结一下。另外,在大力发展核电的新时期,也急需一套系统而实用的、汇集前沿成果的技术丛书作指导。在此鼓舞下,上海交通大学出版社联合上海市核学会,召集了国内核领域的权威专家组成高水平编委会,经过多次策划、研讨,召开编委会商讨大纲、遴选书目,最终编写了这套"核能与核技术出版工程"丛书。本丛书的出版旨在培养核科技人才;推动核科学研究和学科发展;为核技术应用提供决策参考和智力支持;为核科学研究与交流搭建一个学术平台,鼓励创新与科学精神的传承。

本丛书的编委及作者都是活跃在核科学前沿领域的优秀学者,如核反应堆工程及核安全专家王大中院士、核武器专家胡思得院士、实验核物理专家沈文庆院士、核动力专家于俊崇院士、核材料专家周邦新院士、核电设备专家潘健生院士,还有"国家杰出青年"科学家、"973"项目首席科学家、"国家千人计划"特聘教授等一批有影响力的科研工作者。他们都来自各大高校及研究单位，如清华大学、复旦大学、上海交通大学、浙江大学、上海大学、中国科学院上海应用物理研究所、中国科学院近代物理研究所、中国原子能科学研究院、中国核动力研究设计院、中国工程物理研究院、上海核工程研究设计院、上海市辐射环境监督站等。本丛书是他们最新研究成果的荟萃，其中多项研究成果获国家级或省部级大奖，代表了国内甚至国际先进水平。丛书涵盖军用核技术、民用动力核技术、民用非动力核技术及其在理、工、农、医方面的应用。内容系统而全面且极具实用性与指导性，例如《应用核物理》就阐述了当今国内外核物理研究与应用的全貌，有助于读者对核物理的应用领域及实验技术有全面的了解；其他图书也都力求做到了这一点，极具可读性。

由于良好的立意和高品质的学术成果，本丛书第一期于 2013 年成功入选"十二五"国家重点图书出版规划项目，同时也得到上海市新闻出版局的高度肯定，入选了"上海高校服务国家重大战略出版工程"。第一期(12 本)已于 2016 年初全部出版，在业内引起了良好反响，国际著名出版集团 Elsevier 对本丛书很感兴趣，在 2016 年 5 月的美国书展上，就"核能与核技术出版工程(英文版)"与上海交通大学出版社签订了版权输出框架协议。丛书第二期于 2016 年初成功入选了"十三五"国家重点图书出版规划项目。

在丛书出版的过程中，我们本着追求卓越的精神，力争把丛书从内容到形式做到最好。希望这套丛书的出版能为我国大力发展核能技术提供上游的思想、理论、方法，能为核科技人才的培养与科创中心建设贡献一份力量，能成为不断汇集核能与核技术科研成果的平台，推动我国核科学事业不断向前发展。

2018 年 8 月

先进粒子加速器系列

序

　　粒子加速器作为国之重器,在科技兴国、创新发展中起着重要作用,已成为人类科技进步和社会经济发展不可或缺的装备。粒子加速器的发展始于人类对原子核的探究。从诞生至今,粒子加速器帮助人类探索物质世界并揭示了一个又一个自然奥秘,因而也被誉为科学发现之引擎,据统计,它对 25 项诺贝尔物理学奖的工作做出了直接贡献,基于储存环加速器的同步辐射光源还直接支持了 5 项诺贝尔化学奖的实验工作。不仅如此,粒子加速器还与人类社会发展及大众生活息息相关,因在核分析、辐照、无损检测、放疗和放射性药物等方面优势突出,使其在医疗健康、环境与能源等领域得以广泛应用并发挥着不可替代的重要作用。

　　1919 年,英国科学家 E. 卢瑟福(E. Rutherford)用天然放射性元素放射出来的 α 粒子轰击氮核,打出了质子,实现了人类历史上第一个人工核反应。这一发现使人们认识到,利用高能量粒子束轰击原子核可以研究原子核的内部结构。随着核物理与粒子物理研究的深入,天然的粒子源已不能满足研究对粒子种类、能量、束流强度等提出的要求,研制人造高能粒子源——粒子加速器成为支撑进一步研究物质结构的重大前沿需求。20 世纪 30 年代初,为将带电粒子加速到高能量,静电加速器、回旋加速器、倍压加速器等应运而生。其中,美国科学家 J. D. 考克饶夫(J. D. Cockcroft)和爱尔兰科学家 E. T. S. 瓦耳顿(E. T. S. Walton)成功建造了世界上第一台直流高压加速器;美国科学家 R. J. 范德格拉夫(R. J. van de Graaff)发明了采用另一种原理产生高压的静电加速器;在瑞典科学家 G. 伊辛(G. Ising)和德国科学家 R. 维德罗(R. Wideröe)分别独立发明漂移管上加高频电压的直线加速器之后,美国科学家 E. O. 劳伦斯(E. O. Lawrence)研制成功世界上第一台回旋加速器,并用它产生了人工放射性同位素和稳定同位素,因此获得 1939 年的诺贝尔物理学奖。

1945 年,美国科学家 E. M. 麦克米伦(E. M. McMillan)和苏联科学家 V. I. 韦克斯勒(V. I. Veksler)分别独立发现了自动稳相原理;1950 年代初期,美国工程师 N. C. 克里斯托菲洛斯(N. C. Christofilos)与美国科学家 E. D. 库兰特(E. D. Courant)、M. S. 利文斯顿(M. S. Livingston)和 H. S. 施奈德(H. S. Schneider)发现了强聚焦原理。这两个重要原理的发现奠定了现代高能加速器的物理基础。另外,第二次世界大战中发展起来的雷达技术又推动了射频加速的跨越发展。自此,基于高压、射频、磁感应电场加速的各种类型粒子加速器开始蓬勃发展,从直线加速器、环形加速器,到粒子对撞机,成为人类观测微观世界的重要工具,极大地提高了认识世界和改造世界的能力。人类利用电子加速器产生的同步辐射研究物质的内部结构和动态过程,特别是解析原子分子的结构和工作机制,打开了了解微观世界的一扇窗户。

人类利用粒子加速器发现了绝大部分新的超铀元素,合成了上千种新的人工放射性核素,发现了重子、介子、轻子和各种共振态粒子在内的几百种粒子。2012 年 7 月,利用欧洲核子研究中心 27 公里周长的大型强子对撞机,物理学家发现了希格斯玻色子——"上帝粒子",让 40 多年前的基本粒子预言成为现实,又一次展示了粒子加速器在科学研究中的超强力量。比利时物理学家 F. 恩格勒特(F. Englert)和英国物理学家 P. W. 希格斯(P. W. Higgs)因预言希格斯玻色子的存在而被授予 2013 年度的诺贝尔物理学奖。

随着粒子加速器的发展,其应用范围不断扩展,除了应用于物理、化学及生物等领域的基础科学研究外,还广泛应用在工农业生产、医疗卫生、环境保护、材料科学、生命科学、国防等各个领域,如辐照电缆、辐射消毒灭菌、高分子材料辐射改性、食品辐照保鲜、辐射育种、生产放射性药物、肿瘤放射治疗与影像诊断等。目前,全球仅作为放疗应用的医用直线加速器就有近 2 万台。

粒子加速器的研制及应用属于典型的高新科技,受到世界各发达国家的高度重视并将其放在国家战略的高度予以优先支持。粒子加速器的研制能力也是衡量一个国家综合科技实力的重要标志。我国的粒子加速器事业起步于 20 世纪 50 年代,经过 60 多年的发展,我国的粒子加速器研究与应用水平已步入国际先进行列。我国各类研究型及应用型加速器不断发展,多个加速器大科学装置和应用平台相继建成,如兰州重离子加速器、北京正负电子对撞机、合肥光源(第二代光源)、北京放射性核束设施、上海光源(第三代光源)、大连相干光源、中国散裂中子源等;还有大量应用型的粒子加速器,包括医用电子直线加速器、质子治疗加速器和碳离子治疗加速器,工业辐照和探伤加速器、集装箱检测加速器等在过去几十年中从无到有、快速发展。另外,我国基于激光等离子体尾场的新原理加速器也取得了令人瞩目的进展,向加速器的小型化目标迈出了重要一步。我国基于加速器的超快电子衍射与超快电镜装置发展迅猛,在刚刚兴起的兆伏特能级超快电子衍射与超快电子透镜相关技术及应用方面不断向前沿冲击。

近年来,面向科学、医学和工业应用的重大需求,我国粒子加速器的研究和装置及平台研制呈现出强劲的发展态势,正在建设中的有上海软 X 射线自由电子激光用户装置、上海硬 X 射线自由电子激光装置、北京高能光源(第四代光源)、重离子加速器实验装置、北京拍瓦激光加速器装置、兰州碳离子治疗加速器装置、上海和北京及合肥质子治疗加速器装置;此外,在预研关键技术阶段的和提出研制计划的各种加速器装置和平台还有十多个。面对这一发展需求,我国在技术研发和设备制造能力等方面还有待提高,亟需进一步加强技术积累和人才队伍培养。

粒子加速器的持续发展、技术突破、人才培养、国际交流都需要学术积累与文化传承。为此,上海交通大学出版社与上海市核学会及国内多家单位的加速器专家与学者沟通、研讨,策划了这套学术丛书——"先进粒子加速器系列"。这套丛书主要面向我国研制、运行和使用粒子加速器的科研人员及研究生,介绍一部分典型粒子加速器的基本原理和关键技术以及发展动态,助力我国粒子加速器的科研创新、技术进步与产业应用。为保证丛书的高品质,我们遴选了长期从事粒子加速器研究和装置研制的科技骨干组成编委会,他们来自中国科学院上海高等研究院、中国科学院上海应用物理研究所、中国科学院近代物理研究所、中国科学院高能物理研究所、中国原子能科学研究院、清华大学、上海交通大学等单位。编委会选取代表性工作作为丛书内容的框架,并召开多次编写会议,讨论大纲内容、样章编写与统稿细节等,旨在打磨一套有实用价值的粒子加速器丛书,为广大科技工作者和产业从业者服务,为决策提供技术支持。

科技前行的路上要善于撷英拾萃。"先进粒子加速器系列"力求将我国加速器领域积累的一部分学术精要集中出版,从而凝聚一批我国加速器领域的优秀专家,形成一个互动交流平台,共同为我国加速器与核科技事业的发展提供文献、贡献智慧,成为助推我国粒子加速器这个"大国重器"迈向新高度的"加速器",为使我国真正成为加速器研制与核科学技术应用的强国尽一份绵薄之力。

2020 年 6 月

前　言

　　辐照加工作为一种"绿色"加工技术,可称为人类加工技术的第三次革命,已广泛应用于医疗、农业、化工、能源、环保、矿产等诸多领域,正在向现代科学技术前沿和新领域渗透,产生了巨大的经济效益和社会效益,因而国内外对辐照加工领域的研究与应用十分重视。

　　辐照加工领域的研究与应用主要涉及辐照装置、辐照材料和辐照工艺等方面。辐照装置主要为钴-60 和电子加速器,电子加速器主要分为高压型和射频型。本书主要介绍了 5～10 MeV 射频电子辐照加速器及其相关技术,同时对电子辐照加工的相关应用进行了总结介绍,试图将这些国内外的最新研究成果和应用情况全面系统地介绍给读者,力图做到具有理论性、系统性、新颖性和可读性。笔者希望能够通过本书的出版促进辐照加工的理论研究与技术推广,在学术界和产业界之间架设沟通桥梁,为辐照加工产业的发展奠定基础、培养土壤、开阔视野。

　　本书的编写主要由中国原子能科学研究院的同志完成,其中第 1、2、5、6、7、8 章由李金海完成,第 3 章由朱志斌完成,第 4 章由杨京鹤完成。北京大学的朱昆老师提供了第 7 章 7.2.3 节的撰写材料,在此特表感谢。

　　在本书的写作过程中,有关领导、专家给予了重视、关怀与支持,参与撰写作者的所在单位给予了通力协作,有关专家也对书中相关章节进行了审阅;另外,在书稿撰写过程中,笔者参阅了国内外其他学者的大量文献,在此,一并表示衷心感谢。

　　由于编者水平有限,时间紧迫,同时内容涉猎泛而杂,书中难免存在缺点和错误,恳请专家和读者予以批评指正。另外,还有很多理论与技术未能在书中得到全面展现,希望再版时补充完善。

目　　录

第 1 章
电子辐照加工概述

在 21 世纪的尖端科学技术中,核技术作为综合性、战略性技术,已成为标志国家经济发展实力和国防力量的关键技术之一。基于核素、核辐射和其他相关理论支撑,通过学科间的交叉、融合,核技术已形成了多个分支学科,诸如核武器、核反应堆、加速器、核探测与核电子学技术、同位素技术、辐照技术、核辐照防护技术等,并在工业、农业、国防、科研、医疗卫生、能源、环保、公共安全等众多领域有广泛应用。

核技术应用主要分为核武器、核电、军用非动力核技术与民用非动力核技术应用四个领域。民用非动力核技术建立于加速器、放射性同位素、核探测器、射线成像装置、放射医疗设备等的基础上,其技术的具体应用形式与手段千变万化,其中辐照加工是民用非动力核技术应用领域的一个重要分支。如果说核电是民用核技术应用领域的重工业,那么非动力核技术应用就是民用核技术应用领域的轻工业,它们如同两个齐头并进的轮子。

1.1 辐照加工原理、特点与应用领域

辐照加工在这里主要是指利用电子或 X 射线(包括 γ 射线)与物质作用产生的物理、化学和生物效应,使物质发生变化,形成人们所需性状的一种特殊手段。辐照加工包括辐照灭菌、食品辐照、辐照化工、辐照育种和工业污染物辐照处理等,可在新型制造、建筑材料、通信交通、电子电器、医疗及设备、农业品种改良、食品加工、环境治理、公共安全等诸多领域提供新技术、新工艺、新方法。辐照加工的工作源主要包括同位素放射源和加速器。

辐照加工可以在常温下对物体进行处理,对物体无损伤、能耗低;射线可深入被辐照物的内部进行"工作",而且不会带来任何残毒和废物残留,在应用

和生产过程中没有"三废"产生,无环境污染;控制方法简便,适合产业化、规模化生产。

目前,国内外的辐照加工装置主要有两类。一类是传统的钴-60源辐照装置,另一类是基于电子加速器的辐照装置。钴源辐照装置具有技术成熟、操作相对简单、射线穿透能力强等特点,在早期被广泛采用。随着加速器技术的进步(主要是在高能量、大功率方面的技术成熟)和环境保护法规的严格,近几年国外发达国家开始逐步采用电子加速器替代钴源辐照装置,其中美国能源部发布文件,限制使用钴源辐照。钴源辐照装置与电子加速器辐照装置的优缺点比较如表1-1所示。电子加速器的缺点是电子的射程短,能量调整困难,电子枪和束流引出窗薄膜的寿命短,产生的臭氧浓度高等。

表1-1 钴-60辐射源与电子直线加速器的对比

对比项	钴-60辐射源	电子直线加速器
建设成本	150万Ci钴源装置的建设成本约为3 500万元人民币	10 MeV/20 kW国产电子加速器装置(相当于150万Ci钴源的辐照加工能力)的建设成本约为1 500万元人民币
使用成本	半衰期为5.27年,须进行源的补充或后处理	关机不消耗能量,仅需要少量的耗材及维护成本;开机电能耗费大
后处理	发达国家处理钴源费用为购买费用的6~7倍	无
技术特点	穿透能力强,辐照效率低	辐照速度快,辐照效率高,辐照工艺调整灵活
国家政策	国家限制钴源的建设,对50万Ci以下的新建钴源辐照中心不再审批(静态源不再审批)	国内外鼓励大力发展加速器,替代钴源辐照,美国已经立法限制发展钴源
发展趋势	(1) 国际通用准则禁止"航空飞机运输钴源";(2)"美国社区条例"和美国核管理委员会(NRC)要求中止钴-60源在美国境内的运输	(1) 不污染环境,无"三废"产生;(2) 消费者心理上更容易接受加速器辐照产品

辐照灭菌主要通过直接作用和间接作用共同实现。直接作用也称为"击中学说",该学说认为细胞内只有极微小的区域(靶)不耐辐照,靶一般是脱氧核糖核酸(DNA)或核糖核酸(RNA)等遗传物质,靶吸收一定剂量以上的辐照能量即为击中,细胞即使不立即死亡,也会在分裂繁殖中死去。间接作用是射

线首先与细胞中的水分子作用,产生氢离子、羟基自由基(—OH)、水合电子等活性粒子,这些活性粒子再与蛋白质、核酸、酶等生物分子作用,致使生物细胞体的功能、代谢与结构发生变化,使细胞遭受损伤从而死亡。由于生物体组成中水约占 80%,因此辐照产生的总效应主要是由水引起的间接作用所致。如果降低微生物的含水量、溶存氧浓度或添加少量保护剂,射线的作用会显著降低。

食品辐照的工作原理与辐照灭菌类似,所不同的是食品辐照的目标是食品中的细菌和植物细胞,在灭菌的同时还可以使植物细胞失去生理活性,从而可以实现保鲜、抑制发芽等目的。

辐照化工是指通过各种射线的辐照电离作用,使高分子化合物分解或电离产生自由基而组合成新的化合物,从而使材料的化学结构和化学性质发生改变的过程。其作用范围不仅在材料表面,而且可以深入材料内部。辐照化工的具体技术形式有很多,主要包括辐照硫化、辐照交联、辐照交联发泡、辐照接枝、辐照聚合、辐照裂解、辐照降解、电子束固化等,可应用于高性能纤维及功能纺织品制备、先进复合材料改性、电线电缆和热缩管辐照交联、橡胶乳胶硫化、聚合物交联发泡、聚四氟乙烯(PTFE)降解交联与改性、聚合物超细粉制备、乳液聚合、离子交换膜的合成、多孔聚合物制备、石墨烯和纳米材料制备[1]等。

辐照育种是指利用辐照射线诱发基因突变来筛选培育植物新品种,具有突变率高、突变谱宽、育种周期短、后代性状稳定等优点,在农业领域得到了广泛深入的应用[2]。此外,农业领域还采用辐照昆虫不育技术来防控虫害,其原理是首先人工饲养大量靶标害虫的雄虫,然后用射线辐照,导致其生殖细胞的染色体断裂或损伤,影响受精卵的活力以及遗传信息的传递,从而使其不育,再将其大量、持续释放到靶标害虫的种群中,使其与野生害虫雌虫交配后无法产生后代,从而达到防控虫害的目的[2]。

污染物辐照处理的工作原理与辐照降解、裂解和辐照灭菌类似,其特点是可以处理一些不易生物降解的有机污染物,效率高,操作方便,不需加化学品而引起二次污染,污染物最终分解为二氧化碳和水,可变废为宝,不留污染痕迹,杀菌特别有效等。污染物主要包括废气、废水、污泥和医疗废物等。工业废气中含有 SO_2 和 NO_x 以及多环芳烃、二噁英等挥发性和持久性有机污染物,辐照射线对其净化效果特别明显。工业废水[3-4]中含有卤代化合物、苯酚及其相关物、多氯代联苯类、染料类、氰化物、洗涤剂、杀虫剂、异丁基苯磺酸盐、木质素、重金属以及病原体,辐照技术结合其他方法可以有效处理工业废水。辐照技术对污泥和医疗废物的灭菌效果明显,但对污泥中的重金属去除效果不明显。

1.2 辐照加工发展历史与现状

早在伦琴发现 X 射线的第二年,即 1896 年,Minck 就观察到这种射线具有杀死细菌的能力。20 世纪 40 年代,美国为了解决战备食品的贮藏保鲜问题,对食品的辐照技术进行了系统的研究与应用。直到 20 世纪 50 年代辐照消毒才开始走向实用化。1956 年美国 Ethicon 公司首先采用电子加速器产生的电子束对羊肠缝合线及一次性使用的皮下注射器和针头进行了辐照灭菌试验,并取得成功。Ethicon 公司的羊肠线的市场份额从 1955 年的 5% 增长到 20 世纪 70 年代的 90% 以上,开创了电子束商业辐照新纪元。

1980 年,联合国粮农组织(FAO)、国际原子能机构(IAEA)、世界卫生组织(WHO)共同组成的"国际食品辐照卫生安全评价联合专家委员会(JECFI)"在日内瓦正式宣告:"根据长期以来的毒理学、营养学和微生物学资料以及辐照化学分析的结果,确定总平均剂量不超过 10 kGy 辐照的任何食品都是安全的,不存在毒理学的危害,不需要对经过辐照处理的食品再进行毒理学试验,允许市场销售。"1997 年该委员会又宣告:"为实现某些技术目的采用任何剂量辐照的食品都是安全的",这意味着取消了 1980 年对 10 kGy 辐照剂量上限的限制。2009 年,国际原子能机构在核技术评价中指出:"同位素与辐照正在为全世界的社会经济发展作出宝贵贡献。"以美国、日本为首的世界经济发达国家,通过政府扶持和市场拉动,已经形成了关联度高、节能、高效、无污染的新兴产业。

自 20 世纪 90 年代以来,美国非动力核技术应用产业的年产值超过核电产业,占其 GDP 的比例一直保持在 3%~4%。2013 年,美国动力核技术年产值约为 750 亿美元,非动力核技术应用产业年产值超过 6 000 亿美元,全球产业规模近万亿美元。目前,全球非动力核技术应用产业年产值已达万亿美元,其投入产出比高达 1∶5 至 1∶10[5]。

日本的辐照加工技术及产品与日本的产业结构优化升级密切相关,如为电子信息产业提供高性能线缆、电子器件、功能性材料;为发展轿车产业,对子午线轮胎采用了电子束辐照预硫化技术工艺,同时用辐照技术生产出多品种、高性能的配件材料等;采用低能电子束的表面涂层固化技术的应用范围也极为广泛。全日本有 500 多台能量为 100~800 keV 的电子加速器为工业、商业

（包装）、文化等产业提供服务。

英国政府为帮助本国企业在向低碳经济转型的过程中把握机遇，采取了一系列支持英国企业发展核技术的举措，如政府在南约克郡投资兴建一个核工业先进制造研究中心；增资 800 万英镑升级改造曼彻斯特大学的达尔顿核研究院；在英格兰西北地区设立一个核工业低碳经济区等。

在欧洲及美国、日本等发达国家的影响推动下，辐照加工已成为一个世界性的产业。许多新兴国家正以极大的热情和切实的步骤发展本国的辐照加工产业。印度、泰国、越南等采用辐照技术处理热带水果，实现大批量出口；不少国家应用辐照技术对进出口粮食检疫，以保证本国的物种安全；一些国家正在探索采用包括同位素辐射（简称同辐）技术在内的综合技术，将本国的资源优势转化为经济优势。

早在 20 世纪 50—60 年代，辐照技术就引起我国科技界的关注，少数单位开始研发。我国在 1958 年就进行了辐照土豆的人体试食实验，后在国家科委和卫生部的组织领导下，在"五五"期间（1976—1980 年）进行了多项动物实验，包括终生和传代实验；在"六五"期间（1981—1985 年）进行了四百余人的人体试食实验，并制定了七项辐照食品卫生标准；在"八五"期间（1991—1995 年）进行了辐照食品类别标准的制定和辐照食品鉴别方法的研究。我国于 1997 年 6 月正式颁布了六大类七大项 18 个品种的辐照食品国家标准。2011 年我国颁布《食品安全国家标准　辐照食品》。近年来，有许多科研院所、高校、国营和民营企业看好同位素辐射技术的应用前景，积极研发和生产同辐产品，对国民经济和造福国民作出了贡献。

我国 2015 年的动力核技术与非动力核技术年产值基本相同，约为 3 000 亿元人民币，虽然是 2010 年的 3 倍，年增长率为 20% 左右，但仅占同期国民生产总值 67.34 万亿元的 0.4% 左右，因此我国的非动力核技术应用发展空间巨大。我国的电子加速器装置到 2017 年已投入运行约 500 台套，总功率约为 3.5 万 kW，占全球总量的 43%，年增长率约为 20%。γ 辐照装置到 2015 年已有 130 座 30 万居里（Ci）以上的钴源运行生产，总装源量为 7 000 万 Ci，占全球总装源量的 23%[5]。

1.3　电子辐照加速器分类

用于辐照加工的电子加速器按照能量范围可以分为三种：低能（0.1～

1 MeV)、中能（1～5 MeV）和高能（5～10 MeV）电子辐照加速器。这三种不同能区的加速器各有不同的用处，不能相互代替。一般而言，电子束流能量越高，其射线的穿透性越强，辐照加工能力就越大。电子束流能量上限选择为10 MeV 的原因是为了避免被辐照物品的活化。国际上允许食品辐照的最大电子能量为 10 MeV，最大 X 射线能量为 7.5 MeV。

低能电子辐照加速器除了采用常规的高压加速器外，还有一种电子帘加速器，是辐照加速器发展方向之一，主要用于工业废气脱硫脱硝、橡胶硫化、医用薄膜改性、涂层固化等。

中能电子辐照加速器基本采用高压型加速器，包括高频高压加速器（地那米加速器）、高压倍加器加速器、绝缘芯变压器加速器、空芯变压器加速器等，其应用范围除了涵盖低能辐照加速器之外，还可用于电缆辐照、新材料等。我国中能电子辐照加速器的产业化已经很成熟。

高能电子辐照加速器基本采用射频加速器，主要包括行波直线加速器、驻波直线加速器、梅花瓣加速器、蛇形加速器等，其应用范围主要包括食品辐照、医疗用品辐照、半导体器件改性、新材料制备等。我国直线电子辐照加速器的产业化已经基本完成。

1.4　电子辐照加速器的技术要求

电子辐照加速器对电子束的束流品质要求不高，能量也一般不超过10 MeV，但是需要的束流功率很高，一般要求在几千瓦以上，此外还对整个加速器提出了工业运行环境的性能要求[6]：① 需要根据受辐照物品的吸收剂量调整加速器输出的束流功率；② 需要根据受辐照物品的厚度调整加速器输出的能量；③ 需要将穿过束流引出窗的束流扫描成扇形，以便提高利用效率；④ 能够在线或实时检测电子束参数和受辐照物品吸收剂量，以便提高装置可靠性和辐照效率；⑤ 电子枪和束流引出窗薄膜的寿命要长；⑥ 加速器建设运行费用低，可靠性高；⑦ 不同材料的辐照工艺尽量一致；⑧ 简单、经济、高效的辐照屏蔽；⑨ 包括束下装置的加速器设计尽量简单。

参考文献

［1］　吴国忠. 辐射技术与先进材料［M］. 上海：上海交通大学出版社，2016.
［2］　华跃进. 中国核农学通论［M］. 上海：上海交通大学出版社，2016.

［3］ 王敏,沈忠群,杨睿媛,等.环境污染物的辐射处理应用研究[J].辐射研究与辐射工艺学报,2007,25(2):95 - 101.

［4］ 包伯荣,吴明红,罗文芸,等.辐射技术在废水及污泥处理中的应用[J].核技术,1996,19(12):759 - 764.

［5］ 中国核学会.2016—2017 核技术应用学科发展报告[M].北京:中国科学技术出版社,2018.

［6］ Korenev S. Critical analysis of industrial electron accelerators[J]. Radiation Physics and Chemistry, 2004, 71(1):537 - 539.

第 2 章
射频加速器基本概念与原理

射频加速器作为加速器的一个主要类型,所涉及的基础理论与技术极为庞杂。加速器的基础理论主要包括加速原理、射频场和束流光学三个方面,下面予以初步介绍。

2.1 射频加速器原理简介

按粒子的加速原理、加速器的结构划分,加速器可分为直流高压型、电磁感应型、射频共振型[1-2]。直流高压型加速器用直流高压电场加速带电粒子;电磁感应型加速器用交变磁场所感生的涡旋电场加速粒子,包括常见的电子感应回旋加速器和直线感应加速器;射频共振型加速器利用射频电磁场建立瞬时加速电场,加速轨道上运动的脉冲粒子束团,射频场频率一般为 1 MHz~10 GHz。射频共振型加速器的加速结构种类非常繁多,主要包括直线共振型加速器、回旋共振型加速器和重入共振型加速器。用于电子辐照的加速器主要包括直线共振型加速器和重入共振型加速器,直线共振型加速器包括行波直线加速器和驻波直线加速器,重入共振型加速器包括梅花瓣加速器和蛇形加速器等。

所谓的加速器,是将带电粒子的动能提高,以便用于科学实验及各种应用。提高带电粒子的动能最直接的方法是将其置于静电高电位,在静电场力的作用下,使其运动到低电位,同时获得动能。随着科学研究及各种应用对带电粒子动能越来越高的需求,静电高压装置体积越来越大,由于同时附带产生了全电压效应等不利影响,使得通过提高静电电压的方法来提高带电粒子动能在工程上难以实现。由于射频场中包含交变的电场分量,因此在 20 世纪 20 年代科学家就提出采用射频电场分量来加速带电粒子。

直线加速器的工作原理如图 2-1 所示,不同于静电加速器,带电粒子是由一系列分离的加速间隙加速的，相邻的加速间隙的加速电场一般是不同的，图 2-1 中相邻的电场方向完全相反。如果带电粒子在第一个间隙获得加速，那么在第二个间隙只能减速；同时由于加速电场是随时间变化的，在某个时刻的间隙是加速的电场，经过半个射频周期后，必定是减速的电场。由于射频加速电场的上述特性，能够获得加速的带电粒子束只能是不连续的脉冲束。这样当第二个间隙是减速电场时，带电粒子处于第一、第三等加速电场的间隙内，带电粒子在加速间隙完成加速后，加速电场变为减速电场；同时带电粒子进入金属漂移管道，管道屏蔽了所有射频场，因而不能对管道内的带电粒子加速或减速；在第一、第三等间隙的加速电场变为减速电场时，其相邻间隙的减速电场同时变为加速电场；带电粒子从漂移管道运动出来进入第二、第四等间隙时，就再次获得加速，这样带电粒子就不断地获得加速，直到达到所需要的能量。采用射频场分时加速带电粒子，每个加速间隙的加速电压可以较小，一般从几千伏到几百千伏，然后将多个加速间隙串联，就可以使带电粒子不断获得加速，从而避免了超高电压的工程难题。

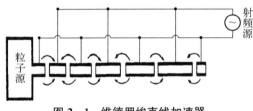

图 2-1　维德罗埃直线加速器

图 2-1 所示的结构称为维德罗埃（Widroe）加速器，由于其结构处于开放空间，其射频工作频率一般低于几十兆赫。当射频频率增加时，这种结构向空间辐照的射频功率过大，乃至不能有效工作，为此科学家提出了谐振腔加速器。谐振腔由金属导体包围而成，射频场输入谐振腔后谐振建立高幅值的电磁场，同时通过特殊设计，保证谐振腔内的射频场不能通过束流和真空孔道等开孔泄漏电磁场能量。将图 2-1 的漂移管安装在圆柱腔中，可以形成如图 2-2 所示的阿尔瓦雷茨（Alvarez）直线加速器。在谐振腔内建立的电磁场是驻波场。

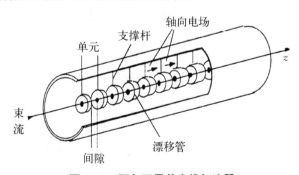

图 2-2　阿尔瓦雷茨直线加速器

　　驻波场谐振腔的种类很多,包括长方体谐振腔、圆柱体谐振腔、椭球体谐振腔、同轴线型谐振腔等,所形成的直线加速器包括漂移管直线加速器(DTL)、射频四极直线加速器(RFQ)、边耦合驻波加速器、轴耦合驻波加速器、四分之一波长谐振腔(QWR)、二分之一波长谐振腔(HWR)、分离环谐振腔(SWR)、交叉指-漂移管直线加速器(IH-DTL)、交叉杆-漂移管直线加速器(CH-DTL)、轮辐式加速器(spoke)等。除了RFQ,上述各种加速器的加速原理是类似的,所不同的是谐振腔的形状及其内部建立的电磁场模式。

　　直线加速器加速的粒子是直线运动的,虽然可以在谐振腔内设计多个加速间隙,但粒子只能穿过谐振腔一次。为了提高电磁场的利用效率,有人提出重入式加速器,主要包括梅花瓣加速器和蛇形加速器,如图2-3和图2-4所示。其加速原理与直线加速器类似,所不同的是,带电粒子从谐振腔出射后,经过偏转重新入射同一个谐振腔。

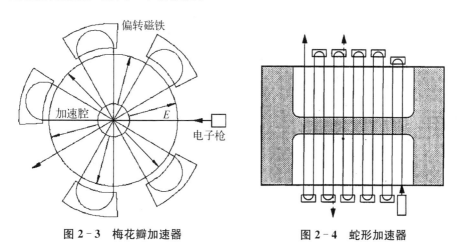

图 2-3　梅花瓣加速器　　　　　　图 2-4　蛇形加速器

　　除了上述的驻波腔加速器,还有射频行波加速器。行波加速器采用加载盘荷波导的行波加速管,其工作原理是电子骑在电场的峰值上随行波一起运动。盘荷波导加速管如图2-5所示,其结构是在圆柱金属波导内安装带孔的金属圆盘,行波场沿盘孔方向的电场加速电子,电子穿过盘孔时不断获得加速。采用波导管是因为在开放空间电磁场会向四周发射而很快发生衰减,而波导管会约束电磁场的传播方向。

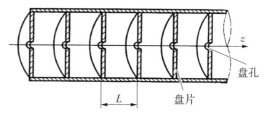

图 2-5　盘荷波导行波加速管

波导管金属器壁对电磁场的约束意味着电磁波在金属器壁之间来回反射叠加,叠加后的电磁波在传输方向上形成行波,在垂直于传输方向上形成驻波。这种叠加的结果使得电磁波的相速大于光速,而电子的速度小于光速,使其不能稳定地随行波波峰一起运动,即电子所感受到的电场时而加速时而减速,其总效果使得电子不能加速。在波导内安装金属圆盘后,可以降低行波的相速,从而使相速与电子运动速度一致。

2.2 射频场概念

射频场是射频加速器加速带电粒子的能量来源。在加速器领域用到的射频场频率按照无线电波段划分。各波段对应的频率和波长如表 2-1 所示。

表 2-1 射频场波段划分

项 目	超短波段	P 波段	L 波段	S 波段	C 波段	X 波段
频率范围/GHz	0.03~0.23	0.23~1.12	1.12~2.6	2.6~3.95	3.95~8.2	8.2~12.4
波长范围/cm	130~1 000	26.8~130	11.5~26.8	7.6~11.5	3.65~7.6	2.4~3.65

1) 行波

当微波在开放空间中或所在的微波波导无限长,或波导终端接阻抗匹配的负载,微波的能量被完全吸收而无反射,此时的微波为行波。

2) 驻波

当微波波导的终端是短路或开路,或接有纯电抗性(电感性或电容性)负载时,由于负载不能吸收能量,微波会在终端产生全反射,波导内的入射波与反射波相互叠加形成驻波。除了在波导内,还可以在金属谐振腔内形成驻波。

3) 谐振场模式

在射频加速器中,射频场自射频功率源产生后,经波导管传输到谐振加速腔。射频场在波导管和谐振腔中的一个重要概念是谐振场模式。

所谓的谐振场模式是指驻波场的谐振场模式。在波导管中,电磁波传播的 z 方向为行波,因此谐振场模式只涉及两个横向方向,如图 2-6 所示。其中,E_x 是电场的 x 分量,H_y 是磁场的 y 分量,H_z 是磁场的 z 分量,波导管长边的面称为 E 面或电场面,波导管短边的面称为 H 面或磁场面。在波导管中建立的电磁场分为横电波和横磁波,横电波是指没有沿 z 方向的电场分量,即电场始终垂直于 z 方向,以 TE_{mn} 表示;横磁波是指没有沿 z 方向的磁场分量,以 TM_{mn} 表示。m、n 为整数,在矩形波导中,m 表示沿 x 方向的波数,n 表示沿 y 方向的波数,$m=1$ 表示沿 x 方向的场变化为半个波长,$m=0$ 表示沿 x 方向的场不变。例如,TE_{01} 表示的电磁场分布如图 2-7 和图 2-8 所示,其沿 z 方向的波长为 λ_{g};TE_{02} 和 TE_{11} 表示的电磁场分布如图 2-9 和图 2-10 所示[3]。在圆波导中,m 表示沿周向的波数,n 表示沿径向的波数,TM_{01} 的三维场分布和二维场分布如图 2-11 和图 2-12 所示,TE_{01}、TM_{11}、TE_{11} 的场分布如图 2-13 至图 2-15 所示。

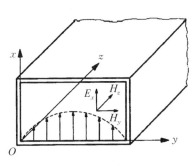

图 2-6 矩形波导管中的坐标关系

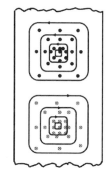

图 2-7 矩形波导 TE_{01} 场分布俯视图

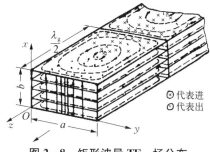

图 2-8 矩形波导 TE_{01} 场分布

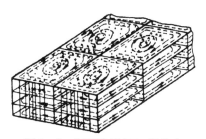

图 2-9 矩形波导 TE_{02} 场分布

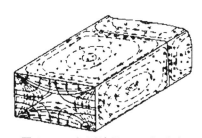

图 2-10 矩形波导 TE_{11} 场分布

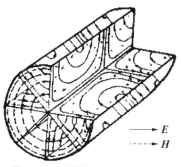

图 2-11 圆波导 TM_{01} 场分布

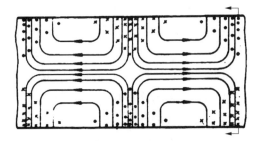

图 2 - 12　圆波导 TM_{01} 场分布剖面图

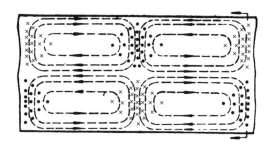

图 2 - 13　圆波导 TE_{01} 场分布剖面图

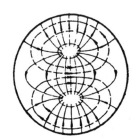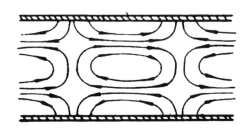

图 2 - 14　圆波导 TM_{11} 场分布剖面图

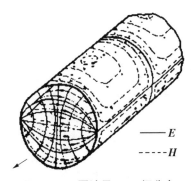

—— E

---- H

图 2 - 15　圆波导 TE_{11} 场分布

在封闭的圆柱腔内形成的是完全的驻波,即在 z 方向也是驻波,因此场的波数需要用三个量来表示。例如图 2-16 所示的 TM_{010} 模式,电场和磁场沿周向和 z 方向不变,仅沿半径 r 方向变化,图中右侧所示曲线可见场值变化为半个波长。圆柱腔的其他驻波场的谐振模式如图 2-17 所示。

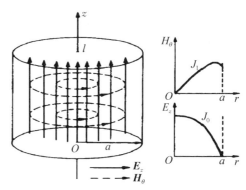

图 2-16　圆柱腔 TM_{010} 场分布

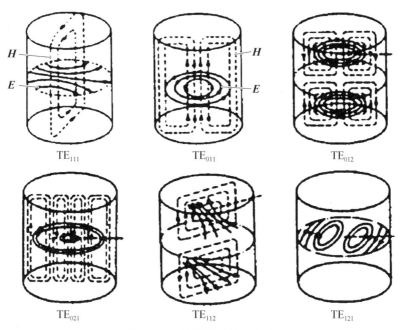

图 2-17　圆柱腔驻波场分布

4）反射系数

反射系数 Γ 是波导内反射的微波场幅与入射的微波场幅的比值。

5）驻波比

驻波比全称为电压驻波比（voltage standing wave ratio，VSWR 或 SWR）,指驻波波腹电压与波谷电压幅度之比,又称为驻波系数。驻波比等于 1 时,表示波导与负载的阻抗完全匹配,波导内没有反射的微波;驻波比为无穷大时,表示全反射,微波能量完全反射回波导。

在入射波和反射波相位相同的地方，电压振幅相加为最大电压振幅 $V_{\max}$，形成波腹；在入射波和反射波相位相反的地方，电压振幅相减为最小电压振幅 $V_{\min}$，形成波谷。其他各点的振幅值则介于波腹与波谷之间。驻波比的值是驻波波腹处的电压幅值 $V_{\max}$ 与波谷处的电压幅值 $V_{\min}$ 之比。

6）输入阻抗

输入阻抗 Z_{in} 是波导内任意位置的复振幅电压与复振幅电流的比值。

除了频率和谐振模式，射频腔的参数还包括品质因数 Q、分路阻抗、耦合系数、衰减系数等，下面章节将对这些概念予以详细介绍。

2.3 束流光学概念

束流光学是研究带电粒子在真空中运动规律的学科，其中的重要基本概念包括相空间、传输矩阵、束流光学元件等，下面予以简单介绍。由于束流光学是一个非常深广的学科，这里仅做初步介绍。

2.3.1 束流参数及概念

加速器一般不是对单个粒子进行加速，而是对一团或一列粒子束加速。在描述这种粒子束中所含的粒子数量时，可以采用流强的概念，即每秒通过的粒子总电荷量。如果加速的粒子束是一团一团的，即束流是脉冲工作的，则束流流强分为脉冲流强和平均流强。有时也用每秒输出粒子的数目来表示流强（PPS），例如 1 A 流强的电子束为每秒输出 6×10^{18} 个电子。

对于脉冲束流，还有一个重要的概念是占空比，其定义是束团的脉冲时间长度与束团的重复周期时间长度的比值。在射频加速器领域，所有的束流都是脉冲化的，其脉冲大体分为两类：一是微脉冲，二是宏脉冲。微脉冲的脉冲重复频率与射频频率一致，或是射频频率的整数倍，微脉冲的脉冲长度小于一个射频周期。宏脉冲由多个连续的微脉冲组成。如果束流的宏脉冲占空比为 1，即束流只有微脉冲结构，没有宏脉冲结构，这种束流称为连续波（CW）。

粒子的另外一个重要参数是能量，其单位是电子伏特（eV）。带有一个电荷电量的粒子通过 1 V 电位差所获得的能量称为一个电子伏特（1 eV）。在一般的加速器领域，根据能量的不同可以将加速器分为低能加速器（能量为 100 MeV 以下）、中能加速器（能量介于 0.1 GeV 至 1 GeV）和高能加速器（能量高于 1 GeV）。

2.3.2　相空间相关概念

由于加速器加速的粒子是一团或一列的,对于这种多粒子运动的描述不能采用运动轨迹的概念,需要采用统计的方法。

1) 相图

如果统计束团内的所有粒子坐标,可得图 2-18 所示的结果,图中每个点代表一个粒子,不同颜色代表粒子密度不同,不同颜色所代表的归一化密度值如图中右侧坐标轴所示(彩图见附录 B)。对于一个方向的运动,完整描述其运动状态需要两个变量,即位置和速度。如果要完备地研究束团的运动问题,需要研究三个运动方向,也就需要 6 个变量(标量)来描述其运动,因此应该在 6 维相空间内描述粒子的运动。然而在图形显示中,很难在同一个图中表示出 6 维相空间中的粒子分布,因此通常在一张图中取 2 个变量形成子相空间来显示粒子的运动状态,采用 3 张图就基本可以完整显示束团的运动状态。图 2-18 的横坐标为 x,纵坐标为 x',纵坐标也可以采用速度 V_x 或动量 P_x,另外两个子相空间可以是 $y-y'$ 和 $\mathrm{d}W-\mathrm{d}\varphi$,其中 $\mathrm{d}W$ 是粒子相对于参考粒子的能散,$\mathrm{d}\varphi$ 是粒子相对于参考粒子的微波相位差。在子相空间中统计的粒子所形成的图形一般是椭圆,当然也有其他图形,但通常还是按照椭圆的参数来描述,如图 2-19 所示。

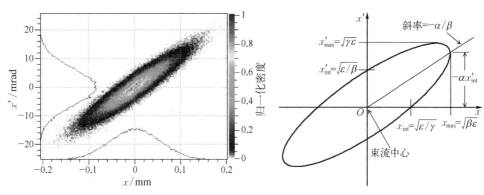

图 2-18　粒子在子相空间的分布(彩图见附录 B)　　　　图 2-19　相椭圆参数

2) 发射度

发射度的物理含义是描述子相空间中统计的粒子所占面积大小。发射度 ε_x 的严格定义为[2]

$$\varepsilon_x = \frac{1}{\pi}\int x'\,\mathrm{d}x = XX' \tag{2-1}$$

式中,X 和 X' 是正椭圆的长轴和短轴。如果研究 y 方向子相空间的发射度,只需将 x 和 x' 更换为 y 和 y'。粒子在加速或减速时,由于沿 z 方向的速度和动量发生改变,散角 x' 也发生改变,因此发射度就会改变。加速后的发射度变小是由于粒子能量增加,大多数情况下,研究者关心的是不考虑能量因素的发射度,称为归一化发射度 ε_{xn},其定义为[2]

$$\varepsilon_{xn} = \beta\gamma\varepsilon_x = \sqrt{T}\varepsilon_x \qquad (2-2)$$

式中,T 为粒子的动能。上述发射度是由全部粒子的子相空间椭圆定义的,如果椭圆内的粒子分布是均匀的,该定义则是合适的。但如果粒子在子相空间的分布是非均匀分布,如图 2-18 所示的高斯分布,则需要考虑粒子分布密度的权重,为此需要定义均方根发射度 $\varepsilon_{x,\,\mathrm{rms}}$,其定义为[4]

$$\varepsilon_{x,\,\mathrm{rms}} = \sqrt{\overline{x^2}\,\overline{x'^2} - (\overline{x\,x'})^2} \qquad (2-3)$$

3) Twiss 参数

Twiss 参数又称 Courant-Snyder 参数,是用于描述相椭圆的状态参数的。Twiss 参数有三个:α、β 和 γ,其相互关系如下[4]:

$$\beta\gamma - \alpha^2 = 1 \qquad (2-4)$$

式中,β 和 γ 大于零。此外,Twiss 参数与发射度 ε 的关系如下[4]:

$$\gamma x^2 + 2\alpha x x' + \beta x'^2 = \varepsilon \qquad (2-5)$$

从图 2-19 可知,$(x,\ x')$ 表示相椭圆边界上的点,由此可以推导出图 2-19 中各个特殊点与 Twiss 参数和发射度 ε 的关系,其中 α 是与椭圆倾斜度相关的参数,β 是与束流最大尺寸相关的参数,γ 是与粒子最大散角相关的参数。

4) 束斑密度分布类型

图 2-18 给出了一种高斯分布的子相图,高斯函数可写为

$$\rho = \frac{1}{\sigma\sqrt{2\pi}} e^{-\frac{(x-\mu)^2}{2\sigma^2}} \qquad (2-6)$$

式中,σ 和 μ 的定义如图 2-20 所示[5]。一般我们取 $\mu=0$,波形宽度为 2σ 时的 ρ 值为其峰值的 0.607,波形的半高宽

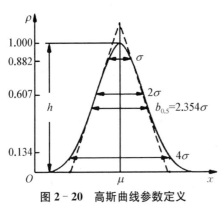

图 2-20　高斯曲线参数定义

为 2.354σ。高斯分布函数可以在各子相空间和超椭球空间同时实现。

理论上,高斯分布的束斑是无限大的,只不过当束斑半径大于 3σ 时的粒子密度非常低。当统计粒子数的束斑半径截至 $n\sigma$ 时,总发射度是其均方根发射度的 n^2 倍[6]。

除了高斯分布和均匀分布,在进行束流动力学研究时还有其他的密度分布类型,包括抛物线分布、K-V 分布、水袋分布及复合分布等,分布空间可以是 x-y 实空间分布、二维子相空间分布、四维空间分布和六维空间分布等。除了高斯分布,其他分布的密度曲线类型在超椭球空间和各子相空间(包括实空间)是不同的。

四维超椭球空间的抛物线分布函数如下所示[2]:

$$
\begin{aligned}
\rho &= c(1-\xi^2) \\
&= c\left[1-\left(\frac{x}{X}\right)^2-\left(\frac{x'}{X'}\right)^2-\left(\frac{y}{Y}\right)^2-\left(\frac{y'}{Y'}\right)^2\right] \quad (\xi^2 \leqslant 1)
\end{aligned} \tag{2-7}
$$

式中,c 是常数,ξ^2 描述的是四维超椭球体,即粒子在四维空间内是抛物线分布的,但其在实空间的分布不再是抛物线。当然,我们可以定义二维子相空间或 x-y 实空间的抛物线分布,只需将式(2-7)的坐标做相应改变即可。四维超椭球空间的抛物线分布在实空间束流截面上的分布函数为[2]

$$
n = \frac{c\pi X'Y'}{2}\left[1-\left(\frac{x}{X}\right)^2-\left(\frac{y}{Y}\right)^2\right]^2 \tag{2-8}
$$

所有粒子的总发射度是其均方根发射度的 8 倍[6]。

四维空间的均匀分布也称为水袋分布,其分布函数如下所示[2]:

$$
\rho = \begin{cases} c, & \sqrt{1-\left[\left(\frac{x}{X}\right)^2+\left(\frac{x'}{X'}\right)^2+\left(\frac{y}{Y}\right)^2+\left(\frac{y'}{Y'}\right)^2\right]} \leqslant 1 \\ 0, & \sqrt{1-\left[\left(\frac{x}{X}\right)^2+\left(\frac{x'}{X'}\right)^2+\left(\frac{y}{Y}\right)^2+\left(\frac{y'}{Y'}\right)^2\right]} > 1 \end{cases} \tag{2-9}
$$

四维空间的均匀分布在实空间束流截面上的分布函数为抛物线形状:[2]

$$
n = c\pi X'Y'\left[1-\left(\frac{x}{X}\right)^2-\left(\frac{y}{Y}\right)^2\right] \tag{2-10}
$$

四维超椭球体空间水袋分布的所有粒子的总发射度是其均方根发射度的

6 倍[7]，六维超椭球体空间水袋分布的所有粒子的总发射度是其均方根发射度的 8 倍[7]。

K-V 分布一般是指四维空间分布，其定义如下[2]：

$$\rho = c\delta\left[\left(\frac{x}{X}\right)^2 + \left(\frac{x'}{X'}\right)^2 + \left(\frac{y}{Y}\right)^2 + \left(\frac{y'}{Y'}\right)^2 - 1\right] \tag{2-11}$$

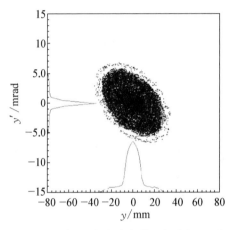

图 2-21　复合分布的子相空间

式中，δ 函数表示粒子只分布在四维超椭球的表面，粒子在 (x, y)，(x', y')，(x, x')，(y, y')，(x, y') 和 (y, x') 子相空间的分布都是均匀的。在实空间束流截面上粒子密度分布为[2]

$$n = c\pi X'Y' \tag{2-12}$$

K-V 分布的所有粒子的总发射度是其均方根发射度的 4 倍[7]。

复合分布是两种或两条分布曲线的叠加。图 2-21[8] 所示的 y 轴方向是两个高斯分布叠加在一起的复合分布曲线。

5）束晕

束晕是相对束核而言的，是在束核外的低密度分布的粒子。束晕产生的主要原因是空间电荷力，因此强流束容易产生束晕，同时又很难去除，因为去除后又会因为空间电荷力产生新的束晕。束晕是束流传输加速过程中损失的主要来源。

6）束流包络及束腰

如果统计束流在所有传输过程中的不同位置的最大半径值，就可连成图 2-22 所示的包络线图。图 2-22 中，x 轴上方曲线为 x 方向束包络，下方为 y 方向束包络。束包络的极小值称为束腰。x 方向和 y 方向可以同时成腰，也可以单方向成腰，如图 2-22 中，第一个元件 SQL 和第二个元件 Q 之间的漂移段 3 中的束包络在 x 方向和 y 方向同时成腰，在第三个元件 Q 内只在 y 方向成腰。成腰位置的 Twiss 参数中的 α 值为零，即相椭圆是正椭圆，但 α 值为零的束包络未必是束腰，也可能是束包络的最大值，例如图 2-22 中第三个元件 Q 内的 x 方向。

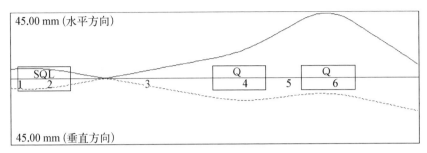

图 2‑22　束流包络

7) 渡越时间因子

渡越时间因子是针对电磁场加速间隙的一个参数。对于任何时刻的加速间隙上的加速电压是在理论上可以确定的。如果加速间隙很小,粒子在通过加速间隙时的电场变化很小,则粒子的能量增益就等于间隙上的加速电压,渡越时间因子等于 1。如果加速间隙较大,粒子在通过加速间隙时的交变电场有较大的变化,则计算粒子的能量增益时需要将加速电压乘以渡越时间因子系数,即渡越时间因子小于 1。渡越时间因子 T 的定义如下[6]:

$$T = \frac{\displaystyle\int_{-L/2}^{L/2} E_z \cos\frac{2\pi z}{\beta\lambda}\,\mathrm{d}z}{\displaystyle\int_{-L/2}^{L/2} E_z\,\mathrm{d}z} \tag{2-13}$$

式中,z 为粒子运动方向,E_z 是电场的 z 分量,β 是相对论参数,λ 是射频的波长,L 是间隙长度。

2.3.3　束流元件

加速器对带电粒子的传输加速是通过束流元件实现的,主要包括两大类:加速元件和传输元件。加速元件种类非常多,包括加速间隙、加速腔、加速管等,2.1 节对此有所介绍。传输元件种类也非常多,按照电磁场类型可分为静磁元件、静电元件和电磁元件等,按照场分布类型可分为轴向场、二极场、四极场、六极场、八极场等。电磁元件有纵向聚束器和散束器等。

1) 螺线管

螺线管是轴对称的静磁元件,主磁场方向与束流运动方向相同或相反。由于磁力线是闭合的,因此螺线管内的磁力线必然围绕螺线管导线一圈到螺线管外侧,因此在螺线管出入口附近的磁场必然含有垂直于束流运动方向的磁场分量,使得进出螺线管的粒子受到横向作用力,产生横向速度分量。这个横向速度分量是螺线管内轴向磁场对束流提供聚焦力的根源。

螺线管的聚焦力是轴对称的,即轴对称的束流入射螺线管,那么出射的束流必然是轴对称的。如果螺线管的长度很长,其内的束流包络是余弦曲线形状,出射的束流可以是聚焦的,可以是散焦的,也可以是平行出射的。

2) 二极场

二极场可以是静磁场,也可以是静电场,采用两个磁极或电极可以产生二极场,电场或磁场的方向垂直于束流运动方向。其作用主要是偏转束流。二极场对束流的作用是非轴对称的。纯二极场的场分布是均匀的,如果需要在偏转的过程中对束流聚焦,可以在二极场中叠加四极场分量,如图 2-23 所示,即场分布不是均匀的。非均匀二极场的场梯度指数 n 定义如下[2]:

$$n=\frac{\rho}{B}\frac{\mathrm{d}B_x}{\mathrm{d}y}=\frac{mv}{qB^2}\frac{\mathrm{d}B_x}{\mathrm{d}y} \tag{2-14}$$

式中,B、B_x、ρ、m、v、q 分别是磁场值(用磁感应强度表示)、磁场 x 分量、粒子回旋半径、质量、速度、电荷量。二极场的梯度场对束流的作用是弱聚焦,但可以实现 x 和 y 两个方向的同时聚焦。

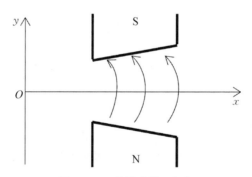

图 2-23　带梯度的二极场

3) 四极场

四极场可以是静磁场,也可以是静电场,其产生采用四个磁极或电极,电场或磁场的方向垂直于束流运动方向,如图 2-24 所示,其作用主要是聚焦束流。四极场对束流的作用是非轴对称的。

不同于轴对称场和二极梯度场对束流的作用,四极场对束流在 x 方向聚焦时,在 y 方向必然是散焦的,而且是强聚焦和强散焦。为了实现对束流的 x

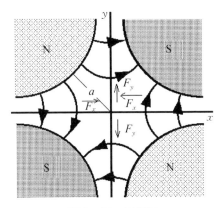

图 2 - 24　四极场

和 y 两个方向的同时聚焦,一般采用两个或三个四极场组成四极透镜组,称为二元透镜或三元透镜。二元透镜的前后束流不可能同时是轴对称束流,而三元透镜的前后束流可以同时是轴对称束流。

4) 边缘场

边缘场是指有场区与无场区的过渡区域。如果没有这种过渡区,则边缘场是突变的硬边界(sharp cut-off fringing field,SCOFF),这种情况一般是理论近似与假设。实际的场分布都不是突变的,称为软边界(extended fringing field,EFF),如图 2 - 25 所示。边缘场会产生三类问题:一是高阶场的引入,二是边缘场聚焦作用,三是对传输矩阵的修正。

高阶场的引入是指边缘场会产生高阶的场分布,例如二极场的边缘场有四极场、六极场、八极场分量等,四极场的边缘场有八极场、十二极场分量等。这些场分量会影响粒子的运动传输。

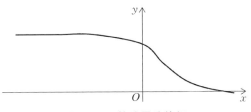

图 2 - 25　软边界边缘场

边缘场聚焦作用来自边缘角。边缘角的定义如图 2 - 26 所示,其中出入口的极头面法线在出入束流与偏转半径延长线之间的夹角内的为正值,即图 2 - 26 中的 α 和 β 都是正值。其产生的原因是偏离参考粒子轨道的粒子所经历的场分布不同,或其回旋中心不同,从而产生聚焦或散焦效果。只有二极场

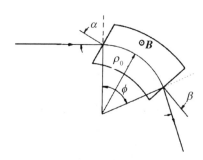

图 2－26　边缘角的定义

才有边缘角的问题。

边缘场对传输矩阵的修正也会产生聚焦或散焦的效果,其主要来自对图 2－25 曲线的积分效果。一般只有二极场才需要处理这种修正问题。

2.4　电离辐射相关概念

辐射是一种能量的空间传递,是存在于宇宙和人类生存环境中的一种物理现象。根据辐射的能量大小和能否引起作用物质发生分子电离,可以将其分为电离辐射和非电离辐射。

电离辐射的全称是致电离辐射,是指物质发射载有能量的射线(粒子或波)。电离辐射的射线可以直接或间接地从原子、分子或其他束缚状态激发出一个或几个电子,非电离辐射则不行。电离能力取决于射线(粒子或波)所带的能量,而不是射线的数量。电离辐射可分为两大类,即电磁辐射和粒子辐射。所谓电磁辐射,实质上是电磁波,其由电场和磁场的交互变化而产生,以波的形式移动,并有效地传递能量和动量,主要包括 X 射线和 γ 射线。粒子辐射是指一些高速运动的粒子通过消耗自己的动能把能量传递给其他物质,包括 α 射线、β 射线、重离子射线、中子射线等。本书主要讨论的是 β 射线、X 射线和 γ 射线,β 射线就是电子射线。

电离辐射分为天然辐射和人工辐射。天然辐射来源于太阳、宇宙射线和在地壳中存在的放射性核素。人工辐射主要来自各种核设施和人造放射性同位素等。本书主要讨论人工辐射。

2.4.1　放射性的定义和单位

放射性是自然界存在的一种自然现象,来自原子核,大多数物质的原子核是稳定不变的,少数原子核不稳定,不稳定的原子核会自发向稳定的状态变化(衰变),同时会发射各种各样的射线,这种现象就是放射性。

放射性核素的原子核数按时间的指数函数衰变,放射性核素衰变的数学表达式为

$$N = N_0 e^{-\lambda t} \qquad (2-15)$$

式中,N 是放射性核素经时间 t 衰减后的原子核数;N_0 是放射性核素的初始原子核数;λ 是放射性衰变常数,即原子核在单位时间内发生衰变的概率,是一个特征性常数,与外界条件(温度、压力、磁场等)无关。

放射性核素的另一个特征性常数是半衰期,放射性核素的半衰期是指样品中的原子核衰减到一半所需的时间,用 $T_{1/2}$ 表示。根据半衰期的长短,其单位可以用秒(s)、分(min)、天(d)或年(a)表示。当经过一个半衰期时,放射性核素数目衰减到初始值的 $\dfrac{1}{2}$,依此类推,在经过 n 个半衰期后衰减到初始值的 $\left(\dfrac{1}{2}\right)^n$。不同放射性核素的半衰期差异极大,如放射性核素 ^{87}Rb 的半衰期长达 475 亿年,而 ^{133}Cs 的半衰期仅为 2.8×10^{-10} s。半衰期 $T_{1/2}$ 和衰变常数 λ 都是表征放射性核素特性的参数,两者之间的关系为

$$T_{1/2} = \frac{0.693}{\lambda} \qquad (2-16)$$

此外,为了衡量放射性物质的多少,在放射性核素衰变中引入了另一个辐照量,即放射性活度 A(radiation activity)。放射性活度是表示放射性核素特征的一个物理量,其定义为:放射性核素在单位时间内发生自发核衰变的数目,即

$$A = \frac{\mathrm{d}N}{\mathrm{d}t} \qquad (2-17)$$

放射性活度的单位是秒$^{-1}$(s^{-1}),国际制单位是贝可勒尔(becquerel),符号是 Bq。放射性活度还有一个旧的专用单位居里(Ci),1 Ci $= 3.7 \times 10^{10}$ Bq。由于放射性核素常被包含或吸附(收)在其他固体、液体或气态物质上(中),或与该元素的稳定同位素同时存在,因此需引入一些其他单位来定量。例如,用样品中某一特定放射性核素的活度 A 除以样品的总质量 m,即为该放射性核素的比活度 a_m 或比放射性(质量活度),其单位是 Bq/g;用一定体积中某一特

定放射性核素的活度 A 除以样品体积 V，即为该放射性核素的体积活度 a_V 或放射性浓度（单位体积的活度），其单位是 Bq/mL。

2.4.2 注量的定义和单位

注量用于描述电离辐射场中某一区域粒子的疏密程度。设辐射场中某一区域包含不同穿行方向的粒子，为了确定该区域某一点 P 附近的粒子疏密程度，以 P 为圆心画一小圆，其面积为 da。保持 da 的圆心位置不变，改变 da 的取向，以正面迎接从各方向射来并垂直穿过面积元 da 的粒子数 dN_i。da 在改变取向的过程中，形成一个球。对 dN_i 求和，$dN = \sum_i dN_i$。则注量 Φ 为

$$\Phi = \frac{dN}{da} \qquad (2-18)$$

其国际单位为 m^{-2}。注量率 ϕ 为单位时间内进入单位截面积球中的粒子数：

$$\phi = \frac{d\Phi}{dt} \qquad (2-19)$$

其国际单位为 $m^{-2} \cdot s^{-1}$。

2.4.3 照射量的定义和单位

照射量是根据光子对空气的电离能力来度量光子辐射场的一个物理量，是应用最早的一个剂量学量。一束 X 射线或 γ 射线穿过空气时与空气发生相互作用而产生次级电子，这些次级电子在使空气电离而产生离子对的过程中，最后损失了本身全部的能量。照射量 X 是表示 X 射线或 γ 射线在空气中产生电离能力大小的物理量，其定义为 dQ 除以 dm 而得的商，即

$$X = \frac{dQ}{dm} \qquad (2-20)$$

式中，dQ 表示 X 射线或 γ 射线在质量为 dm 的一个体积元的空气中，当光子产生的全部电子（正、负电子）均被阻留于空气中时，在空气中所形成的同一种符号的离子总电荷的绝对值。

必须注意的是，① dQ 并不包括在所考察体积元的空气中轫致辐射（轫致辐射由次级电子与物质相互作用而产生）被吸收后而产生的电离电荷。在实际测量中，由此种方式产生的电离对 dQ 的贡献仅当光子能量高于 3 MeV 时

才显得重要。② 按照定义来测量照射量时,应满足电子平衡条件。当光子能量不超过 3 MeV 时,可认为此能量范围内的光子在与物质相互作用过程中处于电子平衡条件下,因为在此能量范围内,由次级电子产生的韧致辐射对测量值 dQ 的贡献可忽略不计[9]。

照射量 X 的国际单位是库仑每千克(C/kg)。常用的其他单位还有伦琴(R),1 R=2.58×10⁻⁴ C/kg。

伦琴的物理意义如下:在 X 射线或 γ 射线的照射下,0.001 293 g 空气(标准状况下,1 cm³ 空气的质量)中产生的正、负离子电荷各为 1 静电单位。1 静电单位电量=3.33×10⁻¹⁰ C,则 1 R=3.33×10⁻¹⁰C/0.001 293 g=2.58×10⁻⁴ C/kg=8.69×10⁻³ J/kg[9]。

2.4.4　比释动能的定义和单位

比释动能 K 是指在不带电粒子与物质相互作用的过程中,单位质量的物质中产生的带电粒子的初始动能的总和。严格定义如下:不带电粒子在无限小体积元内释出的所有带电粒子的初始动能之和的期望值 $\mathrm{d}\bar{\varepsilon}_{tr}$ 除以该体积元内物质的质量 $\mathrm{d}m$ 而得的商,即

$$K = \frac{\mathrm{d}\bar{\varepsilon}_{tr}}{\mathrm{d}m} \tag{2-21}$$

比释动能 K 的国际单位是焦耳每千克(J/kg),法定单位的名称为戈瑞,用符号 Gy 表示。另外一个常用单位为 cGy,1 Gy=100 cGy。

比释动能率 $\dot{K}$ 是单位时间内物质的比释动能。在 t 至 $t+\mathrm{d}t$ 时间内,比释动能为 $\mathrm{d}K$,则称

$$\dot{K} = \frac{\mathrm{d}K}{\mathrm{d}t} \tag{2-22}$$

为该物质在 t 时刻的比释动能率。比释动能率 $\dot{K}$ 的国际单位用焦耳每千克每小时[J/(kg·h)]表示,法定单位的名称为戈瑞每小时,用符号 Gy/h 表示。

2.4.5　吸收剂量的定义和单位

吸收剂量 D 的定义如下:电离辐射沉积于某一无限小体积元中物质平均授予能 $\mathrm{d}\bar{\varepsilon}$ 除以该体积元中物质的质量 $\mathrm{d}m$ 而得的商,即

$$D = \frac{\mathrm{d}\bar{\varepsilon}}{\mathrm{d}m} \qquad (2-23)$$

授予能 ε 指电离辐射授予某一体积元的能量中被该体积元所吸收的那一部分能量。吸收剂量 D 的国际单位为焦耳每千克（J/kg），法定单位的名称与比释动能一样，也是戈瑞。吸收剂量的另外常用的非法定单位为 cGy 和拉德（rad）。Gy 与 rad、cGy 之间的关系为 1 Gy = 100 rad = 100 cGy。

吸收剂量率 $\dot{D}$ 指单位时间内物质的吸收剂量。在 t 至 $t + \mathrm{d}t$ 时间内，吸收剂量为 $\mathrm{d}D$，则该物质在 t 时刻的吸收剂量率为

$$\dot{D} = \frac{\mathrm{d}D}{\mathrm{d}t} \qquad (2-24)$$

吸收剂量率的国际单位为焦耳每千克每小时[J/(kg·h)]，法定单位的名称为戈瑞每小时（Gy/h）。

参考文献

［1］ 陈佳洱. 加速器物理基础[M]. 北京：原子能出版社，1993.

［2］ 吕建钦. 带电粒子束光学[M]. 北京：高等教育出版社，2004.

［3］ 闫润卿，李英惠. 微波技术基础[M]. 北京：北京理工大学出版社，1997.

［4］ Takeda H. Parmila code manual：LA - UR - 98 - 4478[R]. Los Alamos：Los Alamos National Laboratory，2005.

［5］ Li J H，Ren X Y. The comparison of the elements for the homogenizing charged particle irradiation[J]. Laser and Particle Beams，2011，29(1)：87 - 94.

［6］ Reiser M. Theory and design of charged particle beams[M]. New York：John Wiley & Sons Inc.，1994.

［7］ Harunori T，Billen J H. Parmila：LA - UR - 98 - 4478[R]. Los Alamos：Los Alamos National Laboratory，2002.

［8］ Tang J Y，Li H H，An S Z，et al. Distribution transformation by using step-like nonlinear magnets[J]. Nuclear Instruments and Methods in Physics Research Section A，2004，532(3)：538 - 547.

［9］ 朱国英，陈红红. 电离辐射防护基础与应用[M]. 上海：上海交通大学出版社，2016.

第3章
电子直线辐照加速器工程技术

电子直线辐照加速器是目前国内成熟的电子辐照装置,也是电子辐照加工的关键装置之一,其所涉及的学科与工程技术众多,本章予以详细介绍。

3.1 电子直线辐照加速器装置

电子直线加速器是一种综合性的高科技设备,它包括电子枪、加速管、微波功率源、微波传输系统、高压脉冲调制器、束流输运系统、真空系统、水冷系统、加速器控制系统以及其他辅助系统等装置。加速器各系统之间的关系如图 3-1 所示。10 MeV 电子直线辐照加速器的典型参数如表 3-1 所示。

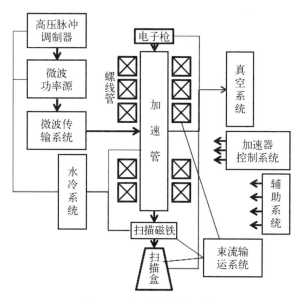

图 3-1 加速器组成示意图

表 3 - 1　加速器技术指标

项　　目	参 数 指 标
电子束能量/MeV	10
束流功率/kW	20
微波频率/MHz	$2\,856 \pm 0.5$
重复频率/Hz	$50 \sim 500$
扫描宽度/mm	$\geqslant 800$
脉冲宽度/μs	15
扫描不均匀度/%	$\leqslant \pm 5$

　　电子直线加速器采用射频型加速结构,加速管的高功率微波由大功率速调管组成的微波功率源系统提供,其中速调管由晶振锁相源激励。速调管输出的脉冲功率为 5 MW,平均功率为 45 kW,经波导传输元件如弯波导、软波导、定向耦合器、波导窗等微波传输系统馈入加速管内。馈入加速管的功率在加速管内建立起加速电场,一部分功率被束流负载吸收,一部分损耗在加速管管壁上,剩余功率由微波水负载吸收。电子枪提供的电子束流在加速管内与射频加速电场相互作用而获得能量,在螺线管的聚焦作用下加速到 10 MeV 左右,然后通过束流管道进入扫描盒,由扫描磁铁将电子束扫描成电子帘,穿过钛窗后对被照物进行辐照。电子束在束流输运系统包括螺线管、扫描磁铁等的作用下传输和加速。

3.1.1　电子枪

　　电子枪发射电子,为加速器系统提供必要的电子束流,是电子辐照加速器的心脏部件之一。加速器的正常工作直接受到电子枪的制约,电子束的品质直接影响加速器的电子束能量与功率。当电子枪阴极损坏时,辐照加速器就会停止工作。大功率的电子辐照加速器要求的是强流、长寿命的电子枪。

　　电子束是由电子枪的阴极发出的。阴极是一种金属,其中包含大量的自由电子。当自由电子的能量低于表面约束能时,自由电子就被限制在阴极体内。当某些电子通过一些机制获得额外的能量而高于表面约束能时,就有可能逃逸出阴极表面。

　　有多种方法可用于增加阴极内自由电子的能量,比较常用的方法是加热阴极和用光子照射阴极两种。当阴极的温度为绝对零度时,所有的自由电子都处于最低的费米能级,低于表面约束能而不能逃逸出阴极表面。随着阴极温度的升高,自由电子的能谱分布会发生变化,有少量电子的能量高于费米能级,当温度足够高的时候,少量自由电子的能量就超过表面约束能而具备逸出阴极表面的可能。温度越高,这种自由电子的数量就越多,自发射的电子就越多。用光子照射阴极表面是将光子的能量直接传递给自由电子,使其具有逸出阴极表面的能量。

这两种方式各有优势,热阴极制备方便,安装容易,具有寿命长的优点,而光阴极虽然寿命比热阴极短,但是具有发射电流大、电子束层流性好的特点。因此在实际设计电子枪的过程中要根据不同的要求来选择使用的阴极类型。

自由电子逸出阴极表面后会形成一个负电势,从而限制后续自由电子的发射。如果在阴极表面外加一个指向表面的电场,电场就会把逸出的电子拉走,并降低阴极表面的约束能,使其能发射更多自由电子。我们一般将阴极接负高压,将阳极接地。为了后续加速的质量和效果,自由电子所拉出的电场需要优化的空间分布,即需要一个聚焦极来调整加速电场的空间分布。这样自由电子在加速运动过程中就形成一定的形状,这就是电子束。

最基本的电子枪只有阴极和阳极。为保证束流品质,电子枪中一般还有聚焦极,它与阴极同电位,用以限制电子束的形状。电子枪的典型结构如图 3-2 所示,这种电子枪命名为皮尔斯电子枪,一般称为二极枪。热阴极电子枪的阴极有直热式和间热式两种,最简单的直热式热阴极常用钨丝

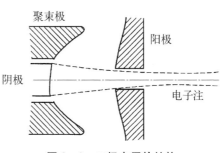

图 3-2 二极电子枪结构

作为灯丝兼阴极,由灯丝电压加热发射电子。间热式热阴极是在阴极附近另外安装加热灯丝。将由调制器产生的负高压脉冲加到阴极上,阳极接地,从而使得阴极发射的电子加速,由阳极孔引出。常见的电子枪能产生脉冲宽度为一纳秒至几十微秒、能量为 $10\sim200~\text{keV}$ 的电子束流。由于钨和钽这些金属阴极发射本领低,工作温度高,所以目前常采用金属合金材料作为阴极,如钡钨、钍钨硼化镧等,这种材料具有较小的电子逸出功。

与普通三极管中利用栅极控制的原理一样,在上述二极枪中设置一个栅极可以形成三极枪,其结构如图 3-3 所示。栅极的位置比阳极更接近阴极,因此便于控制阴极发射电流。栅极一般为线网状。栅极电位可调,可以方便地调节引出的束流,从而可以在一台加速器上获得几种不同流强和能量的电

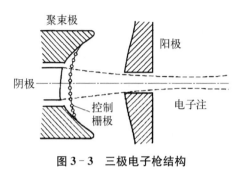

图 3-3　三极电子枪结构

子束。当栅极对阴极加上一个不大的负电压，可使阴极发射截止。而在脉冲的持续期，当栅极对阴极加上零或一个不大的正电压，可使阴极发射电子。而阳极可以始终对阴极加上一个稳定的直流高压，显然直流电源电压的幅度较稳定，比高压脉冲调制器的高压脉冲幅度的稳定控制容易得多，因而也减轻了电源设计上的压力。

普通的电子枪在阴极和阳极加电压后会形成电子束流。电子束流的流强可能受两个因素影响：阴极温度和引出电压。当阴极温度一定时，如果增加引出电压而电子流强不变，则电子流强受热发射限制；当引出电压一定时，如果增加阴极温度而电子流强不变，则电子流强受引出场强限制。热发射限制的原因是阴极在某温度下，高于表面约束能的自由电子比例是一定的，当引出电场的强度高到将所有高于表面约束能的自由电子引出后，再增加电场强度也不能引出更多电子。引出场强限制的原因是在某个引出场强下，如果阴极表面发射的电子数足够多而在阴极表面形成电子云，以致其产生的电势将外加场强的电势抵消，使得外加场强不能穿透电子云而到达阴极表面，再增加阴极温度也不能增加电子流强。

电子枪大多在引出场强限制的状态下工作，其引出的电子流强与引出电压的 $\frac{3}{2}$ 次方成正比。普通电子枪如果改变电子流强，一般是通过改变阴极电压，因为工作在热发射限制的状态，阴极温度的控制、检测和改变的难度很大。由此带来的一个问题是，如果要改变电流，那么电子的引出电压，即电子能量也要改变，这会对后面加速管中的束流传输有非常不利的影响，严重时会导致大量电子损失。

栅控电子枪可以改善引出场强限制的缺陷，使得电子的流强只受阴极与栅极之间电压的影响。栅极的作用相当于屏蔽外加电场，使得外加电场的改变不会影响阴极电子的发射，或通过改变阴极与阳极之间的电压来改变引出流强而不改变引出电压。栅极的引入实际上相当于将引出场强限制的工作状态的电子枪变为热发射限制的电子枪，而其可控性比热发射限制的电子枪要好。采用栅控电子枪有如下优点。

（1）技术相对成熟。在对束流发射度等参数没有过高要求的情况下，该种电子加速装置是较佳选择，非常适合于低能电子束的各种应用。

（2）束流脉冲宽度调节方便。束流脉冲一般在 μs 量级。相对直流束而言，在电子束加工应用中选择合适的脉冲宽度的束流，在达到同样目的的同时，可以有效节约消耗的总功率，提高作用效率。

（3）束流强度可达几十安培，并能够从小到大随意调节。改变能量时束流强度可以保持稳定不变，改变束流强度时能量也可以保持不变。

（4）输出的电子束品质较高，有利于提高辐照剂量的均匀性。

（5）栅极电压低、功率小，能更好地结合数字化控制电路控制电子束的稳定度，达到提高束流稳定性和扫描均匀性的目的。

电子枪栅偏压和栅脉冲电源需采用特制直流可调电源，通过控制开关管通断产生脉冲，经过隔离脉冲变压器，将栅偏压和栅脉冲加到电子枪的阴极和栅极上，如图 3 - 4 所示。高压与低压之间采用光纤进行控制与隔离。低压端可以通过光纤调整栅脉冲的幅度和宽度。

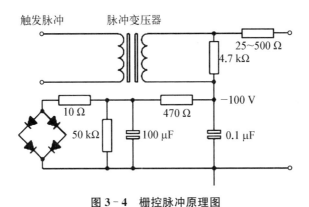

图 3 - 4　栅控脉冲原理图

根据位置及功能不同，栅控电子枪电源由高压分机、低压分机、直流高压电源和隔离变压器组成。高压分机包括栅脉冲电源、偏压电源、枪灯丝电源、可编程逻辑控制器（PLC）、光纤模块等；低压分机包括控制、接口、触发及测量电路，主要完成电源工作参数的测量及显示、枪电源的连锁控制、触发信号的接收整形和向高压区传送，同时控制系统的接口。直流高压电源用于发射电子并使之能注入加速管，以获得最佳加速相位。隔离变压器用于为高压区栅脉冲电源、偏压电源、枪灯丝电源、PLC、光纤模块等提供功率。

3.1.2 加速管

10 MeV 高功率电子直线加速器需要采用行波加速管,其束流俘获效率高、反射功率小、工作稳定性好,因而相应地降低了加速器运行时损坏设备的风险。行波加速管采用盘荷波导加速结构,工作模式为 $\frac{2}{3\pi}$ 模。这种模式与其他模式相比具有较高的稳定性、较高的分路阻抗等优点,是大功率行波加速管中普遍采用的工作模式。加速管的具体参数如表 3 - 2 所示,具体介绍请参阅第 4 章。

表 3 - 2 加速管技术指标

项 目	参 数 指 标
工作频率/MHz	2 856±0.5
工作温度/℃	30±1.0
加速管入口功率/MW	≤4.6
电子能量/MeV	10
束流平均功率/kW	20
结构长度/m	2
射频脉宽/μs	15
水压差/MPa	0.3
水冷流量/(L·min^{-1})	100

3.1.3 微波功率源

3.1.3.1 高功率速调管简介

高功率速调管是在器件中无横向静电、磁场的线性束器件。这种器件是基于速度调制原理将电子注能量转换成微波能量的真空器件。在高功率速调管中,由于电子注的产生和形成、电子注与微波场的相互作用、电子注剩余能量的耗散和微波能量的输出是在相互分离的空间进行的,而且其高频相互作用系统是分离的谐振腔,因此它具有高功率、高增益、高效率和高稳定性等优点。

高功率速调管在电子直线加速器、可控热核聚变等离子加速器装置以及微波武器、空间微波能输电和工业微波加热与处理系统等直接应用微波能的场合占有主导地位;在气象和导航雷达、通信、电视广播等场合也得到广泛的应用;由于新的调谐技术和频带展宽技术在高功率管中的应用和发展,速调管在宽带雷达系统、电子对抗和通信系统等领域得到了广泛的应用。

速调管的发展历史大致可分为以低功率、高功率和宽频带为主要特征的几个阶段。第一只双腔速调管是在 20 世纪 30 年代发明的,其后,在加速器、雷达、通信和电视广播等军用和民用微波电子系统的推动下,速调管取得了快速发展。1953 年美国斯坦福大学所做的用于电子直线加速器的 S 波段大功率速调管可以说是一个里程碑。在以后的几十年里,为进一步适应高能粒子加速器、可控热核聚变装置、微波能束武器和宽带雷达系统等应用的需求,大功率速调管除了在进一步提高工作频率、功率、效率、带宽和寿命等方面取得了重要进展外,还发展了多注速调管、带状注速调管和相对论速调管等新型速调管。

3.1.3.2　高功率速调管的基本工作原理

高功率速调管主要由电子枪、高频互作用段、高频输入和输出系统、聚焦系统、收集极等部分组成,如图 3-5 所示。

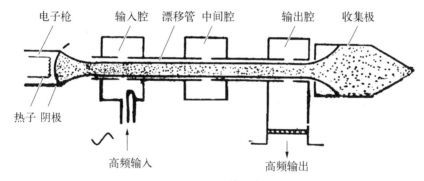

图 3-5　速调管示意图

在速调管中,主要物理过程包括以下几个部分。

1) 电子注的产生、成形和聚集

电子注的产生、成形和聚集是由电子枪完成的。电子枪由阴极和热子、电子注成形和控制电极(聚集极和控制极)及相应的支撑结构和引出结构、阳极和高压绝缘瓷等部分组成。由阴极产生的电子在高电压的作用下获得动能,并形成一定形状的电子注(一般为圆柱形电子注),将电源的能量转换成电子注的动能。电子注在聚集磁场的作用下,通过高频互作用空间,保持电子注不发散。

2）电子注与高频互作用系统的相互作用

速调管的高频互作用系统的高频线路由输入谐振腔、多个中间谐振腔和漂移段、输出腔等部分组成。

电子注通过输入谐振腔的间隙时，在外加高频电场的作用下，产生速度调制，即在高频周期的正半周通过谐振腔间隙的电子被减速。速度调制的电子注通过一定长度的漂移管后产生密度调制，即快电子逐步赶上慢电子，使电子注中电子分布疏密不均，电子发生了群聚。

密度调制电子注中包含输入高频电场的基波和谐波分量，当它通过第二个谐振腔间隙时，将在谐振腔内激励起高频感应电流，并在谐振腔间隙上建立起比输入谐振腔更高的高频电场。该高频电场反过来对电子注产生更大的速度调制，从而在第二个漂移段内产生更强的密度调制。电子注通过多个中间谐振腔和漂移段时，重复上述速度调制和密度调制过程，到输出腔入口时，形成高密度群聚的电子注。

进入输出腔的群聚电子注中包含很高的基波电流分量，当其通过输出腔间隙时，建立起很高的高频电场。当群聚电子注的大部分电子处于高频周期的负半周期时，它们因受到高频电场的作用而减速，将其动能转化为高频能量，实现高频信号的放大。

速调管的增益与谐振腔的数目有关。通常每增加一组谐振腔，增益增大 10～20 dB。一般三腔速调管增益为 30 dB 左右，而四腔速调管增益为 40 dB 左右，六腔速调管增益可达 90 dB。通常实际应用中的速调管增益为 40～60 dB。

3）电子注能量的耗散和冷却

经过高频互作用的电子注部分动能转换成微波动能后，其余动能在收集极转换成热能，然后通过冷却系统将热能耗散。

综上所述，速调管的放大过程可以概括叙述如下：从阴极发射的电子在电子枪中受到直流电场的加速并形成直射的电子束，在穿越高频线路时它与高频场相互作用，从而实现能量转换，最后到达收集极，将剩余能量转换为热能耗散。不难看出，速调管的阴极、高频互作用空间、散热收集极是彼此分开的，这一特点十分有利于它们向大功率发展。

3.1.3.3　高功率速调管的技术指标

自 20 世纪 30 年代速调管问世以来，经过近 90 年的快速发展，速调管的型号、品种已达数百种，用于加速器、受控热核装置、通信、广播、雷达等诸多领域。由于应用场合不同,对速调管的技术要求也各不相同。这里讨论的是主要用于电子直线加速器的高功率速调管。

1) 功率

速调管输出功率指输出的脉冲功率(峰值功率)和平均功率。用于电子直线加速器的主要是 S 波段速调管。在脉宽为 3 μs 时,最高峰值功率达 150 MW;用于医疗、辐照的 S 波段速调管峰值功率为 5～20 MW,平均功率为 5～60 kW。对于 X 波段速调管,在脉宽为 1.5 μs 时,峰值功率达 75 MW。而用于同步加速器和储存环加速器的 P 波段和 L 波段连续波速调管输出功率达数百千瓦至兆瓦级。

速调管输出的平均功率的大小对加速器非常重要。高能加速器的发展推动了速调管功率的不断提高,而高功率速调管的出现又推动了高能加速器的发展。

2) 增益

速调管是一个功率放大管。由于多腔速调管的出现,最高增益可达 90 dB,这在实际应用中是绰绰有余的。但是为保证输出的稳定性,避免二次电子引起的寄生振荡,用于加速器的速调管增益一般为 40～60 dB。增益的大小只是决定了速调管激励源的设计。

3) 效率

效率是速调管的主要指标之一。两腔速调管的理想最大效率为 58%,而实际上远小于这个数字。目前常用的速调管的效率为 40%～50%,而最高效率可超 60%。高效率速调管的开发将在微波加热、受控热核聚变装置及空间微波能输电领域获得广泛应用。

4) 带宽

对用于电子直线加速器的速调管带宽并未有过高要求,通常在 1% 以下。但是在通信、雷达及电子对抗领域则希望有较大的带宽。目前已有兆瓦级 L 波段及 S 波段速调管的带宽达到 10%。

除了上述要求外,速调管的工作效率、注电压、注电流、通导、导流系数以及工作磁场特性等都是主要指标,在实际应用中都是不可忽视的。

3.1.4　微波传输系统

电子直线加速器用微波电磁场加速电子束。微波电磁场由高功率微波产生,经微波传输系统馈送到加速管。微波传输系统通常由波导管、微波元件构成,用来传输、监测、调整、控制微波功率。本节将介绍微波管的连接法兰以及常用的微波波导元件。

3.1.4.1 矩形波导的连接

为了传输微波能量,必须把一些波导段与微波元件连接起来。这种连接必须接触良好,具体要求如下。

(1) 减少接触损耗。当连接处接触不良时,接触电阻增大;当沿波导的纵向电流流经连接点时,会引起接触损耗增大。因此必须保持接触良好,才能减少损耗。

(2) 电磁波在接触处引起反射小,以提高功率容量。

(3) 电磁波在接触处的缝隙向空间辐射小,以减少空间干扰和对人体的危害。

(4) 接触处不打火,保证高功率微波传输。

(5) 密封性能好,以保证获得高真空度或充气时漏气率低。

波导连接的方法有多种,下面将介绍几种常用的连接方法。

1) 直接接触式连接

这是波导常用的连接方法之一,通常用于功率不大,要求不严格的地方。它的优点是使用方便,加工不复杂。但在要求严格的地方,这种连接对加工要求就比较苛刻,而油污、氧化及其他因素都将影响接触性能。因此它通常只用于低功率微波测量装置或要求不高的通信系统中。

2) 抗流连接

抗流连接是最常用的波导连接方法,已广泛地应用于中、高功率的微波传输系统中。抗流连接结构如图 3-6[1] 所示。抗流连接的优点在于在连接处没有机械接触的情况下依然能保证有足够的、可靠的电接触。

由图 3-6 可知,抗流接头由两个与矩形波导相连的平法兰和带槽法兰组

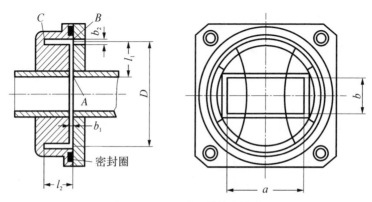

图 3-6 矩形波导的抗流接头

成。带圆槽的法兰的内外表面构成终端短路同轴线。另外使槽到波导口间的端面较法兰盘面凹进去一个很小的距离 b_1，与平法兰相接构成一条径向线。这样，法兰盘的外沿部分是接触的，而波导端口并不直接接触。当槽深 l_2 为 $\frac{1}{4}$ 波长，而槽到波导宽边内表面的距离 l_1 也为 $\frac{1}{4}$ 波长时，在中心频率，圆槽底部(C 点)为同轴线的短路终端，B 点的输入阻抗为无穷大，而从 B 点到 A 点又是径向传输线的 $\frac{1}{4}$ 波长，因而 A 点的输入阻抗为 0。这样就使实际上并不接触的波导口等效为短路连接。由于法兰外沿接触部分(B 点)处于电流驻波节点，所以即使接触不良，也不致引起较大的功率损耗。

必须指出，在圆槽构成的同轴线中激发的电磁场波不是主模 TEM 波[①]，而是 TE_{11} 波(其含义见本书 2.2 节)，l_2 取 $\frac{1}{4}$ 波长是近似的。此外，当工作频率偏离中心频率时，A 点也能再等效为理想短路点。为获得一定带宽的抗流连接，必须将隙缝宽度 b_1 选得尽量小，圆槽宽度 b_2 要足够大。

实际应用中，各种不同的标准化波导都有标准化法兰相匹配，包括抗流法兰和直接接触的平法兰。只要根据实际需要进行选择即可。实验证明，抗流连接法兰可以在脉冲功率为数十兆瓦的条件下工作，其微波泄漏不大于 −80 dB。

由于抗流接头在大功率情况下可以做到在接触处辐射低，不起火花，功率损耗极小，也无显著反射，因此广泛应用于窄带大功率传输系统中。但由于凸凹尺寸必须与波长有一定关系，在带宽 10% ~ 12% 的边缘上引起的驻波比系数约为 1.10，因此难以在带宽精密测量中采用此种连接。在带宽精密测量中，只能采用精密直接接触方式连接。

3) 金属密封连接

在电子直线加速器中，为了获得更高的电子能量，必须提高输入微波功率，为此对传输大功率的波导连接件(法兰)提出了更高的要求——既要求接触处无反射，又要求能实现高真空密封，因此可采用金属密封的法兰。

金属密封法兰的结构如图 3−7 所示。它由阳法兰、阴法兰及垫片组成。法兰由不锈钢制成，垫片的材料为无氧铜。它由刀口密封获得高真空，由无氧铜垫片塑性变形保证良好的电接触。这种法兰电接触好，密封性能好，辐射损

---

① TEM 波是指电场和磁场都在垂直于传播方向的平面上的一种电磁波。

耗小,驻波比小,还能承受很高的微波功率,通常工作于真空状态,脉冲功率容量可达 100 MW。

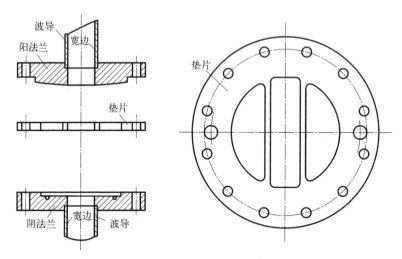

图 3-7 金属密封法兰示意图

4) 其他连接接头

波导连接接头(法兰)除了直接接触式连接、抗流连接及金属密封连接外,还有一些实用连接,它们因为结构简单、造价低、接触良好、使用方便的优点在加速器系统中得到广泛应用。其中最常用的是以下两种。

一种是带铟丝槽的密封法兰接头。它由一个平法兰和一个带铟丝槽的法兰组成,如图 3-8 所示。在带密封槽的法兰端面上,法兰的两宽边距离法兰

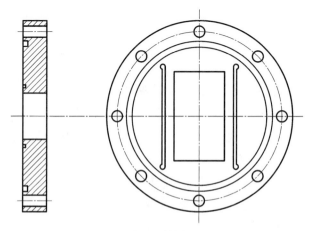

图 3-8 带铟丝槽的法兰接头

口 2 mm 处各有一铟丝槽,内装直径为 2 mm 的铟丝。当法兰压紧时,以密封槽内橡胶垫圈保证密封,以法兰端口的铟丝保证电接触良好。这种法兰接头可用于充气工作状态,压力在 0.2～0.3 MPa 时,可承受的功率为 10 MW。目前常用于 5 MW 以下的加速器微波传输系统中。

　　另一种法兰是采用特殊密封垫圈的密封法兰接头。它由一个平法兰和一个带密封槽的法兰组成,如图 3-9 所示。它用橡胶圈保证密封性能,而在密封垫的内侧即靠近波导的一侧镶上一圈铜箔,当法兰压紧时可以保证电接触良好。这种法兰多用于 5 MW 以下的微波系统中,通常在内部充以 0.2 MPa 左右的绝缘气体。这种法兰结构简单,加工方便,使用方便,是目前加速器中常用的连接接头之一。

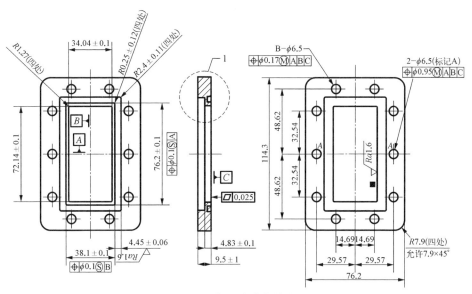

图 3-9　带铜箔的密封法兰

3.1.4.2　功率分配器

　　在电子直线加速器微波系统中,经常需要将一路传输功率分为几路,而且对功率的分配比例也不相同,由此就产生了适用于各种用途的定向耦合器、波导电桥及波导匹配双 T 等元件。

　　1) 波导定向耦合器

　　波导定向耦合器通常是将主传输线中的功率耦合出一部分,用于系统的监测与控制。它通常是通过主、副波导公共壁上的耦合孔实现将主波导电磁场经小孔耦合到副波导中。几种常见的波导定向耦合器如图 3-10[2-3] 所示。

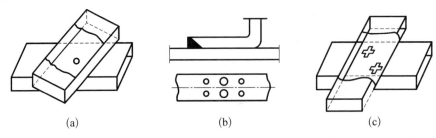

图 3-10 波导定向耦合器

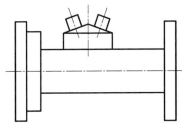

图 3-11 定向耦合器外形图

为了使用方便,现在广泛地在传输系统中应用一种新的定向耦合器,它将宽边的副波导改为同轴线,这就大大减轻了质量,减少了尺寸,使用非常方便。其结构外形如图 3-11 所示。

定向耦合器有以下两个主要参数。

(1) 耦合度 定义为输入端输入功率 P_1 与耦合端输出功率 P_3 之比,以分贝(dB)为单位,用 C 表示为

$$C = 10\lg\frac{P_1}{P_3}$$

耦合度的大小根据需要而定,可以很小,也可以很大。用于监测高功率微波系统的定向耦合器,在传输兆瓦级功率时,耦合度通常选 40~50 dB,以满足监测设备、元件的承受功率。

(2) 隔离度 定义为输入端输入功率 P_1 与隔离端输出功率 P_4 之比,以分贝为单位,用 D 表示为

$$D = 10\lg\frac{P_1}{P_4} \tag{3-1}$$

在理想情况下,隔离端没有输出,隔离度为无穷大。但实际上并非如此,隔离度并非无穷大。在高功率测试设备中所用的定向耦合器的隔离度通常较耦合度大 20 dB 即可满足要求。在特殊的测量设备中,要求隔离度较耦合度大 40 dB 以上。

有时以方向性 D' 表示隔离度性能。它定义为耦合端输出功率 P_3 与隔离

端输出功率 P_4 之比。以分贝为单位,表示为

$$D' = 10\lg \frac{P_3}{P_4} \qquad (3-2)$$

显然有

$$D' = D - C \qquad (3-3)$$

此外,定向耦合器还有两个要求,即输入电压驻波比及带宽。前者为输出端均接匹配负载时的输入端电压驻波比;后者是耦合度、隔离度及输入电压驻波比均满足要求时的频带宽度。

2) 波导电桥

波导电桥由两个尺寸相同、具有公共壁的矩形波导组成。耦合孔是被切除的一段长度为 L 的公共壁。波导电桥的示意图和结构图分别为图 3 - 12 和图 3 - 13[1]。

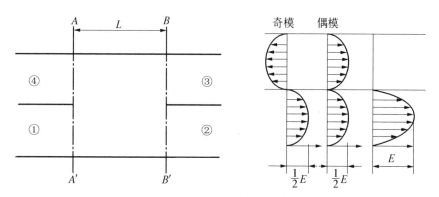

图 3 - 12　*H* 面波导电桥示意图

当主波导 TE_{10} 波由端口①输入时,耦合电磁波将按一定的幅度比以 $\frac{\pi}{2}$ 的相位差分别从端口②和端口③输出,而在端口④没有输出。这种电桥的优点是方向性高,频带宽,能承受的功率大,耦合度可调,两端输出信号相位差为 $\frac{\pi}{2}$。适当调整 L 的长度,可以得到 3 dB 的耦合度,因此波导电桥广泛用作功率分配

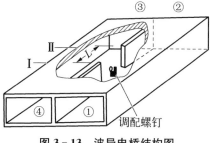

图 3 - 13　波导电桥结构图

器,或制作成特殊需要的微波器件,例如高功率四端环行器的部件之一就是
3 dB 电桥。

在实际应用中,公共壁的厚度不可能为 0,耦合区的波导加宽将产生高次
模,因此需要将耦合区的波导压缩来抑制高次模。另外可以通过加匹配元件
来减少反射。

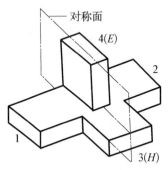

图 3-14　波导匹配双 T

3) 波导匹配双 T

如图 3-14[1] 所示,波导匹配双 T 接头由
ET 分支[横电场分支,4(E)]和 HT 分支[横磁
场分支,3(H)]合并而成。若接头内有匹配元
件,即构成匹配双 T。

由 ET 和 HT 接头的特性即可以分析双 T
接头的特性。当臂 1、2 有对称匹配时,由臂 3 输
入的功率会平均分配到臂 1、2 中,而不会到臂 3
中。当臂 3、4 接上匹配负载时,若由臂 1、2 输入
在对称面上为同相时,功率可进入臂 3 而不进入臂 4;当臂 1、2 输入在对称面
上为反相时,功率可进入臂 4 而不进入臂 3。对于匹配双 T,当仅由臂 1 输入
电波时,臂 3、4 所得电波为同相而进入臂 2;当仅由臂 2 输入电波时,臂 3、4 所
得电波为反相而不进入臂 1。由此推断,当由臂 3、4 输入同相电波时,则仅臂
1 有输出;而当由臂 3、4 输入反相电波时,则仅臂 2 有输出。

具有上述特性的匹配双 T 接头又称为魔 T,如图 3-15[1] 所示,它是一个
很有用的元件,具有理想电桥的特性,是一种 3 dB 定向耦合器,也可以用于平

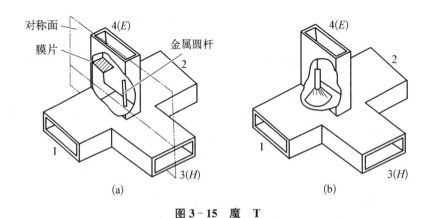

图 3-15　魔　T

(a) 用金属圆杆与膜片匹配;(b) 用金属圆锥体与圆杆匹配

衡混频器和阻抗测量电桥中。将它的臂 1、2 在 H 面上向臂 3 的反方向弯折，从而形成双 T 型的四端环行器，这是魔 T 的一种重要应用，将在 3.1.4.5 节详细介绍。

3.1.4.3 微波匹配负载

全匹配负载是高功率终端装置，它用来全部吸收沿波导传输的传输功率，使其无反射。匹配负载是微波测量和高功率微波传输中不可缺少的元件之一。全匹配负载可分为低功率和高功率两种。低功率匹配负载主要用于微波功率测量，高功率匹配负载用于高功率微波传输系统。

低功率微波全匹配一般做成一个波导段的形式，其终端为短路，并在波导段导电场平面内安放吸收薄片，吸收薄片做成特殊的劈状，以达到匹配的目的，其结构如图 3-16 所示。吸收薄片的材料涂有金属粉末（例如铂金），电介质薄片（如陶瓷、玻璃、胶木片等）也可以用石墨粉涂覆。对于劈状吸收薄片的长度无严格要求，一般需大于导波长 λ_g 的二分之一，通常最好为 $\frac{\lambda_g}{2}$ 的倍数。这样的负载一般承受功率在 1 W 以下，驻波比可小于 1.02。

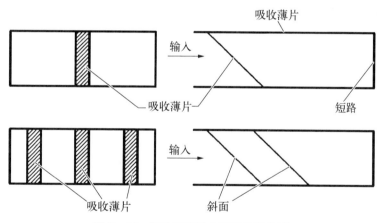

图 3-16 低功率波导全匹配负载装置

高功率匹配波导负载的种类很多，可根据使用的系统要求、功率大小、工作状态等进行选择。电子直线加速器微波系统中常用的高功率负载有以下几种。

一种以碳化硅或结晶硅为吸收材料的负载如图 3-17 和图 3-18 所示。图 3-17 所示为单劈干负载。它由一个长度为 100 mm 的短路波导和一个长度为 90~95 mm 的劈状吸收薄片组成。它可承受 50 W 的平均功率，驻波比可做到小于 1.10，可工作于充气状态，常用来做四端环行器四端口的匹配负载。

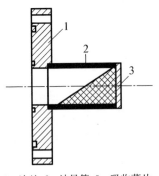 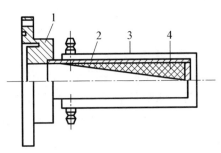

1—法兰;2—波导管;3—吸收薄片。　　　1—法兰;2—波导管;3—水冷管道;4—吸收薄片。

图 3 - 17　单劈干负载　　　　　　**图 3 - 18　双劈水冷干负载**

　　图 3 - 18 所示的是一种双劈干负载。它由带水冷的短路波导段和两个劈状吸收薄片构成。负载长度为 250 mm;在冷却水流量不低于 5 L/min 时,可承受的平均功率为 2 kW,脉冲功率为 2 MW;驻波比小于 1.10。它可用于四端环行器的三端负载。

　　为了提高功率容量,对于干负载来说,可采用水冷却即增大体积和增加散热片的办法来改善。但这样会使结构复杂、体积庞大,给使用带来不便,且由于吸收薄片导热性能不好,其使用范围会受到限制。因此,水负载在高功率传输系统中逐步取代了干负载。

　　水负载通常是由一个波导段和安装于波导内的锥形玻璃水管组成。如图 3 - 19 所示。波导段的长度,玻璃管的大小、形状均由承受功率大小及匹配状态确定。在 S 波段内,水负载的长度一般为 300～900 mm,功率容量为 2～20 kW(平均功率),脉冲功率可达数十兆瓦。

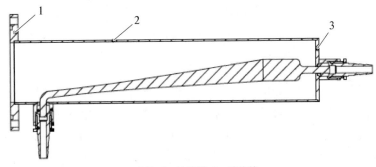

1—法兰;2—波导管;3—玻璃管。

图 3 - 19　玻璃锥形管水负载

这种水负载结构简单,承受功率高,吸收性能好,因而得到广泛应用。它还有一个优点是当配上流量监测装置和水温测量及校准装置后,可以制作成性能良好的大功率终端功率计。

另一种常用的水负载是用陶瓷窗将波导段隔开,后一段密封通水,前一段加上匹配的装置。这种负载结构简单,体积小,质量轻,因而广泛应用于小型加速器中。

为了提高匹配负载的承受功率能力,在较高功率时(例如大于 5 MW),通常采用波导内高真空度的办法。由于普通干负载吸收材料的真空性能较差,难以达到高真空度,而水负载虽然可以获得高真空度,但其机械性能较差,因此出现了一种新型的喷涂式水冷干负载,它可以较好地满足要求。一种 10 MW 喷涂式干负载如图 3-20 所示。

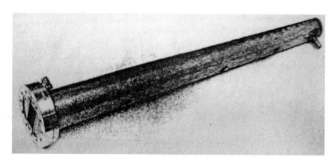

图 3-20　10 MW 喷涂式干负载

喷涂式干负载由终端短路的渐变波导和水冷套组成。渐变波导入口处尺寸为 BJ-32 标准波导尺寸(其中宽边用 $2a$ 表示,窄边用 $2b$ 表示),即 $2a = 72.14$ mm,$2b = 34.04$ mm。终端尺寸(其中宽边用 $2a'$ 表示,窄边用 $2b'$ 表示)中,$2a'$ 为工作频率的截止波长,$2b'$ 为 3~5 mm,视传输最大功率及衰减量而定。渐变波导内喷涂一层吸收材料,其厚度由材料的性能决定,一般大于趋肤深度即可。这种负载可做到长度为 1 m,承受脉冲功率达 10 MW,平均功率达 5 kW,静态真空可达 2×10^{-7} mmHg,冷却水流量不小于 5 L/min,负载质量小,承受功率高,可以用于较高能量的电子直线加速器中。

3.1.4.4　波导弯头和扭波导

在电子直线加速器微波传输系统中,常常需要改变传输线的方向,以便将加速管与功率源连接起来,这就需要弯波导。E 面和 H 面(其定义见 2.2 节)的弯头如图 3-21 所示,图中第一排是 E 面弯头,第二排是 H 面弯头。

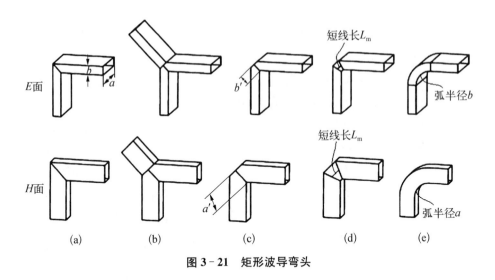

图 3 – 21　矩形波导弯头

图 3 - 21(a)中直接转成 90°的弯头,常常形成很大的突变,因而弯头的驻波比很大,对于 E 面弯头约为 2 dB,对于 H 面弯头则为 5 dB。为了减少反射,可以用图 3 - 21(b)所示办法消除,即加一个带短路活塞的支路来调节。由于这种结构复杂,因此一般并不常用。通常是选择弯头的尺寸来消除反射,如图 3 - 21(c)(d)(e)所示。精确的尺寸都由实验确定。

图 3 - 21(c)所示的是较为常用的弯头。对于 10 cm 及 3 cm 标准波导,E 面弯头的 $b' = 0.86b$,而 H 面弯头的 $a' = 0.93a$。一般来说,H 面弯头的尺寸选择比 E 面弯头的尺寸要严格些,变化影响要大一些。实际应用中,要将弯头内侧连接处倒圆角,以提高承受功率;a' 及 b' 的尺寸采用逐步逼近法经实验测试决定。

图 3 - 21(d)所示为两段波导连接起来的弯头。原则上说,对于两段相差 90°的相位(即 $\frac{\lambda}{4}$ 距离),这两段的反射会彼此抵消。在带宽 5% 范围内,这种弯头有相当满意的结果。对于 10 cm 和 3 cm 的标准波导,E 面弯头的 $L_\mathrm{m} = 0.59b$,H 面弯头的 $L_\mathrm{m} = 0.53a$,而且 H 面弯头的尺寸变化对匹配的影响大于 E 面弯头。

图 3 - 21(e)所示为圆弧转弯的弯头。通常,对于 E 面弯头,转弯半径约为 b;对于 H 面弯头,转弯半径约为 a。这种弯头频带宽、反射小,但它的尺寸通常受转弯半径限制,尺寸较大,制造困难。

扭波导的作用是为了改变极化面，其形状如图 3-22 所示。其长度一般选为 $\frac{\lambda_g}{2}$ 的整数倍。实际应用中为了减少反射而将其尺寸增加，达到几个波的长度，使其变化缓慢，以得到好的结果。扭波

图 3-22 扭波导

导通常用机械力扭成，扭制时一般内加填充物，以保证波导内尺寸不变形。

3.1.4.5 四端环形器

驻波电子直线加速器由于其结构紧凑、性能优良而广泛应用于无损探伤、集装箱检测及医用设备中。在这些设备中，为了确保功率源的稳定工作和保护价值昂贵的高功率微波管不受反射损坏，需要高功率环行器。此外，它也可以为自动频率控制(AFC)系统提供信号。为了满足上述需要，要求环行器具有很小的插入损耗，以充分利用功率源的功率；要求有足够的隔离性能，以确保高功率微波源不受负载反射的影响，尤其是驻波加速管在建场时间内几乎全反射的状态下，使微波源依然能正常工作；此外，结构紧凑也是很有必要的，它可以使加速器更小巧，使用时更具有灵活性。

由于高功率系统的环行器主要有差相移型和 Y 结型。在 S 波段，尽管 Y 结型环行器的承受功率能力在不断提高，但仍然较低。考虑到功率承受能力，差相移型四端环行器将得到更广泛的应用。

差相移型四端环行器的结构原理如图 3-23 所示。通常功率由 1 端口输入，折叠双 T 将输入功率在两个输出端平衡分配，即等幅同相输出，而在 3 端口无输出。进入非互易移相器的两路功率，由铁氧体在外磁场作用下产生所需的相移量，再经混合 3 dB 电桥后输出，这样在理想情况下，2 端口输出最大，而 4 端口输出几乎为 0。同样从 2 端口输入的功率只能在 3 端口输出，而在其他端口无输出。以此类推，构成 1→2→3→4→1 的环行工作状态。

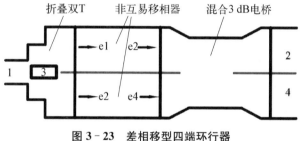

图 3-23 差相移型四端环行器

为了获得高的隔离度及小的输入电压驻波比，并抑制高次模，对于折叠双T，必须仔细确定其尺寸及进行良好的匹配。一般1端口输入的电压驻波比可小于1.10，隔离度大于30 dB；2端口输出的耦合度为(3±0.2) dB。

混合3 dB电桥也是一关键部件。它要求匹配良好，耦合度偏离小，不产生高次模，因此必须将公共耦合壁处的波导压缩变窄，并进行仔细的匹配调整，以保证耦合孔的尺寸精确。

非互易移相器是两个并联波导。波导的公共壁厚度一般为2 mm。在波导内壁宽边对称贴上铁氧体片，外部加上永磁磁场，使移相器各端口产生所需的90°相移。

为了获得高的隔离度和低的损耗，铁氧体材料的选用非常重要。要求材料的损耗小，承受功率高，温度稳定性良好。此外，对所用外加磁铁也有严格要求，要求磁场稳定，随温度变化小，退磁慢。为了保证其稳定性，通常使用前要对磁铁进行高温和低温的老化处理。

一台实用的四端环行器的外形结构如图3-24所示。它的纵向长度为700 mm，根据需要可缩短到650 mm。在工作频率为(2 856±10) MHz时，在冷却水流量不低于5 L/min的情况下，承受脉冲功率为5 MW，平均功率为5 kW，隔离度大于30 dB，正向损耗不大于0.5 dB，输入电压驻波比小于1.10。此种环行器可以将工作频率调试到(2 998±10) MHz，其性能可以满足通常的驻波加速器要求。

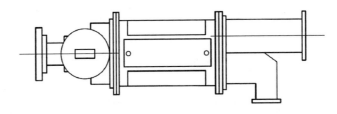

图3-24 四端环行器外形结构

当将永磁铁换为电磁铁时，这种差相移型四端环行器可以调整适当的磁场用作移相器、功分器或可变衰减器。

3.1.4.6 衰减器和移相器

衰减器和移相器是微波传输系统中不可缺少的器件。衰减器主要用来改变或降低传输功率，可以用作去耦器件和减弱传输功率的器件。移相器主要用来改变传输相位，以使微波相位处于最佳相位，满足最佳的加速相位或进行

050

相位同步功率合成。本节将介绍一些常用的低功率的移相器和衰减器,同时介绍一些加速器中常用的大功率衰减器。

1) 衰减器

衰减器按其原理可分为吸收衰减器和极限(或过极限)衰减器。前者是将输入的部分功率吸收并以热的形式耗散,从而得到衰减;而后者是利用极限波导的特性,即波导的截止特性,将功率耗散而得到衰减。按照不同特征,衰减器又可分为固定衰减器和可变衰减器;按承受功率大小又可分为低功率衰减器和高功率衰减器。

典型的吸收衰减器由一段波导和放置于其中的吸收薄片构成。吸收薄片的材料、所涂吸收介质、材料的形状及匹配方法均与全匹配负载类似;不同之处是衰减器有输出端,是四端网络,而负载没有输出端,是二端网络。

可变波导吸收衰减器如图 3-25 所示。它是用改变吸收薄片插入波导内的深度(通过波导宽壁中间的缝隙)的方法或者是将吸收薄片由波导的窄壁移动到宽壁中间来调节衰减的。当吸收薄片位于场强最大点时,衰减最大。

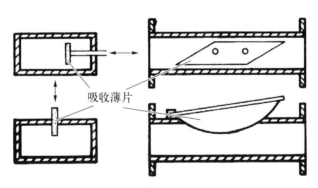

吸收薄片

图 3-25　可变波导吸收衰减器示意图

这种衰减器通常用于低功率测量。其衰减量一般为 0~30 dB,驻波比小于 1.10,衰减量可以用分贝来刻度,带宽为 10%~15%。但用于精密测量时,其衰减的刻度需要重新校准。若需要更大的衰减量,则可用多个衰减器串接达到。

极限(或过极限)衰减器是利用当 $\lambda \gg \lambda_c$(λ_c 是截止波长)时电磁波在波导中随指数衰减的特性而制作的,故又叫截止衰减器。它的优点是频带很宽,衰减绝对刻度可以计算。但由于它的严重失配、起始衰减非线性以及复杂的结构等缺点,目前使用很少。其结构如图 3-26 所示。

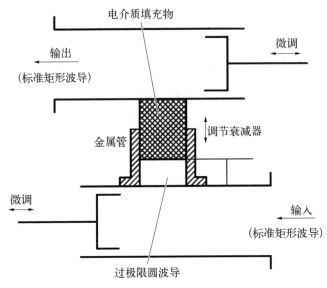

图 3-26 极限衰减器结构

在高功率时,对衰减器主要考虑的是如何将热量散发的问题。因为在高功率时,一般很少需要调节功率,也不希望衰减输出功率,所以很少使用衰减器。但在电子直线加速器中,通常用一只高功率管供给几段加速段,为了保证每段的功率大小恒定,就需要使用高功率衰减器。

可变定向耦合器由两个相同的 3 dB 定向耦合器(电桥)和插入并串接在两个定向耦合器电路中的移相器组成。其工作原理如图 3-27 所示。假设 3 dB 耦合器及移相器均为理想元件,当振幅为 A 的电磁波由 1 端口输入,经过第一个 3 dB 耦合器后将两个幅度相等而相位差为 90°的电磁波输出。如果移相器活塞位置在等效面 0-0 时,2'-1' 和 3'-4' 传输波导的电磁波长度相等。

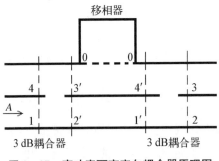

图 3-27 高功率可变定向耦合器原理图

当电磁波经过第二个 3 dB 耦合器时,波导 1' 和 4' 输入 2,3 端口的波叠加使 2 端口输出为 0,3 端口输出为 A。当移相器活塞移动 $\frac{\lambda_g}{4}$ 时,3 端口的输出由最大变为 0,而 2 端口的输出由 0 变为最大。由此可见,移动移相器活塞,即可改变 2 端口或 3 端口的输出功率。

高功率可变定向耦合器可以用作高功率可变衰减器。它的主要技术指标是,在频率为(2 856±10) MHz 下,主路输入电压驻波比小于 1.20,耦合度(衰减量)在 0~25 dB 范围内连续可调,承受脉冲功率为 15 MW,平均功率为 10 kW,静态真空度为 $2×10^{-5}$ Pa。通过由电机带动的杆来移动移相器活塞,可实现远距离操作。

此外,当永磁铁改为电磁铁时,改变磁场大小和方向,差相移型四端环行器亦可用作大功率可变衰减器。

2) 移相器

移相器是用来改变电磁波在传输线中某点的相位的。它通常是用改变传输线的电长度或改变波导的导波长来实现的。按承受功率大小可分为低功率移相器和高功率移相器。

一种低功率的波导移相器是在一段波导内置入可移动的介质片而构成的。它的结构与波导可变衰减器类似,不同的是移相器的介质片不吸收或很少地吸收微波功率,由于波导内增加介质片而改变了波导内传输电磁波的导波长,从而改变了传输线上某处的相位。当介质片从波导的窄边(场强为 0 处)移动到宽边中心(场强最大处)时,可得到不同的相移量。通常要求移相器能获得较大的相移而引入的吸收衰减最小,同时要良好地匹配以减少反射损耗。通常一个波导移相器的相移量为 0°~180°,如果需要更大的相移量调整,可将两只移相器串接。

在微波传输线中,往往用改变电长度的方法来改变传输线上某处的相位。

同轴拉伸线就是一种典型的同轴移相器。当 U 形拉伸线移动 $\dfrac{x}{2}$ 距离时,同轴线传输长度改变为 x,由工作波长(工作频率)即可算出传输线相位的改变。在小型电子直线加速器系统中,有时需要插入一个法兰(相当于一段波导),它可以改变传输线某点的电磁波相位,这时就需要大功率移相器。这种大功率移相器通常由波导接头、3 dB 电桥、短路活塞及调节杆马达构成。其结构如图 3-28 所示。

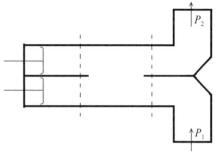

图 3-28　大功率移相器结构

当 3 dB 电桥和短路活塞均为理想元件时,插入传输线中的移相器,输入

功率为 P_1,输出功率为 P_2,引进一个固定相移,且 $P_1=P_2$。当短路活塞移动 $\dfrac{x}{2}$ 时,传输线电长度将增加 x,它将引入 $\dfrac{2\pi x}{\lambda_g}$ 的相移量。连续改变短路活塞位置,即可得到不同的相移量的改变。

这种移相器可工作于高真空状态,静态真空度可达 1×10^{-5} Pa,承受脉冲功率可达 20 MW,平均功率可达 10 kW,输入电压驻波比小于 1.20。3 dB 电桥及短路活塞的设计是保证移相器质量的关键。采用马达移动活塞位置可实现远距离操作。这种移相器已广泛用于电子直线加速器中,用于调整微波相位,以获得最佳的加速器工作状态。

3.1.5 高压脉冲调制器

高压脉冲调制器为速调管和电子枪供电。常用的调制器为线性调制器,由直流高压电源、充电变压器、充电整流器、脉冲形成线(PFN)、闸流管、脉冲变压器、触发器以及 De-Qing 电路组成,如图 3-29 所示。调制器采用三相全波整流滤波直流电源,以绝缘栅双极型晶体管(IGBT)作为控制开关,以特种充电方式为人工线进行充电储能,采用闸流管作为主开关元件,对人工线进行放电,产生脉冲,通过脉冲变压器,将脉冲高压升高,以达到负载要求。采用高

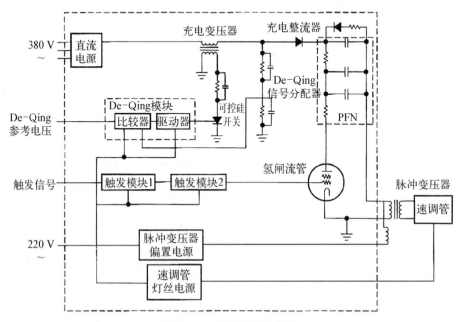

图 3-29 调制器结构框图

压测量反馈控制 IGBT 的开关时间,控制速度快,稳定度高。反峰电路采用快速恢复二极管组合加 RC(电阻-电容)电路的方式,以解决保护速度与硅堆承受大冲击电流能力的矛盾。

调制器的主要工作原理如下:直流高压通过充电变压器和整流器向脉冲形成线充电,脉冲形成线与充电变压器形成串联谐振电路,脉冲形成线上充电电压约为直流电源电压的两倍。当触发器向闸流管发出导通信号后,脉冲形成线中储存的电量迅速通过脉冲变压器和闸流管放电。脉冲变压器的次级接功率源,功率源形成的阻抗近似等于脉冲形成线的特征阻抗。因此,放电过程中,脉冲形成线上一半的电压加载到脉冲变压器上,为功率源提供大功率强流脉冲。调制器的典型工作参数如表 3-3 所示。

表 3-3　调制器主要设计指标

项　　目	参 数 指 标
脉冲峰值电压/kV	132
脉冲峰值电流/A	91
脉冲宽度/μs	17
脉冲前沿/μs	$\leqslant$1
脉冲后沿/μs	$\leqslant$2
重复频率/Hz	50~500
脉冲顶降/%	-1.0~1.0
脉冲纹波/%	-1.0~1.0
脉冲幅度稳定度/%	-1.0~1.0
灯丝电压/V	9.5
灯丝电流/A	35

脉冲的主要参数有上升和下降时间、脉宽、顶部平整度等,这些参数主要由脉冲形成线的参数决定。为了稳定脉冲宽度,通常使用 De-Qing 电路,其主要作用是监控充电回路,当充电电压达到预定值后,触发可控硅导通,于是充电回路的品质因数 Q 迅速降低,充电停止,从而保证每次充电电压恒定。

采用数字化电路处理技术,保证了速调管和电子枪灯丝的自动预热、灯丝电压的自动升降和稳定,从而确保速调管、电子枪等超高真空电子部件的工作性能,保障它们运行的可靠性,延长使用寿命。采用 PLC 控制器进行本地监控,并通过通信接口与中央主控计算机进行数据传送。由中央主控计算机发出主控脉冲,脉冲触发器放大后输出四路脉冲,其中的三路脉冲分别触发闸流管、电子枪、速调管激励源,另一路备用。同时要求各路触发脉冲之间的延迟可调,以确保加速器各部件工作同步。

高压脉冲调制器主要由配电柜、控制柜、充电变压器柜、放电柜和脉冲变压器构成。调制器总配电通过配电柜供电,采用三相四线 AC 380 V,外电源通过接触器为调制器系统供电,各分机分别独立供电,并设有空气开关进行控制。控制柜包括设备的控制系统及各分机,包括闸流管灯丝电源、速调管灯丝电源分机、同步触发器分机、闸流管触发分机、IGBT 控制分机等。系统主控采用"PLC+PC"的控制方式能够实现手动和自动两种工作模式,即通过触摸屏可进行手动操作,通过计算机可实现自动控制。充电变压器柜主要包括整流硅堆、滤波电容、IGBT 模块、充电变压器等,对三相输入电源进行整流滤波后,直流电压经过大功率 IGBT 逆变,形成正弦波,经升压充电变压器升压,为人工线柜充电。人工线柜包括高压整流模块、人工线组件、主闸流管、触发隔离变压器、灯丝变压器、RD 阻尼电路、RC 前沿匹配电路、反峰电路等。脉冲变压器油箱及附件包括脉冲变压器、速调管灯丝变压器、偏磁电感、分压器、电流互感器、总平均电流测量电路、油箱等。

高压脉冲调制器的关键部件包括主开关管、充电电路、脉冲形成网络、脉冲变压器、反峰保护电路和供电灯丝等。

1) 主开关管

主开关管一般有氢闸流管和 IGBT 两种。由于运行的重复频率高,调制器的平均工作电流大,其工作比高达 1%。在这种条件下,要使调制器能稳定工作,要求所用开关管本身具有尽可能短的恢复时间。由于氢闸流管具有脉冲波形顶部抖动、后沿拖长、对负载阻抗的适应性差、对波形的适应性差等缺点,随着 IGBT 作为大功率固体开关的功能逐渐完善,调制器中逐渐用 IGBT 模块取代氢闸流管作为开关元件。IGBT 具有体积小、质量轻、驱动功率小、开关速度快、饱和压较低、可耐高压和大电流等一系列优点,表现出很好的综合性能。

2) 充电电路

如果调制器的主开关管采用氢闸流管,在其导通后仍需一定的恢复时间,即消除阴极与栅极之间的等离子体后才能正常工作。恢复时间与充电起始电流大小的矛盾在高重复频率下不易解决,为此采用大功率 IGBT 开关器件进行逆变,并且通过升压变压器与人工线进行谐振充电。因此,须专门设计充电变压器,以满足充电要求。

3) 脉冲形成网络

由于脉冲调制器要求工作重复频率高,脉冲宽度宽,同时又要满足脉冲波形前后沿时间和平顶波纹的要求,所以脉冲形成网络除采用集总式等电容阻抗递减网络外,还采用双人工线并联方式,电感整体绕制,并留有阻抗调节余地。

4) 脉冲变压器

速调管灯丝变压器置于油箱内,通过脉冲变压器次级双绕组给速调管灯丝供电,油箱盖上有灯丝供电端子;油箱内有测量脉冲高压的分压器、测量脉冲电流的互感器以及测量速调管总平均电流的电路,油箱盖上有输出端子;偏磁电感置于油箱内,通过油箱盖上端子提供偏磁电流;油箱盖上有脉冲变压器的初级高压引入接插件。

5) 反峰保护电路

为了保证高功率调制器的安全、稳定运行,特别是保护价格昂贵的进口开关管在可能打火时不受损伤,专门设计有反峰保护电路。该设计解决了保护速度与硅堆受大冲击电流能力的矛盾,采用了快恢复二极管加 RC 非线性电路的方法。

6) 供电灯丝

速调管、闸流管灯丝电流都达几十安培。灯丝在冷态时电阻较小,因此在加电过程中冲击电流大。为了消除灯丝在加电过程中因冲击电流大而影响寿命的问题,同时又要满足速调管灯丝电压稳定度的要求,可研制灯丝调压稳压分机。这样不仅能控制加电过程中的冲击电流不超过规定值,且规定值可调,同时还能起到自动稳压作用。

3.1.6　束流输运系统

束流输运系统主要由加速管聚焦系统、束流传输和偏转系统、扫描系统等组成。

3.1.6.1　加速管聚焦系统

大功率电子辐照加速器的脉冲流强很高,达数百毫安,空间电荷效应显著;且加速距离长,输运能量高,束流损失对加速管的工作稳定性影响较大,尤其是在聚束段需要对电子束进行横向约束和聚焦,以保证获得较高的俘获效率和较好的纵向聚焦,从而达到减少束流损失、提高输出能谱质量的目的。电子束在加速、输运过程中需要有一系列的聚焦元件约束电子横向运动,使其在加速管中有一个良好的聚焦性能,以保证获得所要求的束流能量和流强。磁场系统的合理设计与调试能有效地改善束流品质。加速管的整套磁场系统包括聚焦线圈、反向线圈、导向线圈以及各部分的配套电源。

电子束在行波加速管中加速运动时,首先要进行纵向聚束,即将连续的电子束调整成一个个电子束团串。微波电磁场在进行束团纵向聚束时,在横向上对束团的作用却是散束的,因此需要外加磁场对电子束流进行横向聚焦。特别是在聚束段和低能段,电子的空间电荷力大,束团的散焦作用就大,因此就需要更大的横向聚焦力。给加速管内的束流提供外加聚焦力一般通过螺线管。由粒子动力学计算的理论磁场曲线如图 3 - 30 所示。螺线管线圈的典型参数如表 3 - 4 所示。

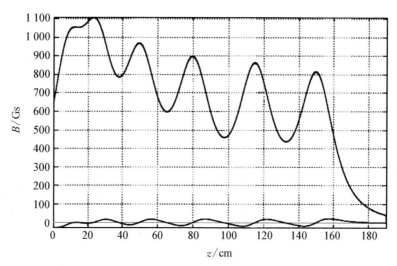

图 3 - 30 加速管轴线磁场分布示意图

表 3 - 4 螺线管线圈参数

序 号	总安匝数/(安·匝)	电流/A	功率/W
1	11 200	14.0	257
2	11 600	13.2	237
3	10 700	14.2	233
4	9 000	14.1	195
5	14 700	14.0	333
6	9 800	13.0	276

当电子进入旋转对称的螺线管磁场后,它的速度分量 v_z 和 v_r 分别与磁场分量 B_r 和 B_z 发生作用,形成角向的洛伦兹力,因而是电子旋转(即电子具有一定的 v_θ)。v_θ 将分别与磁场分量 B_r 和 B_z 产生径向和轴向的洛伦兹力 F_r 和 F_z,其中,F_r 就是使电子会聚的主要因素。电子在螺线管中的运动过程如图 3-31 所示,设有一个电子平行地射入通电的旋转对称线圈产生的磁场中。开始时因为电子只有轴向的速度分量 v_z,所以磁场的轴向分量 B_z 对电子不起作用,而径向分量 B_r 使电子受到垂直于纸面向外的力,使电子旋转而具有角向分量 v_θ。得到这个速度分量的电子又与磁场的轴向分量 B_z 相互作用,产生一个指向轴且正比于 $v_\theta \cdot B_z$ 的力 F_r。越接近线圈中间平面,v_θ 越大(因电子不断受到 B_r 的作用),因此 F_r 也就越大。经过中间平面后,电子进入 B_r 分量改变符号的区域(变成离轴方向),此时 B_r 使电子受到垂直纸面指向里面的力,由于这时电子已有了一定的 v_θ,所以此力只能使电子绕轴转动的速度变慢,并不改变旋转方向,因此在这里 v_θ 与 B_z 相互作用产生的力仍然是指向轴的。

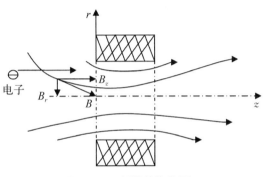

图 3-31　螺线管聚焦原理

3.1.6.2　扫描系统

电子辐照加速器的电子束以束团的形式从加速管出口处单方向射出,在工业应用场合,为了保证辐照效率和满足被辐照物品的辐照宽度,使得被辐照物表面各点均能得到辐照,须对电子束进行横向扫描展宽,并同时移动辐照产品来实现对物品的流水辐照。因此必须在加速管出口与扫描盒之间放置扫描磁铁。扫描磁铁电源输出的电流波形为三角波,磁场大小、方向随时间变化,从而把束流均匀扫开。加速器电子束扫描的均匀性以及扫描宽度对材料的辐照改性、辐照加工至关重要,直接影响材料的性质、辐照加工能力,因而必须保证扫描宽度达到设计要求。电子束扫描的均匀性也要控制在规定范围内,从而提高辐照加工的质量。

电子束能量为 10 MeV 的偏转磁刚度为

$$BR = \frac{10^4}{3}\sqrt{(2E_0 + W)W} = 34\,995\,\text{Gs} \cdot \text{cm} \tag{3-4}$$

式中,E_0 为电子静止能量,W 为电子束能量,R 为偏转半径,B 为磁感应强度。考虑到磁铁的边缘场效应,根据经验公式估算,当铁芯不过分饱和时,对于工作气隙为 g 的二级磁铁,铁芯长度 L_{core} 与磁场的等效长度 L_{eff} 的关系为[4]

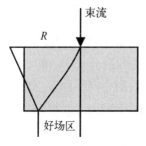

图 3 - 32 扫描磁铁内束流运动的几何关系

$$L_{core} = L_{eff} - (1 \sim 1.15)g \qquad (3-5)$$

如果扫描磁铁的磁极厚度 b 为 120 mm,图 3 - 32 中的长方形为扫描磁铁的极头,束流通过扫描磁铁发生偏转,偏转半径为 R,考虑边缘场效应,根据几何关系,计算得出好场区为 30 mm,于是取磁极宽度 a 为 40 mm。

根据偏转角的要求及磁极厚度并考虑边缘场效应,可计算出偏转半径为

$$R = \frac{c+d}{\tan\left(\dfrac{\theta}{2}\right)} = \frac{60+24}{\tan 15°} = 313 \text{ mm} \qquad (3-6)$$

式中,$c = \dfrac{b}{2}$(b 为磁极厚度);$d = \dfrac{g}{2}$(g 为工作气隙);θ 为偏转角度。再根据偏转磁刚度 $BR = 34\,995\,\text{Gs} \cdot \text{cm}$,可得出磁场强度 $B = 1\,118\,\text{Gs}$。

导体的电流密度大小 j 取决于励磁电流 I 和线圈导体有效截面面积 S_c,即 $j = \dfrac{I}{S_c}$。磁铁励磁电流密度大小的选择有一个原则性的问题。磁铁总费用主要包括磁铁设备费用和磁铁运行费用。选用的电流密度高,可以使励磁线圈的尺寸减小,进而可使磁铁尺寸减小,磁铁设备价格降低。但是,电流密度越高会使磁铁励磁功率损耗越大,这将导致磁铁运行费用的增加。相反,选用的电流密度低,可使励磁线圈的尺寸增大,进而可使磁铁尺寸增大,导致磁铁设备价格的升高;而磁铁励磁功率损耗降低可使磁铁运行费用减少。对于实心导体,考虑到线圈发热限制,通常电流密度取 $1\,\text{A/mm}^2$,并且最大不宜超过 $1.5\,\text{A/mm}^2$。

3.1.7 真空系统

真空是指在指定的空间内气体分子密度低于一个标准大气压下的气体分子密度的气体状态。气体分子密度与表示气体宏观状态的物理量压力存在着

正比的关系,不同的真空状态意味着该空间具有不同的分子密度,而度量其压力也就有差别,因此一般可以用压力来描述真空的状态。压力高则表示真空度低,而压力低则表示真空度高。

加速器内电子的产生、加速和传输需要真空度很高的环境,以避免其与气体分子发生碰撞损失等问题。加速管以及束流传输管道中的静态真空压力要求低于 1×10^{-5} Pa,动态真空压力低于 5×10^{-5} Pa,扫描盒处真空压力低于 1×10^{-4} Pa。为了获得加速管和束流输运线内的超高真空环境,可在加速管入口加一个 50 L/s 的钛泵,在加速管出口、扫描盒 1 以及扫描盒 2 上各加一个 100 L/s 的钛泵,在漂移管道上加一个 50 L/s 的钛泵。在加速管出口接一个六通管,提供分子泵机组预抽接口和真空测量接口。扫描盒上接有角阀,以提供分子泵机组预抽接口。

方便可靠的真空系统中真空泵的选择是一个关键问题,特别是加速管入口、加速管出口以及扫描盒的真空泵的选取。在主泵选取的过程中,还要注意从低真空到高真空的过程中,不能只用一种泵,所以需要按照以下原则进行:在粗真空范围内用适应粗真空和低真空的泵,在低真空范围内用低真空泵,而在高真空或超高真空范围内用高真空泵或超高真空泵。有些泵可直接排气到大气或直接从大气开始抽气,而有些泵只能从某一种程度的低压力下开始工作或向某一种低压力环境排气;某些泵对被抽气体有选择性,为了更好地对多种主要气体抽气,有时需用两种或几种类型的泵;不同的泵在不同的压力范围内工作,需逐级过渡,以便使工作范围从极低的压强到大气压强。有些真空系统因需要大抽速而同时使用多个真空泵,相应的就有各种真空泵的选配和连接的问题。压力从低到高逐级抽气的几种真空泵应分主次,主泵的极限压力低于辅泵,主辅两种泵串联工作。极限压力接近的不同真空泵可以并联使用,而极限压力相差很大的不同真空泵一般不能并联同时工作,但可以并联依次工作(先工作的泵称为辅泵,工作完成后用阀门隔离,再由主泵继续工作使压力进一步降低)。

选取主泵不能只追求某一项指标,必须根据使用条件综合考虑。主泵的选择主要依据以下四个方面。

(1) 根据真空室所需建立的极限真空确定主泵的类型。选取主泵的极限真空通常要比真空室要求的极限真空高半个数量级到一个数量级。这种考虑应用在真空系统气源不大(工作时不充入工作气体、工作时无大的热放气源等情况)的条件下。

（2）根据真空室进行工艺时所需要的工作压力选择主泵。

（3）根据环境要求、工作条件、工作要求选择主泵。

（4）根据泵的最佳抽速的压力范围以及其他特性选择主泵，如极限压力、抽速前级压力及其他的工作介质和工作特性、经济因素等。真空室的工作压力一定要保证在主泵最佳抽速的压力范围内。所需要的主泵抽速由工艺中充入或放出的气体量、系统漏气量及所需达到的工作压力来确定。

3.1.8 水冷系统

加速器在工作的过程中产生大量的热量，这些热量需要通过水冷系统带走，否则会影响加速器的正常运行。加速管产生的热量如果不及时带走会导致加速管的热变形，从而导致腔体的谐振频率变化，微波功率损耗增大，甚至微波不能馈入加速管。

在常温冷却的范围内，加速器的冷却系统主要有两种：一种是恒温冷却，它的冷却范围主要为 15～40℃，温控的精度可以达到±0.1℃，一般为±（1～3）℃；另一种为普通冷却，它的冷却精度比较低，不能实现加热的功能，而且冷却的温度与冷媒的温度和空气的温度有很大关系，通常使用空气冷却，它的冷却温度与环境的温度有很大关系。根据加速器的运行要求，冷却系统需要采用恒温冷却方式。

恒温冷却系统是通过加热和制冷的方法使水温恒定在一定的温度范围内，以使被冷却对象的温度也恒定在一定的温度范围内。这种冷却系统的特点就是冷却温度的精度比较高。一般使用的恒温冷却系统都有以下几种：具有前馈调节系统的恒温水冷系统；具有复合调节系统的恒温水冷系统；具有串级调节系统的恒温水冷系统。采用了前馈调节系统（旁路调节）的恒温水冷系统的特点是，在水泵的出口处加一个旁路阀门，经过冷却的水从水泵出来后，部分回到水箱内，与水箱内的水重新混合。它避免了"散件组装式"的杂乱、占地面积大的缺点，同时，调节系统的操作简单，其费用也比连续的调节系统费用低很多。

加速器中需要冷却的部件有十几个，总的冷却功率相对比较大，各个部件的冷却要求（主要是水流量、冷却功率和冷却温度）不一样，需要根据其不同要求进行设计。恒温水冷机组的结构原理如图 3-33 所示，主要由冷却水循环系统、制冷循环系统和控制系统三部分组成。

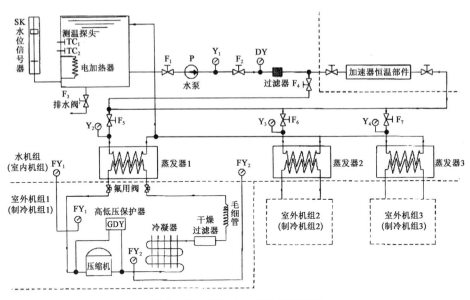

图 3－33　恒温水冷系统结构原理

3.1.8.1　冷却水循环系统

水循环系统是以水泵为动力,将水从水箱中抽出,经过过滤器、加速管和蒸发器后回到水箱。冷却水与制冷系统及加速管进行热交换,使加速管运行在恒定的温度范围内。

冷却水循环系统主要由水泵、加速器热负载、蒸发器(换热器)、水箱、管路组件、监测仪表、阀门、电加热器、水过滤器、液位信号器及温控仪等组成。水泵的作用是保证恒温水流的流量和压力能够满足加速器使用的要求。为了保证水质不受污染,通常采用去离子水,水泵选用不锈钢水泵。储水箱的作用就是使温控系统中的恒温水源有一定的蓄冷和蓄热的功能,保证水源的温度在负载变化时有一定的稳定性。换热器的作用就是使水降温,当水流经换热器时,与换热器内部的制冷剂进行热交换,将热量传递给制冷剂,使得自身的温度降低。

工作流程如下：水箱中的水经过水泵抽出,随后经过加速器的负载,水吸热升温,再经过蒸发器换热降温,回到水箱,从而形成循环。

恒温冷却系统的工作原理如图 3－34 所示。电控系统读取温

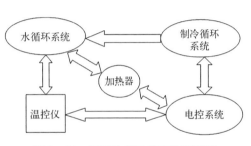

图 3－34　恒温冷却系统工作原理图

控仪的数据,得到水循环系统的水温,当水温超出了设定的值时,它就会发出指令给制冷循环系统,从而启动制冷机组,使得水温回到控制的范围内;相反,如果得到水循环系统的水温低于设定的值时,它就会发出指令给加热器,使得水温逐渐升高到控制的范围内。

管路的设计可分为设计型和操作型。这里的管路计算主要是设计型的,它主要就是在给定的输送任务(质量流量 V、输送距离 l、输送目标点的静压强 p 和垂直高度差 z)和流体的初始状态下,依据连续性方程和伯努利方程对流体输送机械进行设计或者优化操作计算,再结合管路的实际条件,合理地确定流速 u 和管径 d。表 3-5 列出了一些流体在管道中的常用流速。

表 3-5 流体在管道中的常用流速

流体种类及状况	常用流速范围/$(m \cdot s^{-1})$	流体种类及状况		常用流速范围/$(m \cdot s^{-1})$
水及一般液体	1~3	压力较高的气体		15~25
黏度较大的液体	0.5~1	饱和水蒸气	8 个大气压以下	40~60
低压气体	8~15		3 个大气压以下	20~40
易燃、易爆的低压气体(如乙炔等)	<8	过热水蒸气		30~50

选取的管道直径为 25 mm,材质为不锈钢。计算管道的流速如下:

$$u = \frac{4Q}{\pi d^2} = \frac{4 \times 4.2}{3\,600\pi \times 0.025^2} = 2.38 \text{ m/s} \quad (3-7)$$

通过流体雷诺数 Re 来判断流动的类型:

$$Re = \frac{d\rho u}{\mu} = \frac{2.38 \times 0.025}{10^{-6}} = 5.95 \times 10^4 \quad (3-8)$$

由于 $Re > 4\,000$,流动处于湍流区。

计算管道的摩擦阻力:由于流动处于湍流区域,摩擦阻力还与 $\dfrac{\varepsilon}{d}$ 有关,管道为不锈钢管道,取 $\varepsilon = 0.1$ mm,则有

$$\frac{\varepsilon}{d} = \frac{0.1 \times 10^{-3}}{0.025} = 4 \times 10^{-3} \quad (3-9)$$

根据 Re 与 $\dfrac{\varepsilon}{d}$ 的数值,查摩擦系数图,得到 $\lambda = 0.031$,则

$$h_f = \lambda \cdot \frac{l}{d} \cdot \frac{u^2}{2g} = 0.031 \times \frac{40}{0.025} \times \frac{2.38^2}{2g} = 14.33 \text{ m} \qquad (3-10)$$

式中,g 为重力加速度,$g = 9.8 \text{ m/s}^2$。

计算管道的局部阻力:管道的大小不变,但是在设计管路的过程中,管路中安排有 2 个球阀和 2 个闸阀以及 20 个 $90°$ 的弯头,阀门均为全开状态。则

$$h_f' = \xi \frac{u^2}{2g} = (4 \times 0.17 + 20 \times 0.75) \times \frac{2.38^2}{2g} = 4.53 \text{ m} \qquad (3-11)$$

管道的总阻力,即总压头损失为

$$\sum h_f = h_f + h_f' = 14.33 + 4.53 = 18.86 \text{ m} \qquad (3-12)$$

计算输送机械水泵的扬程:根据理论分析得知,水泵的扬程就是管道中的总压头损失与设备的压头损失的总和。由于加速管中的压头损失为已知,$h = 25 \text{ m}$。则水泵的扬程为

$$H = \sum h_f + h = 18.86 + 25 = 43.86 \text{ m} \qquad (3-13)$$

根据扬程和流量的数据就可以选定水泵的类型。在实际操作过程中,由于存在很多的不确定性因素,一般将扬程和流量的数值都乘以一个系数,以保证在实际运行过程中能够很好地满足指标。

3.1.8.2　制冷循环系统

制冷循环系统是由制冷压缩机、冷凝器、过滤器、膨胀阀或毛细管以及蒸发器组成的一个封闭的循环系统。它以全封闭压缩机为动力,冷媒(R22)经冷凝器、膨胀阀、蒸发器进行逆卡诺循环,冷媒通过冷凝器、蒸发器进行能量交换,不断地对温度较高的循环水进行冷却,直到循环水的温度达到设定的要求为止,从而对循环水进行冷却。

3.1.8.3　控制系统

控制系统由温度控制器、交流接触器、中间继电器、可编程控制器、氟压控制器、水流控制器、气压表、水压表、水位控制器及指示灯与开关等元器件组成,以实现水冷系统正常运行所必需的控制逻辑及安全保护功能。该系统不仅能使得恒温水的控制温度与温度在一定的范围内可调,而且还有一套完整

的故障报警和故障联锁功能。当温控机组出现各种故障时,该系统能够及时准确地通知加速器的主控系统,并做适当的停机处理。温控机组的故障一般包括以下几个方面:水温的高低异常、水压与水流的异常、水位的高低异常以及氟压的异常等。当水温、水压、水位及水流异常的其中任何一个报警时,控制系统都会对水系统做停止运行的处理;当发生氟压故障时,控制系统会对制冷系统做停机处理。水冷系统运行时的温度变化曲线如图 3-35 所示,其基本的原理如下。

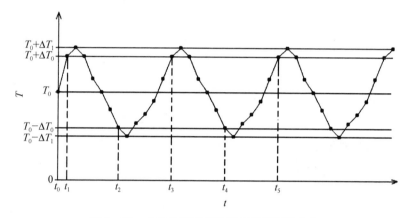

图 3-35　水冷系统运行时温度随时间的变化

在初始时刻 t_0,水的温度为中心温度 T_0,随着加速器的运行,水的温度逐渐升高,到达 t_1 时刻时,水温为 $T_0 + \Delta T_0$,此时制冷机组开始启动。在制冷机组制冷的情况下,刚开始的过程中,温度还将继续上升到最高值 $T_0 + \Delta T_1$,随后便慢慢下降。当到达 t_2 时刻时,水温为 $T_0 - \Delta T_0$,此时制冷机组停止制冷。但是由于惯性的作用,温度还将继续下降,当温度下降到最低值 $T_0 - \Delta T_1$ 时,由于加速器还在运行,温度将逐渐上升。当到达 t_3 时刻时,水温重新回到 $T_0 + \Delta T_0$,此时制冷机组重新开始启动,直到 t_4 时刻,温度降到水温为 $T_0 - \Delta T_0$,此时制冷机组停止制冷。这样冷却系统就完成了一次循环工作的过程。

如果初始时刻的水温不在中心温度 T_0,假设初始的温度在 $T_0 - \Delta T_0$ 以下,则恒温冷却系统中的加热器会立即启动,温度也将逐渐升高,当温度达到 $T_0 + \Delta T_0$ 时,加热器停止运行。

此外,在计算机控制模式下,将控制程序和数据库集成,将系统工作数据导入数据库,可以用来查询工作记录及历史工作数据,给监视及维修维护提供了方便,还可以通过网络实现异地远程监视功能,在有授权的前提下,能够对整个系统的工作情况进行监视。网络的实现方式有局域网(TCP/IP 协议)、固定电话网、移动通信网。

3.1.9　加速器控制系统

高能电子直线加速器是用来产生电子束或 X 射线源的装置,它由加速器控制系统控制,而束下传输装置负责传送用于辐照研究的物品,也是在控制系统的控制下运行的。为了使引出的电子束或 X 射线满足应用要求,操作人员通过控制系统对各个分系统进行控制,协调各个系统的功能和运行。控制系统主要由加速器控制系统、束下传输装置控制系统、辐射防护安全控制系统以及远程诊断控制系统四大部分组成,需具备如下特点。

(1) 可靠性:确保实验数据采集的完整性、采集数据记录的正确性及存储的可靠性;系统硬件平台电信号连接具备高的可靠性,具有连接信号隔离等保护措施。

(2) 可定制性:系统能根据用户需求进行现场软、硬件模块,采集状态,存储,处理,显示等具体项目的定制,可动态进行工作状态的配置。

(3) 可扩展性:体系结构是可扩展的,可以根据工程的需求和使用情况在原有系统上进行软、硬件的有机扩展。

(4) 实时性:数据采集、记录和实时分析系统按照定制采集测试方案进行实时的数据采集和数据记录,并能进行在线实时分析显示。

(5) 先进性:动态集成系统选型,硬件系统采用网络化平台。

采用可编程控制器 PLC 对加速器系统进行控制,方便软件与硬件的结合以实现系统的简化和功能的增强。采用光纤网络互联可实现高压隔离、抗干扰的功能,同时使子系统的信号输入距离缩短,防止因信号长距传输可能引起的失真、畸变、干扰。网络通信使各 PLC 成为一个整体,信号交换通过数字化通信实现,基于安全考虑,除必要的极少数的电缆(急停、快速保护),其余均通过通信实现。软件随加速器研制阶段的进展实现子系统调试、联合调试、正常运行、故障处理、元件更换、校准测试等功能,可实现外电停电的自动处理和恢复。控制系统还有远程通信专家维护、数据库记录功能。

加速器的控制与安全保护系统由可编程控制器 PLC 组成,可自动实现加速器开机、出束、停出束、停机的逻辑程序控制;可对加速器进行状态监控和参数设定,并具有安全联锁保护功能,发生异常情况时,该控制系统可自动切断加速器高压,确保人员与设备安全,并显示故障状态。

控制系统的监控内容包括监测真空、磁场、直流高压、灯线电压/电流、水温、流量、气压、束流等；安全联锁提供真空、磁场、灯丝电压/电流、水温、水压、气压、反峰过荷、充电过流、无触发等方面的保护；调制器、水冷系统、加速管与速调管设有分控 PLC，各分控 PLC 与总控 PLC 通信，再与计算机通信，可自动实现加速器开机、出束、停出束、停机的逻辑程序控制，可对加速器进行状态监控和参数设定，并具有安全联锁保护功能。同时具有数据库、远程诊断与维护功能。提高加速器装置运行的稳定性和可靠性，降低维护成本和维护时间。

控制系统可采用分布式的计算机控制，将加速器控制系统分成一些相对独立的子系统，各子系统又带有自己的远程数据采集终端。各个子系统能比较均等地分担控制功能，独立地发挥自身的控制作用，又能相互配合，在彼此通信协调的基础上实现系统的全局管理。这种方案具有资源共享、速度快、可扩充性好、可靠性高、便于安装等优点。系统具备远程访问的功能，其主要的功能是远程监视及维护，因此选用广域网（WLAN）或局域网（LAN）的连接模式，通过 TCP/IP 协议，采用客户端/服务器（C/S）的方式访问。

控制系统分为三级架构：加速器设备级、监测与控制级、用户管理级。采用工业以太网及工控总线技术将各设备连接起来，构成一个稳定、易于扩充升级的硬件环境。软件系统实现了对各种输入、输出量的监视控制功能，按照成熟的控制逻辑来控制加速器，保证加速器安全稳定地运行；提供多种控制方式或模式，以满足调试、运行各个阶段对控制的要求；通过与数据库的连接，实现对数据的读取、回放等；还提供远程访问端口，实现了远程监视、会诊功能。

加速器设备级是加速器的硬件设备，是保证加速器设计目的的基本所在。加速器设备级按功能划分为若干个分系统，如调制器系统、速调管系统、恒温系统、磁场系统、真空系统、传送系统、安全联锁、配送电系统等。这些分系统将由监测与控制级来监控，可以分别进行控制和调试，再由监测和控制级将各个分系统连接，构成一个整体。由于采用了 PLC 控制，可以简化其中的部分电路，本级设备对控制的要求是安全、稳定和高可靠性。

控制系统按功能分为 8 个部分：本地监控系统、远程监视系统、调制器系统、速调管系统、恒温水冷系统、普通水冷系统、磁场系统、传送系统。各分系统有各自的控制单元及逻辑状态。

PC 机作为上位监控机，把加速器的各个参数通过显示器友好地展示给操作者，使操作者可以直观地操作加速器、监视加速器的工作状态，同时又可以在线修改加速器的工作参数，使加速器适合各种工作要求。

控制界面可分为三个主要区域。

（1）加速器运行控制按钮区　提供待机、启动、出束、停束、停启动、停待机、复位操作按钮，使操作者直观、方便地控制加速器的运行。

（2）加速器运行参数监测区　监测的参数包括直流高压、钛泵电流、灯丝电流和外触发频率等。通过对这些参数的监测，操作者可及时地了解加速器的工作情况，发现问题并及时解决，以免酿成大的故障或造成加速器元件的损坏。

（3）加速器运行状态及故障显示区　形象直观地告知操作者加速器处于何种工作状态，是否有设备与安全联锁故障，以便操作者及时排除相应的故障。其中，运行状态包括待机状态、启动状态、出束状态。设备与安全联锁故障包括真空、水系统、无触发、充电过流、反峰过荷、厅门、柜门。

3.1.10　安全联锁系统

电子直线加速器是一个非常复杂的装置，装置中的任何一个部件出现故障都会导致加速器整机运行的问题。由于加速器的部件很多，人工的方法不可能及时判断故障点并进行处理，因此在建造加速器的时候就需要对一些关键的故障点设置自动的联锁保护。安全联锁系统除了对设备进行安全联锁保护外，还需要对人员进行安全联锁保护。

3.1.10.1　设备安全联锁

电子直线加速器是一台有源设备，只有在通电并加高压的情况下才能产生电子束及 X 射线。一旦切断电源，加速器停止工作，就不会有任何射线产生。对于能量低于 10 MeV 的电子直线加速器，也不存在感生中子问题，因此断电后对人不会有任何危险。但由于加速器出束时产生较强的电子束及 X 射线，因此加速器的主机房和辐照厅属于辐射区，须严格按国家辐射防护的要求设计屏蔽，确保工作区域和周围环境中的剂量符合国家辐射防护的有关规定。为了保证人员与设备的安全，操作人员必须了解该加速器的安全联锁系统、紧急情况处理、一般的维护与检修，并遵守加速器的安全操作规程。

（1）真空联锁：若微波波导内、速调管内、加速管内、束流输运管道内的真空度低于设定值，则加速器无法开机或处于运行状态的加速器立即停机，相应的故障灯亮。

（2）微波系统联锁：若微波波导与加速管发生射频电击穿或微波反射大于设定值，则迅速切断速调管的激励、速调管的高压和电子枪的高压，加速器停止出束,相应的故障灯亮。

(3)气压联锁:若微波波导内的气体压强超出设定的范围,则加速器无法开机或处于运行状态的加速器被迅速切断速调管的高压和电子枪的高压,加速器停止出束,相应的故障灯亮。

(4)束流聚焦联锁:若聚焦线包电源的输出电流和电压超出设定的范围,则加速器无法开机或处于运行状态的加速器被迅速切断速调管的高压和电子枪的高压,加速器停止出束,相应的故障灯亮。

(5)束流扫描联锁:若扫描磁铁电源的输出电流和电压超出设定的范围,则加速器无法开机或处于运行状态的加速器被迅速切断速调管的激励、速调管的高压和电子枪的高压,加速器停止出束,相应的故障灯亮。

(6)高压电源系统联锁:若速调管的高压脉冲调制器和电子枪的高压电源发生故障,如过压或过流、反峰过荷、无触发、闸流管连通、柜门打开等,则加速器无法开机或处于运行状态的加速器被迅速切断速调管的高压和电子枪的高压,加速器停止出束,相应的故障灯亮。

(7)水冷系统联锁:若加速器的水冷系统发生故障,如制冷机组故障,水压、水温或水流量超出设定的范围,则加速器无法开机或处于运行状态的加速器被迅速切断速调管的高压和电子枪的高压,加速器停止出束,相应的故障灯亮。

(8)加速器状态联锁:若加速器的预热时间未到时,相应的待机状态灯亮,此时计算机操作界面上无出束按钮,加速器出不了束。预热完毕后,加速器无任何故障时,相应的加速器准备就绪,状态灯亮,此时计算机操作界面上才会出现出束按钮,按出束按钮,加速器出束。这可有效防止操作人员误操作。

(9)束下装置联锁:若束下装置发生故障,则加速器无法开机或处于运行状态的加速器被迅速切断速调管的高压和电子枪的高压,加速器停止出束,相应的故障灯亮。

3.1.10.2 人身安全联锁

电子直线加速器是一种综合性的机电设备,涉及高压、微波、X射线、高压气与水等,若不按照加速器的安全操作规程操作,则有可能对人员和设备造成伤害。例如,不事先完成高压放电就进行调制器的维修,就有可能发生触电事故;不事先设置好辐照要求的参数,就可能造成辐照品接受的辐照剂量超标;随意修改某一项联锁控制(如门联锁控制),有可能发生人员伤害事故。一旦发生事故,应立即报告主管部门,事后查明原因,总结经验,杜绝此类事故的再次发生。

（1）门开关联锁：在加速器主机厅人员通道迷宫口、加速器辐照厅人员通道迷宫口、辐照厅被照物品进出口设有门开关和门锁控制的门联锁，任何人必须有钥匙才能进入。加速器开机前，最后一位人员出去后必须关门，否则报故障，加速器开不了机。若有任何一个门开启就迅速切断速调管的高压和电子枪的高压，加速器停止出束，相应的故障灯亮。

（2）巡检开关：加速器开机前，加速器操作人员必须巡查加速器辐照厅，依次通过设置的巡检开关并复位，确保加速器辐照厅内无人逗留，否则报故障，加速器开不了机。

（3）钥匙联锁：任何人进入加速器主机厅和辐照厅，必须在控制台将钥匙拿走，此时加速器开不了机。只有将钥匙插入控制台钥匙孔，加速器才能开机出束。

（4）急停联锁：在加速器主机厅内和辐照厅内设急停拉线开关，在控制室内设急停钮。当出束警铃响时，万一有人逗留在加速器主机厅内和辐照厅内或操作人员发现紧急情况时，可拉急停拉线开关或按急停钮终止出束。

（5）高压防护：由于调制器柜内有高压设备，一旦柜门打开，就可切断高压，同时储能电容放电，确保人身与设备安全。

（6）射频防护：射频源、波导和加速管组成了一个全密封的金属波导系统。由于工作频率为 2 856 MHz，趋肤深度仅为 1.23 μm，因此射频不会泄漏。如果因焊缝出现裂纹造成泄漏，气压或真空度就会下降，安全联锁装置就会立即切断加速器电源。因此，加速器运行时不会发生射频泄漏而对人造成伤害。

（7）警灯警铃：加速器主机厅和辐照厅除装有门联锁与急停联锁外，还安装了警灯警铃。加速器出束前，警铃响 30 秒，警示加速器进入准备出束状态。此时万一有人停留在主机厅和辐照厅内，可按急停钮，切断加速器电源。加速器出束后，警灯闪亮，警示此处有射线装置在运行，任何无关人员不要在此处逗留。

（8）剂量监测：在控制间、设备间通往主机厅的入口处、辐照厅的迷宫入口处和辐照货物的出入口处分别安装有固定式 γ 射线监测仪，并配备有手持式剂量监测仪。若出现剂量异常情况，可切断加速器电源。

（9）摄像监视：在加速器辐照厅与主机厅内安装有摄像头，监视设备运行与环境情况。加速器操作人员开机前通过视频图像查看辐照厅与主机厅内情况，确保该区域无人。若出现异常情况，可切断加速器电源。

（10）设对讲机：在主机厅、辐照厅、设备间设对讲机，出束前两分钟，由控制室通过对讲机通知做好出束准备。

（11）设置灭火器：加速器设备间设有 CO_2 灭火器，供紧急救火用。

3.2 电子直线辐照加速器性能参数测试

电子直线辐照加速器在运行、调试或验收时，需要对电子束的指标进行测量，包括束流能量、束流强度、束流功率、束斑、扫描均匀性等参数。

3.2.1 束流能量

电子束流能量的测量一般采用叠层法，其原理是利用不同电子束流能量在材料中的穿透深度不同，通过测量出电子束的射程来推导出电子束流能量。叠层法分为均匀叠层法和交替叠层法两种。

均匀叠层法根据束流能量，选用薄膜剂量计本身或盖玻片或载玻片叠成大于或等于束流实际射程 R_p 的 1.5 倍厚度，如图 3-36(a)[5] 所示。薄膜剂量计较适用于 $E_e \leqslant 0.3$ MeV 的情况，也可以用分压电阻乘以电流值来计算电子束流能量。

交替叠层法用薄膜剂量计和一定厚度的吸收材料交替层叠到总厚度大于或等于 1.5 倍的束流实际射程 R_p，如图 3-36(b) 所示。

为了防止散射束的影响，叠层应置于辐照盒内，如图 3-36(c) 所示。

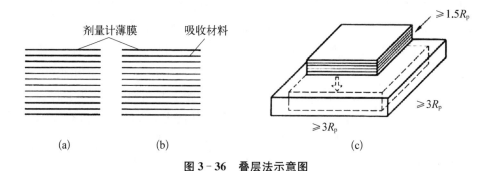

图 3-36 叠层法示意图

(a) 均匀叠层法；(b) 交替叠层法；(c) 辐照盒

在用水或其他等效材料作为测量束流射程的测试模块时，E_p 与 R_p 的关系如下[5]：

$$E_p = 0.22 + 1.98R_p + 0.0025R_p^2 \qquad (3-14)$$

式中，E_p 是束流可积能量，单位为 MeV；R_p 是束流实际射程，单位为 g/cm²。测量模块材料可以采用铝、水或聚乙烯，表 3-6[5] 中列出了这三种材料的射程。

表 3-6　能量在 0.1 MeV≤E_p≤10 MeV 范围内的 E_p-R_p 关系表

E_p/MeV	0.1	0.15	0.2	0.3	0.5	0.7	1.0	2.0	3.0	5.0	10.0
R_p(水)/ (g·cm⁻²)	0.012	0.025	0.039	0.075	0.158	0.251	0.398	0.918	1.45	2.52	5.18
R_p(铝)/ (g·cm⁻²)	0.013	0.025	0.04	0.075	0.258	0.249	0.396	0.912	1.44	2.52	5.18
R_p(聚乙烯)/ (g·cm⁻²)	0.012	0.024	0.038	0.073	0.156	0.249	0.396	0.912	1.44	2.50	5.14

根据电离粒子的阻止本领与射程的对应关系，用玻璃（Si）片叠层辐照致色方法做束流射程的测试，在 0.5 MeV≤E_p≤10 MeV 的范围内用式（3-11）确定 E_p 值是合适的且已被实验所证实。玻璃片宜用厚度 $h=0.17$ mm 的盖玻片，其密度 ρ 为 2.38～2.40 g/cm³；$E_p>5$ MeV 的测量也可用载玻片，其厚度 h 为 0.8 mm，密度 ρ 为 2.45～2.46 g/cm³。用玻璃致色法测 E_p 与 R_p 的关系有测量过程快捷简易的优点，也有足够高的测量精度，测量精度约为 $\dfrac{h}{2}$。

束流能量测量值与随机文件标称的束流能量值的偏差计算公式[5]为

$$\frac{\Delta E_p}{E_{ps}} = \frac{E_{ps} - E_{pav}}{E_{ps}} \times 100\% \qquad (3-15)$$

式中，ΔE_p 是束流能量变量；E_{ps} 是随机文件标称的束流能量值，单位为 MeV；E_{pav} 是第 n 次测量束流能量的平均值，单位为 MeV。$E_{pav} = \left(\sum\limits_{i=1}^{n} E_{pi}\right)/n$，$E_{pi}$ 为第 i 次束流能量的测量值，单位为 MeV。束流能量不稳定度计算公式[5]为

$$\frac{\Delta E_p}{E_{pav}} = \frac{1}{E_{pav}} \sqrt{\frac{\sum\limits_{i=1}^{n} (E_{pav} - E_{pi})^2}{n-1}} \times 100\% \qquad (3-16)$$

3.2.2　束流强度

平均束流强度测量电路如图 3-37[5] 所示。

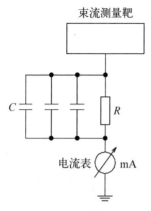

图 3 - 37 平均束流测量电路图

图中 RC 时间常数应比脉冲束流周期 T 大 10 倍左右。周期脉冲束流也可采用经校准的快速采样存贮示波器、AD 转换数字积分、PC 系统,通过测量跨接于测试靶与地之间的精密电阻的端电压,换算成束流扫描在参考面上的平均束流强度。测量次数 $n \geqslant 5$,每次测量的时间间隔为 10 分钟。

束流强度测量值与随机文件标称束流强度值的偏差计算公式如下[5]:

$$\frac{\Delta I_{\mathrm{e}}}{I_{\mathrm{es}}} = \frac{I_{\mathrm{eav}} - I_{\mathrm{es}}}{I_{\mathrm{es}}} \times 100\% \qquad (3-17)$$

式中,ΔI_{e} 是束流强度变量;I_{es} 是随机文件标称平均束流强度值,单位为 mA;I_{eav} 是第 n 次测量束流强度的平均值,单位为 mA。$I_{\mathrm{eav}} = (\sum_{i=1}^{n} I_{\mathrm{ei}})/n$,$I_{\mathrm{ei}}$ 为第 i 次平均束流强度的测量值,单位为 mA。束流强度不稳定度计算公式如下[5]:

$$\frac{\Delta I_{\mathrm{e}}}{I_{\mathrm{eav}}} = \frac{1}{I_{\mathrm{eav}}} \sqrt{\frac{\sum_{i=1}^{n} (I_{\mathrm{eav}} - I_{\mathrm{ei}})^2}{n-1}} \times 100\% \qquad (3-18)$$

3.2.3 束流功率

电子束的束流功率平均值计算公式为[5]

$$P_{\mathrm{eav}} = \frac{1}{\mathrm{e}} E_{\mathrm{pav}} I_{\mathrm{eav}} \qquad (3-19)$$

式中,P_{eav} 是束流功率平均值,单位为 kW。

随机文件标称束流(平均)功率为

$$P_{\mathrm{es}} = \frac{1}{\mathrm{e}} E_{\mathrm{ps}} I_{\mathrm{es}} \qquad (3-20)$$

式中,P_{es} 是随机文件标称束流(平均)功率,单位为 kW。

束流功率测量值与随机文件标称束流功率值的偏差计算公式为[5]

$$\frac{\Delta P_e}{P_{es}} = \frac{P_{es} - P_e}{P_{es}} \times 100\% \tag{3-21}$$

式中，ΔP_e 是束流功率变量；P_e 是束流功率，单位为 kW。

束流功率不稳定度计算公式为[5]

$$\frac{\Delta P_e}{P_{eav}} = \frac{1}{P_{eav}} \sqrt{\frac{\sum_{i=1}^{n}(E_{pav} - E_{pi}) \times \sum_{i=1}^{n}(I_{eav} - I_{ei})^2}{n-1}} \times 100\% \tag{3-22}$$

3.2.4　束斑

预置薄膜剂量片于参考面束流轴线位置，在无扫描展宽条件下，短时间出束。控制出束时间，以使剂量片束斑面积内的剂量分布都在剂量片剂量测量的线性范围内。由薄膜剂量测量系统测得吸收剂量径向分布，求得束斑直径 φ_e。

测量次数 $n > 1$，各次测量间隔时间约为 10 分钟，束斑直径测量值与随机文件标称束斑直径的偏差计算公式为[5]

$$\frac{\varphi_e}{\varphi_{es}} = \frac{\varphi_{es} - \varphi_{eav}}{\varphi_{es}} \times 100\% \tag{3-23}$$

式中，φ_e 是束斑直径，单位为 mm；φ_{es} 是随机文件标称的束斑直径，单位为 mm；φ_{eav} 是第 n 次测量束斑直径的平均值，单位为 mm。$\varphi_{eav} = \left(\sum_{i=1}^{n} I_{ei}\right)/n$，$\varphi_{ei}$ 为第 i 次平均束斑直径的测量值，单位为 mm。

3.2.5　扫描均匀性

电子加速器装置达到热平衡后，在参考面上由不少于 9 根材质相同、直径为 15 mm 的铝棒或铝管均匀排列组成的分布靶测量扫描宽度内的束流分布。铝棒最上面母线应在参考面上并平行于 y 方向，铝棒的长度和运动位置应覆盖整个束斑尺寸。各铝棒直径的最大偏差应小于或等于 0.1 mm。使电子加速器装置在各额定脉冲重复率（连续束流无此条件）和扫描频率条件下输出束流扫描，测量同一时刻各铝棒截获束流所输出的电流强度 I_o，获得 I_o 的最大值 I_{omax} 和最小值 I_{omin}。束流在 x 方向的扫描不均匀度 U_x 为[5]

$$U_x = \frac{I_{\text{omax}}}{I_{\text{omin}}} \qquad (3-24)$$

在参考面上放置一块能由束下装置带动的非金属板,将薄膜剂量片均匀分布在板上的扫描宽度范围内。引出束流后,束下装置带动贴有剂量片的板移动并通过束流引出窗,使其接受束流照射。测量剂量片上剂量 D,取其最大值 D_{max} 和最小值 D_{min},则不均匀度 U_x 为[5]

$$U_x = \frac{D_{\text{max}}}{D_{\text{min}}} \qquad (3-25)$$

以合适的速率使铝棒沿 x 方向移动,在整个移动过程中均应保证铝棒轴线平行于 y 方向,并且最上面母线始终处于同一参考面。用采样存贮示波器(或函数记录仪)测出铝棒移动全程的 I_o 与其坐标 x 的关系曲线,并读得 I_{omax} 和 I_{omin}。U_x 按式(3-24)计算。

3.2.6　束下装置传输速度

传输速度测量值与随机文件标称传输速度值的偏差计算公式[5]为

$$\frac{\Delta v_{\text{p}}}{v_{\text{ps}}} = \frac{v_{\text{ps}} - v_{\text{pav}}}{v_{\text{ps}}} \times 100\% \qquad (3-26)$$

式中,Δv_{p} 是传输速度变量;v_{ps} 是随机文件标称传输速度值,单位为 m/min;v_{pav} 是 n 次测量传输速度的平均值,单位为 m/min。$v_{\text{pav}} = \left(\sum_i^n v_{\text{pi}} \right) / n$,$v_{\text{pi}}$ 为第 i 次测量的传输速度值,单位为 m/min。传输速度不稳定度的计算公式[5]为

$$\frac{\Delta v_{\text{p}}}{v_{\text{ps}}} = \frac{1}{v_{\text{pav}}} \sqrt{\frac{\sum_{i=1}^{n} (v_{\text{ps}} - v_{\text{pi}})^2}{n-1}} \times 100\% \qquad (3-27)$$

3.2.7　束流扫描频率

在参考面扫描束中心线附近,置一根轴线平行于 y 方向、直径为 15 mm 的铝棒。在扫描束照射过程中,用已校正过时间轴的示波器观测铝棒在扫描束照射下的电流波形,可求得实测的扫描频率 f_{sw}。

测量次数 $n \geqslant 5$，每次测量的时间间隔为 10 min。束流扫描频率测量值与随机文件标称扫描频率值的计算公式[5]为

$$\frac{\Delta f_s}{f_{sw}} = \frac{f_{sw} - f_{sav}}{f_{sw}} \times 100\% \tag{3-28}$$

式中，Δf_s 是束流扫描频率变量；f_{sw} 是随机文件标称束流扫描频率值，单位为 Hz；f_{sav} 是 n 次测量束流扫描频率的平均值，单位为 Hz。$f_{sav} = (\sum_{i=1}^{n} f_{si})/n$，$f_{si}$ 为第 i 次测量的束流扫描频率值，单位为 Hz。

3.2.8　束流脉冲重复率的测量

脉冲型加速器应提供位于加速管出口处的无截获束流脉冲变压器，用已校正时间轴的示波器观测加速器出束时周期性束流脉冲波形。计算出束流脉冲重复率 N。测量次数 $n \geqslant 5$，每次测量的时间间隔为 10 min。束流脉冲重复率测量值与随机文件标称束流脉冲重复率值的计算公式[5]为

$$\frac{\Delta N}{N_s} = \frac{N_s - N_{av}}{N_s} \times 100\% \tag{3-29}$$

式中，ΔN 是束流脉冲重复率变量；N_s 是随机文件标称束流脉冲重复率值，单位为 pps[①]；N_{av} 是 n 次测量束流脉冲重复率值的平均值，单位为 pps。$N_{av} = (\sum_{i=1}^{n} N_i)/n$，$N_i$ 为第 i 次测量的束流脉冲重复率值。

参考文献

[1] 闫润卿,李英惠. 微波技术基础[M]. 3 版. 北京：北京理工大学出版社,2004.
[2] 陈娜. 紧凑型波导定向耦合器的研究[D]. 成都：电子科技大学,2014.
[3] 赵春晖,杨莘元. 现代微波技术基础[M]. 2 版. 哈尔滨：哈尔滨工程大学出版社,2003.
[4] 赵籍九,尹兆升. 粒子加速器技术[M]. 北京：高等教育出版社,2006.
[5] 中国国家标准化管理委员会. 辐射加工用电子加速器工程通用规范(GB/T 25306—2010)[S]. 北京：中国标准出版社,2011.

---

① pps 全称为 pulse per second,即每秒的脉冲数。

第4章

电子直线加速管设计技术

加速管是电子直线加速器的核心部件之一。高功率微波馈入加速管后,在加速管中激励起交变电磁场,进而将低能电子加速至更高能量。加速管的设计任务中,首先需要根据给定输入条件计算出合理的加速场分布、场相速分布等,以使电子能够在电磁场中合理有效地加速,即束流动力学设计;随后进行加速结构尺寸计算,使加速管内能够激励起束流动力学设计的电磁场,完成加速管的设计。

4.1 束流动力学设计

束流动力学研究的是电子束在加速管内的运动情况,对加速管的设计具有非常重要的影响。

4.1.1 动力学设计基础

研究进入加速结构的束流在电磁场环境下的运动过程,是加速结构的束流动力学设计的主要内容。

电子在直线加速器结构中的运动主要是在近轴电磁场内。在近轴空间中,各方向的电磁场分量可由麦克斯韦方程组推导,其表达式(正向行波 TM)如下[1-2]:

$$E_z(r, z, t) = \sum_{n=-\infty}^{+\infty} E_n I_0(k_{rn}r) \mathrm{e}^{\mathrm{j}(\omega t - k_{zn}z)} \tag{4-1}$$

$$E_r(r, z, t) = \sum_{n=-\infty}^{+\infty} E_n \frac{k_{zn}}{k_{rn}} I_1(k_{rn}r) \mathrm{e}^{\mathrm{j}(\omega t - k_{zn}z)} \tag{4-2}$$

$$B_\theta(r,\ z,\ t) = \sum_{n=-\infty}^{+\infty} E_n \frac{k}{ck_{rn}} I_1(k_{rn}r) \mathrm{e}^{\mathrm{j}(\omega t - k_{zn}z)} \tag{4-3}$$

式中,E_z 为轴向电场,E_r 为径向电场,B_θ 为辐向磁场,E_n 为 n 阶电场幅值,I_n 为 n 阶虚变量贝塞尔函数,k_{zn} 和 k_{rn} 分别为各项空间谐波 z 向和 r 向的传播常数,k 为自由空间传播常数。

可见,电子在加速过程中,通过一个加速单元长度 d 所获得的能量增益为

$$\Delta W = e \int_{-d/2}^{d/2} E_z(r,\ z,\ t)\mathrm{d}z = e \int_{-d/2}^{d/2} \sum_{-\infty}^{+\infty} a_n(r) \cos(\omega t - \beta_z z + \varphi)\mathrm{d}z \tag{4-4}$$

假定此粒子的速度 v 与第 n 次空间谐波的相速度 $v_{\mathrm{p}n}$ 相等,即

$$v = v_{\mathrm{p}n} = \frac{\omega}{\beta_n} \tag{4-5}$$

同时粒子仅在 z 轴上运动,则

$$\Delta W = e E_0 T_n d \cos\varphi \tag{4-6}$$

式中,E_0 和 T_n 分别为轴上的平均加速场强和渡越时间因子,相应的表达式如下:

$$E_0 = \frac{1}{d} \int_{-d/2}^{d/2} \sum_{-\infty}^{+\infty} (a_n)_{r=0} \cos\left(\frac{\beta_z z}{d}\right) \mathrm{d}z \tag{4-7}$$

$$T_n = \frac{(a_n)_{r=0}}{E_0} \tag{4-8}$$

故电子沿轴向的能量增益为

$$\frac{\mathrm{d}W}{\mathrm{d}z} = E_0 T_n \cos\varphi \tag{4-9}$$

式中,W 的单位为 eV。

而对于理想粒子,其相位在运动中保持不变,故其沿轴向的能量增益为

$$\frac{\mathrm{d}W_{\mathrm{s}}}{\mathrm{d}z} = E_0 T_n \cos\varphi_{\mathrm{s}} \tag{4-10}$$

故普通电子对于理想电子沿轴向的能量增益差为

$$\frac{\mathrm{d}(W - W_s)}{\mathrm{d}z} = E_0 T_n (\cos \varphi - \cos \varphi_s) \qquad (4-11)$$

考虑 $\mathrm{d}W = \varepsilon_0 \mathrm{d}\gamma$，式（4-11）可写为

$$\frac{\mathrm{d}(\gamma - \gamma_s)}{\mathrm{d}z} = \frac{E_0 T_n}{\varepsilon_0} (\cos \varphi - \cos \varphi_s) \qquad (4-12)$$

普通电子对理想电子的相位差为

$$\frac{\mathrm{d}(\varphi - \varphi_s)}{\mathrm{d}z} = -\frac{2\pi}{\lambda} \frac{1}{\beta_s^3 \gamma_s^3} (\gamma - \gamma_s) \qquad (4-13)$$

整理式（4-12）和式（4-13）后可得电子在直线加速结构中的相运动方程：

$$\frac{\mathrm{d}}{\mathrm{d}z}\left[\beta_s^3 \gamma_s^3 \frac{\mathrm{d}}{\mathrm{d}z}(\varphi - \varphi_s) \right] = -\frac{2\pi}{\lambda} \frac{q E_0 T_n}{\varepsilon_0} (\cos \varphi - \cos \varphi_s) \qquad (4-14)$$

通过对相运动方程的分析讨论，可以对进入直线加速结构的电子进行纵向的分析计算。

对于电子在直线加速结构中的横向运动，依据近轴电磁场表达式[1]，则

$$F_r = e(E_r - \mu_0 v_z H_{\theta n}) = -\frac{\pi e E_0 T_n r}{\lambda \beta_s \gamma_s^2} \sin\left(\omega t - \frac{\beta_z z}{d} + \varphi \right) \qquad (4-15)$$

式中，F_r 为粒子受到的径向作用力，μ_0 为磁导率。从式（4-15）中可以看到，电子在近轴电磁场中运动所受的径向力与粒子的相位有关。对于理想电子，所受径向力与径向运动方程为

$$F_r = -\frac{\pi e E_0 T_n \sin \varphi_s r}{\lambda \beta_s \gamma_s^2} \qquad (4-16)$$

$$\frac{\mathrm{d}}{\mathrm{d}t}\left(\beta_s \gamma_s \frac{\mathrm{d}r}{\mathrm{d}z} \right) + \frac{\pi e E_0 T_n \sin \varphi_s r}{\lambda \varepsilon_0 \beta_s \gamma_s^2} = 0 \qquad (4-17)$$

所以，对于理想电子 $\varphi_s < 0$，近轴电磁场的径向作用力是散焦力，即在直线加速器中，电子的径向运动稳定性与相运动稳定性是矛盾的。解决这个矛盾的办法是采用外加元件取得径向运动的稳定性，从而保证电子的相位仍处在稳定的相位范围内，对此，常采用螺旋管线圈来保证径向聚焦。

4.1.2　行波加速管动力学设计

　　行波电场在轴线上具有轴向分量,电子在轴线附近时,如果相位合适,就可不断受到行波电场的加速而增加能量,这就是电子直线加速器的行波加速原理。从能量守恒观点来看,行波加速的过程就是一种能量形式转换的过程,在这过程中电磁场的能量转换成了电子的动能。

　　行波电场使电子能维持加速状态是有条件的。若条件遭到破坏,场对电子不但不能起加速作用,反而起减速作用。这个条件就是必须保持行波速度与电子速度一致,称为同步条件。所谓同步条件就是指电子在行波电场的作用下速度不断增加时,要求微波电场的相传播速度也一起增加,场的相传播速度增加情况必须与电子在场的作用下增长的规律相一致。要使行波电场不断地对电子施以加速力,进而使电子能量不断增加,就必须要求行波电场的前进速度与电子速度"同步"。

　　所谓行波就是指沿一定方向传播的电磁波。行波电磁场的强度和方向都是随时间和空间交变的。在同一时刻,沿加速管轴线的不同地方,电场方向有的与加速运动方向一致,有的相反。电场随时间以波的形式向前传播。行波加速,就是在行波不断向前传播的过程中,行波电场不断给电子以加速力。这时波在前进,电子也在前进,而行波电场又是随时间和距离交变的,在这动态过程中,并不是在任何情况下电子都能受到电场的加速作用。电子可能遇到加速场也可能遇到减速场。只有当电子与波之间的相对位置合适时,电子才能受到加速力,而当电子与波的相对位置不合适时,就可能受到减速力。因此,行波加速管的动力学设计中就存在着电子与波相对位置关系的问题。

　　所谓电子与波的相对位置,就是电子相对于波的相位,记为 ϕ。如图 4-1 所示,一般我们把电子相对于波的位置处在加速方向的波峰上时的情况称为电子相对于波的相位为 0,记作 $\phi=0$。只有电子相对于波处在正半波才是加速的($\phi<90°$),而处在负半波就变成减速($\phi>90°$)。在电子和波同时行进的过程中,电子相对于波能始终维持在加速的正半波是其不断得到加速的关键。而要使电子始终

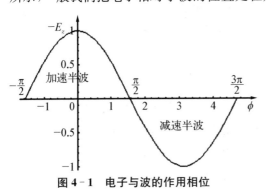

图 4-1　电子与波的作用相位

维持在加速的正半波,就必须要求波速自始至终等于电子的速度,即要求两者同步。

对于内半径为 b 的盘荷波导,沿轴向按等距离 d 连续放置中央带孔(半径为 a)并与圆波导内壁相连的厚度为 t 的金属圆盘,圆波导周期性地加载了这些带孔的圆盘后,无圆盘波导内的 TM01 行波的相运动速度受到加载圆盘的作用而慢化,进而满足同步加速条件,这种对电磁波的慢化作用可以通过比较熟悉的等效电路来说明[1-2]。

首先,将盘荷波导中每两个相邻的金属圆盘与圆柱壁都看成是一个两端带孔的圆柱谐振腔,这样就可把盘荷波导看成是一个相互间通过端部圆孔耦合的圆柱谐振腔链,因此盘荷波导可以用一个等效链电路来表示。考虑到各部分作用的等效链电路是比较复杂的,但为了简明地说明慢波作用,可以略去电阻及其他部件,最后得到一个如图 4-2 所示的简单等效电路。其中 L 和 C 分别为每个单元的等效电感和电容,D 为相邻单元间的耦合电容。由于这些电感和电容的作用,电磁波的相速度慢化到小于光速。增大盘荷波导的半径 b 相当于使电感增大,但使得单元间耦合减弱。

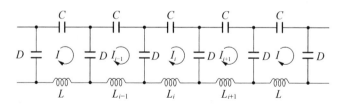

图 4-2 盘荷波导等效电路

在圆波导中周期性地加载金属圆盘不仅使电磁波相速慢化,还使波导中出现许多空间谐波。在周期性的电路结构中,我们可以引用弗洛克定理(Floquet's Theorem)。该定理指出:对于某种给定的传播模式,周期性结构中任一位置上的电场在经过一个结构周期之后只增加一个复数因子。设盘荷波导中场的形式为[3]

$$E(r, z, t) = E_T(r, z)e^{-\gamma z} \cdot e^{i\omega t} \tag{4-18}$$

式中,传播常数 $\gamma = \alpha + i\beta$。为简便,我们先不考虑电场传播中的衰减,则 $\gamma = i\beta$。

当 $E_T(r, z)$ 为以 d 为周期的函数时,式(4-18)所表述的电场 $e^{-\gamma z}$ 就是符合弗洛克定理的。这可由以下看出:

$$E_T(r, z+d) = E_T(r, z) \tag{4-19}$$

$$E_T(r, z+d, t) = E_T(r, z+d)e^{-\gamma(z+d)} \cdot e^{i\omega t}$$
$$= E_T(r, z)e^{-\gamma z} \cdot e^{i\omega t} \cdot e^{-\gamma d}$$
$$= E(r, z, t)e^{-\gamma d} \qquad (4-20)$$

显然,周期函数 $E_T(r, z)$ 可展开为傅氏级数:

$$E_T(r, z) = \sum_{-\infty}^{+\infty} a_n e^{-i \cdot \frac{2n\pi z}{d}} \qquad (4-21)$$

$$E(r, z, t) = \left[\sum_{-\infty}^{+\infty} a_n(r)e^{-i \cdot \frac{2n\pi z}{d}}\right] \cdot e^{-i\beta_0 z} \cdot e^{i\omega t} = \sum_{-\infty}^{+\infty} a_n(r) e^{i \cdot \left(\omega t - \frac{\beta_n z}{d}\right)}$$

$$(4-22)$$

式中,$\beta_n = \beta_0 + \dfrac{2n\pi}{d}$,$n = 0, \pm 1, \pm 2, \cdots$

现在我们从式(4-22)中看到,周期结构中产生了一系列的空间谐波。其中 $n=0$ 为基波,它比各次谐波的相速都高,幅值 $a_0(r)$ 也比各次谐波的大,因此加速带电粒子主要利用基波,其他谐波几乎对粒子能量不起作用。虽然它们的电磁能量损失了,但它们对满足电磁场的边界条件却是不可缺少的,而所谓同步条件是指将基波相速设计得与电子速度相同,即同步加速条件的数学表达式为

$$v_p(z) = v_e(z) \qquad (4-23)$$

式(4-23)表示波速与电子速度沿加速管处处相等。严格满足这一条件的电子称为同步电子,同步电子在单位距离上获得的能量为

$$\frac{dW_e}{dz} = E_0(z) \cdot \cos\phi \qquad (4-24)$$

根据式(4-24)就可以求得电子沿加速管的能量增长[$W_e(z)$]情况,然后根据电子速度与能量的关系就可以求得电子沿加速管的速度变化规律。

波速就是指波上某一相位点的移动速度(亦称相速度)。轴上行波电场的表达式为

$$E_z = E_0(z) \cdot \cos\left(2\pi \frac{t}{T} - 2\pi \frac{z}{\lambda_g}\right) \qquad (4-25)$$

取波峰的移动速度来计算波速。设 $t=0$ 时,波峰所在的位置作为坐标原点,即 $z=0$,则这时电场相位值为 0,即

$$\phi = 2\pi \frac{t}{T} - 2\pi \frac{z}{\lambda_{\text{g}}} = 0 \qquad (4-26)$$

若这个行波电场至时间 Δt 后,波峰移动了 Δz 的距离,则这时相应的电场相位值仍应为零,$\phi = 0$,即

$$\phi = 2\pi \frac{\Delta t}{T} - 2\pi \frac{\Delta z}{\lambda_{\text{g}}} = 0 \qquad (4-27)$$

则 v_{p} 等于波峰在单位时间内所移动的距离,数值上表示为

$$v_{\text{p}} = \frac{\Delta z}{\Delta t} \qquad (4-28)$$

根据式(4-27)求得波速:

$$v_{\text{p}} = \frac{\Delta z}{\Delta t} = \frac{\lambda_{\text{g}}}{T} \qquad (4-29)$$

从式(4-29)可以明显看到,波速等于导波波长 λ_{g} 与振荡周期之比。

行波电场在一个振荡周期内,波峰所能移动的距离是由盘荷波导加速管的几何尺寸决定的,可以合理地设计盘荷波导的尺寸,使行波沿加速管传播的相速度满足式(4-23),符合同步加速的要求。

相位常数 β 表示单位距离上行波的相位移。在数值上可表示为

$$\beta = \frac{2\pi}{\lambda_{\text{g}}} \qquad (4-30)$$

因此波速 v_{p} 也可以写成

$$v_{\text{p}} = \frac{\lambda_{\text{g}}}{T} = \frac{2\pi/\beta}{2\pi/\omega} = \frac{\omega}{\beta} \qquad (4-31)$$

在说明行波加速原理的时候,通常有一种很形象的说法,如解释行波加速电子时,则说前进着的行波背着电子,使电子不断受到加速,或者说电子骑在前进的行波电场波峰上,不断受到电场的加速。在加速过程中,波在前进,电子也在前进,它们之间是独立的,但又是相互联系着的。它们之间存在相互作用,场给电子以作用力,电子从场中获得能量。当同步加速条件受到破坏时,电子处于减速相位,此时电子就把自身具有的动能交还给电磁场。在行波加速器当中,我们需要保持同步加速条件,使电子得到持续加速。

如果使相速度严格地与在行波电场波峰注入的电子同步,并始终保持 $v_\mathrm{p}(z)=v_\mathrm{e}(z)$,则电子能始终处在行波的波峰上,不断得到加速。但是严格满足这一同步条件的电子很少:

第一,不能严格保证 $v_\mathrm{p}(z)=v_\mathrm{e}z$。即使是从电子枪注入加速管的电子,其初始速度也很难保证与初始相速度绝对相等。

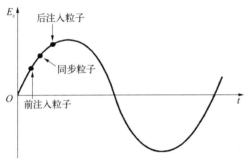

图 4-3　自动稳相原理

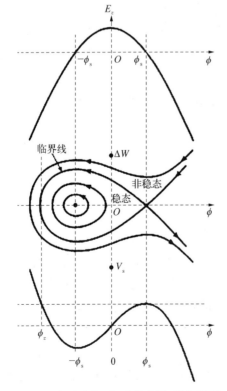

图 4-4　加速电场、相稳定边界、纵向势阱

第二,从电子枪注入加速管的电子,其注入时刻是有先后的,不可能都注入波峰,处在波峰的电子只是极少数。

那么是不是与行波电场不完全同步的粒子就无法得到有效的加速呢?自动稳相原理从理论上阐明了利用射频场稳定地加速电子的可能性。如图 4-3 所示,平衡相位上的电子与波保持一致,在同步粒子之前的电子由于电场较小,能量增益比同步粒子小,速度逐渐变慢,相对于波向后滑移。当它到达平衡相位时,由于它在前一段距离的能量增益小,速度仍然比波速小,通过平衡相位时继续向后滑移,这时它的能量增益开始比同步粒子大,逐渐补偿前一段较小的能量增益,此后它的速度将会超过同步粒子开始相对波向前滑移,相位逐渐接近平衡相位。如此反复地绕平衡相位做衰减振荡。同理,同步粒子之后的电子也有类似情况。一开始电子速度比波快,在相位上超过了同步粒子,并继续向前滑移,滑移到某相位处,$v_\mathrm{p}(z)=v_\mathrm{e}(z)$ 之后,电子在相位上开始折回,同样围绕着平衡相位来回振荡。如图 4-4[1] 所示,如果同步粒子的相位选在了波峰,那么在同步粒子之前的粒子和之后的粒子感受到的电场都比同步粒子小,稳定区域的相宽度为 0°;相反,如果同步粒子的相位选在 0°,那么稳定区域将为最大,为 360°的相宽。

从提高加速效率来讲,平衡相位不仅应在 $0 \sim \dfrac{\pi}{2}$,而且还应靠近电场的波峰 0°附近。而从相振荡的角度来看,平衡相位越靠近 0°,能够俘获的电子越少。如何使注入加速管的电子大多数都能够稳定加速,不致丢掉,同时又具有较高的加速效率? 这项任务就由聚束段完成。

聚束段主要有两种类型:常相速聚束段和变相速聚束段。聚束过程中,相振动的振幅为[4]

$$\Delta \phi \propto (\beta_p^3 v_s^3 E_0 \cos \phi_s)^{-\frac{1}{4}} \tag{4-32}$$

式中,β_p 为波相速,v_s 为电子速度。可以看出,随着波相速和场强的增加,相振动振幅即电子束团占据的相宽逐渐减小,发生纵向聚束。聚束系数为

$$S = \frac{\Delta \phi_0}{\Delta \phi_L} = \left(\frac{\beta_{p,L}^3 v_{s,L}^3 E_L \cos \phi_{s,L}}{\beta_{p,0}^3 v_{s,0}^3 E_0 \cos \phi_{s,0}}\right)^{\frac{1}{4}} \tag{4-33}$$

式中,下标 0 和 L 分别表示加速段始端和末端对应的参数值。为了获得大的聚束系数 S,可在开始时使波相速小、场强低,通过相速选取和场强变化来控制聚束。因此变相速聚束段较常相速聚束段聚束效果好。

在变相速聚束段中,电磁波的相速和场强都是从小到大逐渐变化的。波速在聚束器入口处大体等于电子的注入速度,即 $\beta_{e0} = \beta_{p0}$,之后逐渐增加。到聚束器出口处,波的相速度等于光速,而加速电子的电场的幅值也是从小到大逐渐变化的,到加速器出口时,幅值达到最大值。如果波速的变化规律能够与场强的变化规律相适应,即电场给电子的力使电子速度的增加规律大体上与腔相速增加规律相同,而且沿轴向的腔相速与加速场强的变化规律选择适当,就可以使得从电子枪注入聚束段的电子大多数都能于聚束器出口处在相位上汇聚到电场的波峰附近。

在加速器中,这种能使从不同相位入射的电子会聚到波峰的相位附近,从而提高获得加速的电子数的过程称为俘获。聚束段其实就是能俘获电子的过渡性加速结构。

一般来讲,变相速聚束段的设计有以下几种[4]。

(1) 强烈相振动的聚束段　通过仔细选取场强和相速,几乎可以俘获 360°初始相宽的注入电子,俘获效率接近 1。这时电子发生强烈相振动。为了达到全俘获,必须满足三个条件:

① 在加速波导输入端,电子的速度等于波相速,即 $\beta_{e0} = \beta_{p0}$。

② 在加速波导输入端,$\left.\dfrac{\mathrm{d}\beta}{\mathrm{d}z}\right|_{z=0} = 0$,并慢慢增加。

③ 加速波导输入端的场强应小于 A_c,$A_c = \dfrac{\pi}{\beta_p}(1 - \sqrt{1 - \beta_p^2})$,避免一部分电子返回电子枪。

这种聚束段有几个缺点。由于电子在聚束过程中发生强烈的相振动,所走的轨迹差异很大,导致能散增加和能量增益降低,而且难以确定一个对所有电子轨迹都适宜的克服射频散焦力的聚焦磁场变化规律,最终束的发射度也增加。此外在强流情形,轨迹的交叉使空间电荷效应大大增加,导致聚束作用减弱和发射度增加。图 4-5 所示为在加速器 MarkⅢ聚束段中的电子相运动轨迹[5]。

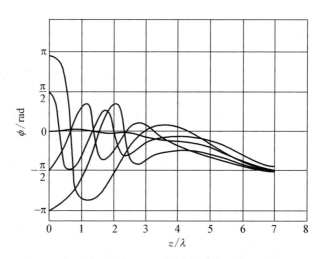

图 4-5　在加速器 MarkⅢ聚束段中电子相运动轨迹

(2) 平滑的聚束段　在这种聚束段中,电子的速度 β_e 一般总小于波相速 β_p,电子的轨迹平滑地会聚,如图 4-6 所示。由于消除了相振动,电子始终处在较高的加速相位上,聚束段的能量增益较高,也比较容易匹配所有电子的聚焦要求,输出束的发射度较小。

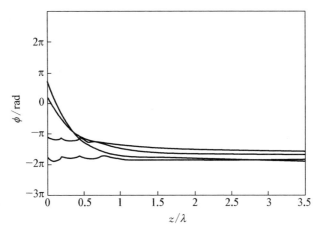

图 4-6　相对平滑的聚束段中电子的相运动

（3）通常的聚束段　这一类介于上述两种之间，是最常见的聚束器，场强和波速缓慢渐变，长度不超过 40 cm。电场和相速的变化如图 4-7 所示。这种设计的加速器俘获效率在 50% 左右。电子枪输出束直接注入聚束段中。通常希望俘获效率不要小于 50%，能谱宽度为 5%～10%。设计时并不单纯追求聚束的指标，而以整个加速保持好的能谱为设计标准。

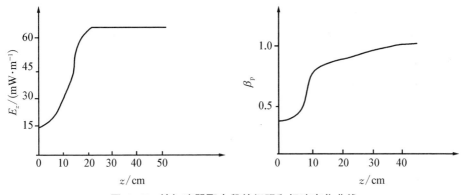

图 4-7　某加速器聚束段的场强和相速变化曲线

为了进一步减少加工工作量，简化微波调整，也有人用两段或三段均匀的盘荷波导连接起来构成聚束段。在每一段中相速是相等的，后接波导的相速比前一段高。图 4-8 所示为一设计实例，这种聚束段的缺点是俘获系数较低。

电子在加速管中运动时，大多数电子是非同步电子，而非同步电子速度与波速不相等，因此产生相振荡。单位距离上滑相的多少正比于波速与电子速度倒数之差，即

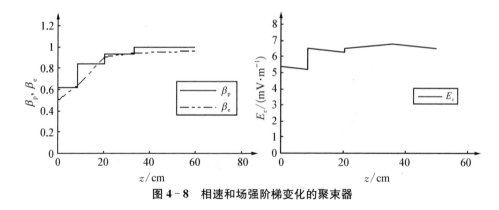

图 4 - 8   相速和场强阶梯变化的聚束器

$$\frac{\mathrm{d}\phi(z)}{\mathrm{d}z} = \frac{2\pi}{\lambda}\left\{\frac{1}{\beta_{\mathrm{p}}(z)} - \frac{1}{\sqrt{1 - \left[\dfrac{m_0 c^2}{W(z) + m_0 c^2}\right]^2}}\right\} \qquad (4-34)$$

式中,β_{p} 为波速,即电磁波速度;W 为电子动能。

电子在加速管中的能量增益方程为

$$\frac{\mathrm{d}W(z)}{\mathrm{d}z} = eE_z(z)\cos\phi(z) \qquad (4-35)$$

式(4-34)和式(4-35)构成了相振荡方程组。通过对相振荡方程组的求解可以计算出从不同相位入射的电子在不同场分布的加速管中的相振荡过程,进而根据计算结果对场分布等进行优化,得到合理的分布。图 4-9 所示为一组相运动实例。

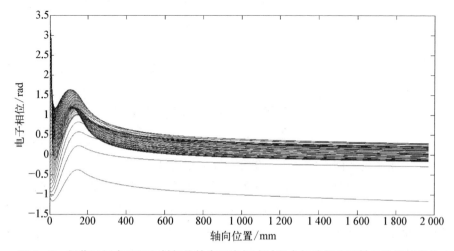

图 4 - 9   俘获区间内不同入射相位的电子在加速过程中加速相位随轴向位置的变化

　　图 4-9 中,横坐标为电子轴向运动的位置,纵坐标为电子的相位(图中所计算的为 -1 至 π 相位区间的电子)。计算结果显示,在聚束段,电子在加速过程中经一定程度的相振荡后进入光速段,随后在前几个光速腔中迅速靠近电场波峰。由于此时电子能量已达 2 MeV,其速度已接近光速,几乎与光速同步,并且始终在波峰附近加速,因此具有较高的加速效率。

　　沿加速管轴向位置的相振荡反映了被俘获电子的相运动轨迹,但无法反映未得到聚束的电子情况,这些电子有可能未得到加速,也有可能被反向加速进而反轰至电子枪。我们研究电子轴向运动通常是以轴向位置 z 为自变量的,如图 4-9 所示。对于反向运动的电子,其相位值是由之后的电子轴向位置 z(即之前的时刻)的场强、相位、速度等决定的,这就存在同一个 z 值对应多个场强、相位、速度值,即以 z 为自变量的函数不再是单值函数,这给公式的推导带来很大困难。如果以时间 t 为自变量就不会存在这个问题。为了分析反向运动电子的情况,我们需要对不同注入相位的电子随时间的相振荡情况进行观察,所以首先要推导以时间 t 为自变量的相振荡方程组。

　　在 t 时刻,经 Δt 时间,电子移动距离为

$$z_e = \int_t^{t+\Delta t} \beta_e(t) \cdot c \, dt \qquad (4-36)$$

　　同时,电场移动距离为

$$z_p = \int_t^{t+\Delta t} \beta_p(t) \cdot c \, dt \qquad (4-37)$$

故电子较 t 时刻加速相位的变化量为

$$\Delta\phi = \frac{2\pi}{\frac{1}{\Delta t}\int_t^{t+\Delta t} \beta_p(t)dt \cdot \lambda}(z_e - z_p) \qquad (4-38)$$

即

$$\frac{\Delta\phi}{\Delta t} = \frac{2\pi}{\int_t^{t+\Delta t} \beta_p(t)dt \cdot \lambda}(z_e - z_p) \qquad (4-39)$$

　　当 $\Delta t \to 0$ 时

$$\frac{d\phi}{dt} = \omega \cdot \left[\frac{\beta_e(t)}{\beta_p(t)} - 1\right] = \omega \cdot \left\{\frac{\sqrt{1-\left[\dfrac{m_0 c^2}{W(t)+m_0 c^2}\right]^2}}{\beta_p(t)} - 1\right\} \qquad (4-40)$$

　　由轴向能量增益公式(4-35)推导,可以得到:

$$\frac{dW(z)}{dt}$$

$$=\frac{dW(z)}{dz} \cdot \frac{dz}{dt}$$

$$=eE_z[z(t)]\cos\phi[z(t)] \cdot \frac{dz}{dt}$$

$$=eE_z[z(t)]\cos\phi[z(t)] \cdot \sqrt{1-\left[\frac{m_0c^2}{W(t)+m_0c^2}\right]^2} \cdot c \qquad (4-41)$$

在确定的电场分布下，根据 t 时刻粒子的位置 $z(t)$ 即可得到加速场强 $E_z[z(t)]$，同理可得到加速相位，于是

$$\frac{dW}{dt}=eE_z(t)\cos\phi(t) \cdot \sqrt{1-\left[\frac{m_0c^2}{W(t)+m_0c^2}\right]^2} \cdot c \qquad (4-42)$$

式(4-40)和式(4-42)组成时间相振荡方程组。

图 4-10 所示是被俘获的电子在时间上的相振荡，其对应的纵坐标单位为弧度；黑色的曲线是其随时间在纵向运动的距离，其对应的纵坐标单位为 m。可以看到，这些电子全部获得加速，最终从加速器出口出射。

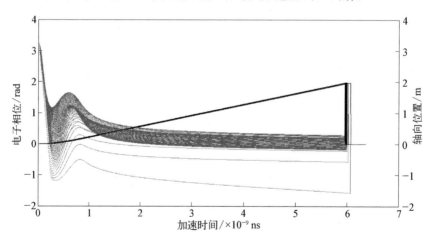

图 4-10 俘获区间内不同入射相位的电子在加速过程中加速相位随时间的变化

对于未俘获的电子，使用电子随时间的相振荡也可以计算出相关的结果。图 4-11 中计算了一个射频周期(约 0.35 ns)的注入电子运动情况，横坐标是电子运动时间，纵坐标是电子运动的位置，可以看到，0 到 0.25×10^{-9} ns 左右(可称为加速区间)的电子都得到了加速，$0.25\times10^{-9}\sim0.35\times10^{-9}$ ns 左右(可称

为滑相区间)的部分电子滑相到下一个射频周期并最终得到了加速,同时很多电子经过一个或多个射频周期的滑相后,反向运动到零点,称为反轰电子。滑相区间的电子运动很复杂,电子能否得到加速或反轰受聚束段的具体设计影响很大,因此不同聚束段的滑相区间电子的运动轨迹会明显不同。首腔的场强及长度等因素对电子的滑相运动的影响也很大,所以首腔的设计在聚束段设计中也十分重要。通过仔细设计,可以使粒子反轰尽量减少,使俘获效率提高。

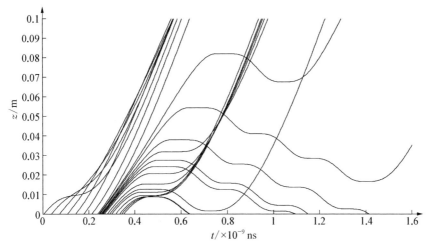

图 4 - 11　部分不能俘获的电子的运动轨迹

为了得到不同入射相位的电子最终的加速情况,可以计算不同入射相位的电子在加速器出口的能量分布,如图 4 - 12 所示。

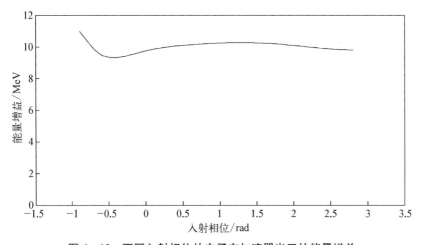

图 4 - 12　不同入射相位的电子在加速器出口的能量增益

束流在加速管出口的能谱是分析束流的一个重要指标,对上述计算的同一能量区间的电子数目进行统计后,所得的束流能谱如图 4‐13 所示,其中统计的能量步长为 100 keV。

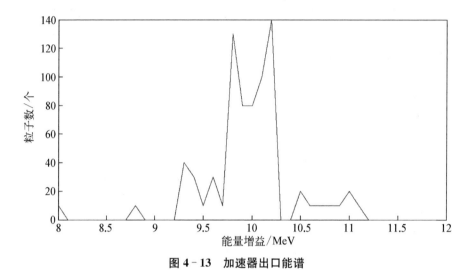

图 4‐13　加速器出口能谱

除了利用运动方程进行设计求解之外,还可以使用相应的计算程序,如 PARMELA[6]等,可更加快速和有效地进行束流动力学设计。下面对这一软件计算过程进行简要说明。

PARMELA 是电子直线加速器粒子动力学计算程序,全称为 Phase and Radial Motion in Electron Linear Accelerator,由美国 LANL 实验室编写。它可以在用户定义的系统中跟踪输运多粒子,进行二维空间电荷计算和三维点到点的空间电荷计算。PARMELA 在对粒子进行动力学计算时首先将出射电子近似为一定数量的宏粒子,然后根据电子入射的六维相空间椭圆确定宏粒子的分布。当宏粒子在微波射频场内运动时,PARMELA 使用多粒子跟踪法,根据电子在电磁场中的横向和纵向运动方程来对宏粒子的运动进行计算,同时对每个宏粒子的运行轨迹进行记录。

PARMELA 程序主要由两大块程序构成,主程序 PARMELA 主要负责输入数据以及控制程序的正确流程,子程序 PARDYN 控制正确的粒子动力学计算。其输入文件定义了传输系统,以及输入输出选项。能被 PARMELA 识别的每一行包含了一个关键字,以及一系列参数。它可以模拟出一段由各个元件组成的加速结构的束流动力学。

在动力学前期计算中我们得到了一组合理的场分布和各加速腔的腔长，这时我们可以通过 PARMELA 进行多粒子跟踪计算，验证动力学设计的正确性。

加速管始端是耦合腔，其前半腔为驻波模式，后半腔为行波模式，所以要分别使用 EFLD 和 EFLDTR 两个程序对驻波和行波场分布的傅里叶展开项系数进行计算。

输入耦合腔前半部分的驻波场傅里叶系数的求法如下：先利用 SUPERFISH 计算出该部分 $2\pi/3$ 模式下的驻波场，再利用 SF7 和 EFLD 程序可求得 PARMELA 所需要的 14 个傅里叶系数；而其余部分的傅里叶系数仍然是用 SUPERFISH 计算出相应部分 $2\pi/3$ 模式下的驻波场，再利用 SF7 和 EFLDTR 程序得到 PARMELA 所需要的 11 个傅里叶系数。

根据该方法求得傅里叶系数，即可应用 PARMELA 求解出加速结构的轴向场分布，而检验傅里叶系数求解是否正确的主要方法是查看加速场轴向分布的连续性，特别是驻波与行波连接处的场强变化是否光滑连续，如图 4 - 14 中箭头所指。

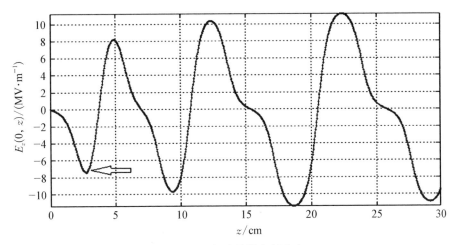

图 4 - 14 加速管轴向场分布

将 PARMELA 所需要的参数按代码格式要求写入输入文件后，可以模拟计算出束流的运动过程和结果[7]，得到束流加速后的参数，如相图、能谱等。同样，根据相应的结果可以判断设计是否满足指标要求。图 4 - 15 所示为加速器出口处的相谱、实空间的粒子分布、相图和能谱。

图 4 - 15 中，图（a）和图（c）表明了电子经过加速管加速后被聚集在一个较

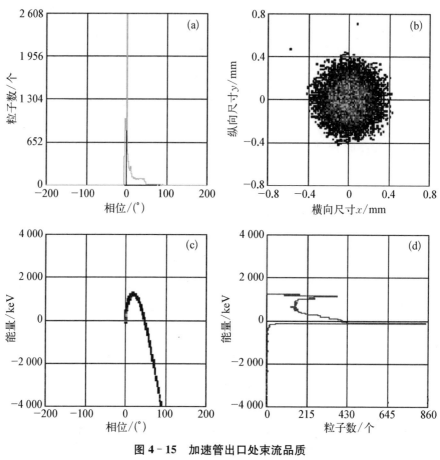

图 4 - 15 加速管出口处束流品质

(a) 相谱;(b) $x - y$ 束斑;(c) $\Delta\varphi - \Delta W$ 相图;(d) 能谱

窄的相宽度范围内;图(b)表明束斑的直径大小为 8 mm 左右;图(d)表明束流能散度约为 8.1%。

4.1.3 驻波加速管设计

驻波加速管在加速结构中形成驻波电场以加速带电粒子,并使之获得较高能量。加速管末端不接匹配负载,使进入加速管的微波功率来回反射叠加形成驻波状态。

在当前的驻波加速管的设计和应用中,主要以双周期 π 模式为主,因为双周期 π 模式有更高的分路阻抗、更短的长度,从而具备更高的加速梯度,在综合特点上能够更好地满足应用条件,因此得到了广泛应用。

驻波加速管的设计要考虑同步加速的问题,如图 4 - 16 所示为 π 模式驻波加速管的腔链及电场示意图,每一腔内电场大小及方向是随时间交变的,但这种随时间振荡的轴向电场振荡的包络线却是固定的,即电场是位置和时间的函数,可表示为

$$E_z(z,\,t) = E_z(z)\cos \omega t \qquad (4-43)$$

$E_z(z)$ 为电场的包络线,可分解为不同的谐波:

$$E_z(z) = \sum_{n=0}^{\infty} A_n \cos[(2n+1)\pi Z/D] \qquad (4-44)$$

式中,A_n 为各次谐波的幅值,D 为周期长度。不同的驻波结构由于边界不同,$E_z(z)$ 形状会有差别。

当 1$^\#$ 腔中的电场随时间逐渐变大,而方向又适合使电子加速时,2$^\#$ 腔中的电场方向却是减速的;当 1$^\#$ 腔中的场值随时间变成减速方向时,2$^\#$ 腔中的电场方向正好变得能加速电子。如果让电子在 1$^\#$ 腔中电场由负变正的一瞬间(场强是加速方向)注入腔中,电子在前进时,场强不断增强,电子不断获得能量;场强达到高峰时,电子也正好到达腔的中央,其后场强开始下降,但仍处于加速状态;当场强开始由正变负时,电子正好飞出 1$^\#$ 腔进入 2$^\#$ 腔,这时 2$^\#$ 腔中的电场正好由负变正,电子在 2$^\#$ 腔中又能不断获得能量得到加速。其余各腔也是如此。这样在加速管中形成的驻波就能持续将粒子加速。

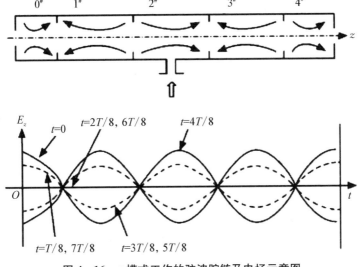

图 4 - 16　π 模式工作的驻波腔链及电场示意图

用于电子直线加速器的驻波加速结构一般采用双周期结构。通过将单周期 $\pi/2$ 模式结构中的耦合腔轴向尺寸缩短,有时还移动其位置,而主腔相应扩大或仍保持不变,从而形成了两种不同周期结构的混合体,提高了其加速效率。

对于单周期结构,以一个工作在驻波状态的均匀盘荷波导系统为例,其色散公式为

$$\omega^2 = \omega_0^2 (1 - k \cos \varphi) \tag{4-45}$$

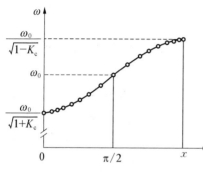

图 4 - 17　色散曲线示意图

色散曲线表现为一系列分立的谐振点,如图 4 - 17 所示。

谐振点的个数由耦合回路个数(腔体个数)N 决定,谐振角频为

$$\omega_q = \frac{\omega_0}{\sqrt{1 + K \cos \dfrac{q}{N} \pi}} \tag{4-46}$$

式中,$\dfrac{q}{N}\pi$ 为各谐振点对应的谐振模式,$q = 0, 1, 2, \cdots, N$;K 为耦合系数。

通频带宽 $B.W.$ 由最大和最小两个谐振频率的差值决定:

$$B.W. = \frac{\omega_0}{\sqrt{1-K}} - \frac{\omega_0}{\sqrt{1+K}} \approx K\omega_0 \tag{4-47}$$

K 越小,通频带越窄,相邻模式间隔越小,因而对任意选定的模式,工作就越不稳定。

相速度为 $v_\mathrm{p} = \dfrac{\omega}{\beta}$,可知色散曲线上任一点的相速度为该点与坐标原点连线的斜率。群速度为 $v_\mathrm{g} = \dfrac{\mathrm{d}\omega}{\mathrm{d}\beta}$,可知色散曲线上任一点的群速度为该点处的曲线斜率。

从色散曲线可以看出,单周期结构在 $\pi/2$ 模式处,群速度最大,加速结构稳定性最好,模式间隔最大,但此时有一半的腔是不激励腔,加速效率只有 0 模式和 π 模式的一半,而 0 模式和 π 模式的稳定性却是最差的。

π/2 模式结构的工作稳定性高,为解决其效率不高的缺点,出现了双周期结构。分别对耦合腔和加速腔进行等效,磁耦合方式的双周期结构等效电路如图 4 - 18 所示。

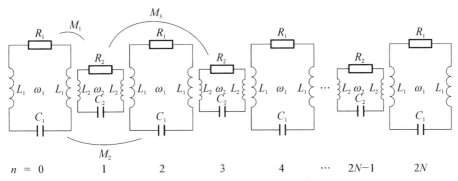

图 4 - 18　磁耦合方式的双周期结构等效电路

其对应的色散方程为

$$\left(1-\frac{\omega_1^2}{\omega^2}+k_2\cos\varphi\right)\left(1-\frac{\omega_2^2}{\omega^2}+k_3\cos\varphi\right)=k_1^2\cos^2\varphi \qquad (4-48)$$

式中,ω_1 和 ω_2 分别是加速腔和耦合腔频率;k_1 是两个相邻腔耦合系数;k_2 和 k_3 分别是奇数腔和偶数腔两相邻的耦合系数;φ 为每腔平均相移,可表示为

$$\varphi=\frac{q}{2(N+1)}\pi, \ q=1, \ 2, \ 3, \ \cdots, \ 2N+1 \qquad (4-49)$$

根据色散方程可知,在 π/2 模式存在两个谐振频率,分别对应两端腔为加速腔和耦合腔的情况:

$$\omega_{\pi/2}^1=\frac{\omega_1}{\sqrt{1-k_2}}, \ \omega_{\pi/2}^2=\frac{\omega_1}{\sqrt{1-k_3}}$$
$$(4-50)$$

当 $\omega_{\pi/2}^1\neq\omega_{\pi/2}^2$ 时,即非耦合共振,在两个频率之间存在一个禁带;当 $\omega_{\pi/2}^1=\omega_{\pi/2}^2$ 时,禁带消失,为耦合共振,色散曲线如图 4 - 19 所示[1]。

耦合共振时,从双周期结构的

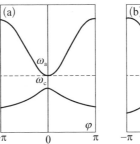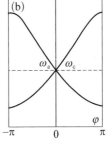

图 4 - 19　双周期结构色散曲线示意图

(a) 非耦合共振情况;(b) 耦合共振情况

色散曲线可以看出,在 π/2 模式时,实际相邻加速腔相位变化为 π,所以兼具了 π/2 模式稳定性好、模式间隔大,以及 π 模式加速效率高的优点。

在双周期结构中,根据耦合腔所在位置可进一步分为边耦合和轴耦合结构。

1) 边耦合驻波结构

把工作在驻波工作状态 π/2 模式时只起耦合作用的腔从束流轴线移到加速腔的边上,耦合腔留下来的空间为加速腔所扩展占有,称为边耦合结构。

在边耦合结构中,加速腔通过边孔与耦合腔耦合,如图 4－20 所示,相邻两个加速腔相差 180°。此结构既具有 π 模式的效率,又具有 π/2 模式的工作稳定性,具有分路阻抗高、工作稳定性好、管件加工要求松等优点。缺点是加工、焊接、调谐工作复杂,且由于边耦合腔的存在增加了加速结构的有效外径,在对尺寸要求较高的场合应用并不方便。

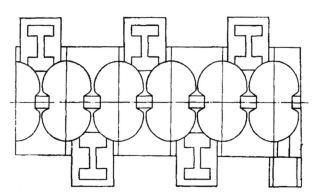

图 4－20　边耦合加速结构示意图

边耦合结构在医疗加速器中的应用非常广泛,其中一个重要的原因是边耦合结构可以采用能量开关技术来调节电子束能量,即在保持加速管聚束段场分布不变的前提下,通过改变下游主加速段内的电磁场场强,在大范围内改变加速管出口能量的同时保证能谱不变,这样能够在偏转系统中使用更窄的能量选择缝,提高医用电子直线加速器整机的剂量率。相比束流负载效应等方法,能量开关方法能够提供的束流能量范围更大,束流能谱更好。

2) 轴耦合驻波结构

轴耦合结构的分路阻抗值不及边耦合结构,但根据工程经验,轴耦合加速结构和边耦合加速结构的分路阻抗实际值相近，并且由于轴耦合具有结构轴对称性，更易于加工焊接，如图 4 - 21 所示。

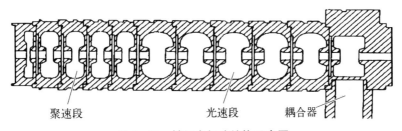

聚速段　　　　光速段　　耦合器

图 4 - 21　轴耦合加速结构示意图

经过发展，当前轴耦合加速结构的耦合腔长可以很短，耦合腔通过磁耦合的方式完成相邻两个加速腔间的微波传递。

边耦合和轴耦合驻波结构是当前驻波加速管中主要采用的两种结构，虽然二者耦合腔位置不同，但在中心轴位置的轴向电场分布与变化方式基本一致，在动力学设计上基本相同。

动力学设计可以采用粒子运动方程，也可以使用 PARMELA 等软件。

使用 PARMELA 软件做模拟计算同样简单有效，与行波加速结构中建立加速场模型类似，通过得到加速场的傅里叶系数，编写输入文件，即可建立驻波结构的加速电场。图 4 - 22 所示为 PARMELA 设计的一段驻波加速管轴线上的纵向场分布。此段加速管采用 1 个聚束腔、6 个光速腔，通过设置电子

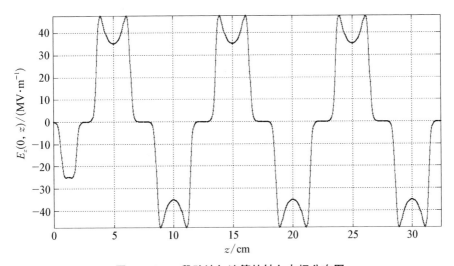

图 4 - 22　一段驻波加速管的轴向电场分布图

束输入条件,能够完成多粒子跟踪计算,得到最终输出的电子束参数,如图 4 - 23 所示。

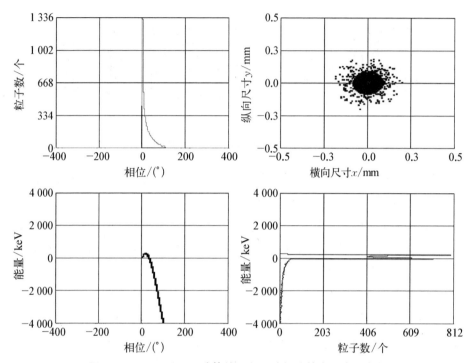

图 4 - 23 PARMELA 计算的一段驻波加速管出口束流参数

4.2 加速管结构设计

设计加速结构的结构尺寸以激励起满足粒子束流动力学要求的电磁场,是加速管结构设计的主要内容。

4.2.1 理论基础

首先,为方便对加速结构及其设计工作进行理解,下面介绍一些重要的参数。

1) 工作模式

工作模式 φ 定义为结构中每周期(一般为每腔)上的相移。

$$\varphi = \frac{2\pi}{m} \tag{4-51}$$

式中,m 表示每个慢波波长中的腔数或者栅片数。

$\pi/2$ 模式表示波导中每腔相移为 $90°$,即 4 个腔长为一个慢波波长。早期英国的加速器工作于 $2\pi/5$ 模式,后来美国斯坦福大学采用 $\pi/2$ 模式,建立了几台电子直线加速器。一般都取每个慢波波长中的整数个腔,主要是为了测量方便。在建立 SLAC 加速器的过程中,斯坦福小组对 $2\pi/3$ 模式慢波结构进行了详细的研究,并与 $\pi/2$ 模式做了比较。测量结果表明,在 $v_{\mathrm{p}}=c$ 和相同的盘片孔径的条件下,$2\pi/3$ 模式的分路阻抗比 $\pi/2$ 模式约高 15%(见图 4-24)。图 4-25 所示是不同模式下的场分布。

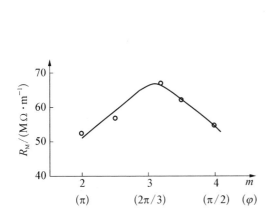

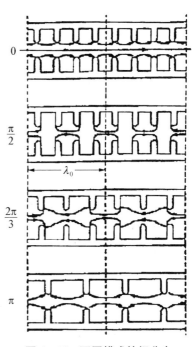

图 4-24　分路阻抗 R_{M} 与 m 的关系($v_{\mathrm{p}}=c$, $f=2$ 856 MHz, $2a=2.088$ cm)

图 4-25　不同模式的场分布

2)品质因数 Q

品质因数又称 Q 值,它定义为腔中单位时间的总储能与单位长度的射频损耗之比。把几个同样的腔放在一起,储能和损耗按相同比例增加,Q 值不变,因此在直线加速器中定义为

$$Q=-\frac{\omega w}{\mathrm{d}P/\mathrm{d}z} \tag{4-52}$$

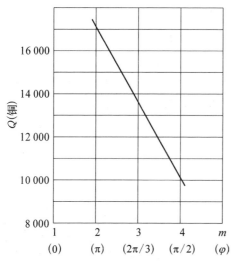

图 4-26 Q 值与 m 的关系 $(v_p=c，f=$ **2 856 MHz, $2a=2.088$ cm)**

式中，w 是储能密度，ω 为角频率。Q 值与结构材料、加工质量和腔体结构有关。

图 4-26 反映了 Q 值随工作模式的变化规律，从图中我们可以看到，随着工作模式降低，Q 值也随之线性减小，其中 π 模式的 Q 值最大，$\pi/2$ 模式的 Q 值最小，其原因是随着工作模式降低，单位长度加速管内的盘片增加。

3) 相速

相速定义为射频场中恒定相位沿加速结构轴线传播的速度，表示为

$$\beta_p = \frac{v_p}{c} \tag{4-53}$$

相速 β_p 是结构的重要参数。在聚束段中，应当根据加速器的指标，通过计算决定沿波导相速和场强变化的规律。

4) 群速

群速是指波导内能量传播的速度，是加速结构的一个重要参数，定义为

$$\beta_g = \frac{v_g}{c} = \frac{\mathrm{d}k}{\mathrm{d}\beta_0} \text{ 或 } v_g = \frac{P_s}{w} \tag{4-54}$$

式中，w 是储能密度，P_s 是功率流。群速越小，波导色散越强；群速越大，波导色散越小。从加速器稳定工作的角度考虑，应该尽量选取大的群速。另外，加速场的振幅 E_z 正比于 $\left(\dfrac{P_s}{v_g}\right)^{\frac{1}{2}}$，群速大会使加速场降低，因此，实际选取群速时，应兼顾加速效率和稳定性。目前大多数加速波导的群速为 $0.01c \sim 0.02c$。

5) 电压衰减系数与衰减常数

在均匀结构中不考虑电子束负荷时，场强按指数规律衰减。波导终端场强 E_L 与始端场强 E_0 之间的关系为

$$E_L = E_0 \mathrm{e}^{-aL} \tag{4-55}$$

式中, α 是电压衰减系数。而

$$\tau = \alpha L \tag{4-56}$$

定义为结构的衰减常数,表示束流为零时整个加速结构的总衰减。常用单位为奈培。1 奈培衰减表示结构终端场强减弱到始端的 $\dfrac{1}{e}$。另一个单位是分贝,按定义:

$$\tau(\text{分贝}) = 10\lg\frac{P_0}{P_L} \tag{4-57}$$

两个单位之间的关系为

$$1\ \text{奈培} = 8.68\ \text{分贝} \tag{4-58}$$

对非均匀结构:

$$\tau = \int_0^L \alpha(z)\mathrm{d}z \tag{4-59}$$

大多数行波电子直线加速器的 τ 值为 $0.4\sim0.7$。

6) 分路阻抗

分路阻抗又称特征阻抗、并联阻抗,记作 R_M。每单位长度的分路阻抗定义为

$$R_\mathrm{M} = -\frac{E_0^2}{\mathrm{d}P/\mathrm{d}z} \tag{4-60}$$

式中, R_M 的单位是 $\mathrm{M\Omega/m}$, E_0 表示基波电场纵向分量振幅, $\dfrac{\mathrm{d}P}{\mathrm{d}z}$ 是单位长度结构中的欧姆损耗。

分路阻抗反映了在一定功耗下,结构提供的最大加速梯度,显然是愈高愈好。

7) 串联阻抗

串联阻抗的定义是

$$R_\mathrm{s} = \frac{E_0^2}{P} \tag{4-61}$$

它直接表示一定的功率 P 在结构中建立的加速场的大小,在一定频率下,

它仅由结构的几何形状决定,与加工质量、材料无关。可知:

$$R_s = 2\alpha R_M \tag{4-62}$$

8) 俘获系数

设俘获到稳定加速状态的电子在加速器输入端占据的相位宽度为 $\Delta\varphi_0$,定义俘获系数为

$$s = \frac{\Delta\varphi_0}{2\pi} \tag{4-63}$$

通常,s 为 50%~60%。仔细设计聚束段中相速和场强变化的规律,s 可高于 90%。

9) 占空比

射频占空比 D_{rf} 定义为射频脉冲宽度 τ_{rf}(单位:s)与脉冲重复频率 f_p(单位:次/秒)的乘积,即有效射频脉冲所占的相对份额:

$$D_{rf} = \tau_{rf} f_p \tag{4-64}$$

由于在每个脉冲开始部分有一段建场时间,束脉宽 τ_b 将小于 τ_{rf},束占空比 $D_b = \tau_b f_p$ 小于 D_{rf}。在一定的 D_{rf} 下,通过减小 f_p、增加 τ_{rf},可以改善束占空比 D_b,但这受到功率源特性和脉冲电压波形等因素的限制。

通常,电子直线加速器的 D_{rf} 约为 10^{-3}。在一些高占空比加速器中,D_{rf} 可达百分之几十。在连续波情形中,D_{rf} 约为 1。占空比的增加主要受到功率源和加速管平均功耗增加的限制。

10) 聚束系数

聚束系数 B 定义为俘获电子的初始相宽 $\Delta\varphi_0$ 与束团在输出端占据的相宽 $\Delta\varphi_L$ 之比,表示为

$$B = \frac{\Delta\varphi_0}{\Delta\varphi_L} \tag{4-65}$$

它反映一个聚束器性能的好坏。对通常的聚束段,B 约为 10;对于特殊设计的聚束段,B 可高于 20。

聚束系数 B 并不是衡量一个聚束器品质优良的唯一参数。在低能加速器中,聚束与好的能谱往往是矛盾的,设计时并不单纯追求强烈的聚束,而是希望最终输出的能谱最佳。对高能加速器的注入器,则希望有好的聚束特性,输

入电子束有窄的相宽,以便改善高能加速器输出束的能谱。在强流电子直线加速器中,常常不希望过分地聚束,避免引起强烈的空间电荷效应。

11) 束流强度

设由电子枪注入的脉冲束流强度为 I_g,则加速器脉冲束流强度 I_p 为

$$I_p = sI_g \qquad (4-66)$$

式中,s 为加速器俘获系数。

由于纵向聚束,在脉冲内电子也不是均匀分布的,每个射频周期中俘获的电子被聚束到一个窄的相宽之中,形成一系列与射频频率相应的分立的束团,通常称作束脉冲的精细结构。在每个束团中,脉冲电流大大增加,近似为 I_p 的 B 倍,B 为聚束系数。

平均束流强度 I_a 与脉冲束流强度 I_p 有下列关系:

$$I_a = D_b I_p \qquad (4-67)$$

式中,D_b 为束占空比。

12) 能谱

能谱即能量 u 与在此能量附近单位能量间隔中的电子数 $I_u \left(I_u = \dfrac{\mathrm{d}I}{\mathrm{d}u} \right)$ 之间的关系。由能谱可以确定能量和能谱宽度,常用的定义有两种。

(1) 认为谱峰处的能量即输出束的能量 u。当存在双峰时,取两个峰能量的平均值。而 Δu 是在谱极大高度一半处的能量间隔,能谱宽度为 $\left. \dfrac{\Delta u}{u} \right|_{\mathrm{FWHM}}$,或简写为 $\dfrac{\Delta u}{u}$。

(2) 按下式确定束的平均能量:

$$u = \frac{\displaystyle\int_0^\infty I_u(u)u\,\mathrm{d}u}{\displaystyle\int_0^\infty I_u(u)\,\mathrm{d}u} \qquad (4-68)$$

能谱宽度 $\dfrac{\Delta u}{u}$ 中的 Δu 是总电流中 μ 部分占据的最小能量宽度,即

$$\mu = \frac{\displaystyle\int_u^{u+\Delta u'} I_u(u)\,\mathrm{d}u}{\displaystyle\int_0^\infty I_u(u)\,\mathrm{d}u} \qquad (4-69)$$

μ 通常取 0.707，但也可以取其他值。

使用这两种定义能较全面地反映能谱的质量。

13）功率效率

加速器的功率效率 η 是指输入射频功率 P_0 转换成电子束功率的相对分数，即

$$\eta = \frac{I_\mathrm{p} u}{P_0} \qquad (4-70)$$

式中，I_p 为脉冲束流强度，单位为 A；P_0 为加速器输入射频功率，单位为 MW；u 为输出电子束能量，单位为 MeV。

显然，输出电子束平均功率为

$$P_\mathrm{a} = \eta P_0 D_\mathrm{b} \qquad (4-71)$$

在实际应用中，电子直线加速器的加速结构主要采用圆柱形波导或者谐振腔，并且采用 TM_{01} 行波或 TM_{010} 驻波模式中的轴向电场分量对电子进行加速。

射频直线加速器的加速腔相互之间按直线耦合在一起，为周期结构或准周期结构，场分布满足弗洛克定理。为满足周期性边界条件，加速结构中必然有无限多个空间谐波有相同的工作频率及群速度，但它们的相速度或波数各不相同。

为了同步加速粒子，射频直线加速器的加速结构需采用慢波结构，且一般用其基波加速，因此要求基波的相速小于或等于光速，即 $v_\mathrm{p} \leqslant c$。

由麦克斯韦方程出发，可导出射频直线加速器电磁场（TM 模）分布的一般表达式。下面以行波电磁场（TM 模）为例。

根据麦克斯韦方程，电场的纵向分量满足：

$$\frac{1}{r} \cdot \frac{\partial}{\partial r}\left(r \frac{\partial E_z}{\partial r}\right) + \frac{\partial^2 E_z}{\partial z^2} - \frac{1}{c^2} \cdot \frac{\partial E_z}{\partial t} = 0 \qquad (4-72)$$

利用分离变量法，E_z 可表示为

$$E_z(r, z, t) = \sum_{n=-\infty}^{\infty} E_{1n} I_0(k_m r) \mathrm{e}^{\mathrm{j}(\omega t - k_{zn} z)} + \sum_{n=-\infty}^{\infty} E_{2n} I_0(k_m r) \mathrm{e}^{\mathrm{j}(\omega t + k_{zn} z)}$$

$$(4-73)$$

式中，I_0 为 0 阶虚变量贝塞尔函数。右边第一项表示正向传播的行波，第二项表示反向传播的行波。E_{1n} 和 E_{2n} 分别为各项正向及反向空间谐波场的幅值，

其值由腔型边界条件决定。k_{zn} 和 k_{rn} 分别表示各项空间谐波 z 向及 r 向的传播常数，它们分别为

$$k_{zn} = k_z + \frac{2\pi}{D} n \tag{4-74}$$

$$k_{rn} = \sqrt{k_{zn}^2 - k_z^2} \tag{4-75}$$

式(4-74)和式(4-75)中，n 为空间谐波的项数，$n = 0, \pm 1, \pm 2, \pm 3, \cdots$；$k_z = \dfrac{k}{\beta_p}$ 为基波传播常数，$\beta_p = \dfrac{v_p}{c}$ 为基波的归一化相速，$k = \dfrac{2\pi}{\lambda}$ 为波速，也称为自由空间传播常数。

第 n 次空间谐波的相速度为 $v_{zn} = \dfrac{\omega}{k_{zn}}$，其归一化值 β_{pn} 为

$$\beta_{pn} = \frac{v_{zn}}{c} = \frac{\beta_p}{1 + \dfrac{\lambda}{D} \beta_p n} \tag{4-76}$$

式中，D 为结构周期。

当结构只传播正向行波时，E_n 的表达式可简化为

$$E_z(r, z, t) = \sum_{n=-\infty}^{\infty} E_n I_0(k_{rn} r) e^{j(\omega t - k_{zn} z)} \tag{4-77}$$

为了取实部时表示的方便，将式(4-77)乘以 $(-j)$，表示为

$$E_z(r, z, t) = -j \sum_{n=-\infty}^{\infty} E_n I_0(k_{rn} r) e^{j(\omega t - k_{zn} z)} \tag{4-78}$$

从式(4-78)出发，利用 $\nabla \cdot E = 0$ 和 $\nabla \times B = \dfrac{1}{c^2} \cdot \dfrac{\partial E}{\partial t}$，可求得 TM 模的 E_r 和 B_θ：

$$E_r(r, z, t) = \sum_{n=-\infty}^{\infty} E_n \frac{k_{zn}}{k_{rn}} I_1(k_{rn} r) e^{j(\omega t - k_{zn} z)} \tag{4-79}$$

$$B_\theta(r, z, t) = \sum_{n=-\infty}^{\infty} E_n \frac{k}{c k_{rn}} I_1(k_{rn} r) e^{j(\omega t - k_{zn} z)} \tag{4-80}$$

$$E_\theta = B_r = B_z = 0 \tag{4-81}$$

式(4-79)～式(4-81)为盘荷波导行波场分布方程组，可以看出结构中仅存在径向电场、轴向电场和辐向磁场，这对持续加速电子提供了理论基础，

也体现出我们在设计所需的场分布时的优化方向,对进一步的计算工作具有重要指导作用。

4.2.2 行波加速管结构设计

盘荷波导的基本结构尺寸参数如图 4 - 27 所示。

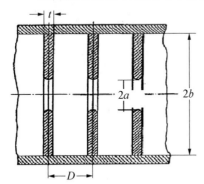

图 4 - 27 盘荷波导结构参数示意图

1) 盘孔半径 a

盘片孔半径 a 的确定主要是依赖于盘荷波导中场强的要求。如果要求加速场强越高,则孔径 a 就越小,然而 a 值减小会导致损耗增加,群速也会降低,加速器的稳定性下降,因此需要综合考虑。一般 $\frac{a}{\lambda}$ 值[4]选在 0.1～0.13 的范围内,a 的取值范围为 10～12 mm。

2) 波导半径 b

当 a 值确定之后,b 的值也就唯一确定了,盘荷波导中的皱褶深度($b-a$)是对波速最敏感的尺寸。当($b-a$)越大,波速越慢。因此 b 与 a 之间不是相互独立的。对于 S 波段 2 856 MHz 的盘荷波导,b 的取值范围为 40～45 mm。

3) 结构周期 D

结构周期 D 也称为腔长,是由工作模式和相速共同决定的。由于加速结构的工作模式唯一,所以腔长 D 可以设计和调节腔相速的分布,从而调节整个加速管的加速效果,这主要是在聚束段完成的工作。因为光速段相速固定,所以该段的腔长 D 是固定不变的,而在聚束段则需要改变相速以实现好的聚束,是聚束段设计的主要内容之一。

4) 盘片厚度 t

由于盘片厚度 t 对相速度影响不灵敏,所以其大小主要取决于机械强度以及盘片内孔圆弧倒角附近高频场电击穿强度[8]。

盘孔圆弧的设计一般有以下 2 种,如图 4 - 28 所示[9]。

图 4 - 28(a)中,盘片圆弧的圆心位于盘片厚度的中心,即图中所示的 $\frac{D}{2}$ 处,圆弧半径略大于 $\frac{t}{2}$,为加工方便,在盘片底部留有一个平台,半宽度为 δ,日本筑波 ETL 直线加速器采用这种结构;图 4 - 28(b)中,圆弧圆心并不在盘

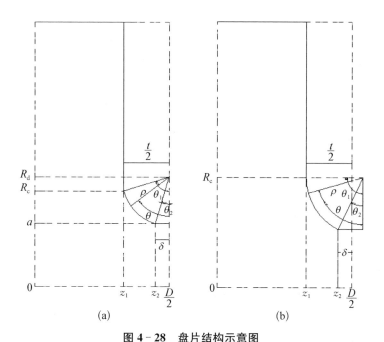

图 4 - 28　盘片结构示意图

片厚度的中心,圆弧半径略大于$\dfrac{t}{2}$,同样底部也为方便加工留有平台。经过一系列计算,发现图 4 - 28 中的(a)结构与计算样本吻合较好,所以采用(a)结构。考虑到加工和测量的简便,整个加速管采用相同的盘片结构,尺寸如表 4 - 1 所示。

表 4 - 1　盘片结构尺寸

参数	t/mm	ρ/mm	δ/mm	$\theta_1/(°)$	$\theta_2/(°)$
参数值	5	2.6	0.5	74.00	11.08

5) 微波参量

使用计算软件 SUPERFISH[10]可以计算加速腔的微波参量。SUPERFISH 是由 Los Alamos Accelerator Code Group(LAACG)开发出的一款计算轴对称射频谐振腔谐振频率、电磁场分布及其他微波参量的通用程序。它采用的是三角形网格划分,并且能根据腔体的形状自动改变网格大小,因此它划分出的网格与腔壁形状很接近。它的计算速度比较快,计算误差也较小,能够计算各种边界条件下加速腔的谐振频率以及相应的品质因数、有效分路阻抗等微波分量,同时能给出加速腔内的电磁场场形分布。

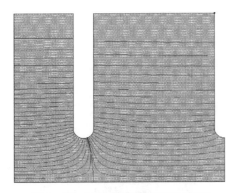

图 4 - 29　2π/3 模式的 SUPERFISH 计算模型及场分布

在 2π/3 工作模式下,由于场分布沿纵轴具有对称性,如图 4 - 29 所示,通过适当选取边界条件,我们只需要计算半个周期即 1.5 个单元。在用 SUPERFISH 计算驻波参量的时候,需要对腔体进行网格划分。从计算精度的角度来讲,网格划分得越细,计算结果就越精确,但计算量也越大,计算的时间越长,所以划分方式要综合考虑计算精度、计算时间。

使用 SUPERFISH 计算出盘荷波导结构的一系列射频参数,如谐振频率、分路阻抗、Q 值、电压击穿极限、结构的总功耗、储能等,但程序在计算过程中将结构的最大轴向电场 E_0 自动归一化到 1 MV/m 进行计算,所以为了求得在特定的输入功率下波导中建立起的场强大小,需要计算出结构的电压衰减系数 α 及群速 v_g。

(1) 电压衰减系数 α 的计算　由于 SUPERFISH 计算的是驻波情形下的场分布,驻波可以看成是由两个相反方向行进的行波构成的,因而[11]:

$$W_{TW} = \frac{W_{SW}}{2}, \quad w_{TW} = \frac{w_{SW}}{2}, \quad P_{L,TW} = \frac{P_{L,SW}}{2} \qquad (4 - 82)$$

式中,下标 TW 和 SW 分别代表行波和驻波情形。

要计算衰减系数 α,首先需要求出结构的功率流 P_s。根据电磁场理论,结构中的功率流密度 s 为

$$s = (E \times H)_z = E_r H_\theta \qquad (4 - 83)$$

在驻波情形下,E_r 总是与 H_θ 在时间上正交,净功率流为零。能量仅在电与磁场间来回交换。表 4 - 2 给出了 2π/3 模式下不同位置上的行波场和驻波场振幅[12]。

通过 SF7 分别计算出盘孔处 E_r 和 H_θ,如图 4 - 30 和图 4 - 31 所示。使用 Tablplot 将数据 E_r 和 H_θ 以离散点的形式存储,然后在盘孔范围($r \leqslant a$)内对功率流密度 s 积分,求出功率流 P_s。

表 4 - 2　**2π/3 模式下不同位置上行波场和驻波场振幅**

参　数	位　置			
	$z=0$	$z=D/2$	$z=D$	$z=3D/2$
$E_{r,\text{SW}}$	0	有限	有限	0
$E_{r,\text{TW}}$	—	$E_{r,\text{SW}}/\sqrt{3}$	$E_{r,\text{SW}}/\sqrt{3}$	—
$H_{\theta,\text{SW}}$	有限	有限	有限	有限
$H_{\theta,\text{TW}}$	$H_{\theta,\text{SW}}/2$	$H_{\theta,\text{SW}}$	$H_{\theta,\text{SW}}$	$H_{\theta,\text{SW}}/2$

说明：$z=0$ 对应腔中心，$z=D/2$ 对应盘片中心，下标 SW 代表驻波场分布，下标 TW 代表行波场分布。

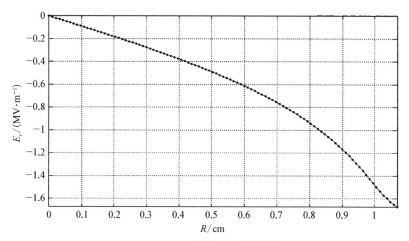

图 4 - 30　盘孔处 E_r 的分布

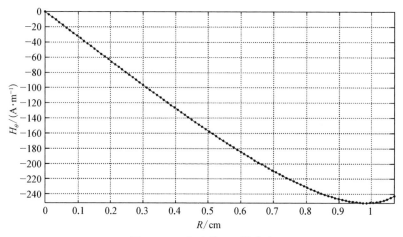

图 4 - 31　盘孔处 H_θ 的分布

衰减系数 α、群速 v_g、结构的功耗 P_L、结构功率流 P_s、储能 w、品质因数 Q 之间的关系为

$$\alpha = \frac{P_L}{2DP_s} \qquad (4-84)$$

$$Q = \frac{\omega Dw}{P_L} \qquad (4-85)$$

$$v_g = \frac{P_s}{w} \qquad (4-86)$$

这样，可以得到各腔的电压衰减系数 α 以及群速 v_g。

（2）加速场强 E 的计算[13-14]　根据分路阻抗的定义式：

$$R_M = -\frac{E_0^2}{\mathrm{d}P/\mathrm{d}z} \qquad (4-87)$$

有束流负载时：

$$E_{0,i} = \sqrt{2\alpha_i R_i P_i} \qquad (4-88)$$

$$\frac{\mathrm{d}P_i}{\mathrm{d}z} = -2\alpha_i P_i - I_{in}E_{0,i} \qquad (4-89)$$

式中，角标 i 表示第 i 腔，I_{in} 表示脉冲电流，$E_{0,i}$ 表示第 i 腔的加速场强。

在计算中，输入加速管的微波功率 P_0 已知，由式（4-88）和式（4-89）可以依次计算出各腔的加速场强。

4.2.3　驻波加速管结构设计

与行波加速结构类似，驻波加速结构同样可以使用 SUPERFISH 进行电磁场计算以确定结构的关键尺寸。以轴耦合驻波加速结构为例，关键尺寸如图 4-32 所示。

在 SUPERFISH 中建立模型，可得到场分布模型（见图 4-33）以及谐振频率、分路阻抗、渡越时间因子等参数，为结构设计提供参数参考。

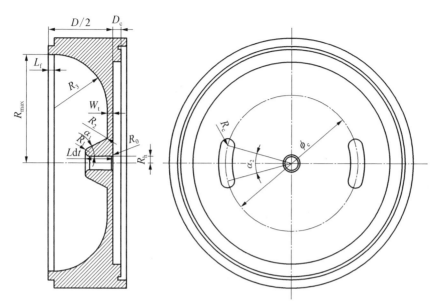

图 4 - 32　轴耦合驻波加速结构示意图

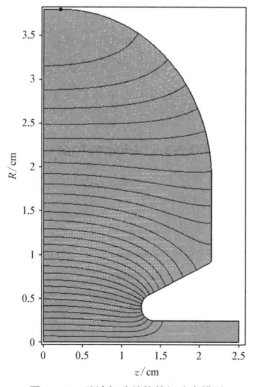

图 4 - 33　驻波加速结构的场分布模型

4.3 加速管功率效率设计

Q 值和分路阻抗等射频参数是针对单个加速腔性能优化的参数，对于整个加速管，则需要对其加速梯度的大小进行优化，这种优化实际上就是加速管的功率效率的优化。功率效率是从能源利用率的角度评价加速管性能的重要参量，在进行加速管设计时，分析功率效率有助于整体设计，下面以行波加速管为例，介绍功率效率的分析。

4.3.1 功率效率基础理论

行波加速结构中的功率与储能有如下关系：

$$P(z) = W(z)v_g(z) \tag{4-90}$$

$$W(z) = \frac{G^2(z)}{\omega R(z)/Q(z)} \tag{4-91}$$

式中，$P(z)$ 为功率通量，$W(z)$ 为单位长度中储存的能量，$v_g(z)$ 为群速，$G(z)$ 为加速梯度，$R(z)$ 为单位长度内的分路阻抗，$Q(z)$ 为品质因数。

结构沿 z 方向的功率通量的变化量中，一部分损耗，另一部分为束流所吸收，可表示为

$$\frac{dP(z)}{dz} = -\frac{G^2(z)}{R(z)} - IG(z) \tag{4-92}$$

于是，由式(4-90)~式(4-92)整理可得：

$$\frac{dG(z)}{dz} = -\frac{G(z)}{2}\left[\frac{1}{v_g}\frac{dv_g(z)}{dz} + \frac{1}{Q(z)}\frac{dQ(z)}{dz} - \frac{1}{R(z)}\frac{dR(z)}{dz} + \frac{\omega}{v_g(z)Q(z)}\right] \\ - \frac{I_bR(z)}{2}\frac{\omega}{v_g(z)Q(z)} \tag{4-93}$$

式(4-93)为一阶非齐次线性方程，求解得到[15-16]：

$$G(z) = G_0(z)\left[1 - \int_0^z \frac{I_b}{G(z)}\frac{\omega R(z)}{2v_g(z)Q_0(z)}dz\right] \tag{4-94}$$

式中，$G_0(z) = G_0(0)\sqrt{\frac{v_g(0)}{v_g(z)}}\sqrt{\frac{Q(0)}{Q(z)}}\sqrt{\frac{R(z)}{R(0)}} \cdot e^{-\frac{1}{2}\int_0^z \frac{\omega}{Q(z)v_g(z)}dz}$，$G_0(0)$ 是加速结

构入口处的加速梯度,根据初始条件,$G_0(0) = \sqrt{\dfrac{\omega R(0) P_0}{v_g(0) Q(0)}}$,$P_0$ 为输入功率。

在行波加速结构中,由于等阻抗(constant impedance)结构便于设计加工,在 10 MeV 能区的综合性能相对等梯度(constant gradient)结构具有一定优势,适于广泛应用[17]。对于等阻抗加速管,沿加速管长度分布的群速、分路阻抗 Q 值均为常数,所以式(4-94)可简化为

$$G_L(z) = G_0(0) e^{-\alpha z} - I_b R (1 - e^{-\alpha z}) \qquad (4-95)$$

式中,α 为衰减系数(attenuation constant),$\alpha = \dfrac{\omega}{2Q v_g}$。

将式(4-95)两端同时除以 $G_0(0)$,则有:

$$\frac{G_L(z)}{G_0(0)} = e^{-\alpha z} - \frac{I_b R}{G_0(0)} (1 - e^{-\alpha z}) \qquad (4-96)$$

设 $Y = \dfrac{I_b R}{G_0(0)}$,定义为相对束流负载(relative beam loading),则功率效率 η 为

$$\eta = 2Y^2 (1 - \alpha L - e^{-\alpha L}) + 2Y(1 - e^{-\alpha L}) \qquad (4-97)$$

式(4-97)中,功率效率 η 为相对束流负载 Y 的二次函数,这说明,功率效率在不同的相对束流负载条件下存在最大值,而相对束流负载则与加速结构的工作参数如束流强度、输入功率等条件相关,这为我们进行下面的研究提供了方便。此外,由式(4-97)还可以看出,在同样的工作条件下,功率效率与不同的行波加速结构长度 L 直接相关,这也是我们需要注意的影响因素。

本节的计算以 10 MeV 等阻抗行波加速结构的常规参数为条件(见表 4-3),研究各参数变化带来的影响。

表 4-3 10 MeV 等阻抗行波加速结构常规参数

项目及符号	参 数 指 标
工作频率 f/MHz	2 856
品质因数 Q	13 000
分路阻抗 R/(MΩ·m^{-1})	55

项目及符号	参 数 指 标
输入功率 P_{in}/MW	4
结构长度 L/m	2
群速 v_g/c/%	2

4.3.2 束流负载与功率效率

在功率效率的分析中,最直观的影响因素为相对束流负载。归一化加速梯度与归一化纵向长度在不同相对束流负载时的关系如图 4-34 所示。

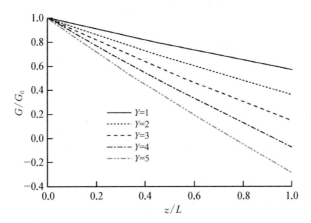

图 4-34 不同相对束流负载条件下的加速梯度分布

图 4-34 中,相对束流负载越重,加速梯度下降的速度越快。当相对束流负载达到一定值时,加速结构出口处的加速梯度为零,此时的剩余功率为零。根据能量守恒定律,输入功率为束流功率、损耗功率和剩余功率三者之和,有 $P_{in}=P_b+P_{loss}+P_{out}$,当剩余功率 $P_{out}=0$,即所谓束流满载(full beam loading)时,加速结构的功率效率接近最大值[16]。所以,设计行波加速结构的工作条件时,应在允许的条件下尽量接近束流满载状态。

这里要指出的是,图 4-34 中出现的负梯度状态的分布情况与实际情况略有出入。这里仅从理论层面给出在加速管末端前微波功率全部被消耗会出现的情况。这时,电子束还没有从加速管出口出射,那么会出现电子束向加速结构辐射能量的状况,即电子束与加速结构感应作用的出现导致电子束能量降低的电磁场。在加速结构设计中,一般不会出现这样的情况,因为这样一方面会使得电子束能量降低,另一方面会导致束团离散,降低最终获得的束流强度,这都会导致功率效率降低,即出现图 4-35 中效率值降低的情况。

根据计算结果(见图 4-34 和图 4-35),功率效率最大值出现在束流略大于满载的情况下,即相对束流负载为 4,此时加速结构尾部出现轻微负梯度的情况。这是因为束流较满载进一步增加时,加速梯度进一步降低,使腔损耗减小,这时腔损耗的减小量 ΔP_{loss} 大于因加速器尾部负梯度引起的束流

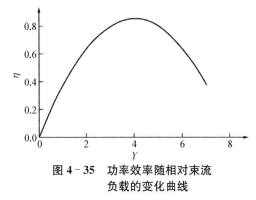

图 4-35　功率效率随相对束流负载的变化曲线

功率损失量 ΔP_b,即 $\Delta P = \Delta P_{loss} - \Delta P_b > 0$,从而使总功率损耗减小,增加了功率效率;随着束流的增加,ΔP 值减小,当 $\Delta P = 0$ 时,功率效率出现最大值。这使通过调整加速结构的工作参数和结构参数换取极高的功率效率成为可能,但功率效率最大时对应的束流能量较束流满载时有所降低。所以在设计行波加速结构时,根据相对束流负载的情况,结合实际工作参数,就可以初步选择行波加速结构较为优化的工作点。

4.3.3　加速结构长度与功率效率

功率效率 η、出口束流能量增益在不同加速结构长度 $L_1 = 1.5$ m、$L_2 = 2$ m、$L_3 = 2.5$ m 下随相对束流负载的变化规律如图 4-36[18] 所示。

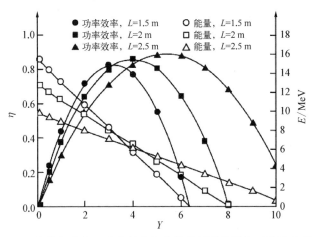

图 4-36　固定输入功率下功率效率和束流能量增益随相对束流负载的变化

对任意一个加速结构长度,加速结构的功率效率随相对束流负载呈开口向下的抛物线,存在最大值;加速能量增益随加速电流的增大而单调减小;随着长度的增加,功率效率的最大值增大,最大值对应的束流强度增大,对应的能量增益减小。这里所讨论的能量增益为光速段的,因为聚束段的单元长度和分路阻抗等参数是变化的,不在上述公式的适用范围内。

对于固定的输入功率,不同的加速结构长度有各自适合加速的束流强度区间。当电流较小时,加速结构长度较长则效率较高,束流能量增益也越高;而当电流较大时,较短的加速结构反而具有更高的功率效率和能量增益,如图4-37所示。所以在设计行波加速结构时,需根据束流的性能指标,结合功率效率确定结构长度。

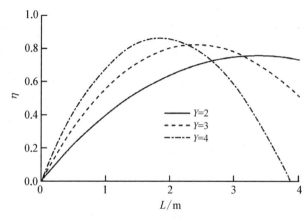

图4-37 固定输入功率下功率效率随加速结构长度的变化曲线

4.3.4 输入功率与功率效率

在加速管长度不变时,由于输入功率的变化影响了加速梯度,所以相对束流负载强度是变化的,此时不同束流强度下功率效率和束流能量增益随输入功率的变化规律如图4-38所示。

在实际设计行波加速结构时,我们要综合考虑加速效率、功率效率、加速结构的长度、输入功率等,优化的目标则是在加速效率和能量效率可接受的条件下尽可能地减小加速管的长度和功率源的功率。有时在功率效率最大时,对应束流的流强虽然会很高,但能量增益很低,这并不是我们想要的结果,所以有时我们会顾及一些其他因素而牺牲一定的功率效率。如为了减小加速器体积而缩短加速结构长度,与此同时,为保持能量增益不变势必增大加速梯

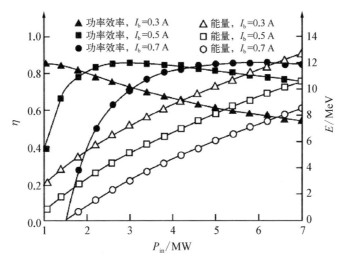

**图 4-38　固定加速管长度下功率效率和束流能量
增益随输入功率的变化**

度,这使得加速结构的损耗增加,牺牲了一定的功率效率。从理论上给出这些
参数的制约关系,可以在工程上给予一定的指导,得到如表 4-3 所示的参数
指标。

参考文献

[1]　陈佳洱.加速器物理基础[M].北京:原子能出版社,1993.

[2]　刘乃泉.加速器理论[M].2 版.北京:清华大学出版社,2004.

[3]　姚充国.电子直线加速器[M].北京:科学出版社,1986.

[4]　林郁正.低能电子直线加速器原理[M].北京:清华大学出版社,1999.

[5]　Chodorow M, Ginzton E L, Hansen W W, et al. Stanford high-energy linear
electron accelerator (Mark Ⅲ)[J]. Review of Scientific Instruments, 1955, 26(2):
134 - 204.

[6]　Young L M. Parmela: LA - UR - 96 - 1835[R]. Los Alamos: Los Alamos National
Laboratory, 2003.

[7]　Liu H C, Wang X L, Fu S N. Design study on an electron linac for irradiation
processing with a high capture efficiency[J]. High Energy Physics and Nuclear
Physics, 2006, 30(6): 581 - 586.

[8]　Gallagher W J. Properties of disc-loaded lines[J]. IEEE Transactions on Nuclear
Science, 1973, 20(3): 952 - 956.

[9]　Nakamura M. A computational method for disk-loaded waveguides with rounded
disk-hole edges[J]. Japanese Journal of Applied Physics, 1968, 7(3): 257 - 271.

[10]　Billen J H, Young L M. Poisson superfish: LA - UR - 96 - 1834[R]. Los Alamos:

Los Alamos National Laboratory, 2003.

[11] Fang W C, Tong D C, Gu Q, et al. Design and experimental study of a C-band traveling-wave accelerating structure[J]. Chinese Science Bulletin, 2011, 56(1): 18-23.

[12] Neal R B. The Stanford two-mile accelerator[M]. New York: W. A. Benjamin, 1968.

[13] Chen Q S, Pei Y J, Hu T N, et al. A novel method for rigorously analyzing beam loading effect based on the macro-particle model[J]. Chinese Physics Letters, 2014, 31(1): 65-68.

[14] 宋忠恒. 电子直线加速器加速段载束性能[J]. 核技术,1989,12(7): 400-404.

[15] Lumin A, Yakovlev V, Grudiev A. Analytical solutions for transient and steady state beam loading in arbitrary traveling wave accelerating structures[J]. Physical Review Special Topics Accelerators and Beams, 2011, 14: 052001.

[16] Guignard G, Hagel J. Closed analytical expression for the electric field profile in a loaded RF structure with arbitrarily varying v_g and R'/Q[J]. Physical Review Special Topics Accelerators and Beams, 2000, 3: 042001.

[17] 王发芽. 一种新型、紧凑、高效电子直线加速器加速管的设计研究[J]. 高能物理与核物理,2004,28(10): 1109-1115.

[18] 杨京鹤,李金海,李春光. 盘荷波导行波电子直线加速结构功率效率的优化[J]. 原子能科学技术,2014,48(S1): 696-699.

第 5 章
重入式射频加速器设计技术

重入式是射频加速器的一种,是经三十多年发展起来的主要针对辐照的高流强电子加速器。其特点是,加速腔采用一个大谐振腔,谐振频率较低,一般为 100~200 MHz;电子多次注入谐振腔加速,每次加速完成后,通过偏转磁铁偏转后重新注入加速腔。回旋加速器的粒子也是多次注入谐振腔的,重入式加速器与其不同的是束流每次偏转的偏转磁铁是分立的,粒子运动轨迹也有别于圆形或螺旋形的异形轨迹。重入式加速器的主要优点是谐振腔的品质因数和分路阻抗很高,可运行于连续波模式,束流功率大。

重入式加速器目前主要有 4 种:梅花瓣加速器(rhodotron)、蛇形加速器(ridgetron)、返屯加速器(fantron)和圆柱形加速器(cylindertron)。其中,梅花瓣加速器技术最为成熟,已经发展出商业化产品;蛇形加速器次之,相关学者已进行了束流实验研究;对于返屯加速器也开展了一些相关的工作;对于圆柱形加速器的研究还停留在只发表了一篇文献的阶段[1],没有后续的研究工作。下面对前面 3 种加速器予以介绍。

5.1　梅花瓣加速器

梅花瓣加速器最早在 1989 年由法国的 J. Pottier 提出[2],因该加速器的束流运动轨迹类似于一朵展开的玫瑰花,故采用希腊语中的玫瑰花单词"rhodos"将其命名,中文翻译名称一般为"梅花瓣"加速器。这种加速器在提出时的应用目标就是工业辐照,其可靠性、适应性和经济性能够满足绝大多数工业辐照应用需求。梅花瓣加速器采用巧妙的设计,大大突破了加速器的技术和参数的限制,其单位束流功率的低能耗和内置的维护监控功能等带来了更高的能量转换利用效率、方便的应用和灵活的操作,被广泛应用于灭菌、聚合物改性、食物保鲜、浆液处理和基础研究等。

梅花瓣加速器如图 5-1 所示[3],其加速腔可以看作是一个中空的面包圈

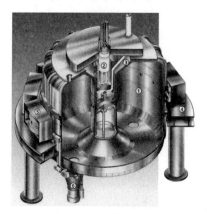

结构,如图 5-2 所示。梅花瓣加速器的束流运动轨迹如图 5-3 所示,其中电子枪发射的电子注入加速腔时,径向电场对电子加速,电子穿过面包圈的中心后第二次进入加速腔,加速腔的径向电场方向反向,电子再次获得加速;从加速腔出射后,电子被偏转磁铁偏转,重新注入加速腔加速,这样经过多次偏转加速,形成梅花瓣形状的束流运动轨迹,最终可以得到最大功率为 700 kW、能量为 1~20 MeV 的电子束。

图 5-1 梅花瓣加速器

图 5-2 梅花瓣加速腔

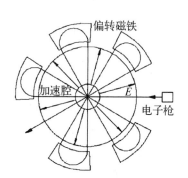

图 5-3 梅花瓣加速器束流运动轨迹

比利时 IBA 公司于 1993 年完成 TT-200 型梅花瓣加速器的研制,1994 年实现输出电子束能量为 10 MeV,电子束功率为 110 kW,电能转换效率为 38%,不同电子束功率的电能转换效率如图 5-4 所示。目前 IBA 公司已经拥有 TT-100、TT-200、TT-300、TT-400 和 TT-1000 等多种型号的梅花瓣加速器,除了用于电子束辐照,还可将 5~7.5 MeV 能量的电子转为 X 射线辐照。电子束转换成 X 射线的梅花瓣加速器的电子束功率最高为 700 kW。

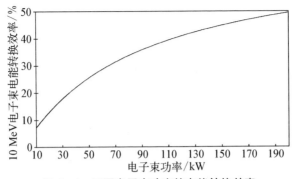

图 5 - 4　不同电子束功率的电能转换效率

5.1.1　基础理论

图 5 - 2 所示的"面包圈"结构本质上可以看作两端短路的一段同轴线,其内所建立的谐振电磁场为二分之一波长的 TEM 模式,如图 5 - 5 所示。其中的电场方向垂直于腔体旋转对称轴,在垂直于旋转对称轴中间对称平面上的电场值最大,电场值沿旋转对称轴上下方向按余弦函数降低为零,形成二分之一波长的电场分布;磁场方向为环绕旋转对称轴的圆环的切向方向,在垂直于旋转对称轴中间对称平面上的磁场值为零,磁场值沿旋转对称轴上下方向按正弦函数降低为零,形成二分之一波长的磁场分布。这种场分布的优点是,在垂直于旋转对称轴中间对称平面上加速的电子运动方向与电场方向一致,没

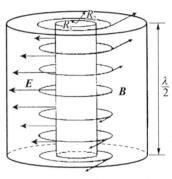

**图 5 - 5　梅花瓣加速腔内
电磁场模式**

有横向电场分量,同时磁场值为零,没有横向偏转磁场。梅花瓣加速器的缺点是运动轨迹交汇于腔体中心点,偏转加速次数也受一定限制。

1) 分路阻抗

由于同轴线内的电磁场分布可以严格理论推导,腔内电磁场可写为[2]

$$E = \frac{E_0}{r}\cos\frac{2\pi z}{\lambda}\sin(\omega t + \varphi)$$

$$B = \frac{B_0}{r}\sin\frac{2\pi z}{\lambda}\cos(\omega t + \varphi) \qquad (5-1)$$

根据电磁感应定律 $V = \omega\iint B\mathrm{d}s$ 和分路阻抗的定义 $Z_s = \frac{V^2}{P}$ 可以推导出腔

体内表面的电流分布、射频损耗 P，并最终推导出分路阻抗[2]：

$$Z_s = \frac{8\pi}{\rho_s} 60^2 \left(\ln \frac{R_2}{R_1} \right)^2 \left[\frac{\lambda}{8} \left(\frac{1}{R_1} + \frac{1}{R_2} \right) + \ln \frac{R_2}{R_1} \right]^{-1} \qquad (5-2)$$

式中，R_1 为内导体半径，R_2 为腔体外半径，λ 为电磁场波长，铜导体的表面有效电阻率 ρ_s 约为 $2.51 \times 10^{-7} f^{\frac{1}{2}}$，$f$ 为射频频率。

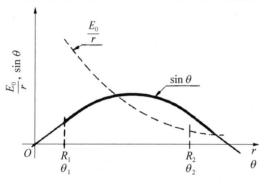

图 5-6　相对论电子 0 时刻穿过腔体轴线

2）渡越时间因子

因为梅花瓣加速器的能量增益很高，经过一次直线加速电子速度就可以接近光速，所以我们重点关注相对论速度（接近光速）电子的渡越时间因子。假定 0 时刻的相对论速度的电子穿过腔体轴线，如图 5-6 所示[2]，则式（5-1）的电场分量可写为

$$E = \frac{E_0}{r} \sin \theta \qquad (5-3)$$

根据渡越时间因子的定义则有[2]：

$$T = \frac{\int_{R_1}^{R_2} \frac{\sin \theta}{r} \mathrm{d}r}{\int_{R_1}^{R_2} \frac{1}{r} \mathrm{d}r} \qquad (5-4)$$

式中，$\theta = \omega t = 2\pi f t = \frac{2\pi ct}{\lambda} = \frac{2\pi r}{\lambda}$，即 $r = \left(\frac{\lambda}{2\pi} \right) \theta$，则有[2]：

$$T = \frac{S_i(\theta_2) - S_i(\theta_1)}{\ln \left(\frac{\theta_2}{\theta_1} \right)} \qquad (5-5)$$

式中，$S_i = \int_0^\theta \frac{\sin \theta}{\theta} \mathrm{d}\theta$。对于穿过轴线的时刻 $t_0 \neq 0$ 的电子，$\omega t_0 = \varphi$，渡越时间因子需要乘以 $\cos \varphi$。

3）同步条件

梅花瓣加速器需要多次穿越同一个腔体实现电子的多次加速，电子加速的效率和性能受其进入腔体时所处的射频相位影响很大。为了保证加速过程中的加速相位稳定,相邻两次通过腔体轴线的电子运动轨迹的长度必须是电磁场波长 λ 的整数倍 p。电子运动轨迹长度包括加速腔外的偏转回旋运动轨迹长度,该路程长度一般大于 πR_c,其中 R_c 是偏转回旋运动半径。

随着总的加速次数 n 的增加,R_c 减小,因此加速次数 n 有一个最大值。$n=6$ 是一个非常保守的设计,而 $n=12$ 的可行性不高,一般的设计是 $n=10$。R_c 决定着 R_2,考虑到偏转磁铁的边缘场所需的磁铁与加速腔外壁的距离以及加速腔外壁的厚度,在 $n=6$ 时应该有 $R_2 \leqslant 0.27\lambda$[2]。

纵向稳定性属于相对论同步加速器类型的性质,而不是直线加速器类型的性质。因为随着能量增加,电子偏转半径增加。在电子束团内,越高能量的电子相对于低能电子的运动路程越长。因此在电子束团内,后面的电子能量增益应该小于前面的,纵向稳定相位区间应该是 $\varphi>0$。同步电子的参考相位可选择为 $\varphi_s=15°$,所获得的束团能散远小于直线加速器的束团能散[2]。

4) 有效分路阻抗优化

一般我们会关心两种情况:当 $p=2$ 时,获得最大有效分路阻抗 Z_{se} 的加速腔内半径 $R_2 \approx 0.5\lambda$;当 $p=1$、$n=6$ 时,获得最大有效分路阻抗 Z_{se} 的加速腔内半径 $R_2 \approx 0.27\lambda$。优化结果如表 5-1 所示。

表 5-1　梅花瓣加速腔参数优化结果

p	R_2/m	R_1/R_2	$Z_{se}/M\Omega$	$Z_{sp}/M\Omega$
1	0.27λ	1/4	$5.77\lambda^{\frac{1}{2}}$	$4.9\lambda^{\frac{1}{2}}$
2	0.5λ	1/7	$10.4\lambda^{\frac{1}{2}}$	$8.83\lambda^{\frac{1}{2}}$

通过对内导体 R_1 适当导角,如图 5-7 所示[2],同时适当增加腔体长度,通过 SuperFish 程序计算的有效分路阻抗 Z_{se} 的理论值可以提高 10% 左右。此外,实验测量的有效分路阻抗比理论计算的低 15%,即如表 5-1 所示的 $Z_{sp}=0.85Z_{se}$。

1990 年,梅花瓣加速器第一次出束[4],经过 6 次直线加速获得 3.3 MeV

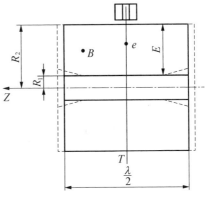

图 5-7　腔体内导体导角

的电子能量,腔体品质因数为 30 000,谐振频率为 180 MHz, $R_2 = 0.9$ m, $R_1 = 0.225$ m,即腔体机械尺寸是按照表 5-1 的参数设计的,腔体射频功耗为 50 kW,由此计算的分路阻抗为 6 MΩ,根据表 5-1 所计算的 Z_{sp} 为 6.3 MΩ。

5) 能量增益

根据分路阻抗的定义,每次直线加速的能量增益为[2]

$$W_1 = \sqrt{Z_{sp} P} \cos \phi \qquad (5-6)$$

如果 $\phi = 15°$, Z_{sp} 由表 5-1 中的值给出,则 n 次加速后得到的总能量为[2]

$$W = 2.3 \lambda^{\frac{1}{4}} P^{\frac{1}{2}} n, \ R_2 = 0.27 \lambda$$

$$W = 3.1 \lambda^{\frac{1}{4}} P^{\frac{1}{2}} n, \ R_2 = 0.5 \lambda \qquad (5-7)$$

式中,能量 W 的单位是 MeV,腔体射频损耗功率 P 的单位是 MW。

由式(5-7)可知,射频波长 λ 对能量 W 的影响不是非常敏感,而加速腔的体积与 λ^3 成正比,因此较短的波长是有益的。实际上,加速腔的谐振频率的选择范围一般为 $100 \sim 200$ MHz。

当腔体射频损耗功率 $P = 100$ kW,腔体谐振频率 $f = 130$ MHz($\lambda = 2.3$ m)时, $R_2 \approx 0.27 \lambda$ 与 $R_2 \approx 0.5 \lambda$ 对应的不同加速次数 n 的电子输出能量如表 5-2 所示[2]。

表 5-2　梅花瓣加速器输出电子的总能量

	n	2	3	4	5	6	7	8	9	10	11	12
W/MeV	$R_2 = 0.62$ m	1.8	2.7	3.6	4.5	5.4	6.3	7.2	8.1	9	9.9	10.8
	$R_2 = 1.15$ m	2.4	3.6	4.8	6.0	7.2	8.4	9.6	10.8	12	13.2	14.4

对于表 5-2 中的两种情况,其腔体的轴向长度大约都是 1.2 m。尽管 $R_2 = 1.15$ m($p=2$)和 $R_2 = 0.62$ m($p=1$)时的腔体外形尺寸都不是特别大,但在考虑腔体外的偏转磁铁后,整个装置的外径约为 5 m($p=2$)和 2.5 m($p=1$)。从表 5-2 还可以发现,若要获得相同的电子能量,两种情况的加速次数关系为 $\dfrac{n_{p=1}}{n_{p=2}} = \dfrac{4}{3}$ 。可见,只有需要的电子能量较高时,选择 $p=2$ 才是较为合适的。

5.1.2　束流动力学

束流动力学的设计与模拟计算是加速器设计的主要和重点工作之一,主要分为横向和纵向两方面,模拟计算软件除了常用的 PAMELA 等软件,法国原子能委员会针对梅花瓣加速器开发了 RHODOS 程序[5]。

在进行动力学计算时,将理想粒子的运动轨迹定义为模拟计算的纵轴,即将在实际空间中的梅花瓣形的运动轨迹变换为直线运动,电子每次加速视为通过一个新的加速腔。一般定义束流的运动方向为 z 方向,也称为纵向;与加速腔旋转对称轴平行的方向为 y 方向,也称为垂直方向;与 y 方向和 z 方向都垂直的为 x 方向,也称为水平方向。

1) 纵向束流动力学

首先考虑 CW 运行模式下,加速腔内同时存在多个束团。将束团近似为带电椭球,考虑空间电荷力最近的两个束团的作用,其作用力与平均加速场强的比值约为 10^{-4},即束团间的空间电荷力可以忽略[6]。

在进行束流动力学计算时,电子每次加速的加速相位是人为设定的,但是在实际工作中,由于每次加速通过的是同一个加速腔,电子运动的路程决定了每次加速的相位。电子在加速腔内的运动路程是固定的,而在腔体外的偏转磁铁内和偏转磁铁与腔体间隙的运动路程是可调的,因此只能通过调整偏转半径和磁铁与腔体间隙来调整相邻加速的相位差。相邻加速的相位关系如下[6]:

$$\varphi_{\text{in}}^{m+1} - \varphi_{\text{out}}^{m} = \omega(t_{\text{bend}}^{m} + 2t_{\text{gap}}^{m}) + 2p\pi = 2\pi[p + f(l_{\text{bend}}^{m} + 2l_{\text{gap}}^{m})/v_{\text{out}}^{m}]$$

$$(5-8)$$

式中,φ_{out}^{m} 是第 m 次加速的出口相位,$\varphi_{\text{in}}^{m+1}$ 是第 $m+1$ 次加速的入口相位,t_{bend}^{m} 和 l_{bend}^{m} 是电子在偏转磁铁内的运动时间和路程,t_{gap}^{m} 和 l_{gap}^{m} 是电子在偏转磁铁与加速腔间隙的运动时间和路程,f 是加速腔谐振频率,ω 是谐振角频率,p 是自然数,一般取 0。假定整个加速过程经过 n 次直线加速,偏转磁铁每次的偏转角度相同,由图 5-5 所示的几何关系,可得:

$$l_{\text{gap}}^{m} = \frac{\dfrac{\Delta\varphi v_{\text{out}}^{m}}{2\pi f} - \dfrac{n+1}{n}\pi R\tan\dfrac{\pi}{2n}}{2 + \dfrac{n+1}{n}\pi\tan\dfrac{\pi}{2n}}$$

$$(5-9)$$

$$B^{m} = \frac{m_{\text{e}} v_{\text{out}}^{m}}{e(R + l_{\text{gap}}^{m})\tan\dfrac{\pi}{2n}}$$

$$(5-10)$$

式中,m_{e} 是电子动质量,v_{out}^{m} 是第 m 次加速的出口速度,$\Delta\varphi = \varphi_{\text{in}}^{m+1} - \varphi_{\text{out}}^{m}$,$R$ 是偏转磁铁半径,B^{m} 是第 m 次加速后的偏转磁铁磁场值。

利用式(5-1)、式(5-9)和式(5-10),采用数值计算方法[6],连续束流注入(束流注入相位为$-180°\sim180°$)的俘获相位区间为$-64°\sim68°$,俘获效率为36.9%,出射相位区间为$246°\sim356°$。

运行于CW模式的束团,如果每个相邻束团之间的相位差都是180°,那么必然存在一个所有束团同时汇聚到中心的时刻,这就会产生束团之间的相互作用,包括空间电荷力和电子之间的碰撞,对于低能电子的影响较大。为此可以通过调整偏转磁铁与加速腔之间的距离以及由此带来的偏转半径的改变来调整连续几个束团之间的相位差,从而可以避免多个束团同时到达加速腔中心的问题。

对于接近光速的理想电子,每次穿越谐振腔中心区域的相位变化约为50°。为避免束团相遇问题,必须使得各束团进入谐振腔的初始相位彼此间隔$50°$[6]。然而在实际情况中却很难实现,因为注入相位的加速有效区间仅仅为$-64°\sim170°$,所以只能采取另外的原则,保证相互运动方向大于90°的束团间相位差保持在40°以上,相互运动方向小于90°的束团间相位差保持在20°左右。这样就可以在仅仅牺牲束团少许能量增益的情况下,避免加速过程中的束团相遇。表5-3列出了6次加速调整后各次加速的入射相位和出腔能量[6]。

表5-3 每次加速的束团相位

进入谐振腔次数	1	2	3	4	5	6
入射相位/(°)	14	78	35	96	53	114
出腔能量/MeV	0.66	1.30	1.74	2.28	2.87	3.38

上述计算与讨论是基于连续束注入加速腔的情况,其电子俘获效率难以高于50%,即在加速过程中会有大量电子损失,这样的损失一方面会产生不利的X射线,另一方面会带来射频功率的浪费。为此可以考虑电子在注入加速腔之前就对其实现微脉冲化,利用与加速器相同频率的射频功率,可以将电子束汇聚为脉冲宽度为60°、注入电子能量为50 keV、脉冲流强为150 mA的束流[7]。

2) 横向束流动力学

电子束的横向聚焦主要来自两个方面:一是谐振腔内的射频电磁场,二是偏转磁铁。

束流在加速腔内的运动是过腔体中心的径向运动,在束流运动轨迹上的加速电场方向也是径向的。径向电场对向心运动的电子具有聚焦作用,而对离心运动的电子具有散焦作用,但总的效果是聚焦的。

为了实现梅花瓣形电子运动轨迹,偏转磁铁的偏转角度必须大于180°,这

就可以实现束流水平方向的聚焦,再加上磁铁边缘角的竖直方向的聚焦作用,
可以获得束流的横向聚焦作用。偏转磁铁边缘角需要根据模拟计算的具体情
况调整,一般在 $1°\sim10°$ 区间内[6]。

束团内的空间电荷力虽然对束流品质的影响不大[6],但 RHODOS 程序
还是考虑了第一次加速的空间电荷力的一阶近似,之后的加速不再考虑空间
电荷力的影响。其原因是第一次加速后的电子能量接近 1 MeV,即接近光速,
相对论效应使得之后加速的空间电荷力效应可以忽略。RHODOS 程序可以
计算整个束流运动包络以及不同位置的发射度、电流脉冲形状、能谱、电流密
度分布等。图 5 - 8[5]给出了 RHODOS 程序的一个计算结果,其中(a)是 x 方

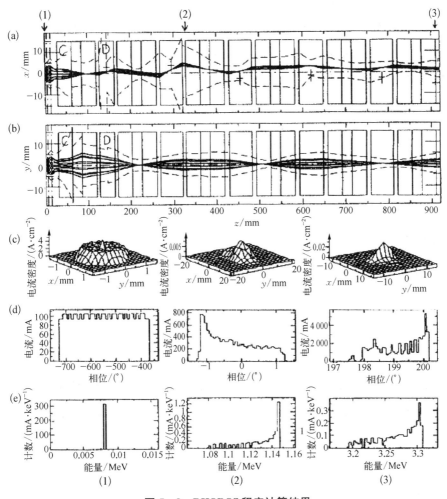

图 5 - 8　RHODOS 程序计算结果

向的束流包络,C 是加速腔,D 是偏转磁铁;(b)是 y 方向的束流包络;(c)是
(1)(2)(3)各位置的电流密度分布;(d)是各位置的电流脉冲形状;(e)是各位
置的能谱。

5.1.3　偏转磁铁

偏转磁铁的作用有两个:一是束流导向;二是束流横向聚焦。为了实现
梅花瓣运动轨迹,偏转磁铁的偏转角度应该为 $180°\left(1+\dfrac{1}{n}\right)$,其中 n 是电子加
速次数,并假定所有偏转磁铁的偏转角度相同。

图 5-9 所示是偏转磁铁与束流中心轨迹的关系[8]。图中实际边界是指
磁铁机械结构边界,边缘场等效边界是把磁场软边界分布等效为硬边界磁场
后的磁场边界;等效轨迹是在等效边缘场作用下的电子运动轨迹,实际轨迹
是在软边界边缘场作用下的电子运动轨迹,这两条轨迹的旋转中心点的位
置不同;R 是加速腔外半径,r 是偏转磁铁内电子回旋半径;角度 $\varphi=\dfrac{180°}{2n}$,
即 $\varphi=9°$ 意味着电子直线加速次数为 10 次。磁铁的边缘场分布曲线如图
5-10 所示。

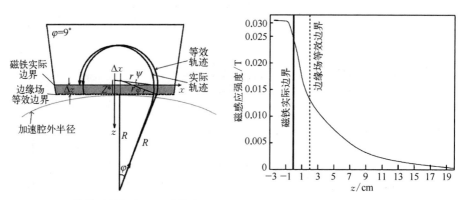

图 5-9　偏转磁铁与电子运动轨迹　　　图 5-10　磁铁边缘场分布

根据图 5-9 的几何关系,则有:

$$r=\frac{R\tan 9°}{\cos 9°} \tag{5-11}$$

实际工程中,偏转磁铁与加速腔有一定距离,此距离对电子运动路程的影

响也可通过式(5-11)求得,所不同的是,R 应该是边缘场等效边界到加速腔中心的距离。

在考虑磁铁软边缘场后,如果主场区的磁场值不变,电子的回旋中心必然横向偏移,这是由磁铁入口边缘场对束流的横向偏移引起的[9]:

$$\Delta x = \frac{G^2 I_1}{r\cos^2\alpha} \tag{5-12}$$

式中,G 是磁极间隙,α 是磁铁入口边缘角,I_1 是边缘场修正的第一个积分常数[9]。一般情况下,磁铁出口边缘角与磁铁入口边缘角相同,即磁铁出口边缘场对束流的横向偏移与磁铁入口边缘场的相同,因此束流最终会横向偏移 $2\Delta x$,这就使得经过偏转的束流不再经过加速腔中心。由于磁铁边缘场只是对束流进行了横向偏移,为解决此问题,可以减小主磁场,使得减小后的磁场内的电子运动轨道减小接近 Δx,而不应该等于 Δx,因为减小磁场后,式(5-12)的横向偏移量也会随之减小。

偏转磁铁的传输矩阵为[9]

$$\boldsymbol{M}_x = \begin{bmatrix} \dfrac{\cos(\varphi-\alpha)}{\cos\alpha} & r\sin\varphi & r(1-\cos\varphi) \\[3mm] \dfrac{-\cos(\varphi-\alpha-\beta)}{r\cos\alpha\,\cos\beta} & \dfrac{\cos(\varphi-\beta)}{\cos\beta} & \sin\varphi+(1-\cos\varphi)\tan\beta \\[3mm] 0 & 0 & 1 \end{bmatrix}$$

$$\boldsymbol{M}_y = \begin{bmatrix} 1-\varphi\tan\alpha & r\varphi & 0 \\ [(\varphi\tan\alpha-1)\tan\beta-\tan\alpha]/r & 1-\varphi\tan\beta & 0 \\ 0 & 0 & 1 \end{bmatrix} \tag{5-13}$$

磁铁形状可设计为如图 5-11 和图 5-12 所示的结构[10],其中图 5-11 为俯视图,图 5-12 为侧视图。为了简化磁铁结构和减小质量,磁铁设计为窗框形状,没有设置极头,而是用上下铁轭兼做极头,四个线包置于上下铁轭。为了便于束流的引出,左右两侧的铁轭及四个线包成一定角度安装,平行于束流的出射和注入方向。面向加速腔的磁极面呈 V 形,其张角由磁铁入口及出口的边缘角以及束流加速次数决定。

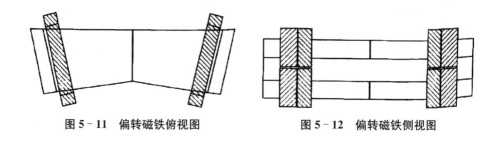

图 5‑11　偏转磁铁俯视图　　　　　图 5‑12　偏转磁铁侧视图

5.1.4　高频系统和功率源

梅花瓣加速器设计的高频系统包括一个压控振荡器和多级放大器。多级放大器使用固态器件,将射频功率放大到 200 W。最后两级放大器使用四极真空电子管,即设备的功率源。射频系统的原理如图 5‑13 所示[10]。

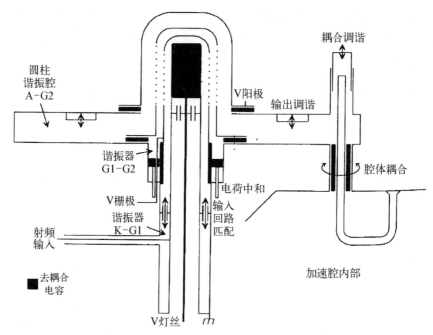

图 5‑13　射频系统原理图

高功率级联放大器安装在谐振腔上部,部分安装在谐振腔的内导体中,如图 5‑14 所示[10]。这种结构可以使四极管放大器的阳极与谐振腔直接通过一段较短的 1/4 波长耦合环连接,省掉了一段充气连接波导,使得梅花瓣加速器的结构更为紧凑。同时,这还可使得谐振腔电磁场与四极管放大器阳极的高频电压形成一个稳定的比例关系。这样就可以将束流变化引起的负载变化看作最后一级四极管放大器上的负载阻抗变化,使最后一级四极管始终工作在最高的效率。最后一级四极管放大器由阴极驱动,可以获得 16 dB 的增益。

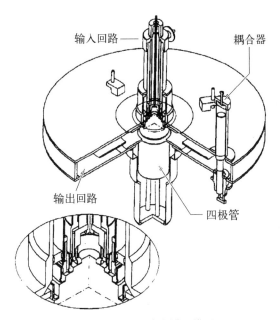

图 5 - 14　射频放大器三维图

四极管放大器运行于低栅极电流的 AB 类(class),是在增益与效率之间采取的一种优化折中方案,并且不需要电荷中和调整(neutralization adjustment)。阳极电源采用 12 相整流(dodecaphased rectification)减小电流纹波。四极管和电容组块采用撬棒系统保护。

梅花瓣加速腔为高品质因数腔,其品质因数 Q 值的理论值可达 55 000,最高实测值为 40 200[11],一般为 30 000 左右。射频系统通过一个双回路反馈系统保持射频场幅的稳定:一个反馈回路由压控振荡器与谐振腔谐振频率之间的锁相来控制;另一个反馈回路由调节馈入谐振腔的功率进行幅值控制。

射频系统的等效电路如图 5 - 15 所示[10]。输入回路设计为 3/4 波长同轴谐振器。调阻器(impedance adaptation)采用可变尺寸的低阻抗整线(integrated line),其内部结构集成了一系列根据计算所得的不同截面的线,其设计目的是能够补偿四极管各种参数的变化。在满功率运行状态下,输入回路需要 6 kW。

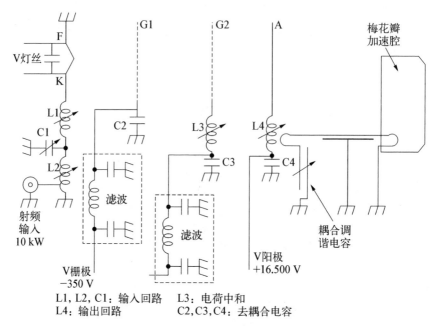

L1, L2, C1：输入回路　　　L3：电荷中和
L4：输出回路　　　　　　　C2, C3, C4：去耦合电容

图 5－15　射频系统等效电路图

输出回路是圆柱形 1/4 波长谐振腔。输出频率的改变可以通过调谐器局域调整谐振腔的阻抗。圆柱形谐振腔内的射频功率通过磁场耦合器耦合输入加速腔。

5.1.5　梅花瓣加速器的应用

梅花瓣加速器每次直线加速后都可以直接将束流引出，从而可以很方便地得到不同能量的束流[12]。

此外，由于梅花瓣加速器也可以输出大功率高品质电子束流，可以将其用于自由电子激光[13]。用于自由电子激光的梅花瓣加速器可以有两种模式：一是全能量模式，二是能量回收模式。全能量模式是将梅花瓣加速器输出的最高能量的电子束注入产生自由电子激光的扭摆器或波荡器，从扭摆器或波荡器输出的电子束直接轰击束流垃圾靶。能量回收模式是将梅花瓣加速器加速的一半能量的电子束注入扭摆器或波荡器，从扭摆器或波荡器输出的电子束再次注入梅花瓣加速器，并将电子束团的射频相位调整为减速相位，将电子能量返还给射频场后轰击束流垃圾靶，如图 5－16 所示。

为了获得更好的电子束品质，从电子枪注入加速腔的束流首先斩波为

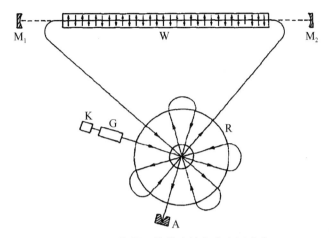

图 5‑16　能量回收模式的自由电子激光

1.4 ns 微脉冲,其脉冲频率与加速腔的谐振频率相同,然后再经过预聚束器进一步纵向聚束。

　　是否采用能量回收模式取决于系统的效率,即激光功率与射频输入功率的比值 η。射频输入功率是束流功率 P_b 与谐振腔内壁射频损耗功率 P_J 的和,则有:

$$\eta = \frac{\eta_L P_b}{P_b + P_J} \qquad (5\text{-}14)$$

式中, η_L 是激光功率与束流功率的比值。对于能量回收模式,谐振腔内建场所需的射频损耗功率 P_J 是不变的。此外,在输入的射频功率中再增加激光功率即可,因而有:

$$\eta = \frac{\eta_L P_b}{\eta_L P_b + P_J} \qquad (5\text{-}15)$$

　　比较式(5‑14)和式(5‑15),可发现当 $P_b \geqslant P_J$ 时二者就有较为明显的不同,此时采用能量回收模式是有利的。

5.2　蛇形加速器

　　蛇形加速器由日本的小寺正俊于 1995 年首先提出[14]。这种加速器起初称为折叠轨道加速器,因其电子运动轨迹类似于蛇的蜿蜒爬行轨迹,因此也称为蛇形加速器或蛇行型加速器。这种加速器的原理如图 5-17[15]所示。

蛇形加速器采用脊型加速腔,如图 5-18[15]所示,圆柱形谐振腔内设置两个电极板,在电极板内开束流通道孔,束流在两个电极板的间隙内获得加速。不同于梅花瓣加速器,蛇形加速器的电子束在每次直线通过加速腔时只获得一次加速,磁铁的偏转角度固定为 180°,偏转角度与电子在加速腔内的加速次数无关。蛇形加速器的电子加速次数虽然受到圆柱形腔和电极板长度的限制,但总的加速次数可以比梅花瓣加速器多,因此其优点是射频能量转换为电子能量的效率高。其原因是在加速腔内壁的射频功率损耗(腔耗)与加速电压的平方成正比,因而在电子输出能量不变时,加速次数的增加会大幅降低腔耗。此外,蛇形加速器也具有方便引出不同能量电子束的优点,如图 5-17 所示。

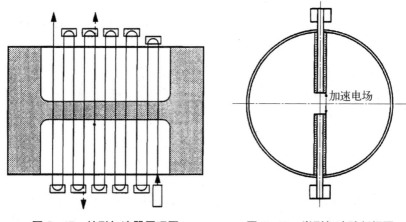

图 5-17　蛇形加速器原理图　　　　图 5-18　脊型加速腔剖视图

2000 年,日本东京工业大学研制了一台蛇形加速器原理样机[16],输出电子能量为 2.5 MeV,电子束流功率为 6.5 kW。与梅花瓣加速器一样,蛇形加速器也可以运行于连续波模式,其主要应用前景是工业辐照。

5.2.1　脊型谐振腔电磁场计算

由于脊型谐振腔的结构复杂,电磁场分布很难给出解析公式,对其研究只能通过电磁场数值计算的方法。脊型谐振腔内所建立的电磁场模式为 TE_{110},如图 5-19[15]所示。其电场主要分布在两个电极板间隙附近,磁场则围绕在两个电极板周围,两个电极板间隙内的磁场很小。脊型谐振腔的主要机械参数如图 5-20 所示,包括腔体长度(L_C)、腔体半径(R_C)、电极长度(L_E)、电极

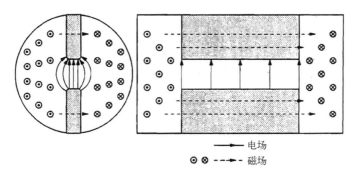

图 5 - 19　脊型谐振腔的电磁场模式

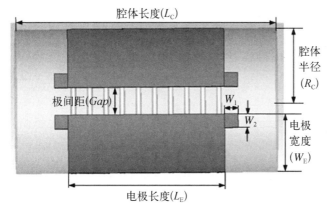

图 5 - 20　脊型谐振腔主要机械参数

宽度(W_E)、极间距(Gap)、电极头参数(W_1 和 W_2)等。

1) 电磁场优化方法

由于脊型谐振腔电极板的存在,不可能推导出电磁场分布的解析公式,而只能采用电磁场数值计算的方法进行电磁场的计算与优化。脊型谐振腔的结构虽简单,但机械参数较多,为此需优化各参数以便获得较好的 Q 值和分路阻抗等射频性能。由于脊型谐振腔运行于连续波模式,因此对 Q 值和分路阻抗提出了较高的要求,否则在腔壁上的射频损耗会较大,一方面会造成射频利用效率低,另一方面会造成腔体散热困难,高功率运行稳定性能差。在进行脊型谐振腔机械参数优化扫描时,通常采用单个参数的优化扫描。但是单参数扫描时会导致谐振频率的变化,而参数的优化前提一般是针对特定的谐振频率进行的,为此需要采用"约束变量参数扫描"的方法[17-18],即在一个参数变化时,另外一个约束变量同时进行相应地改变,以保持谐振频率不变。

对谐振腔长度进行研究的结果如图 5 - 21[17]所示,其中 Q 值和有效分路阻抗在腔体长度扫描范围内呈单调变化。为便于比较,有效分路阻抗计算中的加速电压为电极板中心的加速电压。由于腔体半径对谐振频率的变化敏感,在采用约束变量参数扫描时以腔体半径为扫描变量的约束变量(或称为协变量),腔体长度的约束变量参数扫描结果如图 5-22[17] 所示,并且腔体谐振频率固定在(100±0.1) MHz,其中在腔体长度为 2 090 mm 时分路阻抗出现极值,这明显不同于图 5-21 中单参数变量的扫描结果。表 5-4[17] 所示是图 5-21 和图 5-22 对应的具体数据,其中固定腔体半径就是单参数扫描,固定频率就是约束变量参数扫描。

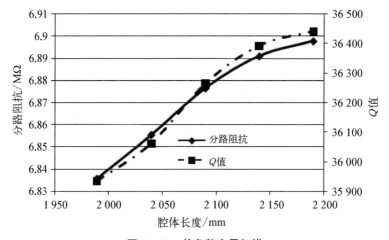

图 5-21　单参数变量扫描

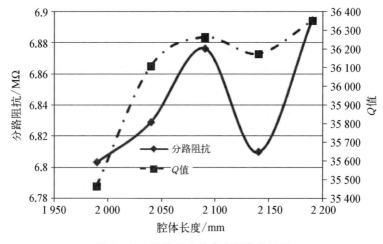

图 5-22　腔体长度约束变量参数扫描

表 5－4　单参数扫描与约束变量参数扫描具体数据

固定腔体半径				固定频率			
L_C/mm	R_C/mm	f/MHz	有效分路阻抗/（MΩ·m⁻¹）	L_C/mm	R_C/mm	f/MHz	有效分路阻抗/（MΩ·m⁻¹）
1 990	515	100.540	6.835 7	1 990	517.5	99.986	6.803 2
2 040	515	100.350	6.855 4	2 040	516.5	99.992	6.829 0
2 090	515	100.080	6.876 5	2 090	515	100.080	6.876 5
2 140	515	99.895	6.891 0	2 140	514.5	100.050	6.809 8
2 190	515	99.777	6.897 8	2 190	514	99.960	6.894 8

　　腔体的机械参数有多个，而每次扫描优化只能针对一个参数；当优化完一个参数，再优化下一个参数时，第一个优化的参数的最优值会发生改变。解决的方法是可以采用多次循环优化，即所有参数从第一个到最后一个依次优化一遍后，再次从头到尾重新优化一遍。如果两次优化的参数变化不大，循环优化就可以完成。

　　2）电极头的影响

　　图 5－20 中 W_1 是电极头的长度。采用电极头的原因是为了获得更好的场分布均匀性。谐振腔轴线上的电场分布曲线如图 5－23[17] 所示，有电极头

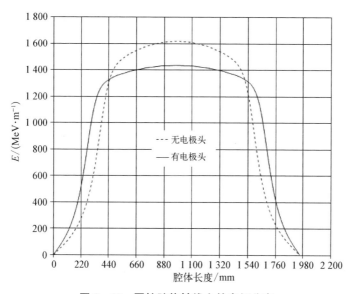

图 5－23　圆柱腔体轴线上的电场分布

的电场均匀分布区域相对于无电极头的更宽。在直线加速器中,人们往往追求不同加速腔或加速间隙的加速电场尽量均匀,但对于蛇形加速器,电场的均匀分布对束流动力学等问题的影响不大,而对能量增益和分路阻抗的影响较大。图5-24[17]所示是在射频功率损耗相同时,有无电极头的电子能量增益情况,可见无电极头的能量增益更高,其相应的分路阻抗也更高。

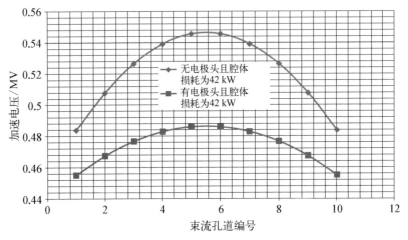

图 5-24　相同射频功率损耗下有无电极头的能量增益

　　尽管由于电极板的作用使得极板间加速间隙内的磁场很小,但还是存在的,其对束流的影响很大。图5-25[15]所示是原理样机实验中第一次加速输出的束斑形状,其中左侧束斑形状是由图5-20所示的结构获得的,其在水平方向完全弥散。在极头上再附加如图5-26[19]所示的辅助极头,其局部结构如图5-27[15]所示,所得束斑如图5-25右图所示,束斑的弥散得到一定抑制。

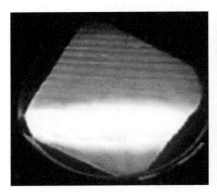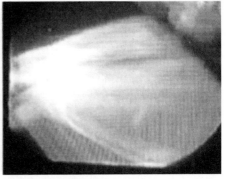

图 5-25　极头修改前后的第一次加速输出的束斑形状(彩图见附录 B)

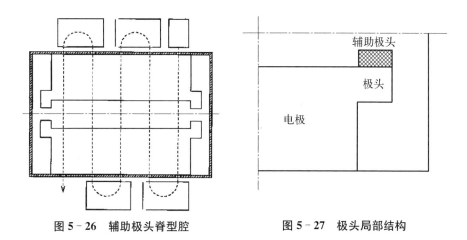

图 5 - 26　辅助极头脊型腔　　　　　图 5 - 27　极头局部结构

图 5 - 25 中左图的束斑形态是由加速间隙内的横向磁场导致的,图 5 - 28 给出了沿腔体轴线垂直于图 5 - 20 和图 5 - 26 纸面方向的磁场分量分布曲线,该曲线计算的是原理样机的脊型腔[15],加速间隙的最大能量增益为 0.5 MeV,腔体长度约为 1 m,如果腔体长度增加,横向磁场就更大。第一次电子注入加速的位置在 200 mm 附近,虽然该处的磁感应强度不超过 10 Gs,但是由于电子束能量只有几万电子伏特,其运动距离为 1 m 左右,而且更重要的是磁场值是时变的,所以会导致如图 5 - 25 左图所示的束斑弥散。如果采用辅助极头,图 5 - 28 的加速间隙处的横向磁场可降低至无辅助极头的 $\frac{1}{3}$ 左右,可以大大减少横向磁场对束流的影响。因此,横向磁场问题是蛇形加速器研制的难点和需要解决的重点问题。

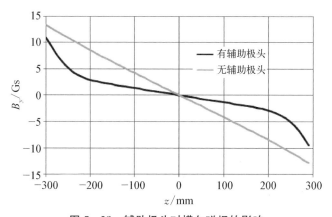

图 5 - 28　辅助极头对横向磁场的影响

电极头对脊型腔的分路阻抗影响较大,如果采用如图 5 - 19 所示的没有电极头的腔体,其理论计算的 Q 值可超过 28 000,实测 Q 值可超过 25 000;如果采用图 5 - 20 所示的极头,其理论计算的 Q 值为 27 000[20-21],实测 Q 值最大为 23 300[16];如果采用图 5 - 26 所示的极头,其理论计算的 Q 值约为 24 000,实测 Q 值最大为 21 000[16],腔体谐振频率为 100 MHz 左右。

3) 加速次数的影响

梅花瓣型加速器一般采用 10 次加速,受其圆形空间安排的限制,再增加加速次数的难度较大。脊型加速器采用圆柱形腔体,通过延长圆柱的长度可较容易地增加加速次数。但从另一个角度考虑,若圆柱形腔体的长度不变,改变加速次数,即改变电极板长度,其对加速器性能的影响需要研究。因为受加工工艺、经济性及空间布局等因素的影响,圆柱形腔体的长度不能无限制增加,因此针对既有长度腔体的加速次数的优化更有意义。

图 5 - 29[17] 所示为不同加速次数的电子能量增益,其中腔体长度固定为 2 040 mm,束流孔道间距固定为 70 mm,腔体内表面射频损耗为 42 kW,并且随着加速次数的增加,电极板长度是增加的。加速漂移管序号中的负数表示在腔体左侧,正数表示在腔体右侧,0 表示在腔体中心。加速 10 次的腔体的单次加速能量增益约为 650 keV,其整腔的加速能量增益则为 6.56 MeV,而加速 25 次的腔体的单次加速能量增益不超过 500 keV,其整腔的加速能量增益反而为 11.6 MeV。其原因是加速次数的增加,即电极板长度的增加导致腔体 Q

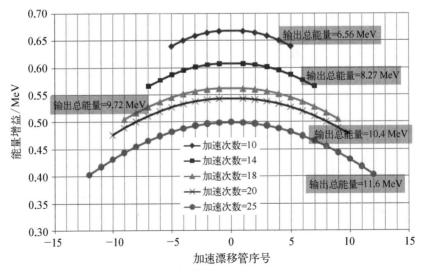

图 5 - 29　不同加速次数与电子能量增益的关系

值降低,使得电子单次加速所获得的能量增益降低,但加速次数的增加还是会使整个加速器的电子输出能量提高。

基于不同加速次数导致的单次加速能量增益和总能量增益的不同,有必要定义整腔的腔体分路阻抗。通常,分路阻抗是指单次加速电压 V 的平方与腔体射频损耗功率的比值,我们将单次加速电压 V 改为多次加速的总电压 V,所得分路阻抗值即为整腔的腔体分路阻抗。图 5-30[17] 所示为腔体分路阻抗与加速次数的关系,可看出,腔体分路阻抗与加速次数基本为线性关系。若加速次数再增加,也可能会出现极值,但在工程上一般不会考虑,因为加速次数太多会导致系统复杂度和调试难度的增加。

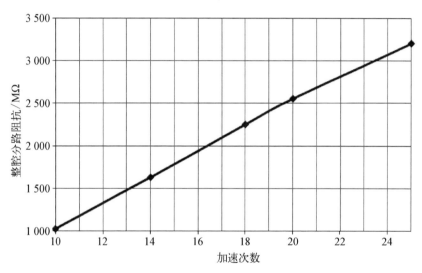

图 5-30 腔体分路阻抗与加速次数的关系

4)结构热分析

腔体内表面的功率损耗 P 只与腔体内表面材料的电阻所引起的损耗有关,假设填充的介质是无耗的,则 $P=0.5 \times R \times H^2$,其中 H 是内表面上磁场强度切向分量的值,因此根据壁面上的磁场强度即可计算出腔体损耗。采用 CST 软件计算的磁场能量损耗分布情况如图 5-31 和图 5-32 所示。从图中可知,功率主要损耗在腔体和脊板的电极头处,脊板其他位置的损耗接近零。因此脊型腔的散热主要针对腔体和脊板电极头处。CST 计算的功率损耗分布情况如表 5-5 所示。由于结构具有对称性,采用 1/4 模型进行热计算,因此将功率损耗换算到了 1/4 模型的情况。

图 5 - 31　腔体表面功率损耗
（彩图见附录 B）

图 5 - 32　脊板表面功率损耗
（彩图见附录 B）

表 5 - 5　功率损耗分布与相关数据

总功耗	50 kW		
位置	功耗比例/%	功耗/W	1/4 模型功耗/W
腔体	57.90	28 950	7 237.5
脊板 1	21.05	10 525	2 631.25
脊板 2	21.05	10 525	2 631.25

5.2.2　180°偏转磁铁

蛇形加速器的偏转磁铁与梅花瓣加速器的类似，所不同的是梅花瓣加速器的偏转角度大于 180°，而蛇形加速器的偏转角度等于 180°。但是由于简单的 180°偏转很难在垂直方向提供足够的聚焦力，因此在每个偏转单元前后都设置了反向偏转区域，使电子束能够以一定角度进入和离开主偏转区（正向偏转区），从而提供垂直方向的聚焦力。

为了实现上述目的，需要在主偏转磁铁外附加一个副极头，提供反向磁场[22]，如图 5 - 33[15]所示。在主极头和副极头上分别绕励磁线圈，而副极头的励磁线圈激励的磁场方向与主极头励磁线圈的相反，主、副线圈安匝数比值对反向磁场的影响如图 5 - 34[15]所示，场分布曲线以主场区最大值来归一化，所以主场区的磁场分布曲线基本没变化，而反向场区的曲线变化较大。在下面的设计计算中，副、主线圈安匝数比值取 8/30。

在磁铁对称平面上的磁场分布如图 5 - 35[15]所示，为了精确计算，我们把磁场区域分为 17 段。在磁铁入口区域，可以划分为 4 段反向场和 4 段边缘场,沿束流轨迹的磁场分布曲线如图 5-36[15]所示,各磁场分区的数据如表 5-6[15]所示。之所以将反向场和边缘场都划分为 4 段,是因为分成 4 段后,对各段的长度与磁感应强度相乘后求和所得的值与理想曲线的积分较为接近,同时可以减少计算量。如果分段更多,则计算量太大;分段更少,则计算精度不够。4 个磁铁的设计参数如表 5-7[15]所示。

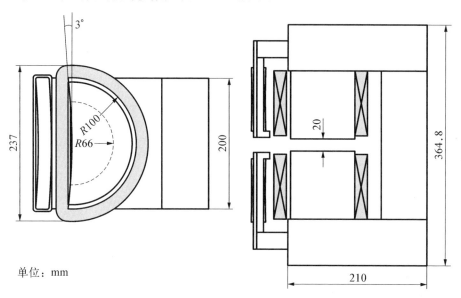

单位:mm

图 5-33　180°偏转磁铁结构

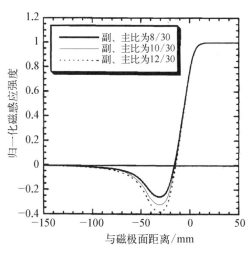

图 5-34　主、副线圈安匝数比值对反向磁场的影响

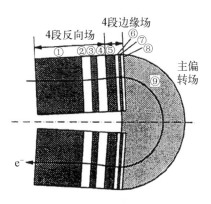

图 5-35　偏转磁铁磁场分布区域

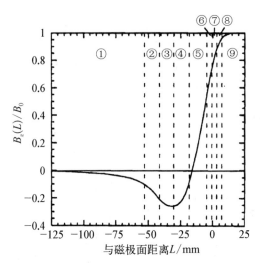

图 5-36　电子运动轨迹上的磁场分布曲线

表 5-6　偏转磁铁分区参数

区 段 号	区段长度/mm	归一化场幅	偏转半径/mm	偏转角度/(°)
①	70.25	−0.04	−2 002	−2.01
②	13.9	−0.21	−395.4	−2.01
③	9.21	−0.31	−260.7	−2.02
④	13.43	−0.21	−382.6	−2.01
⑤	13.65	0.32	211	3.71
⑥	5.45	0.79	84.46	3.7
⑦	3.18	0.94	70.86	2.58
⑧	4.38	0.98	67.51	3.72
⑨	194.7	1	66.14	168.7

表 5-7　偏转磁铁设计参数

设 计 参 数	磁铁1	磁铁2	磁铁3	磁铁4
磁感应强度/kGs	0.5	0.8	1.1	1.4
磁极间隙/mm	20	20	20	20
绕组匝数	162	216	270	324
励磁电流/A	5.3	6.4	7.0	7.4

（续表）

设 计 参 数	磁铁1	磁铁2	磁铁3	磁铁4
励磁电压/V	2.8	4.8	6.6	8.4
绕组电阻/Ω	0.6	0.8	0.9	1.1
绕组功耗/W	15.7	30.7	46.1	62.4

　　图 5 - 33 所示的磁铁结构称为 C 形结构,而磁铁结构还有窗框形和 H 形结构。窗框形结构如图 5 - 12 所示,H 形结构如图 5 - 37 所示,H 形结构是在窗框形结构的上下铁轭上各增加了两个磁极。这三种结构的优缺点如表 5 - 8 所示。蛇形加速器选择 C 形结构磁铁的主要原因是为了节省空间,因为不同于梅花瓣加速器,蛇形加速器需要尽量增加束流的加速次数以便提高整腔的分路

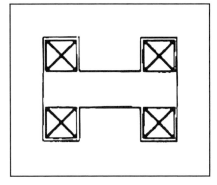

图 5 - 37　H 形结构磁铁

阻抗,因此相邻两次加速的平行轨迹需要尽量靠近。而限制束流轨迹靠近的因素除了束流在磁铁内的旋转半径外,就是磁铁的横向空间安排。窗框形和 H 形结构的磁铁都需要在磁铁内横向安排竖直的铁轭,而 C 形结构的磁铁可以将竖直铁轭旋转到不妨碍磁铁横向安排的空间,因而有利于整个加速器的设计。

表 5 - 8　磁铁结构的性能比较

	C 形结构	H 形结构	窗框形结构
优点	(1) 真空室易于装卸; (2) 涡流的影响很小; (3) 线圈的位置对磁场分布的影响不敏感	(1) 磁场分布的对称性很好,多极场分量小; (2) 涡流的影响很小; (3) 线圈的位置对磁场分布的影响不敏感	(1) 磁场分布的对称性很好,多极场分量小; (2) 磁场的一致性好; (3) 磁铁质量小
缺点	(1) 磁铁质量大; (2) 磁场分布的对称性差,多极场分量大	真空室装卸时需拆解磁铁	(1) 真空室装卸时需拆解磁铁; (2) 涡流效应大; (3) 线圈结构复杂

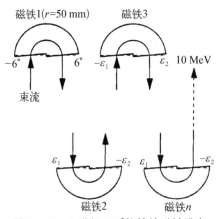

图 5 - 38 只进行 180°偏转的磁铁排布

不采用反向磁场,只进行 180°偏转并非不能获得束流的约束加速,但是所受限制较多。如图 5 - 38[15] 所示的 180°偏转磁铁必须设置边缘角,一般入口边缘角为负,出口边缘角为正,除了第一个磁铁的边缘角固定为 6° 和 −6°,其他的边缘角同步变化,所得束流传输情况如表 5 - 9[15] 所示。其中只有当出射角稍大于入射角的绝对值,束流才能获得稳定传输。

表 5 - 9　磁铁边缘角对束流传输加速的影响

入射角 ε_1/(°)	出射角 ε_2/(°)															
	4	5	6	7	8	9	10	11	12	13	14	15	16	17	18	19
5			▲	×												
6	×	▲		○	▲	×										
7		×	▲		○	○	▲	×								
8		×	▲	▲		○	○	○	▲	×						
9			×	▲	▲		○	○	○	○	○	▲	×			
10			×	▲	▲	▲		○	○	○	◎	○	○	▲	×	
11			×	×	▲	▲	▲		▲	○	○	○	○	○	▲	×
12				×	▲	▲	▲	▲								

说明:○表示水平和垂直方向都能实现约束传输加速;▲表示水平和垂直中有一个方向的束流发散;×表示两个方向的束流都发散。

5.2.3　电子枪

电子枪是电子加速器的心脏部件之一,蛇形加速器和梅花瓣加速器等重入式加速器的电子枪设计可以相同,但其与直线加速器的电子枪一般不同。其不同的主要原因是重入式加速器的电子束流强度远大于直线加速器,为避免电子注入加速腔的俘获损失造成发热等问题,电子束需要在注入前进行微脉冲化,即注入的电子束的微脉冲频率与加速腔的谐振频率一致。

电子枪一般由阴极、阳极、聚焦极等组成,电子枪结构原理如图 5 - 39 所示,其电场分布如图 5 - 40 所示。自由电子在逃逸出阴极表面后,会形成一个负电势,从而限制了后续自由电子的发射。如果在阴极表面外加一个指向表面的电场,电场就把逃逸出来的电子拉走,并降低了阴极表面的约束能,使其发射更多自由电子。我们一般将阴极接负高压,将阳极接地电位。为了保证后续加速的质量和效果,将自由电子拉出的电场需要进行空间分布优化,即需要一个聚焦极来调整加速电场的空间分布。这样自由电子在加速运动过程中就形成一定的形状边界,这就是电子束。加速器的正常工作直接受到电子枪的制约,电子束的品质直接影响到加速器的电子束能量与功率。

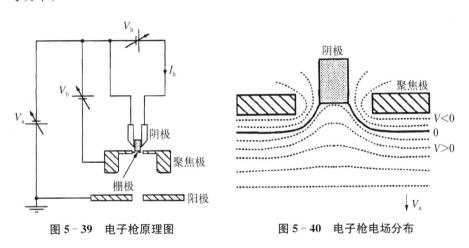

图 5 - 39　电子枪原理图　　　　图 5 - 40　电子枪电场分布

大功率的电子辐照加速器要求电子束平均流强大,所以电子束在最初没有被加速时空间电荷效应很大,电子束容易发散,从而使得束流发散度增加,入射加速管内的电子束层流性差。这就使束流聚焦系统设计的难度加大,聚焦不好的话就会有很大部分的束流损失在加速腔内。

由于强流的空间电荷力的存在,电子束所经过的电场的建立受到电子束的影响,即当束流包络发生改变时,电场分布也随之改变。这样束流包络和场分布就有一个自洽的匹配过程,其得到的场分布是不能给出解析公式的,因此就很难通过解析公式的方法计算电子枪的束流包络及其他参数,只能通过专用的电子枪有限元计算软件来完成这种计算任务。目前常用的电子枪计算软件有 EGUN[23] 和 PBGUN[24] 等。利用 EGUN 计算的电子枪运动轨迹如图 5 - 41[15] 所示,计算的阴极和引出极之间的电压为 20 kV。

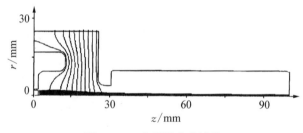

图 5-41　电子枪光路计算

　　如果电子枪的引出电流是直流或者宏脉冲方波,则在射频加速的一个周期内始终有电子注入。对于射频加速而言,存在纵向俘获与聚束问题。从 0° 到 360° 注入的直流或相当于直流的电子束一般是不能将所有电子俘获加速的,因而存在电子损失的问题。对于高流强的加速器,这种束流损失容易带来辐射和由发热导致的腔体形变失谐等问题,是需要尽量避免的。由于蛇形加速器和梅花瓣加速器等重入式加速器相对于直线加速器的加速间隙少、谐振频率低,一般很难将电子束进行预聚束,因此需要对电子束进行微脉冲化的处理[15]。所谓微脉冲化是指每个电子束团的脉冲时间长度小于一个射频周期的时间长度。

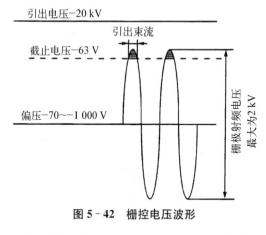

图 5-42　栅控电压波形

　　为了获得微脉冲束团,需要采用栅控电子枪,即在二极电子枪中设置比阳极更接近阴极的栅控电极来控制阴极发射电流,这样也可以实现以小的功率(或电压)控制大的电子电流的目的。在如图 5-39 所示的栅极上加载如图 5-42[15] 所示的栅控电压波形,其波形是与加速腔谐振频率相同的 100 MHz 的正弦波形,同时在正弦波上叠加 -70 ～ -1 000 V 的偏压,形成约 -63 V 的栅极截止电压,只有比这个电压高、并且在很短的时间才能引出电子束,形成微脉冲电子束团。每个微脉冲电子束所占相位区间小于 40°,即一个正弦周期内约有 1/10 的时间可以引出电子束。

　　栅控电源的原理如图 5-43[15] 所示。栅控电压信号首先利用耦合环从脊型加速谐振腔内提取信号,也可采用外部输入的射频信号。信号经过幅度控制器后,需要一个电/光与光/电转换过程,目的是隔离电子枪的引出高压。因为谐振腔处于地电位,为了从电子枪引出电子束,必须将阴极、栅极与聚焦极加载 $-20\,kV$ 的负高压。射频信号的传输一般采用同轴线等金属导体,如果不进行高压隔离,栅极就通过同轴线直接与地电位连接了。电/光转换可以将电信号转换为光信号,光信号的传输不需要金属介质,因此可以实现高压隔离。光/电转换为射频信号后,通过同轴谐振器加载偏压,再将偏压信号加载到栅极上。

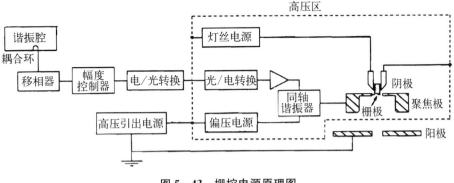

图 5-43　栅控电源原理图

电子枪阴极采用 LaB_6,灯丝加热电流与阴极温度的关系如图 5-44 所示[15]。功率耦合环从加速腔内拾取的信号功率与栅极射频电压的关系如图 5-45[15] 所示。电子枪引出电压与截止电压的关系如图 5-46[15] 所示。栅极射频电压与引出的电子束平均流强的关系如图 5-47[15] 所示,其电流值很低

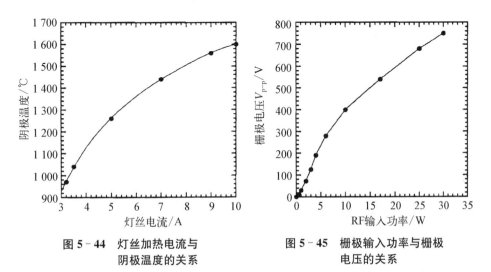

图 5-44　灯丝加热电流与
阴极温度的关系

图 5-45　栅极输入功率与栅极
电压的关系

的原因是,测量时束流占空比只有 0.06%,而且束流经过了狭缝。图 5-44 至图 5-47 只是一个特例,不同设计的数据和曲线会有所不同,但这些数据是设计和调试运行所关心的。

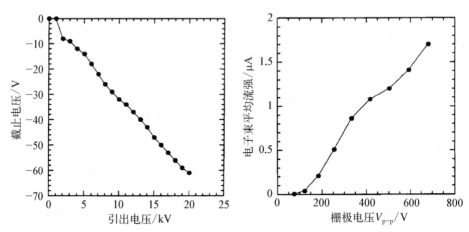

图 5-46　引出电压与截止电压的关系　　图 5-47　栅极电压与电子束平均流强的关系

电子枪的主要参数如表 5-10 所示[15]。

表 5-10　电子枪设计参数

参 数 名 称	参 数 值
阳极电压/kV	20
最大脉冲电流/mA	50
最大栅偏压/V	—100
灯丝电压/V	6.3
灯丝电流/A	2.3
阴极直径/mm	4
发射度/(πmm·mrad)	2.4

5.2.4　束流动力学

束流动力学是蛇形加速器设计的主要和重点工作之一,主要分为横向和纵向两方面,模拟计算软件主要采用 TRANSPORT[25] 和 Trace 3D[26] 等。

对于如图 5-17 所示的束流运动轨迹,电子枪发出的电子束经过加速间隙的第一次加速出射后,经过 180°偏转磁铁重新注入加速腔,电子再次达到加速间隙时,电场反向再次加速电子。这样经过多次加速后偏转 180°,最终获得所需电子能量。因此加速模式为 π 模式,相邻两次加速的电子运动路程约为 $\frac{\beta\lambda}{2}$。

1) 蛇形加速器束流动力学

由于蛇形加速器在加速腔内的束流运动轨迹是平行的,没有梅花瓣加速器那样的轨迹交叉点,因此就不需要考虑束团碰撞相关的束团之间的相位关系问题,纵向动力学就相对简单。

电子每次加速的能量增益一般为 0.5 MeV,即经过 2、3 次加速即可接近光速。这样,电子的纵向运动就基本停止,能散对束团长度的拉伸作用就可以忽略,因此参考粒子的加速相位设定就不需要考虑纵向聚束问题,可以设置在射频电场余弦曲线的 0°附近,其射频能量的转换效率可以相应提高。

按照图 5-35 所示的磁场分区以及表 5-6 和表 5-7 所示的磁铁参数,计算出的束流包络如图 5-48[15] 所示,每个图的中线上方为水平方向的束流包络,中线下方为垂直方向的束流包络。其中 3 个图的区别是计算所模拟的电

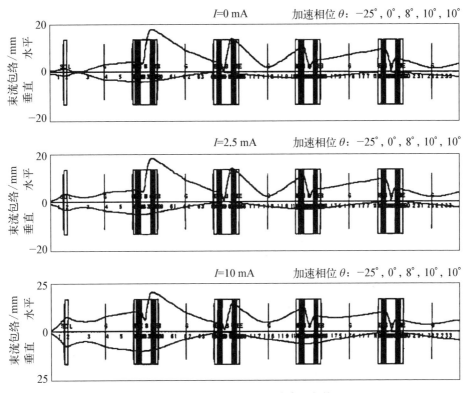

图 5-48　2.5 MeV 加速器的束流包络

子流强不同,自上到下的电子流强分别为 0 mA、2.5 mA 和 10 mA,不同流强对第二次加速之前的束流包络影响较大,之后则影响较小。图中计算的束流经过了 5 次加速和 4 次偏转,输出的能量为 2.5 MeV。5 次加速所采用的加速相位分别为 -25°、0°、8°、10° 和 10°。第一次加速采用 -25° 相位是为了束团的纵向聚束,因为第一次加速时的电子能量仅为几十千伏,纵向聚束有明显效果。在之后的加速中,电子束能量都在 MeV 量级,电子运动速度接近光速,电场聚束效果不明显,因此其加速相位设置在 0° 附近。

10 MeV 全周期加速的束流包络如图 5-49 所示,其横向束流包络与图 5-48 略有不同,原因是我们对磁铁计算模型进行了一些简化,以便参数输入,而计算结果的偏离应该不算很大。图 5-49 中近似直线的斜线是纵向包络线,在第一次加速时,束流的纵向相位宽度由 20 多度降为 10 度,因此曲线在左侧开始时有一个陡降,之后的曲线缓慢降低。这是因为偏转过程中束团纵向压缩,而不是加速电场的纵向聚焦效果。

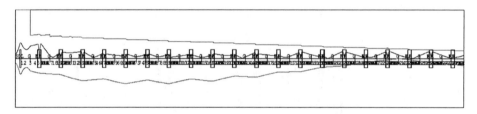

图 5-49 10 MeV 加速器的束流包络

2) 螺旋加速器束流动力学

图 5-17 所示的蛇形加速器由于磁铁偏转平面与电极板平面相同,相邻加速平行轨迹的距离受磁铁偏转半径和磁铁尺寸的影响很大,对相同长度的电极板难以进一步提高加速次数。如果磁铁偏转平面与电极板平面垂直,如图 5-50 所示,即电子经过加速从加速腔出射后,沿垂直于电极板的平面偏转 90°,运动一个谐振腔半径的长度后,再偏转 90°,这次偏转 90° 的运动轨迹与电极板孔道内的运动轨迹有小角度夹角,其目的是避免再经过 90° 偏转后的束流再次注入上一次的加速管道,它应该注

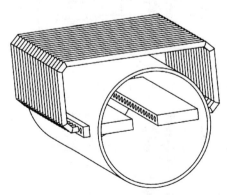

图 5-50 螺旋加速器结构图

入下一次相邻的加速管道,从而形成一种螺旋运动加速模式[27]。螺旋运动模式使得相邻加速平行轨迹的距离不受磁铁偏转半径的影响,而仅受磁铁铁轭物理尺寸的影响,因此可以大大缩小相邻加速平行轨迹的距离。

螺旋加速器虽然可以提高加速腔内的加速次数和射频利用效率,但其光路机构复杂,其光路设计难度也随之增加。螺旋加速器的束流光路可以看作一种准周期结构,即电子的相邻两次加速可以看作一个周期,因此束流动力学的设计可以采用 MAD[28] 程序按照周期结构设计。

图 5-50 所示的螺旋加速器的束流传输运动方式如下:首先束流自左至右注入加速腔,从加速腔出射后,经过两个 45°偏转磁铁[29],之后每个 90°偏转都是由两个 45°偏转磁铁组成,以便提供较好的横向聚焦性能。从图 5-50 的螺旋加速器结构可以发现,如果每次加速的平均能量增益为 0.5 MeV,到 10 MeV 所需的 45°偏转磁铁个数为 76 个。为了简化加工与调试复杂度,中间不再设置聚焦磁铁,整个光路的横向聚焦与偏转全部由 45°偏转磁铁完成,因此其设计难度较大。为了实现长距离的传输、偏转和聚焦功能,单偏转单元的设计原则如图 5-51 所示,两个 45°偏转磁铁能够将平行入射的电子束平行出射。这种平行入射、平行出射的光路设计就可以实现两个横向的弱聚焦,电子束长距离的传输、偏转和聚焦功能就容易实现,如图 5-52 所示。为了进一步降低光路系统加工、安装和调试的复杂度,还可以将所有 45°偏转磁铁设计成相同规格,即除了偏转半径相同外,还需要将图 5-51 中的第一个磁铁的入口边缘角与第二个磁铁的出口边缘角设计成相等的,同时第一个磁铁的出口边缘角与第二个磁铁的入口边缘角也要相等。

长度-878 mm

图 5-51 双 45°偏转磁铁传输光路

在图 5-52 中,左上角的椭圆是入口横向相图,其中 H 表示水平方向,V 表示垂直方向,Z 表示束流运动的纵向,A 表示 Twiss 参数的 α 值,B 表示 Twiss 参数的 β 值;左侧中间的椭圆是入口纵向相图,右上角的椭圆是出口横向相图,右侧中间的椭圆是出口纵向相图;图中中上部的 I 是模拟计算的平均流强,W 是入口和出口的电子能量,FREQ 是谐振腔频率,WL 是相邻束团的距离,EMITI 是束团入口发射度,EMITO 是束团出口发射度;在下部的包络

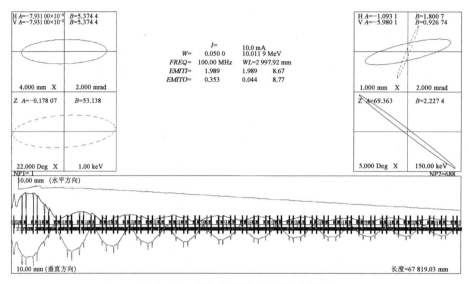

图 5‑52　螺旋加速器 10 MeV 光路图

图中,中线上方表示水平方向,中线下方表示垂直方向,Deg 表示相位的度数。

5.3　返屯加速器

返屯加速器由韩国 H. J. Kwon 等人于 1999 年提出,其原理结构如图 5‑53[30] 所示,电子的运动为三维运动,相邻两次的 180° 偏转不在同一个平面上。返屯加速器由两个同轴谐振腔组成,同轴谐振腔与梅花瓣加速器的类似,但其所建立的电磁场模式不同,为 TM_{010} 模式,图 5‑54 给出了该模式的电场分布,电场方向都平行于圆柱腔轴线;图 5‑55 给出了该模式的磁场分布,磁场环绕圆柱腔轴线,并且环绕方向有一次改变,因此会出现一个磁场为零的环形柱面,电子的加速通道就在这个环形柱面上,以避免磁场对束流的影响。图 5‑56 给出了同轴谐振腔内的电磁场分布曲线,此曲线所描述的场分布是沿垂直于同轴谐振腔轴线的对称面的半径上的,由图可知,在半径为 700 mm 左右时的加速电场场强

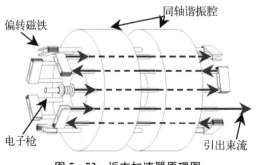

图 5‑53　返屯加速器原理图

偏转磁铁

同轴谐振腔

电子枪

引出束流

最大,同时磁感应强度值为零。为了使得电子的运动始终通过磁场为零的区域,其运动轨迹必然是如图 5-53 所示的三维运动轨迹。

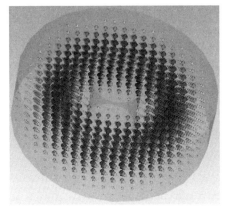

图 5-54　同轴谐振腔电场分布

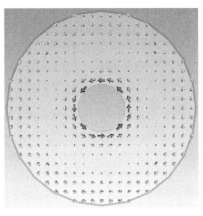

图 5-55　同轴谐振腔磁场分布

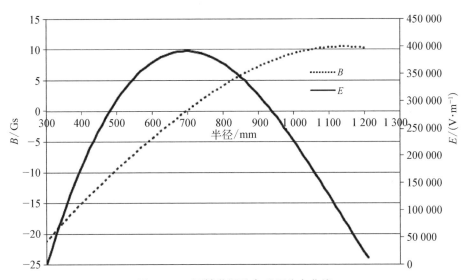

图 5-56　同轴谐振腔电磁场分布曲线

如果腔体内导体半径为 298 mm,外导体半径为 1 214 mm,则谐振频率为 160 MHz,腔体轴向长度与分路阻抗的关系如图 5-57[30] 所示,即腔体长度为 0.8 m 左右时为最优。沿腔体内电子运动轨迹所测得的电场强度分布曲线如图 5-58[31] 所示。腔体优化设计的参数如表 5-11[30, 32] 所示,其中的 Q 值是非常高的,射频功率在加速腔内壁的损耗主要集中在内导体表面。加速方案

是指偏转和加速腔内的运动路程长度为 1.5λ，两个加速腔之间的距离为
0.5λ。谐振腔内可以抽取真空，但由于腔体体积很大，真空抽取困难，谐振腔
内也可以采用大气环境，在束流轨迹上安装陶瓷真空管道。

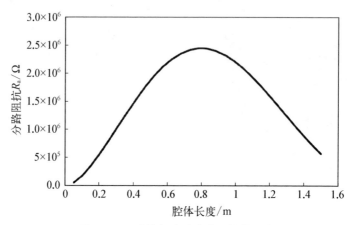

图 5‑57　腔体长度对分路阻抗的影响

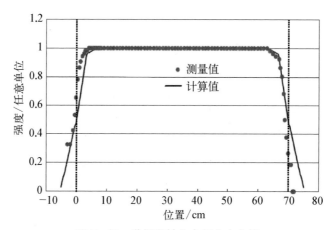

图 5‑58　谐振腔轴向电场分布曲线

表 5‑11　谐振腔优化参数

参 数 名 称	参 数 值
谐振频率/MHz	159.31
内导体半径 R_1/m	0.3
外导体半径 R_2/m	1.22
腔体长度/m	0.7

（续表）

参 数 名 称	参 数 值
分路阻抗/MΩ	2.39
Q 值	51 000
腔体个数	2
加速方案	$1.5\lambda + 0.5\lambda$
包括偏转区域的单周期长度/m	3.6
射频总功率/kW	220
最大磁场值/T	0.269
偏转磁铁个数	16

　　180°偏转磁铁（见图 5-33）与蛇形加速器的偏转磁铁类似，也是采用辅助磁铁反向偏转，同时主磁铁偏转角度大于 180°，如图 5-59 所示[33-35]，其中 R_m 是主磁铁偏转半径，R_s 是辅助磁铁偏转半径。与图 5-33 所不同的是，图 5-59 的辅助磁铁的出入口边缘角为零，而主磁铁有一个较大的出入口边缘角，第一块磁铁的参数如表 5-12[35] 所示，其中束流偏转角度是图 5-59 中的 A_m 和 A_s，出入口边缘角是图 5-59 中的 A_t。16 块磁铁的偏转半径如图 5-60[33] 所示，所需磁感应强度值如图 5-61[33] 所示。

　　M. J. Park 等人对返屯加速器的束流动力学做了一些工作[33]。加速最终所得的束团相图如图 5-62 所示，其中左上图是 x-x' 子相图，右上图是 y-y' 子相图，左下图是 x-y 子相图，右下图是能散与相位 dW-φ 子相图，束流俘获效率约为 87%。最后返屯加速器进行了单次加速实验，并采用九边形柱的谐振腔[31-32, 34]。

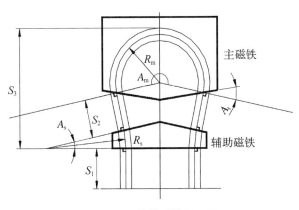

图 5-59　偏转磁铁原理图

表 5 - 12 偏转磁铁参数

参 数	主 磁 铁	辅助磁铁
束流偏转角度/(°)	200	10
磁极面夹角/(°)	178	10
出入口边缘角/(°)	11	0
磁极间隙/mm	50	50
磁感应强度/Gs	36.1	21.5
励磁电流/(安•匝)	161	97

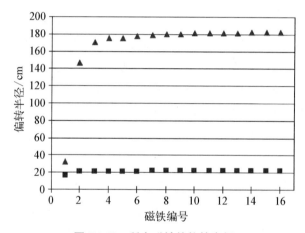

图 5 - 60 所有磁铁的偏转半径

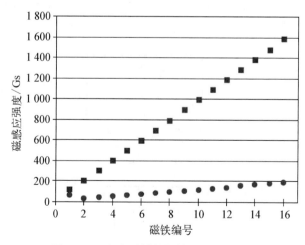

图 5 - 61 所有磁铁的偏转磁感应强度值

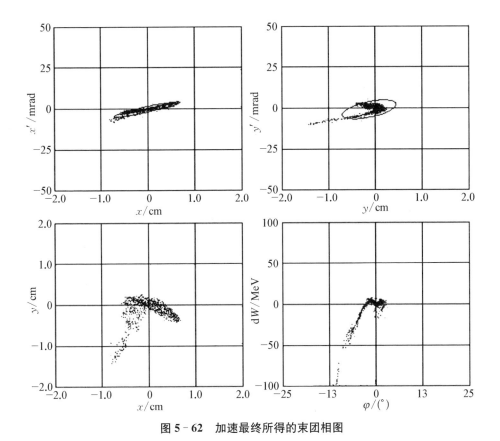

图 5 - 62　加速最终所得的束团相图

　　曹新民等人对单个返屯加速器谐振腔的束流动力学做了一些工作[36]。首先将长方形的回旋界面圆滑处理,并设置鼻锥以增加分路阻抗,得到谐振频率为 180 MHz,Q 值为 54 000,分路阻抗为 4.8 MΩ,建场射频损耗为 125 kW,每次加速的能量增益为 0.75~0.8 MeV,经过 12 次加速获得 9 MeV 左右的电子能量。

　　从上述的设计计算参数来看,返屯加速器谐振腔的 Q 值与梅花瓣加速器的理论计算值接近,虽然单次加速的分路阻抗最低,但可以通过增加加速次数、降低射频场幅来提高整腔的分路阻抗。其最大缺点是,三维束流运动轨迹是这三种加速器中最复杂的。

参考文献

[1]　Chen Y, Huang W H, Tang C X. Conceptual design of the Cylindertron, a new electron accelerator [J]. Nuclear Instruments and Methods in Physics Research

Section A，2006，556(1)：38 - 44.

[2] Pottier J. A new type of RF electron accelerator：The Rhodotron[J]. Nuclear Instruments and Methods in Physics Research Section B，1989(40 - 41)：943 - 945.

[3] Zimek Z. New trends in accelerators development[C]. Consultants' Meeting on "Networking of Users of EB Facilities and the Role of the IAEA Collaborating Centres"，Warsaw，Poland，2013.

[4] Nguyen A，Umiastovski K，Pottier J，et al. Rhodotron first operations [C]. Proceedings of the 2nd European Particle Accelerator Conference，Nice，France，1990：1840 - 1841.

[5] Gal O，Bassaler J M，Capdevila J M，et al. Numerical and experimental results on the beam dynamics in the Rhodotron accelerator[C]. Proceedings of the 3rd European Particle Accelerator Conference，Berlin，Germany，1992：819 - 821.

[6] 陈勇，黄文会，唐传祥. Rhodotron 型加速器粒子动力学研究[J]. 高能物理与核物理，2005，29(2)：180 - 185.

[7] Bassaler J M，Capdevila J M，Gal O，et al. Rhodotron：an accelerator for industrial irradiation[J]. Nuclear Instruments and Methods in Physics Research Section B，1992，68(1 - 4)：92 - 95.

[8] Tabbakh F. Precise study of the first deflecting magnet of "Rhodotron"（TT200）using transfer matrices and ANSYS11[J]. Chinese Physics C，2009，33(10)：897 - 900.

[9] 吕建钦. 带电粒子束光学[M]. 北京：高等教育出版社，2004.

[10] Jongen Y，Abs M，Genin F，et al. The Rhodotron, a new 10 MeV，100 kW，CW metric wave electron accelerator[J]. Nuclear Instruments and Methods in Physics Research Section B，1993，79(1 - 4)：865 - 870.

[11] Jongen Y，Abs M，Capdevila J M，et al. The Rhodotron, a new high-energy, high-power, CW electron accelerator[J]. Nuclear Instruments and Methods in Physics Research Section B，1994，89(1 - 4)：60 - 64.

[12] Korenev S. The concept of beam lines from rhodotron for radiation technologies[C]. Proceedings of the 2003 Particle Accelerator Conference，Portland，2003：1015 - 1016.

[13] Bassaler J M，Etievant C. Project of a free electron laser in the far infrared using a Rhodotron accelerator[J]. Nuclear Instruments and Methods in Physics Research Section A，1991，304：177 - 180.

[14] 小寺正俊. 折叠み軌道高频电子加速器：日本，10 - 041099[P]. 1998 - 02 - 13.

[15] 林崎規託. リッヅ付高周波空胴を用いた電子加速器の研究[D]. 东京：东京工业大学，1999.

[16] Hayashizaki N，Hattori T，Odera M，et al. The electron accelerator Ridgetron for industrial irradiation[J]. Nuclear Instruments and Methods in Physics Research Section B，2000，161 - 163：1159 - 1163.

[17] 李金海，李春光. 脊型谐振腔的改进设计[J]. 原子能科学技术，2017，51(4)：

756 - 761.

[18]　Li J H, Li Z H. The simulation and optimization of a room-temperature Cross-Bar H-Type Drift-Tube Linac[J]. Journal of Instrumentation, 2015, 10: 1 - 10.

[19]　高真新一, 小寺正俊, 服部俊幸. 高周電子加速器および電子線輻射装置: 日本, P2001 - 21699A[P]. 2001 - 01 - 26.

[20]　Hayashizaki N, Hattori T, Odera M. Development of the new electron accelerator Ridgetron[J]. Nuclear Instruments and Methods in Physics Research Section A, 1999, 427: 28 - 32.

[21]　Hayashizaki N, Hattori T, Odera M, et al. Beam acceleration test of the Ridgetron electron accelerator[J]. Nuclear Instruments and Methods in Physics Research Section B, 2002, 188: 243 - 246.

[22]　林崎規託, 服部俊幸, 小寺正俊, 等. 偏向磁石及びこの磁石を用いた装置: 日本, P2001 - 23798A[P]. 2001 - 01 - 26.

[23]　Herrmannsfeldt W B. EGUN: An electron Optics and gun design program: SLAC - 331[R]. Stanford: Stanford Linear Accelerator Center, 1998.

[24]　Boers J E. Charged particle beams: Design, analysis and simulation[R]. Oak Ridge: Oak Ridge National Laboratory, 1997.

[25]　Brown K L. A first and second-order matrix theory for the design of beam transport systems and charged particle spectrometers[R]. Stanford: Stanford Linear Accelerator Center, 1985.

[26]　Crandall K R. Trace 3D documentation[R]. Los Alamos: Los Alamos National Laboratory, 1997.

[27]　李金海, 李春光, 杨京鹤. 电子螺旋加速器: 中国, 201410202889.1[P]. 2016 - 04 - 06.

[28]　Grote H, Iselin F C. The MAD program user's reference manual[R]. Geneva: CERN, 1996.

[29]　李金海, 王思力. 一种消色差双磁铁偏转装置: 中国, 201610231916.7[P]. 2018 - 08 - 24.

[30]　Kwon H J, Kim Y H, Kim Y H, et al. Conceptual design of 10 MeV, 100 kW CW electron accelerator for industrial application[C]. Proceedings of the 1999 Particle Accelerator Conference, New York, 1999: 2558 - 2560.

[31]　Kwon H J, Lee K O, Kim H S, et al. Single pass acceleration experiment using coaxial cavity[C]. Proceedings of Particle Accelerator Conference 2001, Chicago, 2001: 2512 - 2514.

[32]　Kwon H J, Kim H S, Kim K S, et al. Development of high-power electron accelerator for industrial applications[C]. Proceedings of the 7th European Particle Accelerator Conference, Vienna, Austria, 2000: 2612 - 2614.

[33]　Park M J, Kim H S, Kwon H J, et al. Beam dynamics study of the FANTRON - I[C]. Proceedings of the 7th European Particle Accelerator Conference, Vienna, 2000: 2615 - 2617.

［34］ Lee K O，Kim H S，Chung K H，et al. Accelerating structure design in coaxial Cavity［C］. Proceedings of the 8ᵗʰ European Particle Accelerator Conference，Paris，2002：2157－2159.

［35］ Park M J，Kim H S，Chun M S，et al. Error analysis and fabrication of the prototype bending magnet for the Fantron－I［C］. Proceedings of the Second Asian Particle Accelerator Conference，Beijing，2001：448－450.

［36］ 曹新民，赵明华. 辐照用紧凑连续波电子加速器的物理设计［J］. 强激光与粒子束，2010,22(9)：2151－2154.

第6章
辐照均匀化技术

辐照均匀化是辐照加工需要解决的关键技术,因为辐照均匀效果会影响辐照加工产品的品质、成品率乃至辐照加工工艺的可行性。本章重点讨论带电粒子束辐照的均匀化问题,包括电子束、质子束和重离子束,不包括光子束。辐照均匀化技术是一种通用技术,除非章节内特殊说明该技术是具体针对某种带电粒子束的。

带电粒子束的辐照均匀化技术主要分为四个方面:一是扫描均匀化;二是扩束均匀化;三是伪平行束;四是多面辐照。在有些情况下,辐照均匀化还采用散射体,但这里不做介绍。下面将上述四种技术予以详细介绍。

6.1 扫描均匀化

扫描均匀化是最为常用的一种辐照均匀化技术,其基本思想是采用扫描磁铁在不同时刻将束斑周期性地偏转到不同位置,从而实现小束斑的大范围辐照。扫描均匀化的方法和技术很多,其中类三角波扫描需要解决扫描波形和束斑排布对均匀性的影响的问题,下面分别予以介绍。

6.1.1 扫描均匀化分类

扫描方法总体上可以分为一维扫描和二维扫描。一维扫描只需要一个扫描磁铁,扫描波形包括三角波、锯齿波、分段指数波和合成波等,可以统称为类三角波,当然某些合成波不是类三角波。扫描波形对均匀度的影响将在下一节介绍。二维扫描的方法和技术包括方斑扫描、旋转扫描和点扫描。

方斑(包括长方形束斑)扫描所采用的两个扫描波形是不同的,如图 6-1 所示,x 方向的扫描波形为标准的三角波,y 方向的扫描波形为台阶状的三角波[1]。其所形成的束斑排布的均匀性很好,如图 6-2 所示。在很多情况下,y 方向的扫描波形也采用标准的三角波,但所获得的束斑排布均匀性没有图 6-2 中的好。一般情况下,在方形束斑中心沿 y 轴方向的束斑均匀性是很好的,但偏离中心越远,沿 y 轴方向的束斑均匀性越差,这在 6.1.3 节中将予以说明。

图 6-1 所示的二维扫描为逐行扫描,由于若 y 方向的扫描波形采用标准的三角波,则束斑均匀度不理想;若采用台阶三角波,则工程实施难度较大,因此 Thomsen 等人采用栅格(raster)扫描方法[2]。其原理是利用李萨如图的原理,即 x 方向和 y 方向的三角波扫描频率互为质数,如图 6-3 中 x 方向和 y 方向扫描频率比为 57/42,其中的斜线表示束流扫描轨迹,椭圆表示束斑尺寸。扫描后的束斑密度分布模拟如图 6-4 所示,图中靠近 x 轴的曲线表示

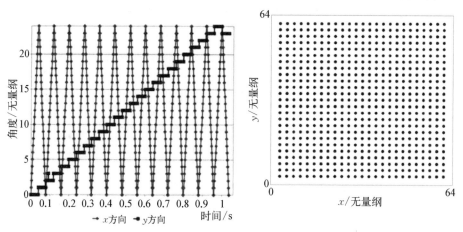

图 6-1　方斑扫描的扫描波形　　　　图 6-2　方斑扫描的束斑排布

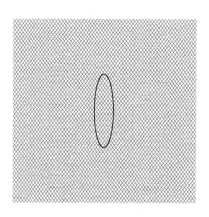
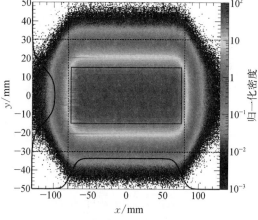

图 6-3　方斑栅格扫描轨迹　　　　图 6-4　方斑栅格扫描效果(彩图见附录 B)

投影到 x 轴的束斑粒子密度分布曲线,靠近 y 轴的曲线表示投影到 y 轴的束斑粒子密度分布曲线,可见束斑中心区域有很好的密度分布。

在某些对束斑均匀度要求不高的应用场合,例如某些同位素生产场合,束斑扫描方式为旋转扫描(wobbling)。旋转扫描的两个偏转磁铁的磁场波形采用相同的正弦波[3],但两个波形的相位差为 $90°$,如图 6-5 所示。当然,也可以将两个偏转磁铁合成为一个[4],如图 6-6 所示,其结构更为紧凑。根据束斑的重叠程度,其束斑的密度分布会有所不同,其均匀性难以提高,例如,图 6-7 所示的 3 条密度分布曲线的束斑间距分别为 5 mm、7 mm、9 mm,其束流密度分布变化较大。

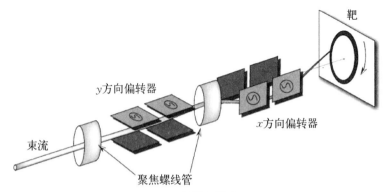

图 6-5　旋转扫描布局图

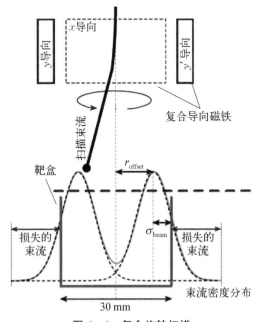

图 6-6　复合旋转扫描

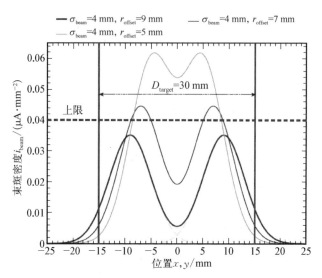

图 6-7　旋转扫描束斑密度分布

点扫描(spot scanning)也称为笔束扫描(pencil beam scanning),主要用于重离子的放射治疗。一般而言,点扫描不是为了处理束斑均匀化的问题,而是为了获得不规则的束斑。因为肿瘤的形状一般是不规则的,为了适形治疗,点扫描可以排布出任意形状的束斑[5]。适形治疗是指为了尽量降低对健康组织的有害辐照,辐照区域尽量与肿瘤病灶区域重合。此外,肿瘤的不同区域的肿瘤病变程度和厚度是不同的,所需要的辐照剂量就相应地不同,这种不规则的适形辐照只有点扫描才可以实现[6],如图 6-8 所示。为了获得不均匀的束斑,点扫描的控制更为复杂。

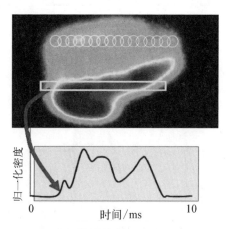

图 6-8　点扫描剂量分布图(彩图见附录 B)

6.1.2　扫描波形对均匀性的影响

　　本节及 6.1.3 节主要讨论一维扫描问题。当电子束流功率较高时，如果束斑不进行扩大直接穿过钛膜，会立刻导致钛膜击穿，破坏加速器内部的真空，从而使得加速器不能运行。此外，加速器输出的电子束斑尺寸一般为厘米量级，不对其扩束是无法利用的。因此电子辐照加速器输出的束流一般都要在垂直于传输链运动方向上采用电磁扫描磁铁将其一维扫描，配合传输链的运动可以获得二维扫描的效果。

　　国内相关人员对电子束扫描原理、扫描磁铁、扫描波形、扫描电源等进行了研究[7-14]，特别针对电流的三角波形以及三角波形与正弦波形的合成波形对扫描均匀度的影响进行了研究。

6.1.2.1　扫描波形对扫描均匀度的影响

　　从根本上讲，扫描不均匀是由束流束斑在传输链上运动速度的变化造成的。影响束斑运动速度的因素有两个，一个是扫描磁场的波形，另一个是扫描的几何结构。扫描的几何结构包括扫描磁铁厚度、扫描角度、束流传输距离等。

　　为不失一般性的原则，我们设磁铁厚度 $DE = l$，旋转半径 $OE = \rho$，旋转角度 $\angle EOC = \theta$，$AB = X_L$，$DC = X_l$，$AD = L$，如图 6-9 所示。则有：

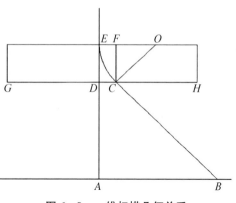

图 6-9　一维扫描几何关系

$$\left.\begin{array}{l} X_L = X_l + L\tan\theta \\ \sin\theta = \dfrac{l}{\rho} \\ X_l = \rho(1-\cos\theta) \end{array}\right\} \Rightarrow X_L = \rho(1-\cos\theta) + L\tan\theta$$

$$= \frac{l(1-\sqrt{1-\sin^2\theta})}{\sin\theta} + L\,\frac{\sin\theta}{\sqrt{1-\sin^2\theta}} \quad (6-1)$$

　　令 $S = \sin\theta = \dfrac{l}{\rho} = \dfrac{lBq}{mv}$，其中，$B$ 为扫描磁铁磁感应强度，q 为电子电荷

量,mv 为电子动量,则在 AB 上的线扫描速度为

$$V_L = \frac{\mathrm{d}X_L}{\mathrm{d}t} = \frac{\mathrm{d}X_L}{\mathrm{d}S}\frac{\mathrm{d}S}{\mathrm{d}t}$$

$$= \left(L\frac{\sqrt{1-S^2}+S^2/\sqrt{1-S^2}}{1-S^2} - l\frac{1-\sqrt{1-S^2}-S^2/\sqrt{1-S^2}}{S^2}\right)\frac{\mathrm{d}S}{\mathrm{d}t}$$

$$= \left[\frac{L}{(1-S^2)^{3/2}} - l\frac{\sqrt{1-S^2}-1}{S^2\sqrt{1-S^2}}\right]\frac{\mathrm{d}S}{\mathrm{d}t} = F\frac{\mathrm{d}S}{\mathrm{d}t} \tag{6-2}$$

$$\frac{\mathrm{d}S}{\mathrm{d}t} = \frac{lq}{mv}\frac{\mathrm{d}B}{\mathrm{d}t} \tag{6-3}$$

$$F = \frac{L}{(1-S^2)^{3/2}} - l\frac{\sqrt{1-S^2}-1}{S^2\sqrt{1-S^2}} \tag{6-4}$$

需要注意的是,式(6-2)与传统的计算结果是不同的,其原因是,传统上我们认为束线 CB 的延长线经过 DE 的中心[7-8],这仅是一种近似,不能严格成立,特别是在大偏转角度的时候。式(6-2)是严格按照图6-9的几何图形关系推导的。式(6-4)是式(6-2)中的一个替代函数,称为 F 函数。

我们取 $l=19$ cm,$L=176$ cm,可以画出小偏移角度时式(6-1)中 X_L 与 S 的关系,即得磁场 B 与偏转束斑位移的关系[因为 S 与扫描磁铁的磁感应强度线性相关,如式(6-3)所示],如图6-10所示。可以发现其线性关系是非常好的,即在小偏移角度时(一般小于22.5°),采用标准的三角波形可以获得较好的均匀度。随着偏移角度和偏移距离的增加,其线性关系会有所恶化,但不是很严重,如图6-11所示。

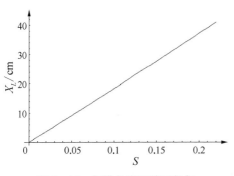

图6-10 扫描角度正弦函数与
偏移距离的关系

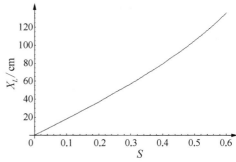

图6-11 扫描角度正弦函数与
大偏移距离的关系

在小角度扫描情况下,虽然扫描磁场与束斑偏移之间的线性关系较好,但扫描均匀度最终是由束斑在靶上的运动速度决定的。在式(6-2)中,dS/dt 包含由扫描波形导致的束斑运动速度的不均匀性,F 函数包含由扫描几何结构所造成的束斑运动速度不均匀性。图 6-12 所示是扫描磁场与 F 函数的关系,可以发现其非线性效应很大。这就意味着,即便采用标准的三角波形(dS/dt 为常数),束斑的运动速度也会因为 F 函数而变化。为提高扫描均匀度,对于标准的三角波扫描,F 函数应该为定值,而图 6-12 中变化了大约 7%。

由于扫描磁铁是电感负载,对其加载标准的方波电压所产生的电流波形应该是分段指数波形。尽管我们可以选择合适的电磁参数,使得指数波形尽量接近标准的三角波形,但其本质上仍然是一个指数波形。因此式(6-3)必然也会带来束斑扫描的不均匀性。由式(6-2),为了获得理想的均匀化扫描,需要扫描速度 V_L 为常数,而无论是 F 函数还是 dS/dt,其公式都是非常复杂的,因此难以推导出扫描速度 V_L 为常数所需要的扫描波形理论公式。为了提高扫描均匀度,人们通常采用两种办法:一是采用尽量小的扫描角度;二是采用尽量接近三角波的波形,即波形的指数衰减时间常数要比三角波的周期长得多。

但是受 F 函数的影响,标准的三角波也会产生扫描不均匀性。为此,郭学义[7]、张克志[8] 提出采用正弦波与三角波叠加的波形来提高扫描均匀性,如图 6-13 所示。设在 0 至 $T/4$ 时间范围内,三种波形函数分别为[7]

$$S_1 = S_{1m} 4t/T \tag{6-5}$$

$$S_2 = S_{2m} \sin(2\pi t/T) \tag{6-6}$$

$$S = S_1 + S_2 = S_{1m} 4t/T + S_{2m} \sin(2\pi t/T) \tag{6-7}$$

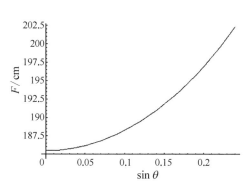

图 6-12　扫描磁场与 F 函数的关系

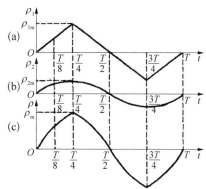

图 6-13　三角波与正弦波的叠加

上述图 6-10 至图 6-12 给出了 X_L 和 F 函数与三角函数 S 的关系,将式 (6-7)代入式(6-2),同时取 $l=19$ cm,$L=176$ cm,扫描角度为 $\pm11.5°$,$S_2/S_1=-0.25$,画出 $1/V$ 的曲线如图 6-14 所示,$1/V$ 是与束斑扫描均匀度线性相关的[8]。图 6-14 中横坐标单位为 π,纵坐标为一个相对值,其不均匀度约为 8.5%,不均匀度定义为图中 $1/V$ 最大与最小值的差与 $1/V$ 最大值的比值。改变 S_2/S_1 的大小,不均匀度的变化如图 6-15 所示,可知 S_2/S_1 的值在 $-0.2\sim-0.1$ 范围内的不均匀度最低。但此结论不具有普遍性,当扫描几何结构不同时,不均匀度最低的 S_2/S_1 值的范围会变化。

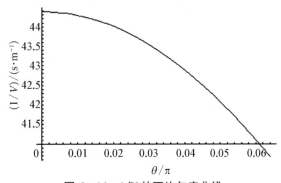

图 6-14　$1/V$ 的不均匀度曲线

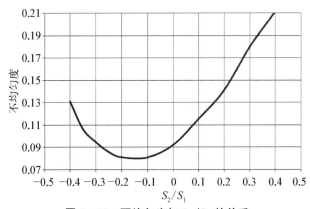

图 6-15　不均匀度与 S_2/S_1 的关系

6.1.2.2　扫描磁铁边界优化设计

式(6-1)至式(6-7)成立的前提条件是图 6-9 中的磁场边界是硬边界,即在磁场区域内,磁感应强度是相同的,只要超出这个区域,磁场就立刻降为零。而实际上,磁场的边界都是软边界,即磁场从最大值降为零要经过一个较大的空间缓慢降低。为了降低磁场软边界对图 6-9 中 DCFE 区域内磁场均匀度的影响,GH 一般设计得比较长,这就使得扫描磁铁极头的横截面面积较大,这给磁铁的小型化设计带来很大困难。

在某些应用场合,需要进行扫描磁铁的小型化设计,限制扫描磁铁小型化的主要因素是 GH 的长度,为避免铁轭内的磁场饱和,GH 越长铁轭的尺寸越大。但是缩短 GH 会导致磁场不均匀度的增加,为此可以在磁铁的边缘设计牙口,如图 6-16 所示。传统的扫描磁铁如图 6-17 所示。牙口可以提高磁铁极头边缘的磁场,从而提高磁场分布的均匀度,图 6-18 比较了两种扫描磁铁的磁场分布。

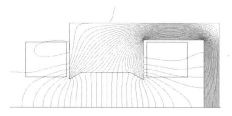

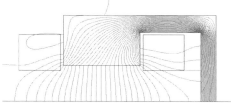

图 6-16　带牙口的扫描磁铁　　　　图 6-17　传统的扫描磁铁

图 6-16 只是改善了扫描磁铁 GH 方向的磁场均匀度,然而在 DE 方向同样存在上述磁场软边界导致的场分布的不均匀性,并且其不均匀性要比图 6-17 所示的还要严重,特别是在 DE 的长度较小而极头距离较大的情况下。对于这个问题,是难以通过解析公式来研究扫描均匀度的,可能的理论研究方法是首先通过有限元软件计算出磁场的三维空间分布,再将三维数值磁场输入带电粒子运动模拟软件中,模拟计算带电粒子在真实磁场中的运动情况,最后给出数值解。

为了提高磁场在 DE 方向的均匀性,可以增加 DE 的长度。但当 DE 的长度较大时,由式(6-4)可知,F 函数更恶化了扫描的均匀度。为解决这个问题,需要将扫描磁铁边缘 GH 直线段改为曲线段,有人就将其改为圆弧段[12]。如果磁极头区域内的磁场为均匀场,磁场边界为硬边界,则有如图 6-19 所示的几何关系。根据图 6-19,如果设扫描电源波形为标准的三角波,磁铁厚度 $DE=d$,旋转半径 $OE=r$,旋转角度 $\angle EOC=\theta$,$AB=a$,$EF=x$,$CF=y$,$AD=b$,则有如下关系:

$$\begin{cases} a = x + (b+d-y)\tan\theta \\[2mm] \tan\theta = \dfrac{y}{r-x} \\[2mm] r^2 = y^2 + (r-x)^2 \Rightarrow r = \dfrac{x^2+y^2}{2x} \end{cases} \tag{6-8}$$

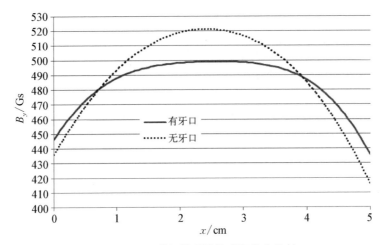

图 6‑18　两种扫描磁铁的磁场分布比较

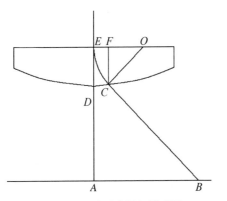

图 6‑19　弧形边界扫描磁铁

将式(6‑8)化简可得：

$$a = x + \frac{2(b+d-y)xy}{y^2 - x^2} \quad (6\text{-}9)$$

由图 6‑19 还可得：

$$\frac{x}{\sqrt{x^2 + y^2}} = \frac{\sqrt{x^2 + y^2}/2}{r}$$

$$(6\text{-}10)$$

要获得均匀的束流扫描效果，束斑的运动应该是匀速的，在磁铁没有饱和的情况下，扫描电流与扫描磁场的磁感应强度值 B 是成正比关系的，因而 a 正比于扫描磁感应强度 B，同时 $B = \dfrac{mv}{qr}$，即 a 反比于偏转半径 r，令 $ar = k$，并由式(6‑9)和式(6‑10)可得：

$$\frac{2k}{y^2 + x^2} = 1 + \frac{2(b+d-y)y}{y^2 - x^2} \quad (6\text{-}11)$$

当 $x = 0$ 时，$y = d$，可得 $k = \dfrac{d^2}{2} + bd$。

由式(6‑11)可知，扫描磁铁的弧形边界形状仅与扫描磁铁在束流传输方向的厚度 d 以及其到辐照物品的距离 b 有关，与扫描角度等其他参数无关。

如果取 $d=12$ cm，$b=176$ cm，则 $k=2\,184$，小扫描磁铁下极面曲线参数如表 6-1 所示，在 1.36 cm 的位置，极面厚度 CF 降为 11.68 cm，扫描范围为 $-43\sim43$ cm。大功率电子辐照直线加速器束流的发射度较大，束斑的宽度在厘米量级，而小扫描磁铁将辐照束斑偏转 43 cm 时，束流在扫描磁铁出口仅偏移了 1.36 cm，这与强流束流本身的尺寸大小差不多，因而会导致上述设计难以实现。为此，可以考虑采用大扫描磁铁，例如将 d 增加到 50 cm，$b=138$ cm，$k=8\,150$，x 和 y 的数值关系如表 6-2 所示。当 $x=4.8$ cm 时，相比于 $x=0$ 时的 y 值减小了 10.4 mm，扫描范围为 $-32\sim32$ cm；当 $x=5.84$ cm 时，扫描范围为 $-40\sim40$ cm，可以满足需要。将小扫描磁铁和大扫描磁铁弧形边界的 x 和 y 的坐标点画在同一个坐标系内，可得图 6-20，其中 x 轴和 y 轴的比例相同。

表 6-1　小扫描磁铁弧形边界参数　　　　单位：cm

x	0.00	0.19	0.39	0.58	0.77	0.97	1.16	1.36	1.55	1.74
y	12.00	11.99	11.97	11.94	11.90	11.84	11.76	11.68	11.57	11.45
a	0.00	5.90	11.78	17.73	23.78	29.93	36.26	42.77	49.53	56.61
x	1.94	2.13	2.54	2.84	3.08	3.25	3.39	3.48	3.54	3.57
y	11.30	11.14	10.70	10.26	9.82	9.38	8.95	8.51	8.07	7.63
a	64.08	72.04	91.06	108.51	125.33	142.04	159.02	176.57	194.98	214.55

表 6-2　大扫描磁铁弧形边界参数　　　　单位：cm

x	0.00	0.34	0.69	1.03	1.37	1.71	2.06	2.40	2.74	3.09
y	50.00	49.99	49.98	49.95	49.92	49.87	49.81	49.75	49.67	49.58
a	0.00	2.23	4.47	6.71	8.96	11.21	13.47	15.74	18.03	20.33
x	3.43	3.77	4.12	4.46	4.80	5.15	5.49	5.84	6.57	7.21
y	49.48	49.37	49.24	49.11	48.96	48.80	48.63	48.44	48.00	47.56
a	22.65	24.99	27.35	29.74	32.15	34.60	37.08	39.59	45.05	50.01
x	7.78	8.29	8.76	9.19	9.59	9.96	10.31	10.63	10.93	11.22
y	47.12	46.68	46.24	45.80	45.35	44.91	44.47	44.03	43.59	43.15
a	54.60	58.91	63.00	66.92	70.70	74.36	77.92	81.40	84.81	88.17
x	11.48	11.73	11.97	12.18	12.39	12.58	12.76	12.93	13.09	13.24
y	42.71	42.27	41.83	41.39	40.94	40.50	40.06	39.62	39.18	38.74

(续表)

a	91.47	94.73	97.96	101.16	104.33	107.49	110.64	113.78	116.92	120.06
x	13.38	13.51	13.63	13.74	13.84	—	—	—	—	—
y	38.30	37.86	37.42	36.97	36.53	—	—	—	—	—
a	123.2	126.3	129.5	132.7	135.9	—	—	—	—	—

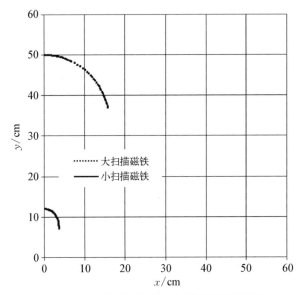

图 6‑20 小扫描磁铁和大扫描磁铁弧形边界

采用大扫描磁铁需要注意四个问题：一是上述计算未考虑磁铁边缘场的影响，需要进一步精确计算或通过实验进行磁场垫补，因此对磁极加工和场均匀度要求较高；二是能散对均匀度的不利影响未考虑，并且理论上比较难以计算和模拟，需要实验矫正；三是扫描盒可能需要采用陶瓷的，以克服涡流，特别是在扫描频率较高的情况下；四是磁铁出口的边缘角未考虑，由于磁铁边缘曲线是非线性曲线，理论上推导边缘角的聚焦公式难度很大，需要实验研究。

6.1.3 脉冲束斑排布对均匀性的影响

在 6.1.2 节中研究的扫描均匀化问题所针对的束流可以是脉冲束，也可以是连续束。而对于射频加速器输出的脉冲电子束，由于束团的时间长度一般为微秒量级，而重复频率最大约为几百赫兹，因而扫描开的电子束会形成一个个束团排列起来[15]。因此束团的排列叠加成为影响扫描均匀化的重要因素,本节将对其做进一步的阐述。

6.1.3.1　束团叠加关系

束团在进行扫描运动时,一般的考虑是相邻的束团能够在扫描方向和传送带运动方向上相互紧密叠加,称为密点扫描,如图 6‐21 所示,其中 x 为扫描方向,y 为传送带运动方向。图 6‐21 的计算方法是,首先根据束团脉冲重复频率确定相邻束团的间隔时间,然后根据扫描频率和传送带运动速度计算束团在 x 和 y 方向的坐标。为了提高叠加的均匀性,需要满足如下关系[15]:

$$V_L \leqslant k\varphi_e f_e \qquad (6\text{-}12)$$

$$f_e \leqslant \frac{kN\varphi_e}{2W_e} \qquad (6\text{-}13)$$

式中,V_L 为传送带运动速度,k 为束团的重叠系数,φ_e 为束斑直径,f_e 为扫描频率,N 为电子束脉冲重复频率,W_e 是扫描宽度。图 6‐21 仅为示意,其中各参数分别为 $V_L=2.4$ m/s,$k=0.89$,$\varphi_e=15$ mm,$f_e=1$ Hz,$N=60$ Hz,$W_e=400$ mm,参数满足式(6‐13)而不满足式(6‐12),目的是明显显示密点扫描的一个主要问题:在扫描中心,即 $x=200$ mm 处的传送带运动方向的均匀度是比较好的,而其他位置的均匀度存在问题,例如在 $x=40$ mm 和 $y=40$ mm 的位置,传送带运动方向的两个束团叠加得很近,而与 $x=40$ mm 和 $y=80$ mm 处的束团离得较远,这种不均匀性虽然可以通过调整式(6‐12)的参数得到一点改善,但不能根本解决。

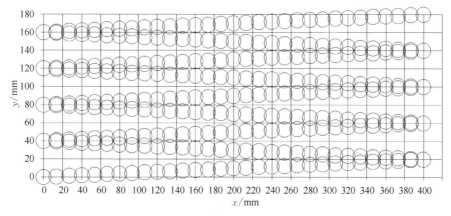

图 6‐21　束斑密点扫描排布

上述不均匀性的产生是由三角波的扫描方式造成的,为此可以考虑采用锯齿波扫描方式。但是由于锯齿波的上升与下降波形差异很大,对于大电流的电源实现起来非常困难,特别是在相邻两个束团的时间间隔内完成电流从一个峰值变化为另一个峰值。当然也可以采用图 6-1 所示的扫描方案,但该方案对台阶三角波的要求较高。

6.1.3.2　束团跳点扫描

为了克服图 6-21 中的不均匀性,可以通过提高扫描频率的方法,一是使得束团在扫描方向上不在同一扫描周期内紧密排布,二是使得在 y 方向重叠的束团能够相互错开,称为跳点扫描。这样的扫描方式将不再满足式(6-12)和式(6-13)。

图 6-22 给出了一个较好的束团排布图,其中 $V_L = 2.4 \text{ m/s}$, $f_e = 18 \text{ Hz}$, $N = 230 \text{ Hz}$, $W_e = 0.4 \text{ m}$。图中的圆圈仅代表束团的中心位置,束团的重叠系数与束斑直径和束斑间距相关联,第一个束斑位置坐标为 $x = 200 \text{ mm}$、$y = 0 \text{ mm}$,第二个束斑位置坐标为 $x = 262 \text{ mm}$、$y = 0.2 \text{ mm}$,即两个相继输出的束斑相隔很大距离。如果将扫描频率 f_e 设为 17 Hz,所得跳点扫描束团排布为如图 6-23 所示的网状结构。很明显,图 6-23 的均匀度不如图 6-22。当扫描频率是束团重复频率的因子时,会形成沿传送带运动方向间隔距离较大的几条束斑条带,称为多平行线排布,这对均匀度有非常不利的影响。如果将扫描频率 f_e 设为 18.1 Hz,所得跳点扫描束团排布如图 6-24 所示,其均匀度介于图 6-23 与图 6-22 的均匀度之间,因为在 $x = 240 \text{ mm}$、$y = 100 \text{ mm}$ 等少数位置有两个束斑的近距离重叠,而在每个 20 mm × 20 mm 的方格内,束斑基本均匀排布。

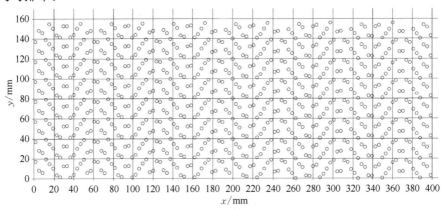

图 6-22　18 Hz 的跳点扫描束团排布

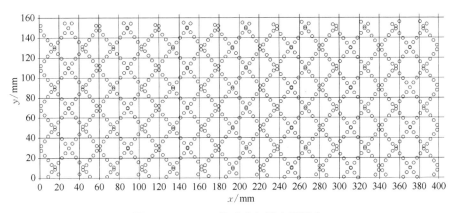

图 6 - 23　17 Hz 的跳点扫描束团排布

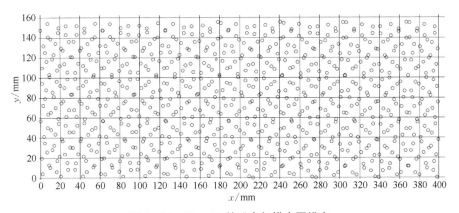

图 6 - 24　18.1 Hz 的跳点扫描束团排布

　　影响束斑排布的因素除了上述参数外,还有第一个束斑的位置,即第一个束斑在三角波的波形相位。图 6 - 22 的第一个束斑位置坐标为 $x = 200$ mm、$y = 0$ mm。如果第一个束斑位置坐标为 $x = 0$ mm、$y = 0$ mm,所得跳点扫描束团排布如图 6 - 25 所示,可见出现明显差异。但这个参数并不总是起作用,改变图 6 - 23 和图 6 - 24 的第一个束斑位置坐标,束团排布图基本不变,只是进行了 y 方向的平移。

　　上述束斑分布的计算结果还没有发现规律性的结论,也难以推导出解析公式,因此只能通过计算机的计算和画图来研究具体参数对束斑分布的影响。通过上述计算可知,选择合适的扫描参数,跳点扫描束团排布可以获得比密点扫描束团排布更好的均匀度。跳点扫描束团排布类似于二维扫描中的李萨如图。

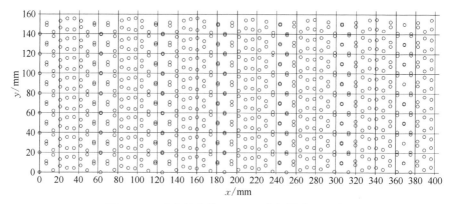

图 6‑25　改变始点的 18 Hz 跳点扫描束团排布

6.1.3.3　指数扫描波形

　　上述讨论的扫描波形为标准三角波形,但由于扫描磁铁是感性负载,其扫描电流波形应该是如图 6‑26 所示的指数波形。当传送带运动时,与图 6‑21 相同扫描参数的束斑分布如图 6‑27 所示,可以发现在扫描的两侧区域,束斑相互岔开了,这应该有利于均匀度的提高。

　　采用与图 6‑22 相同的扫描参数,指数扫描波形所获得的束斑排布如图 6‑28 所示,可以发现其中心区域与边缘区域的束斑排布规律是不同的,中

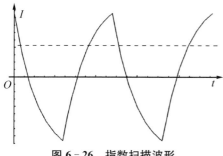

图 6‑26　指数扫描波形

心区的方格内的束斑个数为 4～6 个,边缘区的方格内的束斑个数为 5～7 个,因此指数波形在二维扫描分布上产生了不均匀度。不同于三角波,图 6‑28 的束斑排布基本不受起始束斑位置的影响。采用与图 6‑23 相同的扫描参数,指数扫描波形所获得的束斑排布如图 6‑29 所示,其网状结构在中心区与边缘区是不同的。

　　为了定量研究束斑排布的均匀性,可以统计每个网格中的束斑个数,但是由于束斑排布的随机性,统计一个网格内的束斑个数会产生较大的涨落。例如,图 6‑29 中 x 从 100 mm 到 120 mm、y 从 40 mm 到 60 mm 的网格内的束斑个数为 0,而 x 从 100 mm 到 120 mm、y 从 60 mm 到 80 mm 的网格内的束斑个数为 8。当然束斑个数为 0 并不意味着没有粒子进入该网格,因为该束斑只是束斑的中心点,实际束斑大于该点的尺寸,但是无论如何,图 6‑29 所示的束团排布均匀性差是确定的结论。

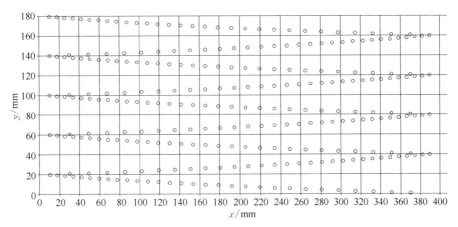

图 6 – 27　密点扫描束团排布

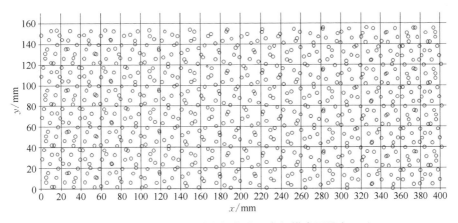

图 6 – 28　18 Hz 的指数曲线跳点扫描束团排布

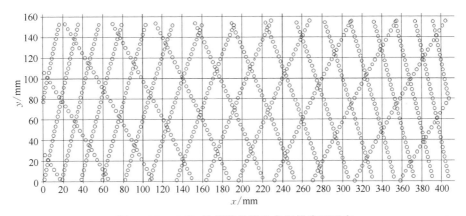

图 6 – 29　17 Hz 的指数曲线跳点扫描束团排布

另外,尽管上述模拟计算考虑的扫描波形是指数波形,但实际扫描波形与其还是有区别的,因而模拟计算会与实验结果存在差别。如果想要尽量减小这种差别,就需要在计算中考虑实际扫描波形的形状以及每个扫描电流所对应的束斑位置和束斑大小等参数。

6.2 扩束均匀化

尽管束流扫描的方法简单,但要进一步提高扫描均匀度,需要优化与调整的参数个数是比较多的,其优化与调整的难度是很大的。而另外一种常用的束斑扩大方法是利用四极磁铁等线性聚焦元件直接将束斑扩大。由于束斑扩大前后的分布一般都是非均匀的,因此需要对扩大的束斑密度进行均匀化。本节主要讨论用于束斑均匀化的非线性元件。

6.2.1 扩束均匀化分类

加速器产生的束流束斑一般都是非均匀分布的,大多数情况的束斑密度分布接近于高斯分布,特别是在强流情况下。从加速器的角度看,这种束斑分布的特性很难改变。例如如果我们将高斯分布的边缘粒子挡掉,再经过一段时间的传输与加速,又会产生高斯分布的边缘粒子。因为这种粒子分布的不均匀性主要产生于束流自身的空间电荷力和加速与传输元件电磁场的非线性分量,而且这种不均匀性一旦产生,就是不可逆的。

对于束斑均匀化问题,国内外已经进行了大量研究,提出了八极磁铁(octupole magnet)、十二极磁铁(dodecapole magnet)、极片磁铁(pole-piece magnet)、聚焦六极磁铁(focusing sextupole magnet)和台阶磁铁(step-like nonlinear magnet)等,下面将予以详细介绍。

6.2.2 常规非线性磁铁均匀化

常规非线性磁铁包括六极磁铁、八极磁铁、十二极磁铁等。自20世纪90年代开始,采用八极磁铁的高阶非线性磁铁的束斑均匀化在很多实验室进行了研究和验证,并且在带电粒子的放射治疗中得到了应用。近年来,这种方法得到了越来越广泛的注意并成为辐照均匀化的重要技术之一,其在高功率束流打靶乃至终端聚焦系统(final focusing system)的纳米束碰撞上的应用具有重大意义。

采用八极磁铁进行束斑均匀化最早是由 Meads 提出来的[16]。Kashy 和 Sherrill 针对一个特定的光路采用数值计算的方法验证了八极磁铁的均匀化效果[17]。之后,他们又证明了高斯分布的束斑均匀化需要奇阶多极场,例如八极磁铁和十二极磁铁等[18]。Blind 采用数值方法研究了大尺寸束斑的束斑尺寸调整和束流抖动(jitter)问题[19]。Meot 和 Aniel 针对具体光路推导了其所需要的八极磁铁和十二极磁铁磁场场强[20]。Yuri 等人则从理论上彻底解决了多极场均匀化的问题[21],包括从理论上给出了奇阶多极磁铁所需要的磁场场强以及束斑的尺寸,给出了采用两个六极磁铁进行均匀化的方法,给出了离轴高斯束斑的均匀化方法。下面予以具体介绍。

6.2.2.1　基础理论

首先,在图 6 - 30[21] 所示的光路中,非线性磁铁的位置为 s_0,束斑靶的位置为 s_t。如果用于束流传输的非线性磁铁能够产生理想的非线性场,粒子的横向运动方程可以扩展为如下的 x 和 y 的幂级数方程[22]:

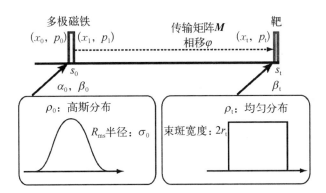

图 6 - 30　非线性磁铁束斑均匀化光路

$$\begin{cases} x'' + K_4(s)x + \sum_{n=3}^{\infty} \dfrac{K_{2n}}{(n-1)!} \mathrm{Re}\big[(x+\mathrm{i}y)^{n-1}\big] = 0 \\ y'' - K_4(s)y + \sum_{n=3}^{\infty} \dfrac{K_{2n}}{(n-1)!} \mathrm{Re}\big[\mathrm{i}(x+\mathrm{i}y)^{n-1}\big] = 0 \end{cases} \tag{6-14}$$

式中,K_4 是四极磁铁场强(strength),K_{2n} 是 $2n$ 极非线性磁铁场强,x'' 和 y'' 代表对 x 和 y 的二阶微分。得到这种耦合方程的解析解是非常困难的,为此我们将式(6 - 14)的高阶项扩展开[21]:

$$\begin{cases} x'' + K_4(s)x + \dfrac{K_6}{2}x^2\left[1-\left(\dfrac{y}{x}\right)^2\right] + \dfrac{K_8}{3!}x^3\left[1-3\left(\dfrac{y}{x}\right)^2\right] + \cdots = 0 \\ y'' - K_4(s)y - K_6xy + \dfrac{K_8}{3!}y^3\left[1-3\left(\dfrac{x}{y}\right)^2\right] + \cdots = 0 \end{cases}$$

$$(6-15)$$

从式(6-15)可以看出,当$|y/x|\ll1$时,或者说当垂直运动的幅度相比于水平运动可以忽略的时候,水平运动方程中与垂直运动 y 的耦合可以解开。为了满足这个条件,需要把非线性磁铁放置在束斑为长条形的位置,即束流包络尺寸在水平方向远大于垂直方向,这样只考虑水平方向的运动就可以了。在一维体系内,在磁铁入口处的任意粒子的坐标和动量可以表示为(x_0,p_0),则在磁铁出口处的新的粒子坐标和动量为

$$\begin{pmatrix} x_1 \\ p_1 \end{pmatrix} = \begin{pmatrix} x_0 \\ p_0 - \sum_{n=3}^{\infty}\dfrac{K_{2n}}{(n-1)!}x_0^{n-1} \end{pmatrix}$$

$$(6-16)$$

式中,为了简化计算,式(6-16)做了薄透镜近似。从磁铁出口到靶的传输矩阵为 $\boldsymbol{M}$,则其靶上的粒子坐标和动量为[21]

$$\begin{aligned} \begin{pmatrix} x_t \\ p_t \end{pmatrix} &= \boldsymbol{M}\begin{pmatrix} x_1 \\ p_1 \end{pmatrix} = \begin{pmatrix} M_{11} & M_{12} \\ M_{21} & M_{22} \end{pmatrix}\begin{pmatrix} x_1 \\ p_1 \end{pmatrix} \\ &= \begin{pmatrix} M_{11}x_0 + M_{12}\left(p_0 - \sum_{n=3}^{\infty}\dfrac{K_{2n}}{(n-1)!}x_0^{n-1}\right) \\ M_{21}x_0 + M_{22}\left(p_0 - \sum_{n=3}^{\infty}\dfrac{K_{2n}}{(n-1)!}x_0^{n-1}\right) \end{pmatrix} \end{aligned}$$

$$(6-17)$$

为了有效利用磁铁的非线性力,多极磁铁内的 β 函数需要很大,当其足够大时,在子相空间里形成如图 6-31[21] 所示的线状图形。这样就可以有近似关系 $p_0 = -(\alpha_0/\beta_0)x_0$,其中 α_0、β_0 为 Twiss 参数。将其代入式(6-17)可得:

$$\begin{pmatrix} x_t \\ p_t \end{pmatrix} = \begin{pmatrix} \left(M_{11} - \dfrac{\alpha_0}{\beta_0}M_{12}\right)x_0 - M_{12}\sum_{n=3}^{\infty}\dfrac{K_{2n}}{(n-1)!}x_0^{n-1} \\ \left(M_{21} - \dfrac{\alpha_0}{\beta_0}M_{22}\right)x_0 - M_{22}\sum_{n=3}^{\infty}\dfrac{K_{2n}}{(n-1)!}x_0^{n-1} \end{pmatrix}$$

$$(6-18)$$

假定在束流传输过程中的粒子总数 N 是守恒的,则有 $\mathrm{d}N = \rho_0 \mathrm{d}x_0 = \rho_t \mathrm{d}x_t$[23],本式也可做如下证明:

$$N = \int \rho_0 \mathrm{d}x_0 = \int \rho_t \mathrm{d}x_t = \int \rho_t \frac{\mathrm{d}x_t}{\mathrm{d}x_0} \mathrm{d}x_0$$

$$(6-19)$$

式中,ρ_0 为非线性磁铁的入口粒子密度分布,ρ_t 为束斑靶的粒子密度分布。因此,束斑靶与非线性磁铁的粒子密度分布关系如下[21]:

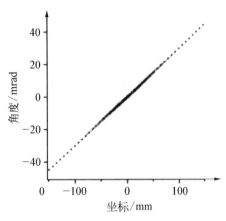

图 6-31　子相空间相图

$$\rho_t = \rho_0 \left(\frac{\mathrm{d}x_t}{\mathrm{d}x_0} \right)^{-1} = \rho_0 \Bigg/ \left[M_{11} - \frac{\alpha_0}{\beta_0} M_{12} - M_{12} \sum_{n=3}^{\infty} \frac{K_{2n}}{(n-2)!} x_0^{n-2} \right]$$

$$= \rho_0 \Bigg/ \left[\sqrt{\frac{\beta_t}{\beta_0}} \cos\varphi - \sqrt{\beta_0 \beta_t} \sin\varphi \sum_{n=3}^{\infty} \frac{K_{2n}}{(n-2)!} x_0^{n-2} \right] \quad (6-20)$$

式中用到了如下关系:

$$M_{11} = \sqrt{\frac{\beta_t}{\beta_0}} (\cos\varphi + \alpha_0 \sin\varphi)$$

$$M_{12} = \sqrt{\beta_0 \beta_t} \sin\varphi$$

$$M_{11} - \frac{\alpha_0}{\beta_0} M_{12} = \sqrt{\frac{\beta_t}{\beta_0}} \cos\varphi \quad (6-21)$$

式中,φ 为束流从 s_0 到 s_t 的相移。

利用式(6-20),我们首先讨论高斯分布的均匀化问题。假定初始的高斯分布公式如下所示:

$$\rho_0 = N / (\sqrt{2\pi} \sigma_0) \times \exp\left(-\frac{x_0^2}{2\sigma_0^2} \right) \quad (6-22)$$

式中,σ_0 为束流包络的均方根半径。

假定束流靶上的密度分布为均匀分布,即 $\rho_t = \frac{N}{2r_t}$。其中 $2r_t$ 是束斑宽度。将其代入式(6-20)可得[21]:

$$\frac{N}{2r_t} \left[\sqrt{\frac{\beta_t}{\beta_0}} \cos\varphi - \sqrt{\beta_0 \beta_t} \sin\varphi \sum_{n=3}^{\infty} \frac{K_{2n}}{(n-2)!} x_0^{n-2} \right] = \frac{N}{\sqrt{2\pi} \sigma_0} \sum_{m=0}^{\infty} \frac{\left(\dfrac{-x_0^2}{2\sigma_0^2} \right)^m}{m!}$$

$$(6-23)$$

式(6-23)将高斯函数做了幂级数的泰勒展开,比较公式两边相同幂级数的 x_0 项可知,所有的奇阶非线性项($n=4,6,8,\cdots$,相应的非线性磁铁分别为八极磁铁、十二极磁铁、十六极磁铁……)是理想高斯分布获得均匀分布所必需的。因此,均匀化所需要的最优的非线性磁铁场强和均匀化后的束斑宽度如下所示[21]:

$$
\begin{cases}
K_{2n-1}=0 \\
K_{2n}=\dfrac{(-1)^{n/2}(n-2)!}{\left(\dfrac{n}{2}-1\right)!\ (2\varepsilon\beta_0)^{\frac{n}{2}-1}\beta_0\tan\varphi} \quad (n=4,6,8,\cdots) \\
2r_t=\sqrt{2\pi\varepsilon\beta_t}\ |\cos\varphi|
\end{cases}
\tag{6-24}
$$

式(6-24)中我们用 $\sqrt{\varepsilon\beta_0}$ 替代 σ_0,而 ε 是束流的均方根发射度。可以发现,均匀化后的束斑宽度与所有非线性磁铁的强度无关,仅与光路中的线性元件相关。从式(6-24)还可以发现,当 $\varphi=\dfrac{k\pi}{2}$ ($k=0,1,2,3,\cdots$)时,均匀化无法进行,此结论与 J. Y. Tang 的一致[24]。同时,当 β_0 和/或发射度 ε 较大时,所需要的非线性磁铁场强就较小,有利于获得较大的均匀化束斑。从式(6-24)中的第二式还可以得到:

$$
K_{2n+2}=K_{2n}\frac{1-n}{\varepsilon\beta_0}
\tag{6-25}
$$

该式与 Meot 推导的八极磁铁与十二极磁铁的强度比值一致[20]。

6.2.2.2 八极磁铁均匀化

值得注意的是,在实际应用中,均匀化往往仅采用一种非线性磁铁,而不是如式(6-14)所列的一系列非线性磁铁的组合。例如,如果我们只用八极磁铁,初始束流为高斯分布,在束流靶上的粒子密度分布可由式(6-20)推导[21]:

$$
\begin{aligned}
\rho_t &= \frac{N}{\sqrt{2\pi}\,\sigma_0}\cdot\frac{\exp[-x_0^2/(2\sigma_0^2)]}{\sqrt{\dfrac{\beta_t}{\beta_0}}\cos\varphi-\sqrt{\beta_0\beta_t}\sin\varphi\,\dfrac{K_8}{2}x_0^2} \\
&= \frac{N}{\sqrt{2\pi\dfrac{\beta_t}{\beta_0}}\,\sigma_0\cos\varphi}\cdot\frac{\exp(-X_0^2/2)}{1-\dfrac{\widehat{K_8}}{2}X_0^2}
\end{aligned}
\tag{6-26}
$$

式中，$X_0 = \dfrac{x_0}{\sigma_0}$，$\hat{K}_8 = \beta_0 \sigma_0^2 \tan \varphi K_8$。

从式(6-26)可以看出，我们可以通过调整八极磁铁场强，将高斯分布的中间部分[其中的高阶项 $X_0^{2m}(m \geqslant 2)$ 被忽略]转换为均匀分布。图 6-32[21] 所示是采用非线性磁铁均匀化模拟计算的光路，$s=0$ 的束流发射度 ε 为 2.1×10^{-5} mrad。图 6-33[21] 所示是不同八极磁铁场强下束斑均匀性分布情况，其中横坐标为式(6-26)中的归一化的八极磁铁强度 $\hat{K}_8$，纵坐标为均匀区域的归一化宽度 X_0，均匀区域的均匀度 U 的定义如下：$1-U \leqslant \exp(-X_0^2/2)/(1-\hat{K}_8 X_0^2/2) \leqslant 1+U$。图 6-33 中的四条曲线分别是 U 为 1%、5%、10%、20% 时的曲线。当归一化的八极磁铁强度小于 1 时，可以得到最大的均匀化区域。根据均匀度 U 的不同，实际的均匀区域 x_0 为 σ_0 到 $2\sigma_0$ 之间。

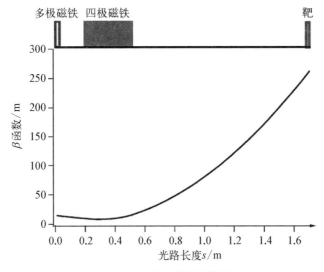

图 6-32　均匀化模拟计算光路

八极磁铁均匀化后的束斑密度分布如图 6-34[21] 所示，其束斑边缘的尖峰是由式(6-26)中的高阶项 $X_0^{2m}(m \geqslant 2)$ 导致的。在图 6-35 中的二维束斑密度分布中，束斑的四个角上的密度尖峰尤为明显[25]，这是由两个方向的叠加效应造成的。在一个方向的子相空间里，相比于图 6-31，相图已经明显丝化，如图 6-36[21] 所示，丝化是由非线性场造成的。为了去掉尖峰而获得更好的分布均匀性，需要采用更高阶的非线性磁铁和非线性磁场。

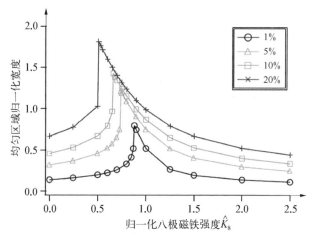

图 6‑33　八极磁铁强度与均匀化效果

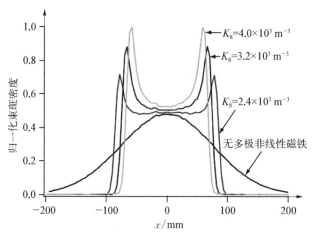

图 6‑34　八极磁铁均匀化的束斑密度分布

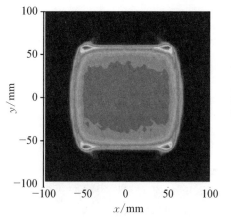

图 6‑35　二维束斑密度分布(彩图见附录 B)

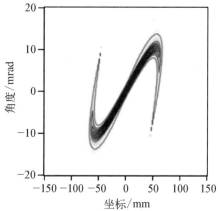

图 6‑36　子相空间的丝化相图

6.2.2.3　组合非线性磁铁均匀化

这里的组合非线性磁铁是指由奇阶非线性场叠加而成或组合而成的磁铁。在图 6-37[21] 中，组合八极磁铁和十二极磁铁不仅可以消除束斑边缘的尖峰，而且可使均匀区域变大。根据式(6-24)计算可得 $K_8 = 3.2 \times 10^3$ m^{-3}、$K_{12} = -3 \times 10^7$ m^{-5}。为了验证更高阶的非线性场对束斑密度分布的影响，根据式(6-20)所计算的结果如图 6-38 所示[21]。为了便于比较，图中把零点处的束流密度归一化。可以发现，随着更高阶非线性场的加入，束斑边缘的陡度增加，束斑均匀区域也增加，但这一般需要两种非线性场配对组合增加。例如增加十六极和二十极非线性磁铁组合、增加二十四极和二十八极非线性磁铁组合等，即把 $8n$ 和 $8n+4$ 极非线性磁铁组合在一起增加，并且二者的磁场强度符号相反，这样才可以消除束斑边缘的尖峰。

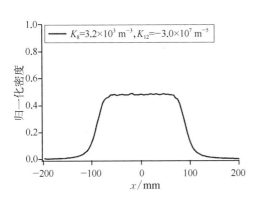

图 6-37　组合八极磁铁和十二极磁铁场均匀化效果

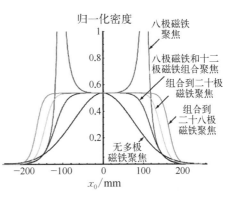

图 6-38　组合非线性场均匀化效果

6.2.2.4　偶阶非线性磁铁均匀化

自从 Meads 开创了非线性磁铁束斑均匀化后[16]，通常认为，高斯分布的束流均匀化需要采用奇阶非线性场多极磁铁，而不是偶阶非线性场多极磁铁。上述非线性磁铁均匀化实际上是将图 6-31 所示的子相空间相图两端的粒子折叠进束斑内部，形成如图 6-36 所示的丝化的相图，所采用的是奇阶非线性场，例如八极磁铁所形成的 x^3 磁场分布曲线。奇阶非线性场是坐标的奇次方函数，如果磁场对 x 大于 0 的粒子聚焦，对 x 小于 0 的粒子也会聚焦，因而可以使得图 6-31 中的相图两端同时折叠，即磁场对 x 小于 0 的粒子的偏转方向与 x 大于 0 的是相反的。而对于偶阶非线性场，它是坐标的偶次方函数，如果磁场对 x 大于 0 粒子聚焦，对 x 小于 0 的粒子的偏转方向与 x 大于 0 的相同而形成散焦，反之亦然,因而不能对相图两端同时折叠。然而如果采用两个磁场方向相反的偶阶非线性场,可以对相图的两端分别折叠,实现束斑密度分布均匀化,这就类似于采用两个四极磁铁能够实现两个方向的束流同时聚焦一样。

采用一对偶阶非线性场多极磁铁进行束斑均匀化的光路如图 6-39 所示[21],其中在第一个非线性磁铁位置 s_0 处的束流横向密度分布为高斯分布。为实现 s_t 处的均匀分布束斑,s_2 处的束斑分布应为如图 6-39 所示的线性密度分布,即

$$\rho_2 = \frac{N(x_2 + r_2)}{2r_2^2} \qquad (6-27)$$

式中,$2r_2$ 是束斑宽度。将式(6-27)代入式(6-20)可得[21]:

$$\frac{N(x_2 + r_2)}{2r_2^2} \left(\sqrt{\frac{\beta_2}{\beta_0}} \cos\varphi - \sqrt{\beta_0\beta_2} \sin\varphi \sum_{n=3}^{\infty} \frac{K_{2n}^{(1)}}{(n-2)!} x_0^{n-2} \right) = \frac{N}{\sqrt{2\pi}\sigma_0} \sum_{m=0}^{\infty} \frac{\left(\frac{-x_0^2}{2\sigma_0^2} \right)^m}{m!}$$

$$(6-28)$$

式中,$K_{2n}^{(1)}$ 是第一个非线性磁铁的强度,β_2 是第二个非线性磁铁处的 β 函数,φ 是从第一个非线性磁铁到第二个非线性磁铁的相移。

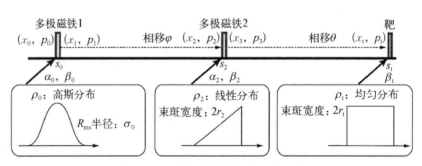

图 6-39 偶阶非线性场均匀化光路

类比于式(6-18),则有[21]:

$$x_2 = \sqrt{\frac{\beta_2}{\beta_0}} x_0 \cos\varphi - \sqrt{\beta_0\beta_2} \sin\varphi \sum_{n=3}^{\infty} \frac{K_2^{(1)}}{(n-1)!} x_0^{n-1} \qquad (6-29)$$

将式(6-29)代入式(6-28)并且比较相同 x_0 的幂级数的系数,可以发现,为了将高斯分布变换为线性密度分布,所有的高于六极磁铁的非线性场($n = 3,4,5,\cdots$)都是需要的[21]:

$$
\begin{cases}
2r_2 = \sqrt{2\pi\varepsilon\beta_2} \mid \cos\varphi \mid \\[2mm]
K_6^{(1)} = \sqrt{2/\pi} / (\beta_0 \sqrt{\varepsilon\beta_0} \tan\varphi) \\[2mm]
K_8^{(1)} = \left(1 - \dfrac{6}{\pi}\right) / (\varepsilon\beta_0^2 \tan\varphi) \\[2mm]
K_{10}^{(1)} = \sqrt{8\pi} \left(\dfrac{15}{\pi} - 2\right) / (\varepsilon\beta_0^2 \sqrt{\varepsilon\beta_0} \tan\varphi) \\[2mm]
K_{12}^{(1)} = -3 \left(1 - \dfrac{20}{\pi} - \dfrac{140}{\pi^2}\right) / (\varepsilon^2\beta_0^3 \tan\varphi) \\[2mm]
\vdots
\end{cases}
\tag{6-30}
$$

下一步需要进行的是将第二个非线性磁铁处的线性分布转换为束靶位置处的均匀分布。根据式(6-20)可得[21]：

$$
\frac{N}{2r_t}\left[\sqrt{\frac{\beta_t}{\beta_2}}\cos\theta - \sqrt{\beta_t\beta_2}\sin\theta \sum_{n=3}^{\infty} \frac{K_{2n}^{(2)}}{(n-2)!} x_0^{n-2}\right] = \frac{N}{2r_2^2}(x_2 + r_2)
\tag{6-31}
$$

式中，$K_{2n}^{(2)}$ 是第一个非线性磁铁的强度，θ 是从第二个非线性磁铁到束靶位置的相移。

从式(6-31)可以明显地看出，第二个非线性场仅需要六极磁铁的非线性场($n=3$)。由此可以得到均匀束斑的尺寸和磁铁场强[21]：

$$
\begin{cases}
2r_t = 2r_2 \sqrt{\beta_t/\beta_2} \mid \cos\theta \mid = \sqrt{2\pi\varepsilon\beta_t} \mid \cos\varphi\cos\theta \mid \\[3mm]
K_6^{(2)} = -\dfrac{r_t}{r_2^2 \sqrt{\beta_t\beta_2}\sin\theta} = -\dfrac{\sqrt{2/\pi}}{\beta_2 \sqrt{\varepsilon\beta_2}\tan\theta\cos\varphi}
\end{cases}
\tag{6-32}
$$

在式(6-30)中，所需要的最低阶的非线性磁场为六极磁铁磁场，因此光路图 6-32 中安排两个六极磁铁就可得到近似均匀的束斑，其中第二个六极磁铁安排到 $s=1.2\,\mathrm{m}$ 的位置。图 6-40 所示是模拟计算的束斑密度分布情况[21]，其中图(a)是第二个六极磁铁处的束斑密度分布情况，其基本接近线性密度分布；图(b)是束靶上的束斑密度分布情况，其基本接近均匀分布，除了左侧的尖峰，尖峰的产生是由于汇集了第二个六极磁铁处 $x<0$ 区域的粒子，这个结果优于八极磁铁均匀化出现的如图 6-34 所示的两个尖峰的结果。

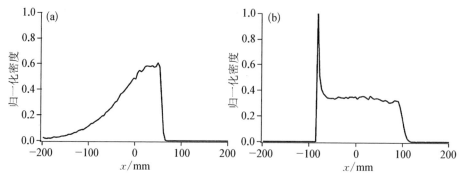

图 6 - 40　六极磁铁均匀化束斑密度分布

(a) 第二个六极磁铁处；(b) 靶处

6.2.2.5　离轴束流均匀化

在上述讨论中，我们仅考虑了理想的高斯分布束流的均匀化问题。通常，加速器引出束流的横向截面的粒子密度分布并不必然是高斯分布。一个矫正非对称束流为高斯分布束流的可能方法是采用散射体。然而，当能量损失、发射度增加和/或横向动量增加为不能接受的情况下，就难以采用散射体的方法。这里，我们考虑由轴对称高斯分布和离轴高斯分布叠加在一起的非轴对称束流的均匀化问题[21]：

$$\rho_0 = \frac{N_0}{\sqrt{2\pi}\,\sigma_0}\exp\left(-\frac{x_0^2}{2\sigma_0^2}\right) + \frac{N_1}{\sqrt{2\pi}\,\sigma_1}\exp\left[-\frac{(x_0 - \delta_x)^2}{2\sigma_1^2}\right] \qquad (6-33)$$

式中，δ_x 是离轴距离，σ_1 是离轴部分的均方根半径，N_0 和 N_1 是二者的粒子数，并且有 $N = N_0 + N_1$。

为了得到均匀化的粒子分布 $\rho_t = \dfrac{N}{2r_t}$，采用上述类似的方法和计算过程可得均匀束斑的宽度和非线性磁铁的强度为[21]

$$\begin{cases} 2r_t = \sqrt{2\pi\beta_t/\beta_0}\ |\cos\varphi|\ \dfrac{(N_0 + N_1)\sigma_0}{N_0 + N_1\sigma_0\exp(-\delta_x^2/2\sigma_1^2)/\sigma_1} \\[4mm] K_6 = \dfrac{-\delta_x N_1}{\beta_0\sigma_1^2\tan\varphi[N_1 + N_0\sigma_1\exp(-\delta_x^2/2\sigma_1^2)/\sigma_0]} \\[4mm] K_8 = \dfrac{1}{\beta_0\sigma_0^2\tan\varphi}\ \dfrac{1 + \dfrac{N_1}{N_0}\left(\dfrac{\sigma_0}{\sigma_1}\right)^3\left(1 - \dfrac{\delta_x^2}{\sigma_1^2}\right)\exp\left(-\dfrac{\delta_x^2}{2\sigma_1^2}\right)}{1 + \dfrac{N_1\sigma_0}{N_0\sigma_1}\exp\left(\dfrac{\delta_x^2}{-2\sigma_1^2}\right)} \end{cases}$$

$$
\begin{cases}
K_{10} = \dfrac{\delta_x}{\beta_0 \sigma_1^4 \tan\varphi} \dfrac{3 - \delta_x^2/\sigma_1^2}{1 + \dfrac{N_0 \sigma_1}{N_1 \sigma_0} \exp\left(\dfrac{\delta_x^2}{2\sigma_1^2}\right)} \\[6ex]
K_{12} = \dfrac{3 + \left(3 - 6\dfrac{\delta_x^2}{\sigma_1^2} + \dfrac{\delta_x^4}{\sigma_1^4}\right)\dfrac{N_1}{N_0}\left(\dfrac{\sigma_0}{\sigma_1}\right)^5 \exp\left(-\dfrac{\delta_x^2}{2\sigma_1^2}\right)}{\beta_0 \sigma_0^4 \tan\varphi \left[1 + \dfrac{N_1 \sigma_0}{N_0 \sigma_1}\exp\left(\dfrac{\delta_x^2}{-2\sigma_1^2}\right)\right]} \\[6ex]
\ \vdots
\end{cases}
\qquad (6-34)
$$

由式(6-34)可见,所有高于六极磁铁的非线性场都是上述非轴对称束流均匀化所需要的。显然当 $N_1 = 0$ 时,式(6-34)可以转换为式(6-24)。另外一种情况是离轴的束流。尽管我们可以通过加速器束流引出装置和/或传输线中的导向磁铁来矫正束流的离轴,但在实际运行中束流完全准直到轴线上,不过我们还是能够将离轴束流[式(6-34)中的 $N_0 = 0$]调整为均匀化的束斑。将 $N_0 = 0$ 代入式(6-34)可得均匀束斑的宽度和非线性磁铁的强度为[21]

$$
\begin{cases}
2r_{\mathrm{t}} = \sqrt{2\pi\beta_{\mathrm{t}}/\beta_0}\ |\cos\varphi|\ \sigma_1 \exp\left(\dfrac{\delta_x^2}{2\sigma_1^2}\right) \\[3ex]
K_6 = \dfrac{-\delta_x}{\beta_0 \sigma_1^2 \tan\varphi} \\[3ex]
K_8 = \dfrac{1}{\beta_0 \sigma_1^2 \tan\varphi}\left(1 - \dfrac{\delta_x^2}{\sigma_1^2}\right) \\[3ex]
K_{10} = \dfrac{\delta_x}{\beta_0 \sigma_1^4 \tan\varphi}\left(3 - \dfrac{\delta_x^2}{\sigma_1^2}\right) \\[3ex]
K_{12} = \dfrac{-\left(3 - 6\dfrac{\delta_x^2}{\sigma_1^2} + \dfrac{\delta_x^4}{\sigma_1^4}\right)}{\beta_0 \sigma_1^4 \tan\varphi} \\[3ex]
\ \vdots
\end{cases}
\qquad (6-35)
$$

可以发现,当 $\delta_x = 0$ 并且 $\sigma_1 = \sigma_0$ 时,式(6-35)可以转换为式(6-24)。为简化计算和便于比较,这里对离轴的高斯分布束流的均匀化进行了研究计算。假定式(6-35)中的均方根半径 σ_1 为 1.8 cm,离轴距离 δ_x 为 $0.5\sigma_1$。我们采用图 6-32 的光路,其中的多极磁铁参数会改变。计算结果如图 6-41 所示[21]，其中可以看到没有多极磁铁磁场时的束流是偏心的；只采用八极磁场不能获得均匀的束斑分布，这是由于离轴后的束流在子相空间里折叠的对称性遭到破坏；在八极场上叠加一个六极场，束流离轴造成的对称性破坏可以得到矫正，虽然得到的均匀化束流依然是离轴的。这就意味着，采用八极磁铁和六极磁铁可以解决离轴束流的均匀化问题。

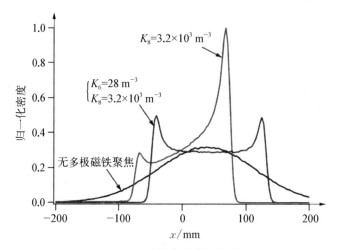

图 6-41　离轴束流均匀化效果

6.2.3　极片磁铁均匀化

在式(6-24)和式(6-30)等公式中给出了各阶非线性磁铁的强度，并计算了该非线性磁铁场强的均匀化效果，但是没有给出具体的磁铁设计。通常我们可以认为，上述计算的各阶非线性磁铁是相邻放置的，但按照式(6-24)的理解，各阶非线性磁场应该是叠加合成在一起的。尽管各阶非线性磁铁的相邻放置可能也会得到与上述相似的均匀化效果，但是各阶非线性磁铁的相邻放置会导致磁场相互干扰、系统复杂度升高等问题。因此有人就提出了将多个非线性磁场叠加在一起，由一个磁铁产生这样的磁场[26]。

由式(6-25)可知，八极磁场是磁铁的主场，其他高阶场的作用主要是降低或修正远离束流轴的磁场值。因为远离束流轴的磁场值升高过多是导致八极磁场均匀化产生如图 6-34 所示的边缘尖峰的主要原因。如果合成的高阶非线性场截至二十极多极场，则磁场函数可以表示为[26]

$$B^* = B_x + \mathrm{i}B_y = -\mathrm{i}g_8 z^3(1 + az^2 + bz^4 + cz^6) \tag{6-36}$$

式中，$z=x+\mathrm{i}y$，g_8 是八极场强度，a、b、c 分别是十二极场、十六极场和二十极场的系数。

有学者针对 800 MeV 的质子加速器设计了两个该型磁铁，具体参数如表 6-3 所示[26]。因为磁铁的长度尺寸远大于孔径尺寸，二维磁场的模拟计算基本可以满足多粒子跟踪模拟计算的模拟需求，无须进行三维磁场的模拟计算。式(6-36)所描述的磁场分布曲线基本可以满足均匀化所需要的各种磁场分布曲线。实际上，均匀化所需磁场在远离八极磁场主导区的磁铁中心区，随着 x 的增大，磁场值低于纯八极磁场的曲线增多。如在 6.2.2.1 节所述，为了避免非线性场对束流粒子坐标的两个横向的耦合，束流在均匀化磁铁内的束斑需要处理成长条形状。

表 6-3　极片磁铁参数

参　数	第一个磁铁	第二个磁铁
$g_8/(\mathrm{T\cdot m^{-3}})$	6.498×10^4	1.979×10^4
$a/\mathrm{m^{-2}}$	-1.847×10^3	-7.072×10^2
$b/\mathrm{m^{-4}}$	1.279×10^6	1.876×10^5
$c/\mathrm{m^{-6}}$	-3.936×10^8	-2.11×10^7
束流窄方向宽度/mm	3	5
束流宽方向宽度/mm	25	40
磁铁长度/mm	500	500

对于给定的参数 g_8、a、b 和 c，采用极片磁铁的设计是可以获得式(6-36)的磁场分布的。设计方法是，高磁导率的磁极片端部接近磁标势等值线。磁标势可由式(6-36)积分获得：

$$\Phi=-\mathrm{i}g_8z^4\left(\frac{1}{4}+\frac{az^2}{6}+\frac{bz^4}{8}+\frac{cz^6}{10}\right) \qquad (6-37)$$

磁极片端部位置可由式(6-37)某一接近束流管道的磁标势的等值线获得。要获得式(6-37)的磁标势等值线需要 20 个极头，因为式(6-37)的 z^6 曲线是二十极磁铁才能产生的曲线。而实际上，8 个极头可以形成所需磁场，因为远离束流轴线的极头对束流的影响可以忽略。我们通过激励极头绕组的安匝电流来获得自由空间的磁标势，然而，8 个固定极头不可能获得式(6-36)所示的任意磁场分布。为了获得可变磁场分布的磁铁,我们采用 12 个极头,在保持束流中心区域的八极磁场主场的同时,可以调整远离束流中心的磁场分布。为了简化磁铁的设计与制作,极头面可采用平面。12 个极头可以分为 4 个象限,每个象限有 3 个极头,如图 6-42[26]所示,其中的 3 个极头分别定义为内极头、中极头和外极头,3 个极头上缠绕内线包、中线包和外线包。之所以称之为极片磁铁,是因为图 6-42 中的磁极是垂直于纸面的片状结构。

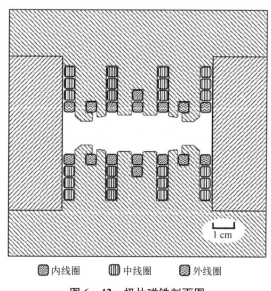

图 6-42　极片磁铁剖面图

为了优化极头形状,采用二维有限元磁场计算软件计算并根据数据绘制了不同励磁电流组合的磁场在磁铁对称平面上的磁场分布曲线和表 6-3 所给的磁场设计曲线。因为均匀化磁铁中的四极场分量是需要清除的,所以只有两个电流自由度变量可以用来调整磁场分布曲线。内线圈和中线圈的励磁电流可以共同抵消均匀化磁铁中的四极场分量,而外线圈的励磁电流则对四极场分量无影响。改变极头的形状,使得在束流运动区间计算的磁场分布与设计所需要的相差很小。磁铁对称平面上的一维磁场分布如图 6-43 所示[26],其中曲线关于坐标原点对称,实心点是有限元计算结果,实心曲线是由表 6-3 所得的磁场曲线,空心点是改变励磁电流所能达到的最大磁场变化范围,虚线是设计的磁场变化最大范围。图 6-44[26]中的实心点是测量结果,实心曲线是有限元程序计算结果,空心点是实际测量的最大磁场变化范围。

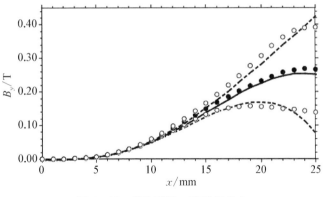

图 6‑43　极片磁铁一维磁场分布

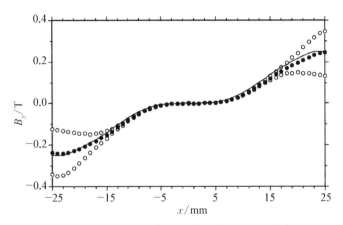

图 6‑44　实测与计算的极片磁铁一维磁场分布

6.2.4　台阶磁铁均匀化

　　由于极片磁铁的结构较为复杂,唐靖宇等提出一种台阶场磁铁(step field magnet,SFM),并对其均匀化效果进行了研究[24]。台阶场的磁铁结构和场分布如图 6‑45[24]和图 6‑46[24]所示,其中的主磁铁用于产生两个方向相反的二极场,在主磁铁内嵌套两对小磁极,其产生的磁场方向与相邻的主磁极相反,用于提高台阶场上升沿的陡度。如果需要如图 6‑47[24]所示的多阶台阶场,则需要在图 6‑45 的基础上再嵌套更多的二极场磁铁。台阶场的拟合曲线可以近似描述为

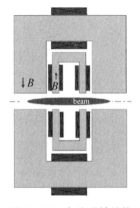

图 6‑45　台阶磁铁结构

<a />
<b />
<g />
<i />
<p />
<q />
<s />
<u />

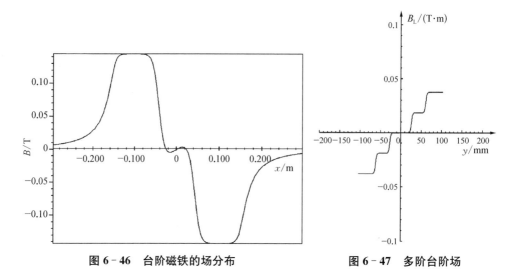

图 6‑46 台阶磁铁的场分布   图 6‑47 多阶台阶场

$$B(x) = \frac{F_s/L}{1 + e^{b(x_0 - x)}} \qquad (6\text{-}38)$$

式中，$F_s = 0.001 f\theta_m(B\rho)$，$0 \leqslant f \leqslant 1$。$f$ 为场系数，θ_m 为粒子偏转角度，$B\rho$ 为磁刚度，L 为磁铁的纵向长度，F_s/L 的大小决定台阶场平台的值的大小，b 决定台阶场曲线上升下降沿的陡度，x_0 为台阶场曲线上升下降沿的位置。

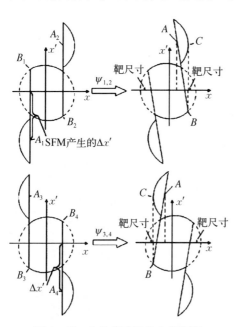

图 6‑48 台阶场束流均匀化原理

台阶场磁铁对束流的均匀化操作与 6.2.2 节和 6.2.3 节的不太相同，其原理如图 6‑48 所示[27]。在均匀化操作的子相空间内，首先将归一化相图中的两个粒子密度较低的弓形切割上下平移 $\Delta X'$，然后经过漂移空间或聚焦元件的横向相移将弓形部分旋转，使其 x 坐标的投影重叠在未切割部分之内，由此可以实现束流的均匀化。

采用台阶磁铁对 IFMIF 束流进行均匀化的光路如图 6‑49 所示[28]，其中在四极磁铁之间插入了两个台阶磁铁。光路入口相图如图 6‑50[28] 所示，其中图（a）为 x‑x' 子相空间相图,图(b)为 y-y' 子相空间相图,图(c)为相位与能散的子相空间相图,图(d)为 x-y 子相空间相图,各图中的傍轴曲线为粒子密度分布曲线,可以发现其粒子密度分布基本为高斯分布。经过台阶磁铁均匀化后的光路出口相图如图 6-51[28] 所示,其中图(a)为 x-x' 子相空间相图,图(b)为 y-y' 子相空间相图,图(c)为 x-y 子相空间相图,图(d)为 x'-y' 子相空间相图,虽然均匀性不是特别理想,但束晕得到有效控制。

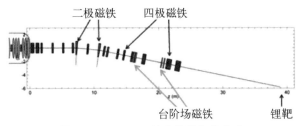

图 6-49　IFMIF 的束流均匀化光路

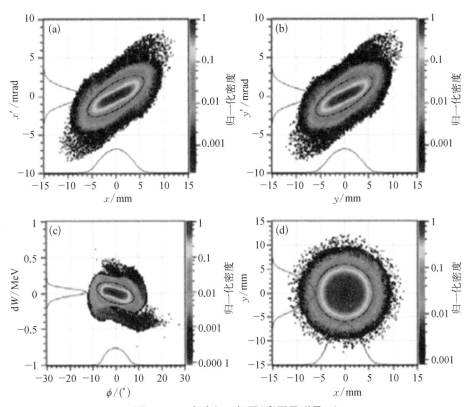

图 6-50　光路入口相图(彩图见附录 B)

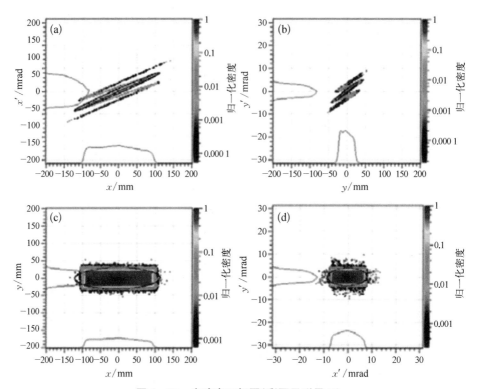

图 6-51 光路出口相图(彩图见附录 B)

6.2.5 异型四极磁铁和聚焦六极磁铁均匀化

虽然台阶磁铁简化了均匀化非线性磁铁的结构,并对某些束斑的处理有很好的效果[27],在某些情况下是可以满足应用需求的,但其得到的束斑均匀度还不是非常理想,如果想进一步提高均匀化性能并简化磁铁结构,还需要进一步的改进。

6.2.5.1 高斯曲线再讨论

在 6.2.2 节,对高斯曲线进行均匀化处理时,将其展开为幂级数多项式的和,由此推导出所需要的均匀化磁场为奇阶非线性场。但是如果我们观察图 6-52 可见,高斯曲线近似于三角形,需要注意图中 σ 的含义,σ 是经常用来描述高斯曲线的常数,2σ 接近高斯曲线的半高宽,半高宽的精确值是 2.354σ。

如果高斯函数表示为式(6-22),经过点 $\left(\sigma_0, \dfrac{0.606\,5N}{\sqrt{2\pi}\sigma_0}\right)$ 作高斯函数曲线的切

线,同时在另一侧作切线可得直线方程为

$$
\begin{cases}
y = \dfrac{-0.606\,5N}{\sqrt{2\pi}\sigma_0^2}x + \dfrac{1.213N}{\sqrt{2\pi}\sigma_0}\ (0 \leqslant x \leqslant 2\sigma_0) \\[4mm]
y = \dfrac{0.606\,5N}{\sqrt{2\pi}\sigma_0^2}x + \dfrac{1.213N}{\sqrt{2\pi}\sigma_0}\ (-2\sigma_0 \leqslant x \leqslant 0)
\end{cases}
\tag{6-39}
$$

由于高斯函数比较接近于式(6-39)的三角分布函数,我们可以将高斯函数称为类三角分布函数。对于式(6-39)所示的密度分布函数的理想的均匀化方法如图 6-53 所示,即将两边的半高宽以外的粒子折叠到半高宽以内。

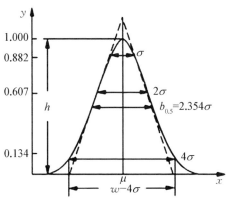

图 6-52　高斯函数曲线及其参数含义

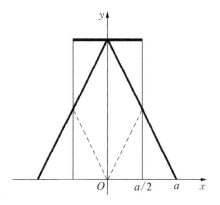

图 6-53　三角形分布函数的均匀化

针对高斯分布公式为式(6-22)的函数,对折点为 σ_0 时得到的均匀性最好,如图 6-54 所示,σ_0 为 10。图中经过理想的均匀化场分布曲线(空心方格点线)作用后的再分布曲线的不均匀度约为 1.8%[不均匀度的定义如下:$x < \sigma_0$ 区间内 y 的最大值与最小值的差与和的比值,即 $(y_{max} - y_{min})/(y_{max} + y_{min})$]。理想的高斯函数有很长的拖尾,因此将函数曲线对折后,$x > \sigma_0$ 区间的函数值不会为零,在其区间内的最大值为在 $x < \sigma_0$ 区间内的最大值的 0.8% 左右,因此可以忽略。需要注意的是,在图 6-54 的对折计算时,我们将 $\sigma_0 < x < 2\sigma_0$ 区间的函数值按照图 6-53 的方法折叠进 $0 < x < \sigma_0$ 区间,但是需要将 $x > 2\sigma_0$ 区间的函数值向左平移 $2\sigma_0$ 后叠加(其原因是来自 $x < 0$ 区间的折叠束流粒子)。总之,将高斯函数按照三角函数的方法对折,虽然不能做到绝对均匀,但均匀化效果还是很好的。

6.2.5.2　异型四极磁铁

为实现如图 6-54 所示的高斯曲线对折,可采用如图 6-55 所示的对折原理。即光路元件对三角形分布半高宽以内的粒子没有作用,束流漂移通过,对半高宽以外的粒子,光路元件提供线性聚焦力,使半高宽以外的粒子线性成像并叠加在半高宽以内的粒子区间。

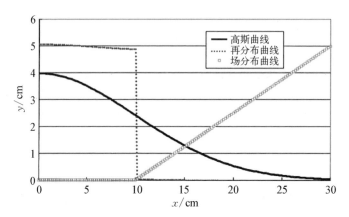

图 6-54　高斯函数曲线对折图

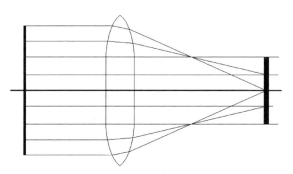

图 6-55　三角形分布函数的对折原理

　　为实现上述目的,其磁场分布应该是如图 6-54 所示的空心方格点曲线,在 $x<10$ 区间的场为零,在 $x>10$ 区间的场为线性场。为获得这种磁场分布,李金海等提出一种异型四极磁铁[29-30]。图 6-56[30] 所示为磁铁的四分之一部分,其中紧靠 y 轴的是一对磁场屏蔽磁极,用于产生零场区;图中倾斜的磁极用于产生图 6-54 中的线性聚焦磁场,该磁极与常规的四极磁铁相似,其与屏蔽磁极和 x 轴的距离是相等的。采用磁场模拟计算软件计算的沿 x 轴的一维磁场分布如图 6-57[30] 所示,其零场区的磁场值不能严格为零,但相对聚焦场区的磁场值足够小就可以了;其聚焦场区的线性度是比较好的;在零场区和聚焦场区之间存在一个过渡场区,如图 6-57 中的椭圆所示。

　　异型四极磁铁对相图的操作效果如图 6-58[30] 所示,其与图 6-36 是不同

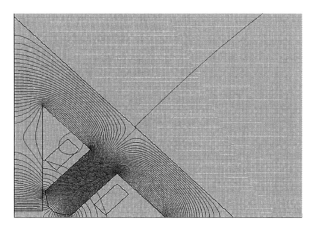

图 6‑56　异型四极磁铁二维场分布

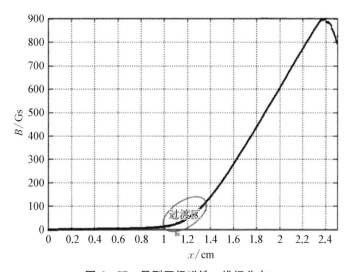

图 6‑57　异型四极磁铁一维场分布

的,即相图中无论是被弯折部分还是未被弯折部分,粒子坐标都呈线性关系。
其束斑截面如图 6‑59[30] 所示,其中的曲线为统计的粒子密度分布曲线,图中
只对 x 方向进行了束斑均匀化操作,因此在 y 方向仍然是初始的高斯分布。
图 6‑59 中 x 方向的束斑密度在束斑边缘存在两个尖峰,这是由图 6‑57 所
示的场分布中的过渡场区造成的。如果磁场分布没有过渡场区,而是如图 6‑
54 所示的理想场分布,则图 6‑59 中的尖峰就应该不存在了。由于过渡场区
的磁场值高于理想场分布曲线,会将束斑边缘的粒子向束流中心堆积挤压,从
而形成了尖峰,其原理可以通过图 6‑55 来理解。我们可以通过磁铁的优化

设计来减小过渡场区的范围和影响,也可以通过光路的优化设计来降低过渡场区的影响,甚至可以将尖峰降低到很小的程度,但是不能完全消除这个影响。因为从物理上的场分布来看,从零场区到聚焦场区的磁场不仅要求数值的连续,还要求数值曲线的导数连续,因此如图 6-54 所示的理想场分布是不可能在实际的磁铁元件中获得的。

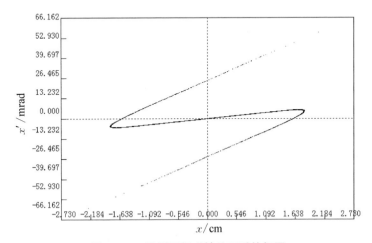

图 6-58　异型四极磁铁处理后的相图

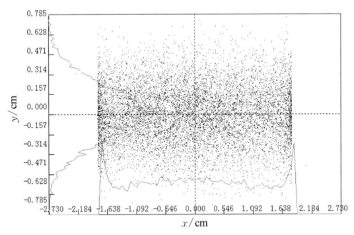

图 6-59　异型四极磁铁一维均匀化束斑

异型四极磁铁虽然针对高斯分布的束斑均匀化效果不是非常理想,但也应该有其应用的空间,例如可以将其用于束斑束晕的处理。实际的加速器输出的束斑密度分布很多都不是高斯分布,特别是强流同步加速器输出的粒子束团,由于特别的束流注入方案以及空间电荷力等多种因素的影响造成双高斯分布(是指由两个不同半高宽和峰值的高斯函数叠加而成)或其他不规则分布。双高斯分布虽然可以通过式(6-34)求解出实现束斑均匀化的非线性磁铁场强,但对于不规则分布的具有较大束晕的束斑,采用常规的非线性磁铁就难以得到很好的均匀化束斑,例如如图6-60[24]所示的束团分布。如果采用异型四极磁铁将低密度大范围的束斑粒子折叠进束斑中心,然后再采用其他非线性磁铁对高密度束斑进行操作,是相对容易实现束斑的均匀化的。

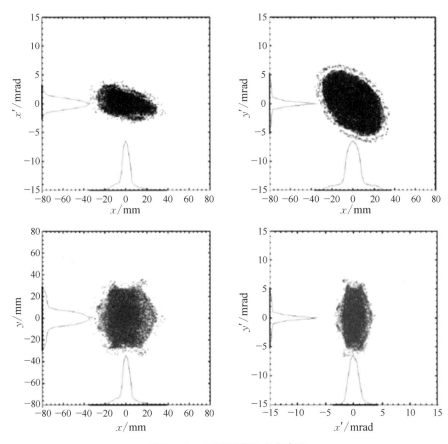

图6-60　不规则密度分布束斑

6.2.5.3　聚焦六极磁铁

在6.2.2.4节介绍了采用六极磁铁等偶阶非线性场进行束斑均匀化的方法。其方法是首先将高斯分布转换为如图6-40(a)所示的近似三角分布,再采用六极磁铁将其变换为均匀分布。然而如图6-52所示的高斯分布其实已经非常接近三角形,虽然这个三角形是由两段直线构成的,因此对高斯分布直

接采用六极场进行操作是有可能直接获得均匀化束斑的。为此,我们可以将式(6-39)代入式(6-31)中:

$$\frac{N}{2r_t}\left[\sqrt{\frac{\beta_t}{\beta_0}}\cos\theta-\sqrt{\beta_t\beta_0}\sin\theta\sum_{n=3}^{\infty}\frac{K_{2n}}{(n-2)!}x_0^{n-2}\right]=\frac{-0.6065N}{\sqrt{2\pi}\sigma_0^2}x_0+\frac{1.213N}{\sqrt{2\pi}\sigma_0}$$

$$(6-40)$$

由此可得:

$$\begin{cases}2r_t=\dfrac{\sigma_0\sqrt{2\pi\beta_t/\beta_0}\mid\cos\theta\mid}{1.213}=\dfrac{\sqrt{2\pi\varepsilon\beta_t}\mid\cos\theta\mid}{1.213}\\[3mm]K_6=\dfrac{1.213r_t}{\sigma_0^2\sqrt{2\pi\beta_t\beta_0}\sin\theta}=\dfrac{\sqrt{\varepsilon/\beta_0}}{2\sigma_0^2\tan\theta}\end{cases}$$

$$(6-41)$$

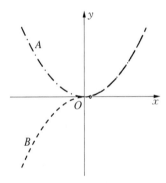

图6-61 六极场与聚焦六极场分布曲线

由式(6-41)中的第二式可以发现,六极场强度仅与光路的横向相移以及光路入口的束流参数相关,与靶点处的束斑尺寸不直接相关。此外,还需要注意的是,式(6-40)和式(6-41)只采用了粒子密度分布公式(6-39)中x大于零的部分,对于x小于零部分的粒子所需要的六极磁铁场强需要将式(6-41)中的第二个公式取反号。然而,常规的六极场曲线如图6-61中A曲线所示,其在x大于零和小于零的两个区间的磁场方向是相同的,即其数学函数为偶阶幂次函数。这种函数所导致的结果是,如果对式(6-39)中x大于零的粒子实现聚焦均匀化时,其对x小于零的粒子是散焦作用,不能实现均匀化的目的。因此在6.2.2.4节采用六极磁铁均匀化时,需要采用两个六极磁铁,分为两步完成均匀化的操作。但是,如果我们能将图6-61中x小于零的函数曲线变为负值,形成B曲线,那就可以实现在x大于零和小于零的两个区间的粒子的同时聚焦,从而通过一个磁铁实现对式(6-39)的密度分布的均匀化。为此,李金海等提出了聚焦六极磁铁的元件[30-31],如图6-62所示。

图6-62所表示的磁铁为整体的一半,即其与常规的六极磁铁结构一致。所不同的是,上下两个磁极的线包取消,左侧两个线包的电流方向为反向。沿x轴的一维磁场如图6-63[30]所示,其中的$K|x|^3/x$曲线是所需要的理想曲

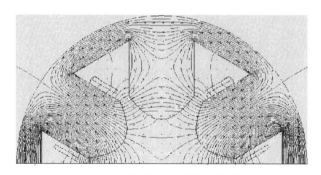

图 6‑62　聚焦六极磁铁二维磁场

线,而图 6‑62[30] 所得到的模拟计算的磁场曲线如图中的黑实线所示。由图 6‑63 可见,在磁铁中心区域磁场高于理想曲线,这容易导致所获得的均匀化束斑的中心区域的密度较高,如图 6‑64[30] 所示,图中只进行了 x 方向的束斑均匀化操作。

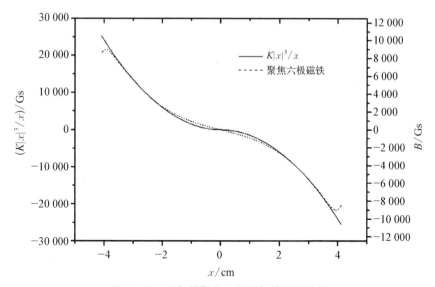

图 6‑63　理想的聚焦六极场与模拟场曲线

为了解决这个问题,只需要将上下两个磁极的距离缩短,其极头的曲面形状仍然与常规的六极磁铁相同,目的是让上下两个磁极吸收屏蔽少部分流向中心区域的磁力线,其结构图和二维场分布如图 6‑65[30] 所示。所获得的沿 x 轴的一维磁场如图 6‑66[30] 所示,其与所需要的理想场分布已经非常接近。当然,聚焦六极磁铁的上下两个磁极也可以采用简单的方形极头等其他形状,只要所获得的场分布足够接近理想场分布即可。

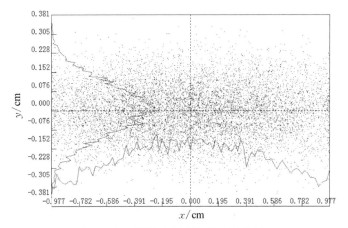

图 6‑64　聚焦六极磁铁均匀化效果

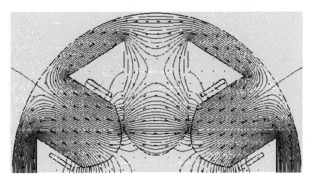

图 6‑65　改进的聚焦六极磁铁

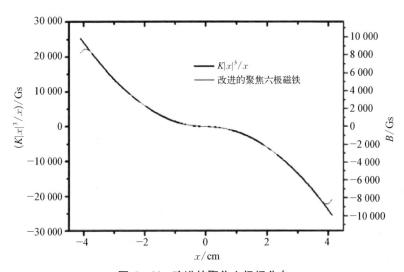

图 6‑66　改进的聚焦六极场分布

我们将上述计算的聚焦六极磁铁磁场二维数据导入 TraceWin 程序,对改进后的聚焦六极磁铁模拟计算了 10 万个粒子的均匀化光路及包络图,结果如图 6-67 所示。图中的 QP 是常规的四极磁铁,FM 是聚焦六极磁铁,该光路中 FM1 对 x 方向进行了均匀化操作,FM2 对 y 方向进行了均匀化操作,整个光路传输过程中没有粒子损失。图 6-67 所获得的束斑如图 6-68 所示,其中图(a)为 $x-x'$ 子相空间相图,图(b)为 $y-y'$ 子相空间相图,图(c)为 $x'-y'$ 子相空间相图,图(d)为 $x-y$ 子相空间相图。虽然存在统计的涨落,但其均匀度还是很好的,并且在束斑的边缘过渡性的下降沿拖尾较小,即束斑的边缘接近硬边界。图 6-68 中的 $x-x'$ 子相空间相图在束斑边缘没有尖峰。为了较好地显示粒子密度分布曲线,图 6-68 中的其他图的坐标零点没有在各图的中心。图 6-68 中的 $y-y'$ 子相空间相图在束斑边缘存在尖峰,但尖峰小于图 6-34 所示的八极磁铁均匀化结果。

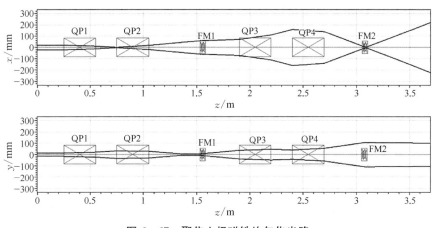

图 6-67　聚焦六极磁铁均匀化光路

为了弱化尖峰,我们将光路中的 FM2 向左移动,如图 6-69 所示。所得相图如图 6-70 所示,可以看到各个相图与图 6-68 中的有所不同,其中 $y-y'$ 子相空间相图的边缘尖锋相对于图 6-68 有明显降低,图(d)的束斑不再是规整的长方形束斑,其原因是对 y 方向进行束斑均匀化操作的 FM2 处的 x 方向的束斑较大,其两个方向的束斑尺寸比值约为 7∶3,这就导致在 x 和 y 方向之间产生了较强的非线性耦合。然而,y 方向的密度分布尖峰降低并不意味着二维密度分布比图 6-68 的好,因为平行于 y 轴的各个直线上的密度曲线是不同的,特别是 y 轴上的密度曲线的尖峰最高,因为其粒子分布区域短,图中所示的 y 轴上的最大最小值区域的密度明显高于其他区域。

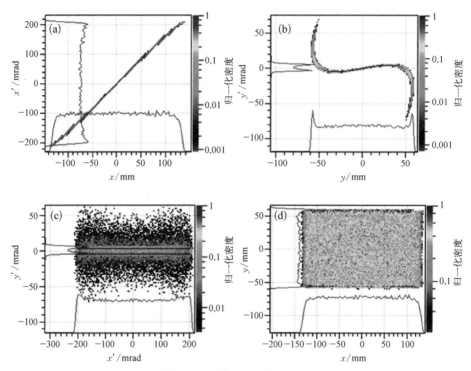

图 6-68　聚焦六极磁铁均匀化效果(彩图见附录 B)

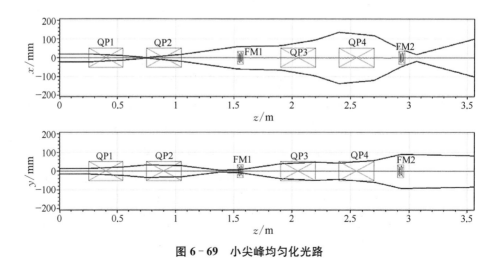

图 6-69　小尖峰均匀化光路

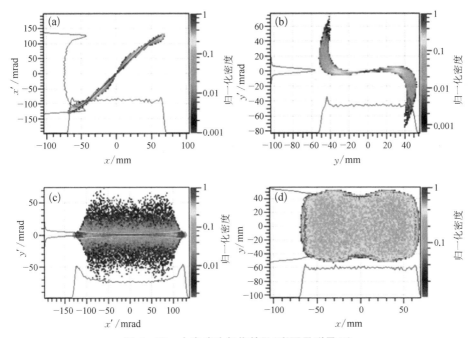

图 6 - 70　小尖峰均匀化效果(彩图见附录 B)

在上述光路中,y 方向束斑边缘的尖峰难以消除,其产生的原因有两方面,一是光路对 y-y' 子相空间相图的丝化非常严重,二是 y-y' 相图相比于图 6-68(b)较粗,使其产生了粒子堆积,即尖峰处的粒子来自 FM2 处不同位置的粒子。为了降低相图的丝化问题,我们设计了如图 6-71 所示的非丝化

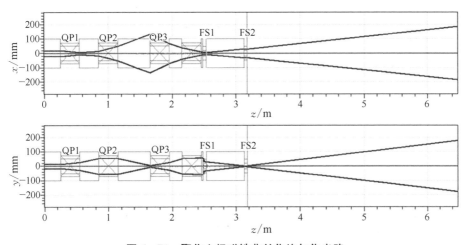

图 6 - 71　聚焦六极磁铁非丝化均匀化光路

光路,其中的 FS1 和 FS2 是聚焦六极磁铁。所得相图如图 6-72 所示,其中束斑边缘的过渡性下降沿拖尾相比于图 6-68 和图 6-70 有所增加,但在 x 和 y 方向同时获得了无尖峰的均匀化效果很好的密度分布。

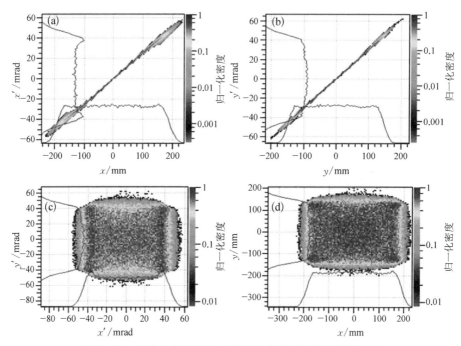

图 6-72　聚焦六极磁铁非丝化均匀化效果(彩图见附录 B)

从定性的角度来看,八极场获得的束斑边缘产生尖峰的原因是远离轴线的边缘磁场上升过快。例如过八极场曲线上任意一点 x_0 做曲线的切线,切线与 x 轴的交点为 $2x_0/3$,而六极场曲线的切线交点为 $x_0/2$。这可以近似看作八极场曲线将 1/3 束斑尺寸部分的粒子进行了折叠,而六极场曲线将 1/2 束斑尺寸部分的粒子进行了折叠。从图 6-73[30] 和图 6-74[30] 中可知,只有将 1/2 束斑尺寸部分的粒子进行折叠才可以获得好的均匀性,因此八极场均匀化束斑形成的边缘尖峰在不准直卡束时很难避免,而六极场则可以获得更好的束斑均匀性。我们知道,为了取消八极场均匀化形成的尖峰,需要采用十二极磁铁,而如式(6-25)所示的关系,八极场和十二极场的强度符号是相反的,其作用和目的就是采用负强度的十二极场来降低八极场过快增高的边缘磁场值,而六极场在远离轴线的磁场增加较慢,等效于八极场和十二极场的组合,因此可以获得比八极场更好的束斑均匀性。

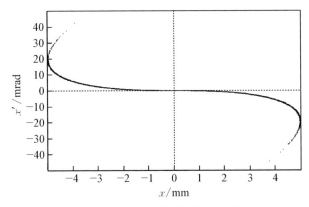

图 6 - 73　八极场磁铁处理后的相图

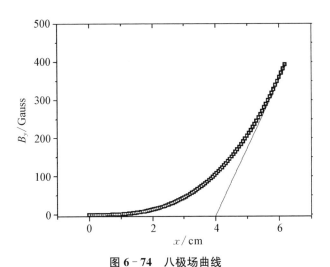

图 6 - 74　八极场曲线

　　由于均匀化操作的束流截面为如图 6 - 45 所示的长条形,其所用到的磁场只要在 x 轴附近满足非线性场的理想曲线就可以了,因此为简化磁铁设计提供了可能。图 6 - 65 所示的磁铁产生的磁场分布取决于左右两对磁极的曲面方程,上下两个磁极只是优化调整一下磁场分布,使其接近于理想场。按照这种方法,如果将磁极的曲面方程改为八极磁铁、十极磁铁或更多极头的曲面方程,是可以获得相应的非线性奇函数磁场曲线的[32],如图 6 - 75 和图 6 - 76所示。在这两个磁铁中,磁场的优化调整极可以为单纯的平板,也可以在平板上支撑连接极柱。如果需要,我们也可以将如图 6 - 65 所示的上下两个磁极的曲面方程修改为八极场和十二极场的合成磁场所需要的,当然,根据式(6 - 25),针对不同的束流发射度和束流截面,八极场和十二极场的场强比值是不同的。另外,在图 6 - 52 中,高斯函数只是近似三角函数,而式(6 - 41)的推导条件是初始密度分布函数为标准的三角函数。因此,如果想得到更优的均匀化效果,图 6 - 65 的极面曲线应该需要细微的调整,使其获得的磁场幂指数曲线的幂指数稍微偏离 2,或者磁场分布曲线不是标准的幂指数函数,在束流中心的磁场可以比标准的幂指数函数高,在束流边缘的磁场可以比标准的幂指数函数低。

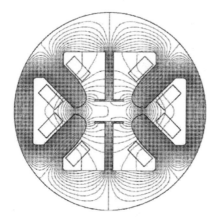 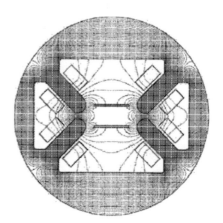

图 6 - 75　简化八极场磁铁　　　　　图 6 - 76　简化十极场磁铁

6.2.6　樊式永磁均匀化

为了进一步简化磁铁结构和束流操作的复杂度,樊明武提出一种永磁铁均匀化器件[33-34],如图 6 - 77 所示。由于相关文献中并没有给出这种磁铁的明确名称,为了描述的方便,我们可以称之为樊式永磁铁。图 6 - 77 所示的第一组磁铁的二维磁场模拟结果如图 6 - 78[33]所示,图中仅画了四分之一部分,其沿 x 轴的一维场分布如图 6 - 79[33]所示。

由图 6 - 79 可以发现其场分布接近于四极磁铁的线性场,即第一组磁铁相当于一个四极磁铁,虽然其场分布的线性度不是很好。第一组磁铁的主要作用是扩大束流的束斑,类似于四极磁铁对束流的作用。第二组磁铁的二维场分布如图 6 - 80[33]所示,图中也仅画了磁铁的四分之一部分,即磁铁共有八个磁极,其场分布是如图 6 - 81[33]所示的非线性场,接近于八极场,即第二组磁铁相当于八极磁铁,其作用是对束斑进行均匀化操作。束斑的均匀化效果如图 6 - 82[33]所示。

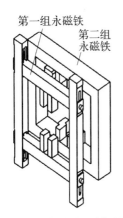

图 6‑77　樊式永磁铁结构

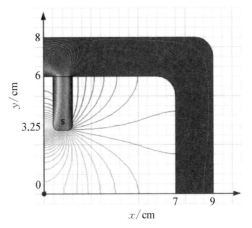

图 6‑78　第一组永磁铁二维场分布

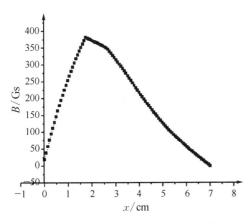

图 6‑79　第一组永磁铁一维场分布

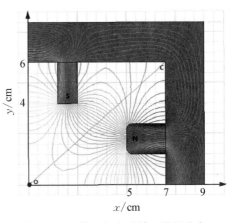

图 6‑80　第二组永磁铁二维场分布

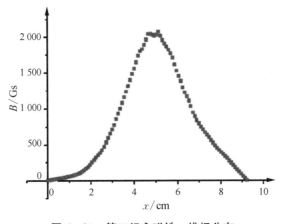

图 6‑81　第二组永磁铁一维场分布

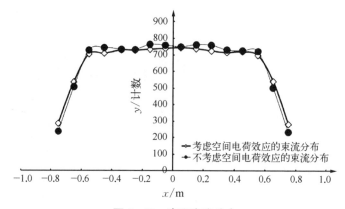

图 6 - 82　束斑密度分布

　　该磁铁仅对束流进行一维的扩束与均匀化处理,图 6 - 83[33] 显示了光路出入口处的二维分布情况,其中图(a)为光路入口处的高斯分布束斑,图(b)为光路入口处的均匀分布束斑,图(c)为高斯分布的光路出口处的扩束均匀化束斑,图(d)为均匀分布的光路出口处的扩束均匀化束斑。由于樊式永磁铁获得的长条形束斑在应用时还需要束下传送带的配合,因此一维的扩束与均匀化可以满足

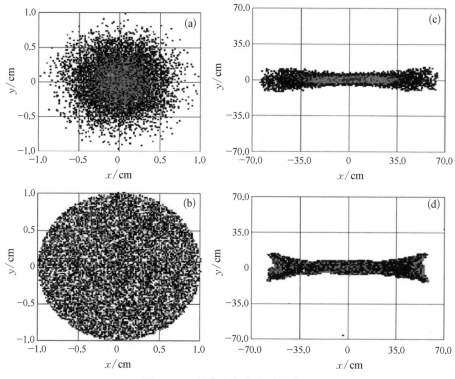

图 6 - 83　扩束均匀化前后的束斑

应用需求。如上所述,本质上,樊式永磁铁是将 6.2.2.2 节中的光路简化为一个四极磁铁和一个八极磁铁的一维扩束均匀化光路,并将两个磁铁组合在一起。

6.3　伪平行束

本章上述各节所讨论的内容主要是针对束流或剂量分布在垂直于束流传输方向的均匀化问题。对于较大张角扫描扩束所形成的束斑,如图 6-19 所示,被扩大的束流包络和束斑呈喇叭口线性扩大,这样所导致的一个结果是,束斑虽然可以实现在垂直束流传输方向上均匀化,但在沿束流传输的方向上,随束斑的扩大,束流密度是降低的,即在束流传输方向上的剂量分布是不均匀的。伪平行束的目的是将发散的束流收拢为平行传输的束流,实现束流传输方向的均匀化,提高束流的利用率。

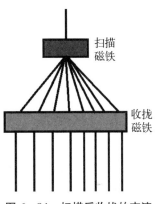

图 6-84　扫描后收拢的束流轨迹示意图

采用扫描磁铁扩束,每个束团并没有扩大,经过收拢磁铁(Panovsky lens)后的束流运动轨迹如图 6-84 所示,其中经过扫描磁铁和收拢磁铁的多条束流轨迹线是不同时刻的束团运动轨迹,并不是同一时刻的一个束团内的不同粒子的运动轨迹,即每个束团的运动轨迹为折线,所有束团的运动轨迹在进入扫描磁铁前相同,在收拢磁铁之后平行。这种平行束不是每个束团直接扩大而成的,因此称为伪平行束。

在图 6-85 中,束团被扫描磁铁偏转的角度为 θ,收拢磁铁的纵向厚度为 h,束团在收拢磁铁内的偏转半径为 R,经过收拢磁铁偏转后的束团垂直向下运动,o 点是扫描磁场为零时束团垂直向下进入收拢磁铁的位置,a 点是偏转束团进入收拢磁铁的位置,o 与 a 的距离为 x,d 是扫描磁铁到收拢磁铁的距离,m 为电子质量,v 为电子速度,B 为收拢磁感应强度,q 为电子电荷量,有如下关系:

$$\sin \theta = \frac{h}{R} \tag{6-42}$$

$$\tan \theta = \frac{x}{d} \tag{6-43}$$

$$R = \frac{mv}{Bq} \tag{6-44}$$

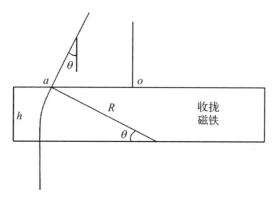

图 6 - 85 束团收拢运动轨迹

针对 10 MeV 加速器，如果 d 取 0.8 m，h 取 0.1 m，整理上述三式可得：

$$B = \frac{mvx}{hdq} \sqrt{\frac{1}{d^2 + x^2}} = 0.417x \sqrt{\frac{1}{0.64 + x^2}} \qquad (6 - 45)$$

根据式(6-45)计算出的收拢磁场分布如图 6-86 中的实线所示，虚线为线性直线，可以发现，在 0.2 m 以内所需要的内收拢磁场的线性关系是很好的，其所对应的扫描偏转角度为 14°。加速器辐照区域一般为 ±0.4 m 左右，对大扫描偏转角度的束团，其在收拢磁铁内的路程较长，因此其所需要的收拢磁场向下偏离于线性直线。

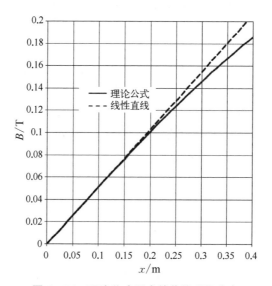

图 6 - 86 理论公式要求的收拢磁场分布

根据之后的收拢磁铁的磁场模拟计算可以发现,线性分布磁场的获得是较为容易的,因此通过调整图 6 - 85 中的几何参数获得的收拢磁场越接近线性越好。参数的调整方法主要有两个,一是通过增加 d 来减小扫描角度,二是通过减小 h 降低不同入射角度的束流在收拢磁铁内的路程差。图 6 - 87 只是将 d 增加为 1.6 m 后所需要的收拢磁场分布,其线性度明显好于图 6 - 86。如果受装置整体空间的限制,也可以将收拢磁铁的厚度 h 降为 5 cm,所需要的收拢磁场分布如图 6 - 88 中的实线所示,其线性度也很好。

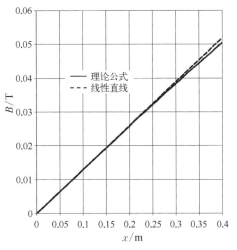 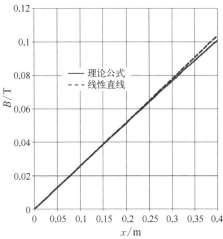

图 6 - 87　d 加倍后要求的收拢磁场分布　　图 6 - 88　减小 h 后要求的收拢磁场分布

收拢磁铁的设计一般采用两个平行放置的长条形铁芯,铁芯上均匀缠绕线包。采用 Poisson 程序对磁铁的二维场分布进行模拟计算,计算结果如图 6 - 89 所示,其中仅画了磁铁的四分之一部分,其他部分关于 x 轴和 y 轴对称,箭头方向为磁场方向。图 6 - 89 中,束流垂直纸面入射,束流沿 x 轴均匀扫开。收拢磁铁的三维结构如图 6 - 90 所示。

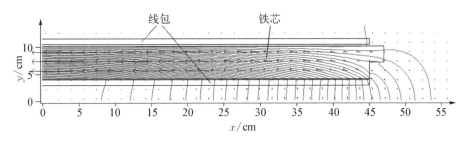

图 6 - 89　收拢磁铁二维磁场分布

图 6 - 90   收拢磁铁三维视图

图 6 - 91 所示是 x 轴上磁场的 y 分量分布曲线与理论公式曲线的比较,其中的实线是与图 6 - 86 中的理论公式曲线相同的,即图 6 - 89 所获得的磁场分布的线性度是非常好的。在工程设计中,可能受装置的空间限制,d 值难以设计得很大,而收拢磁铁的两个铁芯距离难以设计得很小,其边缘场效应导致 h 值也难以设计得很小,因此难以获得如图 6 - 87 和图 6 - 88 所示的线性度很好的理论公式曲线。如果工程上对收拢的伪平行束的平行度要求很高,就需要使设计的收拢磁铁的磁场分布与理论公式曲线尽量一致,其方法有优化铁芯的形状、增加远离 o 点的位置的铁芯之间的距离。具体优化结果需结合工程的实际情况。

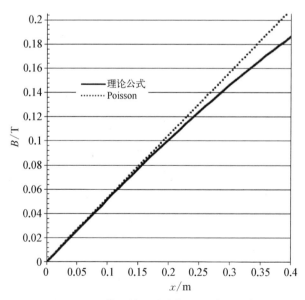

图 6 - 91   模拟的场分布与理论的场分布

如果电子束经过的空间没有物品,伪平行束所获得的纵向空间剂量分布就是均匀的。如果有被辐照物品,电子束会在物品内很快衰减,平行束的纵向空间剂量分布则是不均匀的。为了改善这种不均匀性,可以考虑采用伪汇聚束,因为汇聚束可以部分补偿电子束衰减所造成的剂量衰减,如图 6‑92 所示。伪汇聚束的另外一个重要应用是高功率束斑在大气环境中的应用。当我们需要将高功率束流从真空环境引出到大气环境进行应用时,有些情况希望辐照的束斑较小,即不是扫描或扩束后的束斑。而束流在通过钛膜引出时,束流如果不进行扫描或扩束,钛膜会很快被高功率束流烧穿。我们可以在真空环境中首先将束流扫描穿过钛膜,然后经过收拢磁铁汇聚为较小的束斑。当然,这对收拢磁铁的设计提出了很高的要求。

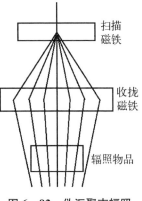

图 6‑92　伪汇聚束辐照

6.4　多面辐照

上述各节所讨论的均匀化问题基本都是针对垂直于束流传输方向的平面上的横向均匀化问题,除了 6.3 节中的伪汇聚束中提到一点纵向均匀化问题。不同能量的电子束在穿透物质的过程中剂量分布是不均匀的,如图 6‑93[35] 所示,其中曲线上所标数值的含义是电子束的能量,单位为 MeV,曲线的横坐标单位为 g/cm^2,即剂量分布主要由电子束能量和被辐照物品的密度决定。

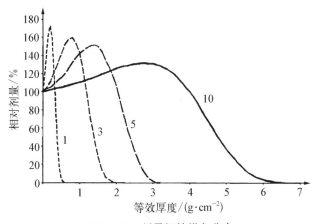

图 6‑93　剂量场的纵向分布

在辐照应用中,我们希望物品所吸收的剂量尽量相同,避免局部区域的吸收剂量过高或过低,无论是横向还是纵向均匀化都会对这个问题产生关键的影响。尽管有些食品辐照可以容许的剂量不均匀度水平 U(其定义为最大剂量与最小剂量的比值)达到 3,但大多数物品的剂量不均匀度水平 U 要求小于 1.5[35]。此外,电子束相对于 X 射线和中子等其他射线的射程较短,例如 10 MeV 电子束在水中的射程仅为 4 cm 左右。因此超过水的等效厚度 4 cm 的物品的电子束辐照效果一般难以满足需求,而对于电子束辐照小于水的等效厚度 4 cm 的物品,则会有部分电子穿透物品而不能充分利用。为了解决上述两个问题,多面辐照的方法就被提出来了,其主要分为双面辐照和四面辐照等。

6.4.1 双面辐照

对于 10 MeV 的电子束,如果采用单面辐照,其在水中的剂量分布如图 6-94[35]所示,其中 r_{50} 为最大剂量的一半,r_{33} 为最大剂量的三分之一,剂量最大值的电子射程为 2.8 cm。不均匀度水平随水厚度的变化曲线如图 6-95[35]中的实线所示。如果水的厚度在 2.8 cm 至 4 cm 区间,不均匀度水平不变,为 1.3;如果不均匀度水平为 2,则水的厚度为 4.5 cm;如果不均匀度水平为 3,则水的厚度为 4.8 cm;在 4 cm 之后的不均匀度水平急剧增加,超过 6.5 cm 后的物品不能进行辐照处理。

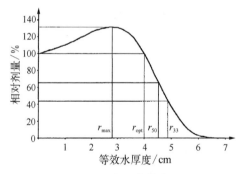

图 6-94　10 MeV 电子束的水中剂量分布

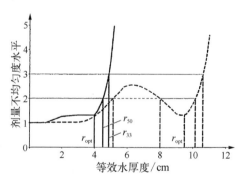

图 6-95　单面与双面辐照的均匀度比较

如果采用双面辐照[35],可以提高辐照均匀性和增加辐照物品的厚度。如果水层厚度为 0~2.8 cm,进行双面辐照,不均匀度水平可始终维持为 1,如图 6-95 中的虚线所示,这是由图 6-94 中 0~2.8 cm 区间的剂量分布近似直线所致。对 6 cm 厚的水进行双面辐照,不均匀度水平会出现一个峰值,约为 2.5,其辐照剂量叠加前后的分布如图 6-96[35]所示,其中虚线为叠加前的两个辐照方向的剂量分布曲线,实线为叠加后的剂量分布曲线。9 cm 厚水层的剂量分布曲线较为平缓,如图 6 - 97[35] 所示,其原因是图 6 - 94 中 3～6 cm 区间的剂量分布近似直线。9.5 cm 厚水层双面辐照的不均匀度水平会出现一个极小值,约为 1.3,如图 6 - 98[35] 所示。如果水的厚度增加过多,则其中间的剂量降低过多而导致不均匀度水平增加,例如水层厚度为 11 cm 时的剂量分布曲线如图 6 - 99[35] 所示。

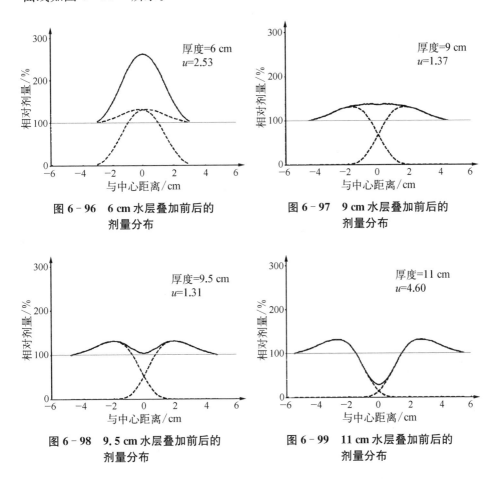

图 6 - 96　6 cm 水层叠加前后的剂量分布

图 6 - 97　9 cm 水层叠加前后的剂量分布

图 6 - 98　9.5 cm 水层叠加前后的剂量分布

图 6 - 99　11 cm 水层叠加前后的剂量分布

工程上,可选择辐照物品的等效水厚度(物品对电子束的吸收厚度等效为水的厚度)为 7 cm,其优点是物品厚度的轻微改变不会引起物品内部剂量分布不均匀性的剧烈变化。双面辐照方法可分为机械式和电磁式,机械式采用机械机构将辐照物品翻面,电磁式采用电磁铁将束流分束或采用两台加速器辐照物品的两面。图 6 - 100 所示为电磁式双面辐照的一种方案[36],所采用的扫描磁铁电流如图 6 - 101[36] 所示。

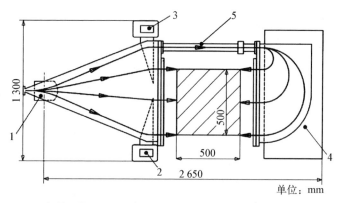

1—扫描磁铁;2、3—电磁铁;4—80°偏转扫描磁铁;5—束流管道。

图 6-100 电磁双面辐照方案

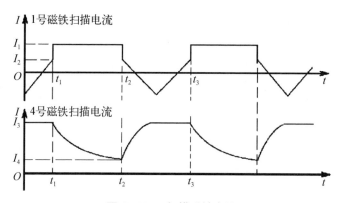

图 6-101 扫描磁铁电流

6.4.2 四面辐照

对于截面为长方形的辐照物品,采用双面辐照可以获得较好的纵向剂量均匀度。如果辐照物品的截面为圆形,则双面辐照的均匀性仍然较差,因为沿束流方向的辐照中心的物品厚度与辐照边缘的物品厚度差别很大,为此,Kuksanov 提出四面辐照的方法[37],如图 6-102 所示。

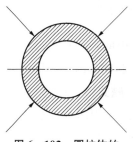

图 6-102 圆柱体的四面辐照

理论上,对圆柱体辐照的方向越多,其均匀性越好,但是在工程上采用四面辐照较为方便,更多的辐照方向在工程上的实现难度较大。图 6-103[37] 所示为四面辐照的束下装置,先利用扫描磁铁 1 扫描束流,再经过偏转磁铁 2 和 3 将束流偏转为两束与垂直方向夹角为 45°的平行束,圆柱物品通过一次辐照场后,接受了夹角为 90°的两个方向的辐照,将圆柱旋转 180°后再次经过辐照,就可获得四面辐照。图 6 - 92 所示的伪汇聚束可以汇聚为一个小的束斑,而图 6 - 103 的两束伪平行束流只能汇聚成为长条形束斑。

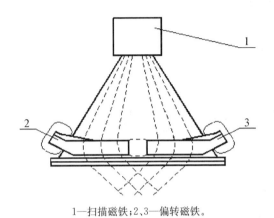

1—扫描磁铁;2,3—偏转磁铁。

图 6 - 103　四面辐照方案

6.4.3　旋转辐照

无论是双面辐照还是四面辐照,由于物品被辐照的方向只有有限的几个,同时辐照剂量随穿透深度的增加而降低,最终使得物品不同位置的辐照均匀度难以提高。为此,IBA 的学者提出如图 6 - 104[38] 所示的旋转辐照的方案(Palletron™),其三维视图如图 6 - 105[39] 所示。

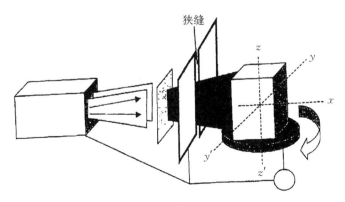

狭缝

图 6 - 104　旋转辐照原理图

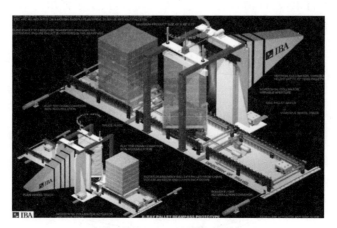

图 6‑105　旋转辐照三维图

　　旋转辐照需要将转换靶 30 产生的 X 射线通过狭缝形成扇形束。被辐照物品一般是方形的,因此从不同的角度辐照的物品厚度不同,这就对辐照均匀度产生不利影响。这种不利影响可以通过改变不同辐照角度的旋转速度来改善,同时还要保证物品表面不同位置的辐照时间相同。物品的辐照均匀度除了受旋转的影响,也受狭缝宽度的影响。图 6‑106[38] 显示了物品内部最大和最小辐照剂量随狭缝宽度的变化曲线;图 6‑107[38] 显示了物品内部剂量均匀度与狭缝宽度的关系。在图 6‑104 中的 x‑y 平面上,不同狭缝宽度对剂量均匀度的影响如图 6‑108[38] 所示,其中图(a)的狭缝宽度为 9 cm,图(b)的狭缝宽度为 16 cm,图(c)的狭缝宽度为 20 cm,并用不同颜色标识了不同的剂量均匀度(彩图见附录 B)。

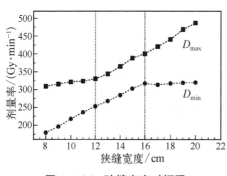

图 6‑106　狭缝宽度对辐照
剂量的影响

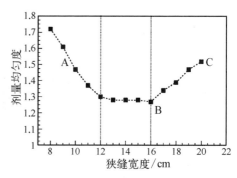

图 6‑107　狭缝宽度对剂量
均匀度的影响

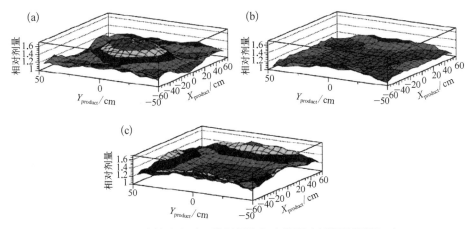

图 6 - 108　狭缝宽度对二维剂量均匀度的影响(彩图见附录 B)

(a) 狭缝宽度＝9 cm；(b) 狭缝宽度＝16 cm；(c) 狭缝宽度＝20 cm

参考文献

［1］ Zelinsky A，Karnaukhov I，Liu W. Proposals for electron beam transportation channel to provide homogeneous beam density distribution at a target surface[C]. Proceedings of IPAC 2011，San Sebastián，Spain，2011：1084 - 1086.

［2］ Thomsen H D. A linear beam raster system for the European spallation source[C]. Proceedings of IPAC 2013，Shanghai，2013：70 - 72.

［3］ Qin H，Davidson R C. Generalized Kapchinskij-Vladimirskij solution for wobbling and tumbling beams in a solenoidal focusing lattice with transverse deflecting plates [C]. Proceedings of PAC09，Vancouver，2009：4347 - 4349.

［4］ Katagiri K，Hojo S，Nakao M，et al. Design of beam transport lines for radioisotope production systems in NIRS cyclotron facility[C]. Proceedings of IPAC 2014，Dresden，2014：2162 - 2164.

［5］ Zhang W，An S，Li G H，et al. Deep-seated cancer treatment spot-scanning control system[C]. Proceedings of ICALEPCS 2011，Grenoble，2011：333 - 335.

［6］ Schippers J M，Meer D，Pedroni E. Fast scanning techniques for cancer therapy with hadrons-a Domain of Cyclotrons[C]. Proceedings of Cyclotrons Conference 2010，Lanzhou，2010：410 - 415.

［7］ 郭学义.电子辐照用的一种扫描仪[J].核技术，1981(2)：24 - 28.

［8］ 张克志.大扫描角高均匀度电子束扫描电源的设计与研究[J].核技术，1989，12(11)：668 - 672.

［9］ 王相綦，徐玉存，冯德仁，等.辐照加速器扫描磁铁电源的研制[J].核技术，2008，31(6)：441 - 444.

［10］ 苏以蕴.扫描磁铁的研制[J].核技术，2000，23(9)：665 - 667.

［11］ 席德勋.一种新的电子束扫描电流产生方法[J].强激光与粒子束，2001，13(1)：

113 - 116.

[12] 郁庆长, 蔡仁康. 单向扫描磁铁边界形状对性能的影响[J]. 高能物理与核物理, 1990, 14(10): 871 - 874.

[13] 沈巍, 朱红俊. 大功率、高均匀度电子束扫描仪电路[J]. 核技术, 1988, 11(2): 52 - 54.

[14] 张文铎, 邱瑞昌. 扫描磁铁电源的电流跟踪控制策略研究[J]. 机械与电子, 2010(1): 43 - 46.

[15] 史戎坚. 电子加速器工业应用导论[M]. 北京: 中国质检出版社, 2012: 105 - 110.

[16] Meads P F. A nonlinear lens system to smooth the intensity distribution of a gaussian beam[J]. IEEE Rransactions on Nuclear Science, 1983, 30(4): 2838 - 2840.

[17] Kashy E, Sherrill B. A method for the uniform charged particle irradiation of large targets[J]. Nuclear Instruments and Methods in Physics Research Section B, 1987, 26(4): 610 - 613.

[18] Sherrill B, Bailey J, Kashy E, et al. Use of multipole magnetic fields for making uniform irradiations[J]. Nuclear Instruments and Methods in Physics Research Section B, 1989, 40: 1004 - 1007.

[19] Blind B. Production of uniform and well-confined beams by nonlinear optics[J]. Nuclear Instruments and Methods in Physics Research Section B, 1991, 56: 1099 - 1102.

[20] Meot F, Aniel T. Principles of the non-linear tuning of beam expanders[J]. Nuclear Instruments and Methods in Physics Research Section A, 1996, 379: 196 - 205.

[21] Yuri Y, Miyawaki N, Kamiya T, et al. Uniformization of the transverse beam profile by means of nonlinear focusing method[J]. Physical Review Accelerators and Beams, 2007, 10: 104001.

[22] Wiedemann H. Particle accelerator physics I [M]. Berlin: Springer, 1999.

[23] Batygin Y K. Beam intensity redistribution in a nonlinear optics channel[J]. Nuclear Instruments and Methods in Physics Research Section B, 1993, 79(1): 770 - 772.

[24] Tang J Y, Li H H, An S Z, et al. Distribution transformation by using step-like nonlinear magnets [J]. Nuclear Instruments and Methods in Physics Research Section A, 2004, 532(3): 538 - 547.

[25] Yuri Y, Ishizaka T, Yuyama T, et al. Beam uniformization system using multipole magnets at the JAEA AVF cyclotron[C]. Proceedings of EPAC08, Genoa, Italy, 2008: 3077 - 3079.

[26] Barlow D, Shafer R, Martinez R, et al. Magnetic design and measurement of nonlinear multipole magnets for the APT beam expander system[C]. Proceedings of the 1997 Particle Accelerator Conference, Vancouver, 1997: 3309 - 3311.

[27] Tang J Y, Wei G H, Zhang C. Step-like field magnets to transform beam distribution at the CSNS target[J]. Nuclear Instruments and Methods in Physics Research Section A, 2007, 582(2): 326 - 335.

[28] Yang Z, Tang J Y, Nghiem P A P, et al. Using step-like nonlinear magnets for beam uniformization at IFMIF target[C]. Proceedings of HB2012, Beijing, 2012: 424 - 428.

[29] Li J H, Ren X Y, Ma Y Y. Expand and improve the LEADS code for dynamics design and multiparticle simulation[J]. Chinese Physics C, 2011, 35(3): 293 - 295.

[30] Li J H, Ren X Y. The comparison of the elements for the homogenizing charged particle irradiation[J]. Laser and Particle Beams, 2011, 29(1): 87 - 94.

[31] 李金海, 任秀艳, 曾自强. 一种加速器用束流均匀化六极磁铁: 中国, 201410783690.2 [P]. 2014 - 12 - 16.

[32] Guo Z, Tang J Y, Yang Z, et al. A novel structure of multipole field magnets and their applications in uniformizing beam spot at target[J]. Nuclear Instruments and Methods in Physics Research Section A, 2012, 691: 97 - 108.

[33] Huang J, Xiong Y Q, Chen D Z, et al. A permanent magnet electron beam spread system used for a low energy electron irradiation accelerator[J]. Chinese Physics C, 2014, 38(10): 107008.

[34] 樊明武, 黄江, 陈子昊, 等. 一种用于辐射加工的电子束扩散装置: 中国, 201010532758.1 [P]. 2010 - 11 - 04.

[35] International Atomic Energy Agency(IAEA). Dosimetry for food irradiation: IAEA Technical Reports Series No. 409 [R]. Vienna: International Atomic Energy Agency, 2002: 40.

[36] Demsky M I, Krotov V V, Trifonov D E, et al. Beam scanning system of linear accelerator for radiation processing [C]. Proceedings of RUPAC 2012, SaintPetersburg, Russia, 2012: 547 - 548.

[37] Kuksanov N K, Salimov R A, Nemytov P I, et al. Automated complex for EB treatment of cable and wire insulation [C]. Proceedings of RuPAC 2008, Zvenigorod, Russia, 2008: 358 - 360.

[38] Stichelbaut F, Bol J L, Cleland M R, et al. The Palletron™: a high-dose uniformity pallet irradiator with X-rays[J]. Radiation Physics and Chemistry, 2004, 71: 291 - 295.

[39] Cleland M R, Stichelbaut F. Radiation processing with high-energy X-rays[J]. Radiation Physics and Chemistry, 2013, 84: 91 - 99.

第 7 章
电子束流引出与打靶技术

电子加速器加速电子的目的是要利用获得能量的电子束团。电子束团的应用主要有三种途径：一是直接应用引出的电子束团，例如工业电子辐照、脱硫脱硝、电子器件抗辐照加固等；二是利用电子打靶产生 X 射线，例如闪光照相、放射治疗、同位素生产、光核反应的中子源、无损检测、海关或车辆安检等；三是同步辐射光或自由电子激光，主要用于科研领域的材料等基础研究。其中第三种应用途径不在本书研讨范围内，而前面两种都涉及电子和光子与材料相互作用问题，因为对于电子束的引出目前常用的技术是采用真空隔离膜，这必然涉及电子与材料相互作用的问题，而电子打靶产生 X 射线更会涉及这个问题。此外，电子束和 X 射线的屏蔽也涉及这些问题。因此我们首先介绍一下电子和光子与材料相互作用的基础理论和计算方法。

7.1 电子和光子与材料相互作用的基础理论和计算方法

电子与材料的相互作用主要包括电离、激发、库仑散射和轫致辐射等，X 射线和 γ 射线光子与材料的相互作用主要包括光电效应、康普顿散射和电子对产生等。二者需要研究的主要宏观问题包括能损和射程等。电子和光子与材料相互作用的计算方法有两类：一是经验解析公式方法，二是蒙特卡罗计算方法。

7.1.1 电子与材料的相互作用

电子与材料的相互作用主要是通过与材料中电子和核子的库仑力产生的。相互作用的结果是，电子连续损失能量，经过一段有限距离后最终停止传输，这段距离称为射程。射程的大小取决于电子能量和材料性能。电子穿过材料而不产生相互作用的概率是零。

电子入射到固体样品中,经过复杂的过程,能够诱发出俄歇(Auger)电子、二次电子(secondary electron)、背散射(backscattered)电子、韧致辐射 X 射线

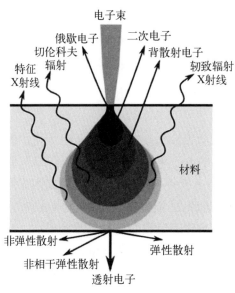

图7-1　入射电子诱发的二次粒子

(bremsstrahlung X-ray)、特征 X 射线(characteristic X-ray)和透射电子等粒子,如图 7-1 所示。上述所有粒子的能量来自一次入射电子,而入射电子的能量损失有三种形式:① 与材料中电子和核子的库仑作用,包括电离(ionization)、激发(excitation)和库仑散射(Coulomb scattering)等;② 发射电磁辐射,即韧致辐射;③ 切伦科夫辐射(Cerenkov radiation)。切伦科夫辐射是电子在材料中的运动速度大于光子在该材料中的运动速度时发生的电磁辐射,其辐射的能量份额一般很小,在本书中不进行讨论。

1) 库仑作用

入射电子与材料中的轨道电子和原子核都会发生库仑作用,如图 7-2 所示。一般而言,原子核的尺寸为 10^{-14} m 的量级,原子的尺寸为 10^{-10} m 的量级,因此有:

$$\frac{入射电子与轨道电子作用的概率}{入射电子与原子核作用的概率} = \frac{(原子半径)^2}{(原子核半径)^2} = 10^8$$

这就意味着轨道电子的库仑作用远大于原子核的库仑作用,因此我们不考虑原子核的库仑作用。由于束缚电子处于量子状态,因此它可以被入射电子电离或激发。当束缚电子通过单次库仑作用从入射电子获得的能量大于束缚电子的电离能时,电离才会发生。束缚电子被电

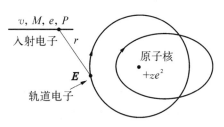

图7-2　入射电子的库仑作用

离后成为自由电子,也称为击出电子或 δ 电子。当束缚电子获得足够能量就会移动到更高能量的空运动轨道,这个过程称为激发。被激发的电子仍然是束缚电子,但其从低能态 E_1 变为高能态 E_2,使得原子成为激发态原子。经过 $10^{-8} \sim 10^{-10}$ s 的时间,高能态 E_3 的电子会跃迁到低能态的空轨道,同时发射出能量为 $(E_3 - E_1)$ 的 X 射线光子,E_3 可以等于 E_2。

电离和激发属于非弹性散射,库仑作用下还存在弹性散射,但它不影响电子的能量损失,主要改变电子的运动方向。

2) 轫致辐射

电子在加速或减速过程中会产生电磁辐射而损失部分能量,称为轫致辐射,其在德语中的含义是刹车辐射[1](braking radiation)。轫致辐射产生的 X 射线不是单能的,其能量分布范围为自 0 至入射的电子能量。

轫致辐射不仅遵从量子机制,还遵从经典物理。理论上,轫致辐射强度 I 与电子加速度 a 的平方成正比,则有:

$$I \propto a^2 \sim \left(\frac{F}{m}\right)^2 \sim \left(\frac{Ze^2}{m}\right)^2 \tag{7-1}$$

式中,F 是库仑力,Z 是材料的原子序数,m 是电子质量,e 为 1 个电子带电量。可见,材料的原子序数越高,轫致辐射越强。

3) 电离和激发的阻止本领

电子进入材料时,很多原子同时对其施加库仑力阻止其运动,这种相互作用称为阻止本领(stopping power),也叫能量损失、比能量损失、微分能量损失,如没有特别需要,下面统一采用阻止本领这个名称。

每个原子有多个电子,每个电子的电离能和激发能各不相同。入射电子会与巨量的电子发生相互作用,数量一般以百万计。每次相互作用的发生具有一定偶然性,同时会损失一定的能量。我们不可能从微观上手工计算入射电子的每次相互作用来计算其能量损失,而只能从宏观上计算每单位运动距离的平均能量损失。当然,随着计算机技术的发展,采用蒙特卡罗随机数方法,从微观上用计算机计算入射电子的每次相互作用已经成为可能。蒙特卡罗方法将在后面介绍。

入射电子有可能在一次与轨道电子的碰撞中损失全部能量,因为二者的质量相同。大多数情况下,入射电子会在碰撞中损失大部分能量,同时会有大角度的散射,因此其运动轨迹会非常曲折。假定入射电子与所有原子和轨道

电子的作用相互独立,同时只考虑电离和激发引起的能量损失,则入射电子每单位运动距离的平均能量损失如下式所示[1]:

$$\frac{\mathrm{d}E}{\mathrm{d}x} = 4\pi r_0^2 NZ \left\{ \ln\left(\frac{\beta\gamma\sqrt{\gamma-1}}{I}mc^2\right) + \frac{1}{2\gamma^2}\left[\frac{(\gamma-1)^2}{8} + 1 - (\gamma^2+2\gamma-1)\ln2\right] \right\}$$

$$(7-2)$$

式中,阻止本领的单位为 MeV/m;β、γ 是与相对论相关的参数;电子入射方向与 x 轴反向,即阻止本领为正值表示随电子的运动,其能量降低;经典电子半径 $r_0 = 2.818 \times 10^{-15}$ m;电子静止质量 $mc^2 = 0.511$ MeV;N 是材料的原子密度,单位是 cm^{-3};Z 是材料原子的原子序数;I 是材料原子的平均激发势,单位是 eV。

表 7-1 给出了不同元素的平均激发势。当材料原子的原子序数 $Z>12$ 时,平均激发势有如下近似公式[1]:

$$I = 9.76Z + 58.8Z^{-0.19}$$

$$(7-3)$$

表 7-1 各元素的平均激发势

元素	I/eV	元素	I/eV	元素	I/eV	元素	I/eV	元素	I/eV
H	20.4	C	73.8	Si	174.5	Zr	380.9	Pb	818.8
He	38.5	N	97.8	Fe	281	I	491	U	839
Li	57.2	O	115.7	Ni	303	Cs	488	—	—
Be	65.2	Na	149	Cu	321	Ag	469	—	—
B	70.3	Al	160	Ge	280.6	Au	771		

对低能电子,$\frac{\mathrm{d}E}{\mathrm{d}x}$ 正比于电子速度平方的倒数 $\frac{1}{v^2}$;对于相对论电子,$\frac{\mathrm{d}E}{\mathrm{d}x}$ 随电子能量增加而增加[1]。图 7-3[1] 显示了阻止本领随电子能量变化的规律,

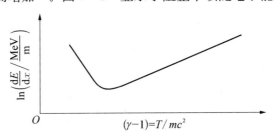

图 7-3 不同能量对阻止本领的影响

其中 γ 是与相对论相关的参数，T 是电子能量，m 是电子质量，c 是光速。当 $\gamma \approx 3$，电子能量为 1 MeV 左右时，阻止本领最小。

当电子能量太低时，式(7-2)就无效了，因为公式中的自然对数的真数会小于 1 而使其对数值为负值。为此，式(7-2)需要修正为[1]

$$\frac{\mathrm{d}E}{\mathrm{d}x} = 4\pi r_0^2 NZ \ln\left(\frac{mc^2\beta^2 \sqrt{1.3591}}{2I}\right) \qquad (7-4)$$

式中，β 是与相对论相关的参数。然而，式(7-4)同样存在上述问题，例如电子入射进氧，当电子能量低于 76 eV 时，对数值就变为负值而使公式失去物理意义。根据式(7-2)计算的 5 MeV 电子在硅中的阻止本领为 4.035 MeV/cm。同一材料的不同密度会对阻止本领产生影响，为了避免定义材料密度的麻烦，阻止本领的单位通常还采用 MeV·cm²/g。二者的换算关系如下：

$$\frac{1}{\rho[\mathrm{g/cm^3}]} \frac{\mathrm{d}E}{\mathrm{d}x}[\mathrm{MeV/cm}] = \frac{\mathrm{d}E}{\mathrm{d}x}[\mathrm{MeV \cdot cm^2/g}] \qquad (7-5)$$

4) 轫致辐射的阻止本领

电子轫致辐射所产生的 X 射线光子能量是从零到最大值等于电子动能的连续谱，能量低的光子向各个方向发射，能量高的光子倾向于向前发射。电子轫致辐射所产生的阻止本领的计算比电离和激发的更为复杂，因此这里只给出电子轫致辐射阻止本领的近似公式。动能为 T（单位为 MeV）的电子在原子序数为 Z 的材料中运动，由轫致辐射所产生的阻止本领 $(\mathrm{d}E/\mathrm{d}x)_{\mathrm{rad}}$ 可根据由电离和激发产生的阻止本领 $(\mathrm{d}E/\mathrm{d}x)_{\mathrm{ion}}$ 计算：

$$\left(\frac{\mathrm{d}E}{\mathrm{d}x}\right)_{\mathrm{rad}} = \frac{ZT}{750}\left(\frac{\mathrm{d}E}{\mathrm{d}x}\right)_{\mathrm{ion}} \qquad (7-6)$$

动能为 5 MeV 的电子在铝中的轫致辐射阻止本领占电离和激发阻止本领的 9%；在铅中，该比例为 55%。空气、铝和铅三种材料对不同能量的电子的阻止本领如图 7-4[2] 所示。式(7-6)中两种阻止本领的比值由电子能量和材料的原子序数决定，例如图 7-5[2] 中，铅材料中的电子能量在 10 MeV 左右时，轫致辐射成为电子能量损失的主要因素，而在水和空气中，当电子能量大于 100 MeV 时，轫致辐射才能成为电子能量损失的主要因素。

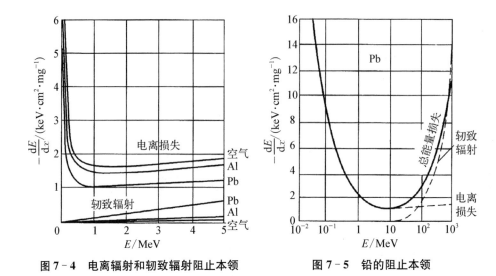

图 7-4　电离辐射和轫致辐射阻止本领　　　　图 7-5　铅的阻止本领

电子入射材料后,电子的能量随入射深度会不断降低,由式(7-6)所决定的轫致辐射产生的光子数量和能量也会不断降低。有些应用情况对电子在材料中辐射的光子总能量非常关心。如果入射电子的能量为 T,在电子能量衰减为 0 时由轫致辐射所辐射的所有光子的能量积分为[1]

$$T_{rad} = 4 \times 10^{-4} Z T^2 \tag{7-7}$$

尽管式(7-7)的系数未被一致认可,但其作为定性计算是没问题的。例如 5 MeV 电子在铝材料中辐射的光子总能量为 0.13 MeV,在铅材料中辐射的光子总能量为 0.82 MeV。轫致辐射产生的光子并不能全部从材料中发射出来,因为材料对光子也有一定的吸收作用。如果电子运动在混合物或化合物材料中,式(7-6)和式(7-7)中的原子序数 Z 应该被有效原子序数 Z_{ef} 替代[1]:

$$Z_{ef} = \frac{\sum_{i=1}^{L}(W_i/A_i)Z^2}{\sum_{i=1}^{L}(W_i/A_i)Z} \tag{7-8}$$

式中,L 是材料中的元素数量,A_i 是第 i 种元素的相对原子质量,Z_i 是第 i 种元素的原子序数,W_i 是第 i 种元素的权重。如果化合物的相对分子质量为 M,则各元素的权重 W_i 为[1]

$$W_i = \frac{N_i A_i}{M} \tag{7-9}$$

式中，N_i 是第 i 种元素在化合物分子中的个数。

5）混合物或化合物中的阻止本领

式(7-2)计算的是单质材料的阻止本领，混合物或化合物中的阻止本领由下式给出[1]：

$$\frac{\mathrm{d}E}{\rho\,\mathrm{d}x} = \sum_i \frac{W_i}{\rho_i}\left(\frac{\mathrm{d}E}{\mathrm{d}x}\right)_i \tag{7-10}$$

式中，ρ 是混合物或化合物的密度；ρ_i 是第 i 种元素的密度；$(\mathrm{d}E/\mathrm{d}x)_i/\rho_i$ 是第 i 种元素的阻止本领，其单位是 $\mathrm{MeV \cdot cm^2/g}$。空气对 10 MeV 电子的阻止本领为 0.253 MeV/m，或者为 1.96 $\mathrm{MeV \cdot cm^2/g}$。

6）电子的射程

重离子在材料中的运动轨迹虽然也是曲折的，但很少有大角度散射，运动前冲性比较好，如图 7-6[1] 所示。离子运动的总路程即 $S_1 + S_2 + S_3 + S_4 + \cdots$，与离子的平均运动距离（也叫射程）差别不大。电子在材料的运动过程中不断与原子核和轨道电子相互作用而损失能量，最终在能量完全损失后停止宏观的运动。在这个过程中产生的电离损失、轫致辐射和原子核的弹性散射使得电子的运动方向有很大的改变，很容易产生大角度散射，运动轨迹非常曲折，运动的路程总长度远大于运动距离，在材料中形成类似于图 7-7 所示的运动轨迹。由于电子在材料中的能量损失统计涨落较大以及多次散射现象，电子射程的不确定性大大增加，射程的歧离可达射程值的 10%～15%。

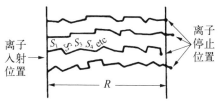
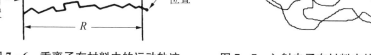

图 7-6　重离子在材料中的运动轨迹　　图 7-7　入射电子在材料中的运动轨迹

如果电子束平行入射阻滞材料，材料的厚度可以连续调节变化，探测器可以收集到所有穿透材料的电子，不管电子的能量是多少，测量系统的原理如图 7-8[1] 所示，则透射电子数 $N(t)$ 与材料厚度的关系如图 7-9[1] 所示。可见电子计数从材料厚度为零就开始降低，这不同于重离子的透射曲线在开始区域有一个水平平台区,因此电子的射程定义不够确切,我们一般将透射曲线的线性部分外推到本底 R 处,定义 R 为电子的外推射程。定义电子的出射流强降低为入射的一半时的材料厚度为平均射程 $\overline{R}$,它近似等于平均路程的一半。

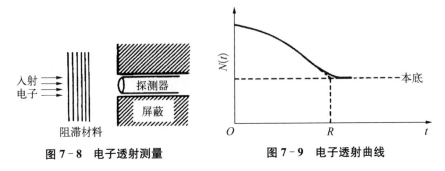

图 7‑8 电子透射测量 　　　　　　 图 7‑9 电子透射曲线

0.3 keV 至 30 MeV 能量的电子的外推射程的经验公式如下所示[1]:

$$R = a_1 \left\{ \frac{\ln[1 + a_2(\gamma - 1)]}{a_2} - \frac{a_3(\gamma - 1)}{1 + a_4(\gamma - 1)^{a_5}} \right\} \qquad (7-11)$$

式中,R 的单位为 kg/cm^2,$a_1 = \dfrac{2.335A}{Z^{1.209}}$,$a_2 = 1.78 \times 10^{-4} Z$,$a_3 = 0.989\,1 -$

$3.01 \times 10^{-4} Z$,$a_4 = 1.468 - 1.18 \times 10^{-2} Z$,$a_5 = \dfrac{1.232}{Z^{0.109}}$,$A$、$Z$、$\gamma$ 已经在前面

定义。对于混合物和化合物,式(7‑11)需要采用有效原子序数 Z_{ef} 和有效原子量 A_{ef}:

$$Z_{\text{ef}} = \sum_{i=1}^{L} W_i Z_i \qquad (7-12)$$

$$A_{\text{ef}} = Z_{\text{ef}} \left(\sum_{i=1}^{L} W_i Z_i / A_i \right)^{-1} \qquad (7-13)$$

根据式(7‑11)计算 1 MeV 电子在金中的射程为 0.218 g/cm^2,即 113 μm;在铝中的射程为 0.393 g/cm^2,即 1.46 mm。计算值与实验值的比较如图 7‑10[1] 和图 7‑11[1] 所示,图中的圆点是实验结果,曲线是公式计算结果,公式与实验结果符合得很好。

不同能量的电子在材料内的阻止本领、射程和 X 射线产额等参数如附录 A 的表 1[3-4] 所示。附录 A 的表 2 是表 1 中的两种材料(铅玻璃和普通混凝土)的元素质量成分百分比。附录 A 表 1 中阻止本领 $\mathrm{d}E/\mathrm{d}x$ 单位为 MeV ·

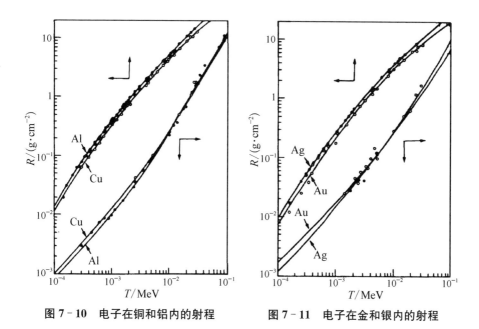

图 7-10　电子在铜和铝内的射程　　　图 7-11　电子在金和银内的射程

cm^2/g；射程单位为 g/cm^2，射程的计算采用连续减速模型（continuous slowing-down approximation），轨迹中每点的能量损失为该点能量电子的总阻止本领，不考虑能量涨落问题；Y_0 是电子被完全阻止时，其轫致辐射的总能量与电子入射能量的比值。附录 A 表 1 中仅给出了部分材料的参数，电子能量范围为 10 keV～50 MeV，如果需要其他材料或 50 MeV ～1 GeV 电子能量的相关参数，可查阅美国国家标准与技术研究院（National Institute of Standards and Technology，NIST）的网页[3]。

7）电子穿透材料后的能量损失

我们经常需要计算电子穿透厚度为 t 的材料后的能量损失。解决这个问题的第一步是计算电子的射程 R。如果射程小于材料厚度（$R<t$），则电子截止在材料内，并将所有能量损失在材料内。如果射程大于材料厚度（$R>t$），则电子在材料内的能量损失为

$$\Delta E = \int_0^t \left(\frac{dE}{dx}\right) dx \qquad (7-14)$$

式中，dE/dx 是包括电离激发和轫致辐射等的阻止本领。

如果 $R \gg t$，dE/dx 可以看作常数，则式(7-14)可简化为

$$\Delta E = \left(\frac{dE}{dx}\right)_0 dx \qquad (7-15)$$

式中，$\left(\dfrac{\mathrm{d}E}{\mathrm{d}x}\right)_0$ 是电子注入能量的阻止本领。

如果材料厚度 t 接近于射程 R，则阻止本领不能被看作常数，需要对式 (7-14) 进行积分计算。因为阻止本领的公式非常复杂，对其难以进行手工的解析公式积分，所以需要采用计算机数值积分的计算方法。然而在很多情况下，用下面的计算方法也可以得到足够精确的结果。

首先将材料厚度 t 分成长度为 $\triangle x_i$ 的 N 段，即 $t=\sum_{i=1}^{N}x_i$，则式 (7-14) 可变为

$$\Delta E = \sum_{i=1}^{N}\left(\frac{\mathrm{d}E}{\mathrm{d}x}\right)_i \Delta x_i \tag{7-16}$$

式中，$(\mathrm{d}E/\mathrm{d}x)_i$ 是电子注入 $\triangle x_i$ 段材料开始处的阻止本领。由于各种计算情况的不同，因而没有一个最优分段方法的规律。不过通常情况下，分段方法应该满足 $(\mathrm{d}E/\mathrm{d}x)_i$ 的变化较小，同时 N 值不是太大。例如 10 MeV 的电子在铝中的射程为 20.4 mm，计算穿透 15 mm 铝材后的能量损失，可以将铝材平均分为 $\triangle x_i = 3$ mm 的 5 段，则计算结果如表 7-2 所示[1]。

表 7-2 电子透射分段计算结果

i	T_i/MeV	$(\mathrm{d}E/\mathrm{d}x)_i$/(MeV·mm^{-1})	$(\Delta E)_i$/MeV	$T_{i+1}=[T_i-(\Delta E)_i]$/MeV
1	10	0.605	1.815	8.185
2	8.185	0.568	1.704	6.481
3	6.481	0.53	1.59	4.891
4	4.891	0.492	1.476	3.415
5	3.415	0.457	1.373	2.042

7.1.2 X射线和γ射线光子与材料的相互作用

X射线和γ射线的光子简称光子，是一种电磁辐射，其产生于核裂变或核反应、带电粒子减速时的轫致辐射、正电子湮没及激发后的原子发出的特征X射线等。光子作为一种运动速度为 c 的粒子，其静止质量为零，并且不带电荷。X射线和γ射线没有明确的区分界限，一般认为X射线是连续谱的电磁辐射，而γ射线是单能或准单能的高能电磁辐射。X射线一般产生于原子的

状态变化,能量较低,例如激发和电离;γ 射线一般产生于原子核的状态变化,能量较高。电子在加减速过程中,也会轫致辐射 X 射线。由原子和原子核激发的辐射光子是单能的,轫致辐射的光子是连续谱的。

X 射线和 γ 射线与材料的相互作用会对材料原子产生电离激发效果,但是不同于带电粒子,由于光子不带电荷,不能像带电粒子那样通过库仑力不断地与核外电子发生作用而不断损失能量。当光子穿过任何厚度的任何材料时,总会有一个有限的非零概率不与材料发生相互作用而没有能量损失,因此就很难定义光子的阻止本领 dE/dx,其射程对辐射光子也没有物理意义,对其研究一般采用衰减系数的方法。

光子与材料的相互作用是一种准"单次性"的随机事件,即它们穿过物质时一般有两种可能:一种是发生相互作用而消失或转换为另一能量和运动方向的光子;另一种是不发生任何作用而穿过。如果材料很厚,会发生两次以上的相互作用,但次数不会很多,不会存在像带电粒子那样连续的相互作用过程。

光子与物质的相互作用很多,这里只讨论最主要的三种:光电效应、康普顿散射和电子对产生。图 7 - 12[2] 是这三种相互作用的示意图。

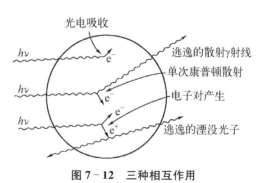

图 7 - 12 三种相互作用

1) 光电效应

光电效应是光子与束缚电子之间的相互作用,作用的结果是光子消失,束缚电子被激发为自由电子,称为光电子。光电子的能量等于光子能量减去束缚电子的束缚能。

光电子的产生概率 τ 称为光电碰撞截面(photoelectric cross section)或光电系数(photoelectric coefficient),其公式如下[1]:

$$\tau = aNZ^n[1 - O(Z)]/E_\gamma^m \tag{7-17}$$

式中,τ 的单位为 m^{-1};a 是独立于 N 和 Z 的常数;E_γ 是入射光子能量;N 和 Z 已经由前面定义;n 和 m 是 3 到 5 之间的常数,其值由 E_γ 决定;方括号内的第二项为高阶小量。由式(7-17)可知,高 Z 材料的光电效应更为明显,同时相同材料的低能光子的光电效应更为明显。

2）康普顿散射

康普顿散射是光子与自由电子之间的碰撞。在材料内部，绝大部分的电子是束缚电子，但如果光子能量是 keV 量级，而电子的束缚能只是 eV 量级，那么束缚电子也可看作自由电子。

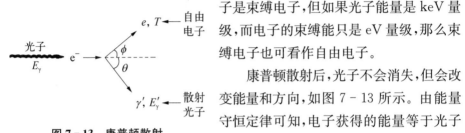

图 7-13　康普顿散射

康普顿散射后，光子不会消失，但会改变能量和方向，如图 7-13 所示。由能量守恒定律可知，电子获得的能量等于光子失去的能量。再结合动量守恒定律，可得：

$$E'_\gamma = \frac{E_\gamma}{1 + (1 - \cos\theta)E_\gamma/mc^2} \tag{7-18}$$

$$T = \frac{(1 - \cos\theta)E_\gamma^2/mc^2}{1 + (1 - \cos\theta)E_\gamma/mc^2} \tag{7-19}$$

实验测量的一个重要问题是需要确定康普顿散射后的光子和电子的最大和最小能量，光子的最小能量发生在 $\theta = \pi$，根据式（7-18）和式（7-19）则有：

$$E'_{\gamma\min} = \frac{E_\gamma}{1 + 2E_\gamma/mc^2}, \quad T_{\max} = \frac{2E_\gamma^2/mc^2}{1 + 2E_\gamma/mc^2} \tag{7-20}$$

光子的最大能量发生在 $\theta = 0$，其值为光子的入射能量，即康普顿散射没有发生，电子能量为 0。由式（7-20）可知，康普顿散射后的光子最小能量大于零，因此光子不可能将所有能量传递给电子。传递给电子的能量会在材料的电子射程内消耗掉。散射的光子可以从材料中逃逸出来。

康普顿散射的概率 σ 称为康普顿系数或康普顿散射截面，是与光子能量相关的复杂函数，可以简化为如下形式[1]：

$$\sigma = NZf(E_\gamma) \tag{7-21}$$

式中，σ 是每单位距离发生康普顿散射的概率，其单位是 m^{-1}；N 和 Z 已经在前面定义；$f(E_\gamma)$ 是与入射光子能量有关的函数。

3）电子对产生

当光子与原子核相互作用时，在光子消失的同时会产生正负电子对。尽管在此过程中，原子核不会发生任何变化，但原子核的存在是正负电子对产生的必要条件。在没有任何物质的绝对真空内，光子不会产生正负电子对而消失。根据能量守恒定律，正负电子的动能有如下关系[1]：

$$T_{e^-} + T_{e^+} = E_\gamma - (mc^2)_{e^-} - (mc^2)_{e^+} = E_\gamma - 1.022\,\text{MeV} \qquad (7\text{-}22)$$

光子能量大于 1.022 MeV 才能发生电子对效应，因为其产生的正负电子的静止质量所对应的能量需要由光子提供。同时，产生的正负电子的动能是相等的。

电子对效应会使得入射光子消失，但是其产生的正电子会在随后的湮灭中产生两个光子。电子对效应的发生概率 κ 称为电子对产生系数或电子对产生截面，是一个与光子能量 E_γ 和原子序数 Z 相关的复杂函数，可简化为如下形式[1]：

$$\kappa = NZ^2 f(E_\gamma, Z) \qquad (7\text{-}23)$$

式中，κ 的单位是 m^{-1}。在上述的三个系数(τ, σ, κ)中，κ 是唯一随能量 E_γ 增加而增加的。

4）光子总衰减系数

当光子入射材料后，可在材料中发生上述的三种相互作用中的任意一种（电子对效应产生的条件是光子能量 E_γ 大于 1.022 MeV），否则光子不受影响地从材料中出射。此外，其他的相互作用对光子的影响很小，这里就不做讨论。

图 7-14[2] 显示了不同材料和不同光子能量对光子与材料相互作用的影响。对于能量为 0.1 MeV 的光子，如果入射碳材料，光子与材料的相互作用主要是康普顿散射；如果入射钨材料，主要产生光电效应。对于 1 MeV 的光子，无论在什么材料中，康普顿散射效应都是占优势的。对于 10 MeV 的光子，如果入射钨材料，主要产生电子对效应。图 7-15[2] 显示了 CdZnTe 探测器对不

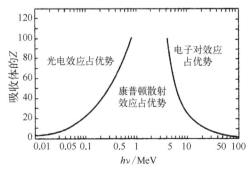

图 7-14 三种相互作用的相对重要性

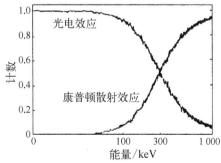

图 7-15 CdZnTe 探测器对 γ 射线的响应

同能量光子的光电效应和康普顿散射效应的响应情况。CdZnTe 探测器原子序数的平均值为 49.1,在光子能量小于 300 keV 时,光电效应占优势;在光子能量大于 300 keV 时,康普顿散射效应占优势。

由于光子不带电荷,从宏观来看,大量入射光子总会有一个有限的非零概率不与材料发生相互作用。出射光子强度 I 与入射光子强度 I_0 的关系如下:

$$I = I_0 e^{-\mu t} \tag{7-24}$$

式(7-24)对单个光子是没有意义的,其中 t 是材料厚度,μ 称为总线性衰减系数,也是单位距离的总的相互作用概率,等于上述三个系数的和:

$$\mu = \tau + \sigma + \kappa \tag{7-25}$$

很多情况下,衰减系数的单位是 m^2/kg,称为质量衰减系数,其与线性衰减系数的关系如下:

$$\mu[m^2/kg] = \mu[m^{-1}]/\rho[kg/m^3] \tag{7-26}$$

图 7-16[1]显示了铅的不同相互作用的衰减系数以及总衰减系数,光子能量为 3.5 MeV 左右时的总质量衰减系数最小。铅的最小质量衰减系数的光子能量

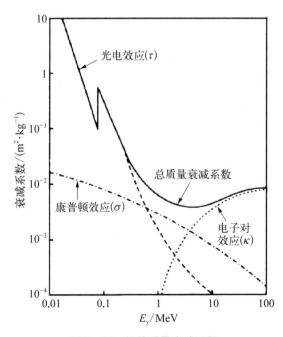

图 7-16　铅的质量衰减系数

为 20 MeV 左右。光子与物质连续两次相互作用之间的距离称为平均自由程 λ：

$$\lambda = \frac{1}{\mu} \tag{7-27}$$

化合物和混合物的质量衰减系数 μ_c 的计算方法类似于电子阻止本领：

$$\mu_c = \sum_{i=1}^{L} W_i \mu_i \tag{7-28}$$

不同材料对不同能量光子的衰减系数如附录 A 中的表 3[4-5]所示。式(7 - 24)所描述的是穿透材料后没有任何改变的光子，而有时我们会关心入射光子在材料中的能量沉积情况。光子入射材料后，经康普顿散射后的光子和电子对效应产生的正电子的湮灭光子会从材料中出射，这些带走一定能量的次级光子没有统计在式(7 - 24)中，因此衰减系数不能反映光子能量在材料中的沉积情况。为此，通常采用光子能量吸收系数来描述和研究。由于光子能量在材料中的沉积是式(7 - 24)中的光子衰减的一部分，其数值小于衰减系数。由于光子能量吸收系数的公式较为复杂，这里不再给出，不同材料对不同能量光子的光子能量吸收系数由附录 A 中的表 3 给出。其中，能量 E_0 的单位是 MeV，衰减系数和吸收系数的单位是 cm^2/g。附录 A 中的表 3 仅给出了部分材料的衰减系数和能量吸收系数，如果需要其他材料的相关参数，可查阅美国国家标准与技术研究院(National Institute of Standards and Technology，NIST)的网页[5]。

由于式(7 - 24)给出的是一条指数衰减曲线，因此光子没有射程的概念。对于指数衰减曲线，通常采用半值层(half value layer，HVL)的概念来描述和应用，有时也采用十倍衰减层(tenth value layer，TVL)。半值层的含义是指光子强度衰减为一半时的材料厚度，半值层与衰减系数的关系是 $HVL = 0.693/\mu$。十倍衰减层的含义是指光子强度衰减为十分之一时的材料厚度，十倍衰减层与衰减系数的关系是 $TVL = 2.303/\mu$。由附录 A 的表 3 的衰减系数可以计算出单能光子的半值层和十倍衰减层。表 7 - 3[4,6]给出了部分材料的半值层，其单位是 cm。

附录 A 的表 3 和表 7 - 3 给出的是单能光子的参数，如果是加速器输出的高能电子束轰击钨等材料的靶，其光子就不是单能的，而是如图 7 - 17 所示的连续能谱。此时附录 A 的表 3 和表 7 - 3 给出的数据不再有效。针对不同输出电子能量的加速器轰击钨靶后的不同材料的半值层，瓦里安公司给出了一些数据，如表 7 - 4 所示，其中的电子能量是轰击钨靶的电子能量，半值层单位是 cm。

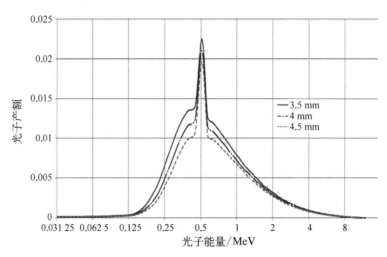

图7-17 9 MeV 电子轰击不同厚度钨靶的光子能谱

表7-3 部分材料的半值层   单位：cm

能量/MeV	铅	铁	铝	水	空气($\rho=$ 1.205 mg/cm³)	混凝土 ($\rho=2.3$ g/cm³)
0.1	0.011	0.237	1.507	4.060	3.726×10^3	1.73
0.3	0.151	0.801	2.464	5.843	5.372×10^3	2.747
0.5	0.378	1.046	3.041	7.152	6.6×10^3	3.38
0.662	0.558	1.191	3.424	8.039	7.42×10^3	3.806
1.0	0.86	1.468	4.177	9.802	9.047×10^3	4.639
1.173	0.987	1.601	4.541	10.662	9.83×10^3	5.044
1.332	1.088	1.702	4.829	11.342	1.047×10^4	5.368
1.5	1.169	1.802	5.13	12.052	1.111×10^4	5.698
2.0	1.326	2.064	5.938	14.028	1.293×10^4	6.612
2.5	1.381	2.271	6.644	15.822	1.459×10^4	7.38
3.0	1.442	2.431	7.249	17.456	1.604×10^4	8.141
3.5	1.447	2.567	7.813	19.038	1.747×10^4	8.828
4.0	1.455	2.657	8.27	20.382	1.868×10^4	9.366
5.0	1.429	2.798	9.059	22.871	2.094×10^4	10.361

（续表）

能量/MeV	铅	铁	铝	水	空气($\rho=1.205$ mg/cm³)	混凝土($\rho=2.3$ g/cm³)
7.0	1.348	2.924	10.146	26.86	2.449×10^4	11.846
10.0	1.228	2.94	11.07	31.216	2.817×10^4	13.227

表 7-4　加速器产生的 X 射线的半值层　　　　单位：cm

电子能量/MeV	1	2	4	6	8	9	10	16
钨($\rho=18$ g/cm³)	0.55	0.90	1.15	1.20	1.20	1.20	1.20	1.15
铅($\rho=11.3$ g/cm³)	0.75	1.25	1.60	1.70	1.70	1.70	1.70	1.65
钢($\rho=7.85$ g/cm³)	1.60	2.00	2.50	2.80	3.00	3.00	3.20	3.30
铝($\rho=2.7$ g/cm³)	3.90	5.40	7.50	8.90	9.60	9.60	10.00	11.00
混凝土($\rho=2.35$ g/cm³)	4.50	6.20	8.60	10.20	11.00	11.00	11.50	12.70
固体推进剂($\rho=1.7$ g/cm³)	6.10	8.40	11.60	13.80	14.90	14.90	16.50	20.40
树脂($\rho=1.2$ g/cm³)	10.50	12.10	16.80	19.90	21.50	21.50	23.80	29.50

7.1.3　蒙特卡罗计算方法

在 7.1.1 节和 7.1.2 节中,我们采用公式的方法研究电子和光子在材料中的相互作用,这对于单能谱和简单几何结构的材料是便捷有效的。而对于连续能谱或复杂几何结构的问题,采用公式方法会存在很大的困难,一般需要采用蒙特卡罗方法。蒙特卡罗方法又称随机抽样技巧或统计实验方法,是一种以概率统计理论为基础的数值计算方法,能够比较逼真地描述具有随机性质的事物的特点及物理实验过程[7]。通过模拟几百万以上的粒子的微观运动过程,就可以计算出粒子与物质相互作用的宏观特征。

蒙特卡罗方法不受系统维数、影响因素等复杂性限制,是解决各种复杂粒子输运问题的好方法,尤其对一些难以进行实验测量的问题。其缺点是收敛速度较慢,误差具有概率性质,一般不容易得到精确性较高的近似结果[8]。

常用的蒙特卡罗程序有很多,包括 EGS 程序、MCNP 程序、PENELOPE 程序、ITS 程序、RT Office 程序、GEANT4 程序、FLUKA 程序等。EGS 程序、PENELOPE 程序、ITS 程序和 RT Office 程序只能输运电子和光子，MCNP 程序、FLUKA 程序和 GEANT4 程序可以输运电子、光子和中子。部分程序可以在经合组织（Organization for Economic Cooperation and Development，OECD）核能机构（Nuclear Energy Agency，NEA）的官方网站下载。

EGS（electron - gamma shower）程序是光子-电子在任意几何中耦合输运的通用软件包，由美国 Stanford Linear Accelerator Center（SLAC）编制。EGS 程序系统正式作为程序包引进是在 1973 年，称为 EGS3。EGS3 用来模拟计算的粒子能量达到几千 GeV，截断动能光子为 0.1 MeV，电子为 1 MeV。由于实际问题的需要，1985 年扩展了 EGS3 的低能量计算界限而生成 EGS4 新版本软件包，其中包含了数据处理程序 PEGS4，使该软件包成为一个完整的程序系统。2005 年又进一步将其升级为 EGS5[9]。EGS 软件包的功能及特点如下。

（1）它可以模拟光子、电子（或正电子）在任意元素、化合物和混合物中的辐射迁移。数据程序 PEGS4 使用 1 到 100 个元素的截面表建立 EGS4 所用的数据。

（2）光子和带电粒子用随机方式而不是离散步长迁移。

（3）带电粒子的动能范围从几十 keV 到几千 GeV，能量可扩充得再高一些，但物理的真实性需检验。

（4）光子能量范围从 1 keV 到几千 GeV。

（5）EGS4 程序系统考虑下列物理过程：韧致辐射（除去低能的 Elwert 修正）；正电子的飞行湮没和静止湮没；Moliere 多次散射（即库仑散射），角度从连续分布中抽样，步长随机选择；Moller（$e^- \ e^-$）散射和 Bhabha（$e^+ \ e^-$）散射，使用精确的计算公式而不是渐近公式；电子对生成；康普顿散射；瑞利（Rayleigh）散射，可在 PEGS4 选择项中决定包括与否；光电效应。

（6）PEGS4 在线数据处理程序由 12 个子程序和 85 个函数组成，EGS4 可直接调用它的输出文件。

（7）任意给定问题的几何输运需由用户写出，称为 HOWFAR 的子程序。

（8）用户记录及输出信息需编制，称为 AUSGAB 的子程序。

（9）EGS 允许使用重要抽样和其他方差减小技巧（例如主粒子偏倚、轨迹长度偏倚及俄国轮盘赌等）。

（10）辐射迁移初始化（源能量可单能或从能量分布中抽样，可具有空间和角分布)。

EGS 程序系统由 PEGS 和 EGS 两部分组成。通过 PEGS 来生成 EGS 所需要的关于介质的数据文件,包括截面数据和光子与电子的最高、最低能量等参数,因此 PEGS 称为 EGS 的预处理器,它单独执行。

用 EGS 进行模拟计算,用户至少要编写一个主程序(MAIN)、一个几何关系处理子程序(HOWFAR)和一个记录结果子程序(AUSGAB)。其执行过程如下:用户在主程序中首先对一些变量进行必要的初始化和其他一些必要的操作,然后调用 EGS4 系统子程序(HATCH)从介质数据文件中读取截面数据和必要的参数,并做相应处理。最后再调用 EGS 的粒子跟踪程序(SHOWER),完成一个或多个粒子历程的跟踪。每一次 SHOWER 的调用,就是一次电子-光子簇射过程的模拟。子程序 SHOWER 根据电磁簇射过程中产生的电子(或正电子)和光子的不同情况,分别调用不同的分支程序:对于电子(包括正电子),多次散射、湮没、Bhabha 散射、Moller 散射和轫致辐射都是可能的过程,相应的过程分别由 MSCAT、ANNIH、BHABHA、MOLLER 和 BREMS 等子程序进行模拟;对于光子分支,可能发生康普顿散射、电子对效应和光电效应,相应的过程分别由 COMPT、PAIR 和 PHOTO 等子程序进行模拟。在 SHOWER 的执行过程中,EGS 要频繁调用用户写的 HOWFAR 和 AUSGAB 子程序以完成粒子空间几何关系的处理和输出结果的记录。EGS 各个子程序模块的调用关系如图 7 - 18 所示[9]。

MCNP 是美国 Los Alamos 实验室应用理论物理部(X 部)的 Monte Carlo 小组研制的用于计算复杂三维几何结构中粒子输运的大型多功能蒙特卡罗程序,从 20 世纪 60 年代到今天已经发展了十个版本。它可用于计算中子、光子、中子-光子耦合及光子-电子耦合的输运问题,也可计算临界系统(包括次临界及超临界)的本征值问题。MCNP 计算的中子能量范围从 10^{-5} eV 到 20 MeV,光子和电子的能量范围从 1 KeV 到 1 GeV。MCNP 使用精细的点截面数据,考虑了 ENDF/B - V 库给出的所有中子反应类型。它的通用性很强,使用也较容易。为方便用户对几何输入卡的检查,配备了几何绘图程序。MCNP 的记数部分是精心设计的,除有标准类型的记数外,也为用户准备了接口,用户想要的任何物理量几乎都能够计算。MCNP 中汇集了非常丰富的降低方差技巧,对截面数据也进行了广泛的收集。

MCNP 程序为模块式结构,由一个主程序和若干子程序组成,并按其功能分为一些主要模块。主程序模块根据需要分别调用 IMCN、MCRUN 和

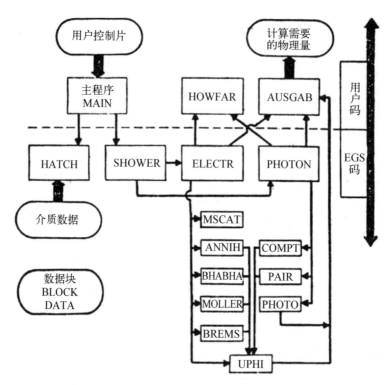

图 7 - 18 EGS 各个子程序模块

PLOT 等模块。IMCN 模块总是要被调用的,其任务是读入输入文件 INP,并对输入数据进行分析处理,随后调用所需要的模块如 RDPROB、TRFMAT、ITALLY 和 VOLUM 等。RDPROB 模块主要是依序读入输入文件 INP 的卡片映像。TRFMAT 模块对非标准形式输入的曲面描述卡完成坐标变换,给出曲面标准形式的方程系数;将输入的源分布处理成便于抽样的形式。ITALLY 模块对输入的记数及材料说明信息进行加工处理。VOLUM 模块则主要计算栅元的体积及曲面的面积。MCRUN 模块是输运计算的实体,是MCNP 的核心部分,它根据需要调用 TRNSPT 和 OUTPUT 模块。TRNSPT模块按用户指定的样本数完成对粒子历史的模拟。OUTPUT 模块则实现对计算结果的编辑输出。PLOT 模块实现在各种图像设备上绘制或显示问题的几何图形,并分别调用 SETUP 模块和 WRAPUP 模块。SETUP 模块根据用户的终端键盘信息绘制几何图形,产生图形文件 PIX。WRAPUP 模块在不同的图像设备上实现 PIX 文件的图形输出。MCNP 的基本结构如图 7 - 19所示[10]。

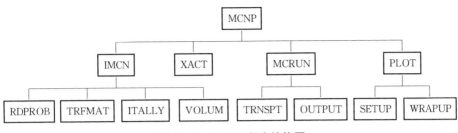

图 7 - 19 MCNP 程序结构图

GEANT4 程序由欧洲核子研究中心（European Organization for Nuclear Research，CERN）开发，是模拟粒子在物质中运动与相互作用的程序[11-12]，运行于 Linux/Unix 和 Windows 操作系统。GEANT4 程序的升级维护版本的下载网址是 cern. ch/geant4，可自由下载。不同于其他蒙特卡罗程序，GEANT4 没有输入卡文件，而是提供面向对象技术构建的蒙特卡罗通用开发程序包，用户可很容易地构造复杂的探测器几何结构，定制感兴趣的粒子与物理模型，且能方便跟踪粒子的过程，处理在输运过程中产生的大量数据。此外，用户还可以用 C++语言编写注入粒子、探测器和相关物理过程的程序，因此 GEANT4 有很大的弹性和灵活性。GEANT4 可方便模拟强相互作用、弱相互作用等高能、超高能物理过程。

FLUKA[13-14] 程序是由欧洲核子研究中心和意大利国家核物理研究院（Istituto Nazionale di Fisica Nucleare，INFN）共同研发的多用途粒子蒙特卡罗模拟程序包。FLUKA 程序广泛应用于模拟高能粒子间相互作用以及各种高能粒子的输运，能处理光子、电子、强子、重离子等在固体、液体、气体中的输运及相互作用问题，可计算的粒子包括 60 多类，其应用范围涵盖了质子和电子加速器的设计与屏蔽相关的计算、活化计算、放射医疗等各个方面。FLUKA 的几何处理能力强大，包括长方体、圆柱、圆锥、圆台、球等模块，可在任意复杂的几何模型里模拟电子和光子的输运及相互作用，包括强子非弹性、弹性碰撞，低能中子输运和光核作用，可方便统计各种所需物理量，如能量沉积、通量、流量、径迹长度、感生放射性，并且能设置电磁场。所计算的低能中子能量为 20 MeV 以下。关于强相互作用，FLUKA 程序可以计算 50 MeV 至几个 GeV 能段的强子-核子相互作用。FLUKA 采用卡片式输入，只需按一定格式输入各项参数即可得到用户输入文件，还提供了丰富的计数卡，例如界面计数卡、径迹长度计数卡、记录各种双微分量的计数卡，也可以按单个事例计数。这些计数卡可以记录能量沉积、星密度、粒子通量分布等量。对于非军事用途,CERN 提供 FLUKA 的免费使用权,可以直接从官网上获得相应的安装文件。

PENELOPE(penetration and energy loss of positrons and electrons)程序由 OECD/NEA Data Bank 和 RSICC(Radiation Safety Information Computational Centre)发布,可用于计算在任意材料中的电子、正电子、光子及其耦合输运问题,计算的粒子能量范围为 100 eV ～ 1 GeV[15]。ITS(integrated tiger system)程序是第一个广泛应用于工业辐照领域的电子与光子耦合输运的蒙特卡罗程序,主要由三个模块组成:TIGER,用于一维问题计算;CYLTRAN,用于轴对称问题的计算;ACCEPT,用于三维问题计算。RT Office(radiation technological office)程序是由乌克兰哈尔科夫大学的辐射动力学课题组发布的电子与光子耦合输运的蒙特卡罗程序。程序采用半经验模型处理剂量分布问题,对于简单模型的处理效率很高。

7.2 束流引出的真空隔离技术

经过加速器加速的束流,在很多情况下其应用环境是非真空环境,这就需要将在真空环境加速的束流引出到非真空环境。本章所讨论的束流引出的真空隔离技术主要针对电子束,相关的技术主要包括固体薄膜隔离、差分抽气隔离和等离子体隔离。

7.2.1 固体薄膜隔离

固体薄膜隔离是束流引出最常用的方法,所涉及的问题主要包括材料选择、结构设计和冷却设计等。采用固体薄膜隔离的优点是比较简便,其缺点有两方面:一是束流能量和功率的损失,特别在低能情况下,当电子射程与薄膜厚度接近时显得尤为严重;二是薄膜存在破裂的问题。

薄膜的破裂一般有四种情况:一是电子流很快上升,或是电流密度接近最大允许电流密度时长时间运行,薄膜一般在中心处破裂;二是薄膜经过长期辐射退化后形成微孔,容易在微孔处破裂;三是钛膜存在氧化问题,从而形成破裂点;四是高压放电拉弧使薄膜破裂。为避免高压打火,薄膜应该处于等电位空间。新的薄膜出束初期会大量出气,电子束流不能一下加得很大。

7.2.1.1 薄膜材料选择

固体薄膜所采用的材料主要有铝、铝合金、钛、铍和 havar 合金等,部分材料的性能参数如表 7-5 所示[16]。havar 合金又名 UNS R30005,是一种可热处理的、非磁性的钴基合金,具有很高的强度和优异的抗腐蚀性,并且抗疲劳性能很好,是一种沉淀硬化型超耐热合金。其成分是钴(占 41%~44%)、铬(占 19%~21%)、镍(占 12%~14%)、钨(占 2.3%~3.3%)、钼(占 2%~2.8%)、锰(占 1.35%~1.8%)、碳(占 0.17%~0.23%)、铍(占 0.02%~0.08%),剩余为铁元素。常规的 havar 合金薄膜厚度为 0.2 mm,最薄可为 2 μm。

表 7-5 固体薄膜隔离窗材料性能

参　　数	铍	铝	钛	havar 合金
原子序数(Z)	4	13	22	28*
原子量(A)	9	27	47.9	60.7*
密度/(g·m^{-3})	1.85	2.7	4.5	8.3
熔点/℃	1 278	660.4	1 660	1 480
热导,0~100℃/(W·m^{-1}·K^{-1})	201	237	21.9	14.7
热容,25℃/(J·K^{-1}·kg^{-1})	1 825	900	523	—
抗张强度/MPa	310~550	50~195	230~460	1 860
平均激发能/eV	84.2	160	246	302

说明: * 表示平均有效值。

低能电子在这 4 种材料中的射程和阻止本领如图 7-20 和图 7-21 所示[16],高能部分的数据可参见附录 A 的表 1 或参考文献[3]的网页。虽然铍的材料性能最好,但其毒性大、价格贵,一般情况下不予采用。固体隔离薄膜通常采用铝或钛,由于钛的抗张强度很高,因此大多数隔离薄膜采用钛膜。虽然电子在 havar 合金中的射程仅为钛的 1/2 左右,但其抗张强度是钛的 4~8 倍,因此可以采用更薄的薄膜,在综合考虑能量损失和机械结构强度的情况下,采用 havar 合金薄膜更为优越。例如钛膜通常的厚度为 30 μm,而 havar 合金薄膜的厚度可以采用 5 μm 左右的,因此钛膜中的电子能量损失是 havar 合金薄膜的 3 倍左右,这对于低能电子束的影响很大。

如果 havar 合金薄膜的厚度为 4.8 μm,80 keV/3 mA 电子束的能量损失为 11 keV,流强损失为 1.1 mA,由此引起薄膜上的能量沉积(计算方法在后面介绍)为 13.5 W[16]。如果采用 20 μm 的钛膜,80 keV/3 mA 电子束的能量损失为 30 keV,流强损失为 1.52 mA,由此引起薄膜上的能量沉积为 158.4 W。

如果采用 12 μm 的钛膜,80 keV/3 mA 电子束的能量损失为 17.4 keV,流强损失为 0.65 mA,由此引起薄膜上的能量沉积为 85.7 W。因此 havar 合金薄膜的冷却问题更容易处理。

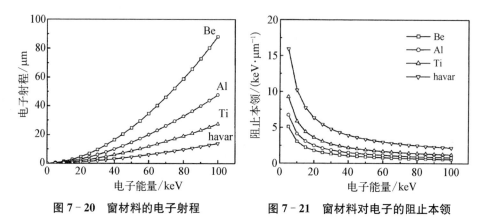

图 7 - 20　窗材料的电子射程　　　　图 7 - 21　窗材料对电子的阻止本领

除了上述材料,还有学者对 50%Al+50%Be、Kapton(铝化高分子聚合物)和金刚石薄膜等做过实验。钛膜加热后有蠕变倾向,容易引起蠕变破坏,而且在大气中长期运行易被腐蚀。为此,有学者研制了抗氧化、抗蠕变的 Ti - Al 复合薄膜(喷涂后热扩散处理)[17]。为进一步减少薄膜的截束,有学者研制了 6~12 μm 的钛膜和 5~8 μm 的抗腐蚀、高导热、高束透射率的金刚石复合薄膜[18-19]以及钛膜外涂二氧化钛[20]等。

7.2.1.2　薄膜沉积能量计算方法

在进行薄膜的物理设计时,首要问题是确定电子束穿过钛膜时在其中的能量沉积,因而需要明确两方面问题,一是电子束经过薄膜后的能谱和角分布情况,二是穿透、反射或吸收的电子数目或电子能量与入射时的比值。

当薄膜厚度远小于入射电子在材料中的射程时,电子穿透薄膜后的能量损失和角度发散较小,这种情况下的能量损失和角度发散可以分开处理,电子的平均能量损失可以通过附录 A 的表 1 中的阻止本领数据求解,阻止本领也可以通过式(7 - 2)求得。电子穿透铝接近 100%,反射电子也可以忽略,因此薄膜的沉积能量约等于入射流强与电子能损的乘积。

如果电子能量很低,其射程接近于薄膜厚度,则有部分电子会截止于薄膜内部,因此除了考虑材料对电子组织本领引起的能量损耗,还需要考虑截止于薄膜内的电子的能量沉积,上述计算方法不再适合。Rao 给出了一个相对简单的透射系数 T_n 的公式[21]。透射系数是指透过薄膜的电子电流与入射电流的比值。

$$T_n = \frac{1 + e^{-gh}}{1 + e^{g(t/r-h)}} \qquad (7-29)$$

$$g = 9.2Z_{ef}^{-0.2} + 16Z_{ef}^{-2.2}, \ h = 0.63Z_{ef}/A_{ef} + 0.27 \qquad (7-30)$$

式中，r 是电子射程；t 是薄膜厚度；Z_{ef} 是材料的有效原子序数；A_{ef} 是材料的有效原子质量。

透射后的电子能量会损失，其能量平均值与入射能量的比值为能量透射系数 T_e。入射电子在材料的入射面大角度反射，则反射的电子电流与入射电子电流的比值为反射系数 R_n，反射电子的能量平均值与入射能量的比值称为能量反射系数 R_e。上述 4 个系数中，除了 Rao 给出的透射系数计算公式外，其他系数的计算公式未见有人给出，一般是通过蒙特卡罗计算得到不同材料、能量和厚度的系数值[22]。附录 A 的表 4 给出了铍、铝、钛薄膜在 100 keV、150 keV、200 keV、300 keV、400 keV 时的各系数的蒙特卡罗计算值，其中 E_{av} 是穿透电子的平均能量，W 是穿透电子的半高宽能量。

在计算低能电子在薄膜中的能量沉积 W 时，可采用如下公式[23]：

$$W = W_0(1 - T_n T_e - R_n R_e) = W_0\varphi \qquad (7-31)$$

式中，W_0 是入射电子束功率。从附录 A 的表 4 中的数据可知，当能量大于 0.4 MeV 时，R_n 和 R_e 是非常小的，其乘积就更小，因此在计算能量沉积时，反射电子的影响可以忽略。此外式(7-31)中未考虑 X 射线带走的能量，因此其计算值会稍微偏大，但作为初步分析，其准确度应该可以满足要求，更准确的计算结果应该由蒙特卡罗计算求出。

7.2.1.3　无栅薄膜冷却设计

1) 机械性能

在电子能量高于 1 MeV 时，可以采用较厚和较宽的薄膜，直接密封很大的束流引出窗，如图 7-22 所示，其薄膜所受张力 σ 由下式确定[23]：

$$\sigma = \Delta P r_m / \delta_b \qquad (7-32)$$

$$r_m \approx 0.75 l_y \qquad (7-33)$$

式中，ΔP 是薄膜两侧的压力差；l_y 是薄膜窄边宽度；r_m 是薄膜受压力后的弯月面曲率半径，其值正比于薄膜窄边宽度 l_y；δ_b 是薄膜厚度。所以薄膜窄边宽度越大、厚度越小，所受张力越大。薄膜受压后的弯月面如图 7-23 所示[24]，其不利影响是会使得边缘束流与薄膜法线夹角增大,电子在薄膜内的传输距离增加,电子能损和薄膜发热增加。但是,为了提高极限张力,窄边边框可以直接制作成弯月形状,如图 7-24[25] 所示,这样可以降低弯月面曲率半径 r_m。

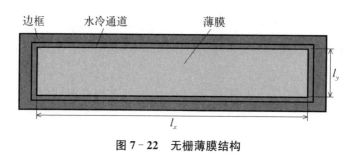

图 7-22 无栅薄膜结构

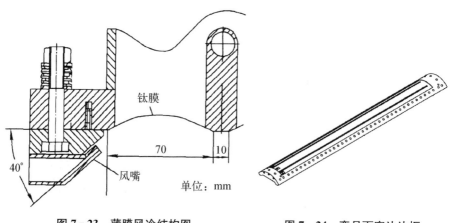

图 7-23 薄膜风冷结构图   图 7-24 弯月面窄边边框

20℃时,薄膜的极限应力值如下[23]:铝为 58.8 MPa,铍为 135 MPa,钛为 241 MPa,钛合金为 930 MPa。极限应力随温度升高迅速下降,例如钛膜在 300℃时的极限应力值下降一半,然后随温度上升而急剧下降,钛膜的最高允许工作温度一般为 400℃。

2) 辐射散热

高温物体都会通过空间辐射的方式散发热量,经辐射传出去的热量为[23]

$$Q_{rad} = \varepsilon\sigma A(T_2^4 - T_0^4) \tag{7-34}$$

式中,ε 是薄膜的黑度或发射率,无量纲,钛膜的黑度约为 0.18;σ 是绝对黑体辐射系数,其值为 5.7×10^{-12} W/(cm² · K⁴);A 是辐射面积,对于薄膜需要考虑两侧的辐射,即辐射面积是薄膜面积的 2 倍;T_2 是薄膜温度,T_0 是环境温度。如果薄膜温度为 700 K,环境温度为 300 K,则辐射散热密度为 0.238 W/cm^2。因此,辐射散热效果是很差的。

3) 水冷边框散热

如果采用如图 7-22 所示的水冷边框,当薄膜窗长度远大于 5 倍的窗宽度时,假定薄膜上的束流功率均匀,则薄膜可看作沿窄边方向的一维热传导,其中心温升为[23]

$$\Delta T = \frac{q_{\mathrm{b}} l_y^2}{8 \lambda_{\mathrm{b}} \delta_{\mathrm{b}}} = \frac{C_T \rho_{\mathrm{b}} l_y}{\lambda_{\mathrm{b}}} \tag{7-35}$$

式中,q_{b} 是薄膜吸收的功率密度,单位是 W/cm^2;λ_{b} 是薄膜的热传导系数,单位是 W/(m·K);C_T 是常数;ρ_{b} 是薄膜密度。$\Delta T \lambda_{\mathrm{b}} / \rho_{\mathrm{b}}$ 是薄膜材料热传导结构性能的选择标准。铝的 ΔT 虽然比钛小 $\frac{1}{3}$,但铝的 λ_{b} 比钛大 10 倍,所以铝的热传导结构性能比钛好。

钛的热传导系数为 22.4 W/(m·K),假定钛膜的最高温度为 350℃,边框温度为 20℃,钛膜窄边宽度 l_y 为 35 mm,钛膜厚度为 35 μm,则钛膜的最大吸收功率密度 q_{b} 为 3.9×10^{-2} W/cm$^{2[25]}$。因此,热传导的散热效果也很差。

4) 强迫风冷散热

为了提高薄膜冷却效果,需要采用强迫风冷。在气体平行且紧靠薄膜平面吹过时,薄膜温升为[23]

$$\Delta T_{\mathrm{m}} \approx \frac{8.33 v_{\mathrm{g}}^{0.8} q_{\mathrm{b}} y^{0.6}}{\lambda_{\mathrm{g}} (sPr)^{0.4} v_{\mathrm{o}}^{0.8}} = \frac{q_{\mathrm{b}}}{\alpha_{\mathrm{k}}} \tag{7-36}$$

$$\alpha_{\mathrm{k}} = \frac{\lambda_{\mathrm{g}} (sPr)^{0.4} v_{\mathrm{o}}^{0.8}}{8.33 v_{\mathrm{g}}^{0.8} y^{0.6}} \tag{7-37}$$

式中,v_{g} 是气体的动力学黏滞系数;λ_{g} 是薄膜的热传导系数,单位为 W/(m·K);q_{b} 是薄膜吸收的功率密度,单位为 W/cm^2;Pr 是气体的普朗特常数;s 是喷口的宽度,单位为 m;v_{o} 是喷口出口的气体速度,单位为 m/s;y 是离喷口的距离,单位为 m;α_{k} 是换热系数,单位为 W/(m^2·K)。式(7-37)是按气体流速随离喷口的距离的增大而急剧下降$\left[\frac{v_y}{v_{\mathrm{o}}} \sim \left(\frac{y}{s}\right)^{-0.5}\right]$推导而得,有的实验结果是 y 处的气体速度 v_y 与离喷口的距离 y 的关系是 $v_y \propto y^{-0.5}$。也有学者给出的换热系数为[23]

$$\alpha_k = \frac{18.8 s^{0.4} v_o^{0.8}}{y^{0.6}} \qquad (7-38)$$

由于上述公式中的气体流速和气体流动状态与实际状态的差别会很大,计算误差也很大。其中,喷嘴喷射气流的方向与薄膜的夹角会影响气流速度,在满足式(7-33)的情况下,这个角度为 $16°\sim18°$ 时的气体速度最大[23]。

7.2.1.4 铜栅薄膜冷却设计

如果电子能量很低,其射程与薄膜厚度接近时,必须采用很薄的薄膜,所对应的极限张力就很小,因此需要采用栅或孔结构来提高薄膜的极限张力。当电子的射程与薄膜厚度接近时,穿过薄膜的电子散角较大,在薄膜上附加支撑隔栅不会影响到电子辐照的均匀度,这样就可以在保障薄膜机械强度的情况下采用更薄的薄膜。铜栅可以采用如图 7-25 所示的机械结构[23],也可以采用如图 7-26 所示的开孔结构[18]。

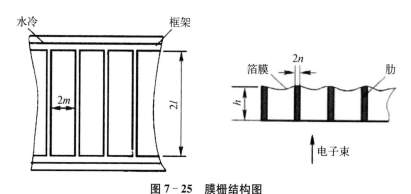

图 7-25　膜栅结构图

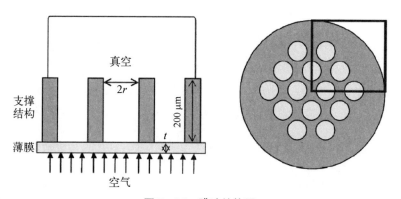

图 7-26　膜孔结构图

正常情况下,栅格中心点为最高温度点,也是温升的极限点。对于如图 7-25 所示的结构,采用一维模型仅考虑经铜栅的热传导时,所得薄膜允许输出的最大电流密度为 $J_{\max}$ [23]:

$$J_{\max} = \frac{\lambda_{\mathrm{m}} \Delta t_{\mathrm{k}} m T_{\mathrm{N}} \left[1 - \dfrac{(1+1.5\varepsilon) m \Delta P}{\sigma_0 \delta_{\mathrm{b}} \sqrt{6\varepsilon}} \right]}{U \left(\dfrac{m^2 \varphi}{2\delta_{\mathrm{b}} \lambda} + \dfrac{l^2 m \varphi}{2hn} + \dfrac{\lambda_{\mathrm{m}} m \varphi}{n \alpha_{\mathrm{k}}} + \dfrac{l^2}{2h} \right)(m+n)} \tag{7-39}$$

式中,m,n,h,l 的含义如图 7-25 所示;σ_0 是薄膜在室温 t_0 下的极限应力强度,单位为 $\mathrm{kg/cm^2}$;λ_{m} 是栅框架的热传导系数,单位为 $\mathrm{W/(m \cdot K)}$;$\lambda = \lambda_{\mathrm{g}}/\lambda_{\mathrm{m}}$;$U$ 是原始电子能量,单位为 V;T_{N} 是电子经过薄膜的粒子传输率;ΔP 是薄膜真空内外的压强差;δ_{b} 是薄膜厚度;φ 是电子沉积在薄膜上的能量份额,由式(7-31)定义;ε 是薄膜的伸长率;$\Delta t_{\mathrm{k}} = 0.9 t_{\mathrm{mel}} - t_0$,$t_{\mathrm{mel}}$ 是薄膜的熔化温度;α_{k} 是栅与薄膜接触面的导热系数,单位是 $\mathrm{W/(cm^2 \cdot K)}$ [23],表示为

$$\alpha_{\mathrm{k}} = \frac{2 P_{\mathrm{k}} \lambda_{\mathrm{k}}}{3\pi a \sigma_{\mathrm{k}}} \tag{7-40}$$

式中,$P_{\mathrm{k}} = \Delta P \left(\dfrac{m}{n} + 1 \right)$ 是接触面的压强,单位为 $\mathrm{kg/cm^2}$;$\lambda_{\mathrm{k}} = 2\lambda_{\mathrm{g}} \lambda_{\mathrm{m}} / (\lambda_{\mathrm{g}} + \lambda_{\mathrm{m}})$ 是接触面的折合导热系数,单位为 $\mathrm{W/(m \cdot K)}$;σ_{k} 是两导体中软的导体的极限应力强度,单位为 $\mathrm{kg/cm^2}$;a 是接触斑点的直径,单位为 cm。

栅肋宽度 n 在满足沿薄膜表面的温度下降不大于 10% 时,可由下式确定[23]:

$$n = 0.467 \sqrt{\lambda_{\mathrm{g}} \delta_{\mathrm{b}}} / \sqrt{\alpha_{\mathrm{k}}} \tag{7-41}$$

$$n^2 + mn = 1.54 \times 10^{-3} \sigma_0 \delta_{\mathrm{b}} (1+\lambda) / \Delta P \tag{7-42}$$

根据上述公式,在确定的电子能量和薄膜的条件下,应该能找到一个最优的结构尺寸。但是式(7-39)的计算中有些参数估算困难,不过可以推导另外一种表达方式来讨论各尺寸的影响[23]。薄膜的应力强度随温度的上升而下降[23]:

$$\sigma = \frac{\sigma_0 (0.9 t_{\mathrm{mel}} - t_{\mathrm{m}})}{0.9 t_{\mathrm{mel}} - t_0} = \frac{(1+1.5\varepsilon) m \Delta P}{\delta_{\mathrm{b}} \sqrt{6\varepsilon}} \tag{7-43}$$

式中,t_{m} 是薄膜工作时的温度。将式(7-40)和式(7-43)代入式(7-39)

可得[23]：

$$J_{\max} = \frac{\lambda_{\mathrm{m}} \Delta t_{\mathrm{m}} T_{\mathrm{N}}}{U\varphi\left(\dfrac{m}{2\delta_{\mathrm{b}}\lambda} + \dfrac{l^2}{2hn} + \dfrac{\lambda_{\mathrm{m}}}{n\alpha_{\mathrm{k}}} + \dfrac{l^2}{2mh\varphi}\right)(m+n)} \tag{7-44}$$

式中，$\Delta t_{\mathrm{m}} = t_{\mathrm{m}} - t_0$ 是薄膜工作时的温升。式(7-44)括号中四项表达式的物理意义如下：第一项 η_1 对应薄膜热量由薄膜中心横向经薄膜直接传导到框架肋条边引起的热阻；第二项 η_2 对应薄膜热量由框架肋条中心沿两肋传导到框架边缘引起的热阻；第三项 η_3 对应薄膜热量由框架肋条边经热接触传导到框架边缘引起的热阻；第四项 η_4 对应直接轰击到肋条上的束的热量由框架肋条传导到框架边缘引起的热阻。其中的第三项 η_3 可以认为是完全接触，即其值可以忽略，因此方括号内只需计算三项。

如果 $U = 200\ \mathrm{keV}$，$\delta_{\mathrm{b}} = 12.5\ \mu\mathrm{m}$，$2m = 3.2\ \mathrm{mm}$，$2n = 0.8\ \mathrm{mm}$，$2l = 7.2\ \mathrm{cm}$，$h = 1\ \mathrm{cm}$，$\Delta t_{\mathrm{m}} = 400\ \mathrm{K}$，计算得到 $\varphi = 0.162$，$J_{\max} = 0.124\ \mathrm{mA/cm^2}$，$\eta_1 = 1\,475$，$\eta_2 = 162$，$\eta_4 = 250$。可见三项热阻中 η_1 最大，即温度梯度主要在肋间的薄膜方向上。

7.2.2　差分抽气隔离

7.2.1 节介绍了高功率电子束引出的薄膜隔离方法，但有些应用情况不能将电子束斑扩大或扫描，这就导致薄膜上沉积的电子能量密度过高，使得薄膜产生辐射老化乃至烧穿。此外，薄膜会对同步辐射加速器或自由电子激光加速器引出的光子产生影响[26-27]，会改变光束性能。这些情况下需要采用无窗引出技术，常规的是差分抽气隔离技术。除了真空隔离，差分抽气有的用于维持不同区域或一定距离的真空过渡[28-29]，有的则用于气体反应靶[30-32]或剥离靶[33]。

1）常规差分抽气

常规的差分抽气的结构原理如图 7-27 所示，由气体流量方程可得[34]：

$$(P_5 - P_4)C_4 + Q_4 + Q_4' - (P_4 - P_3)C_3 = P_4 S_4$$
$$(P_4 - P_3)C_3 + Q_3 + Q_3' - (P_3 - P_2)C_2 = P_3 S_3$$
$$(P_3 - P_2)C_2 + Q_2 + Q_2' - (P_2 - P_1)C_1 = P_2 S_2$$
$$(P_2 - P_1)C_1 + Q_1 + Q_1' = P_1 S_1 \tag{7-45}$$

式中，P_1、P_2、P_3、P_4 是各差分抽气室的气压；Q_1、Q_2、Q_3、Q_4 是各差分抽气室

的出气量；Q_1'、Q_2'、Q_3'、Q_4' 是各差分管道的出气量；C_1、C_2、C_3、C_4 是各差分管道的流导；S_1、S_2、S_3、S_4 是各差分抽气室泵的有效抽速；P_5 是差分前的气压。整理式(7-45)可得[34]：

$$P_4 = \frac{P_3 C_3 + Q_4 + Q_4' + P_5 C_4}{S_4 + C_4 + C_3}$$

$$P_3 = \frac{P_2 C_2 + Q_3 + Q_3' + P_4 C_3}{S_3 + C_3 + C_2}$$

$$P_2 = \frac{P_1 C_1 + Q_2 + Q_2' + P_3 C_2}{S_2 + C_2 + C_1}$$

$$P_1 = \frac{Q_1 + Q_1' + P_2 C_1}{S_1 + C_1} \tag{7-46}$$

如果差分系统的截面较小，流导较小，出气量可忽略不计，则式(7-46)可简化为[34]

$$P' = \frac{PC}{S + C} \tag{7-47}$$

式中，P 是差分前的压强；P'是差分后的压强；S 是泵的有效抽速；C 是差分管道的流导。上述公式中，流导的计算是一个重要问题。流导的计算主要分为黏滞流和分子流两类，其判断标准可根据气体的平均气压 p 和管道直径 d 的乘积[35]：当 $pd>0.67$ Pa·m 时为黏滞流，当 $pd<0.02$ Pa·m 时为分子流，当 pd 值在 0.02 Pa·m 和 0.67 Pa·m 之间时为黏滞-分子流。

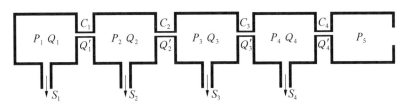

图 7-27　常规的差分系统原理图

这里我们只给出圆长管道、圆短管道、圆孔和矩形管道的流导计算公式，其他截面形状的管道流导计算方法可查阅相关文献[35]。圆长管道的判断标准是管道长度 L 大于 20 倍的管道直径 d($L>20d$)。圆长管道的黏滞流流导为[35]

$$C = \frac{\pi d^4 \overline{P}}{128 \eta L} \tag{7-48}$$

式中，$\bar{p}=(p_1+p_2)/2$ 是管道的平均压强；p_1 是管道出口压强；p_2 是管道入口压强；η 是气体黏滞系数，单位是 N·s/m²。

对于 20℃的空气，圆长管道的黏滞流流导为[35]

$$C_{20℃}=1\,340\frac{d^4\bar{P}}{L} \tag{7-49}$$

圆长管道的分子流流导为[35]

$$C=1.21\frac{d^3}{L}\sqrt{\frac{T}{M}} \tag{7-50}$$

$$C_{20℃}=121\frac{d^3}{L} \tag{7-51}$$

式中，T 是气体温度，单位为 K；M 是气体摩尔质量，单位为 kg/mol。

半径为 r 的圆孔黏滞流流导为[35]

$$C=\sqrt{\frac{2rRT}{(r-1)M}}x^{1/\gamma}\sqrt{1-x^{(\gamma-1)/\gamma}}\frac{A_0}{1-x} \tag{7-52}$$

式中，摩尔气体常数 $R=8.314$ J/(K·mol)；A_0 是孔面积；孔两侧的压力比 $x=p_2/p_1$；气体绝热系数 $\gamma=c_p/c_V$，c_p 是比定压热容，c_V 是比定容热容。

当 $0.525\leqslant x\leqslant 1$ 时，对于 20℃空气，圆孔的黏滞流流导为

$$C_{20℃}=766x^{0.712}\sqrt{1-x^{0.288}}\frac{A_0}{1-x} \tag{7-53}$$

当 $0.1\leqslant x<0.525$ 时，对于 20℃的空气，圆孔的黏滞流流导为[35]

$$C_{20℃}\approx\frac{200A_0}{1-x} \tag{7-54}$$

当 $x<0.1$ 时，对于 20℃的空气，圆孔的黏滞流流导为

$$C_{20℃}\approx 200A_0 \tag{7-55}$$

圆孔的分子流流导为[35]

$$C=0.9d^2\sqrt{\frac{T}{M}} \tag{7-56}$$

$$C_{20℃} = 91.2d^2 \qquad (7-57)$$

圆短管道的黏滞流流导为[35]

$$C = \frac{\pi d^4 \overline{P}}{128\eta(L + 0.029Q)} \qquad (7-58)$$

$$C_{20℃} = 1\,340\,\frac{d^4 \overline{P}}{L + 0.029Q} \qquad (7-59)$$

式中,Q 是通过管道的气体流量。

圆短管道的分子流流导为[35]

$$C = aC_。 \qquad (7-60)$$

$$C_{20℃} = 116aA_0 \qquad (7-61)$$

式中,$C_。$ 是圆孔的分子流流导;a 是克劳辛系数,其值在表 7-6 中给出[35]。

表 7-6　克劳辛系数

L/d	0	0.05	0.1	0.2	0.4	0.6	0.8
a	1	0.952	0.909	0.831	0.718	0.632	0.566
L/d	1	2	4	6	8	10	20
a	0.514	0.359	0.232	0.172	0.137	0.114	0.061

矩形管道的黏滞流流导为[35]

$$C = \frac{a^2 b^2 \overline{P}\varphi}{12\eta L} \qquad (7-62)$$

$$C_{20℃} = 4\,560Ka^2 b^2 \overline{P}\varphi/L \qquad (7-63)$$

$$\varphi = 1 - \frac{192b}{\pi^5 a}\left(\text{th}\frac{\pi a}{2b} + \frac{1}{3^5}\text{th}\frac{3\pi a}{2b} + \frac{1}{5^5}\text{th}\frac{5\pi a}{2b} + \cdots\right) \qquad (7-64)$$

式中,a,b 是矩形的两条边长;K 是形状系数,其值如表 7-7[35]所示。φ 与 a/b 的关系如图 7-28[35]所示。正方形管道的黏滞流流导为[35]

表 7-7　黏滞流矩形管道的形状系数 K

a/b	1	0.9	0.8	0.7	0.6	0.5	0.4	0.3	0.2	0.1
K	1	0.99	0.98	0.95	0.9	0.82	0.71	0.58	0.42	0.23

$$C = 0.035\,2\,\frac{a^4 \overline{P}}{\eta L} \qquad (7-65)$$

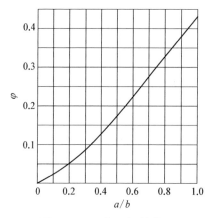

图 7 - 28 φ 与 a/b 的关系

$$C_{20℃} = 1\,920a^4\overline{P}/L \qquad (7-66)$$

矩形管道的分子流流导为[35]

$$C = 3.069K_j\frac{a^2b^2}{(a+b)L}\sqrt{\frac{T}{M}} \qquad (7-67)$$

$$C_{20℃} = 309K_j\frac{a^2b^2}{(a+b)L} \qquad (7-68)$$

分子流矩形管道的形状系数 K_j 的值如表 7 - 8[35] 所示。

表 7 - 8 分子流矩形管道的形状系数 K_j

b/a	1	2/3	1/2	1/3	1/5	1/8	1/10
K_j	1.108	1.126	1.151	1.198	1.297	1.4	1.444

黏滞-分子流的圆管道流导为[35]

$$C = \frac{\pi d^4\overline{P}}{128\eta L} + \frac{d^3}{6L}\sqrt{\frac{2\pi RT}{M}}\frac{\eta\sqrt{RT}+d\overline{P}\sqrt{M}}{\eta\sqrt{RT}+1.24d\overline{P}\sqrt{M}} \qquad (7-69)$$

$$C_{20℃} = \frac{1\,340d^4\overline{P}}{L} + \frac{121d^3}{L}\frac{1+189d\overline{P}}{1+234d\overline{P}} \qquad (7-70)$$

黏滞-分子流的矩形截面管道流导为[35]

$$C = C_n + K_fC_f\frac{1+1.23(a\overline{\lambda})^{0.3}}{1+2.088K_f(a\overline{\lambda})^{0.3}} \qquad (7-71)$$

式中，C_n 是矩形管道黏滞流流导；C_f 是矩形管道分子流流导；K_f 是矩形管道形状系数，其值如图 7 - 29[35] 所示。

上述差分抽气技术可直接应用于气体反应靶[31]。其差分抽气系统采用三级，长度约为 33 cm，第一个真空腔的气压为 70～90 Pa，第二个真空腔的气压约为 10 Pa，第三

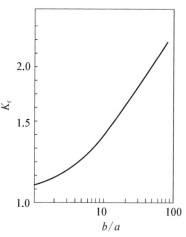

图 7 - 29 矩形管道形状系数 K_f

个真空腔的气压约为 0.1 Pa。气体靶内的气压为 600~1 000 Pa。由于气体靶内的气压很低,气体靶的长度一般大于 1 m。

2) 圆盘快门差分抽气

为了提高气体靶的气体密度,Guzek 采用一种圆盘快门(shutter)来提高差分抽气的气压梯度,如图 7-30 所示[30]。该系统也采用 3 个真空泵抽气,系统长度为 36 cm。在真空腔Ⅰ中有两个用于密封的旋转圆盘,每个圆盘上等角度开三个直径为 5 mm 的圆孔,电机同时带动两个圆盘的转速为 3 000 r/min。当圆盘的圆孔旋转到与束流孔道重合的位置时,引出的束流通过,束流的通过频率为 150 Hz,同时有气体排放到真空腔Ⅰ、Ⅱ、Ⅲ,这个过程类似于相机的快门。由于密封圆盘对气体的阻挡作用,气体靶内的气压可以提高到一个大气压,根据气体靶的气体种类不同,真空腔Ⅰ内的气压为 100~300 Pa,真空腔Ⅱ内的气压为 0.1~1 Pa,真空腔Ⅲ内的气压为 10^{-4}~10^{-3} Pa[30]。因此,圆盘快门不仅提高了气体靶的气体密度,还提高了真空腔内的真空度。

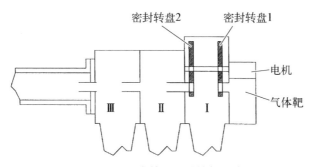

图 7-30 圆盘快门差分抽气系统

3) 气体动力学窗

除了上述的差分抽气技术,还有一种更为紧凑的差分抽气结构,称为气体动力学窗(gas-dynamic window),如图 7-31 所示[36]。气体动力学窗本质上是一种超声气体喷流(supersonic gas jet),这种喷流在气体靶方面的应用很多[32],所不同的是,气体靶的喷流方向一般垂直于入射粒子束,而气体动力学窗的气体靶的喷流方向与粒子束运动方向在同一直线上。

图 7-31 中,1 是电子枪阴极,2 是电子枪阳极,3 是螺线管透镜,4 和 8 是窗部件,5 是马赫盘,6 是气压陡变面,7 是喷流气体边界。Q 是气体流量;p_c 是装置外部气压,为一个大气压;p_j 是喷嘴处的气压,略小于 p_c;p_1 是气体动力学窗内本底气压,为 100 Pa 左右;p_2 是电子枪内气压,为 1~10 Pa,即气体动力学窗

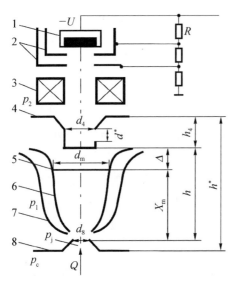

1—电子枪阴极;2—电子枪阳极;3—螺线管透镜;4—窗部件;5—马赫盘;6—气压陡变面;7—喷流气体边界;8—窗部件。

图 7-31　气体动力学窗结构简图

可提供 5～6 个量级的气压降[36]。

对于如图 7-31 所示的装置,这个气压降可直接由前级机械泵获得,所需要的真空泵功率与束流引出的面积是相关的,一般为 5～10 $kW/mm^{2[37]}$。$h^*=40\ mm$,窗孔径 $d_4=d_8=1\ mm$,这些参数只是一个参考,可以根据具体需要再进行优化。

获得超声气体喷流的条件是[38]

$$\frac{p_j}{p_1}>\left(\frac{\gamma+1}{2}\right)^{\gamma/(\gamma-1)} \tag{7-72}$$

式中,γ 是气体绝热系数,其定义与式(7-52)中的 γ 相同,对于空气,$\gamma=1.4$。

马赫盘到喷口的距离 X_m 为[36]

$$X_m=0.7d_8\sqrt{\gamma p_j/p_1} \tag{7-73}$$

p_c 与 p_j 的关系为[36]

$$p_j=p_c\left(1-\frac{\gamma-1}{\gamma+1}\right)^{\gamma/(\gamma-1)} \tag{7-74}$$

对于空气,$p_j=0.528p_c$。此外,p_c/p_1 的值还决定着喷流的形状、压强分布和与部件 4 相互作用的性能。

马赫盘的尺寸为[38]

$$d_m=d_8[0.36(p_j/p_1)^{0.6}-0.59] \tag{7-75}$$

当部件 4 为凸起带孔结构时,马赫盘到孔的距离 Δ 可为零。当 $p_c=10^4\ Pa$,p_1 可达到 100 Pa,h 可优化为 6 mm,马赫盘直径为 7 mm。气体到达马赫盘前,随气体的运动气压降低,气体分子速度增加到声速以上(因此称为超声气体喷流);气体到达马赫盘之后,气压增加,气体分子速度降低。对于凸起带孔的部件 4,可设计为 $h\approx5d_8$;对于平板带孔的部件 4,可设计为 $h\approx10d_8$[36]。在部件 4 和 8 之间的喷流内部的气压 p^* 是其背景气压 p_1 的 5～6 倍[36-37]。当气压差较小时,即 $10<p_c/p_1<100$,超声气体喷流的形状为旋转的抛物线面[36];当 $p_c/p_1\geqslant100$ 时,超声气体喷流的形状为笔形的火炬。

为了提高 p_2 的真空度,可在部件 4 的凸起侧面开孔,如图 7-31 和图 7-32[37] 所示,孔径为 d^*。侧孔可使 p_2 降低至原来的三分之一[36]。其原理是利用超声气体喷流形成的侧面气流 Q_f 产生抽气效应。通过侧孔获得的抽气流量 Q_d 为[37]

$$Q_d = \frac{Q_f q(\lambda)_d}{Na\sqrt{\theta}q(\lambda)_f} \qquad (7-76)$$

式中,N 是侧孔两侧的压力差值;a 是侧孔面积与马赫盘面积的比值;θ 是侧孔出射气体温度与侧面气流 Q_f 的温度的比值;λ 是流速系数,等于气体流速与该静态气体声速的比值;$q(\lambda)$ 的定义为[37]

$$q(\lambda) = \left(\frac{\gamma+1}{2}\right)^{1/(\gamma-1)} \lambda\left(1-\lambda^2\frac{\gamma-1}{\gamma+1}\right)^{1/(\gamma-1)} \qquad (7-77)$$

$q(\lambda)$ 的下标 d、f 与 Q_d 和 Q_f 的含义相同。一般情况下,$\lambda=1$,$q(\lambda)_f=1$,$\theta=1$,$p^*\approx p_2'$,$p\approx p_1$。当存在关系 $p/p^*<0.528$ 时,侧孔出射的气体也是超声喷流,此时存在关系 $p^*/p_1=3.55$(p^* 的含义如图 7-32 和图 7-33[39] 所示),式(7-76)可简化为 $Q_d = \dfrac{Q_f}{3.55a}$[37]。

对于黏滞流气体,存在以下关系[37]:

$$\begin{cases} Q_f = 200F_1(p_{ch}-p_1) \\ Q_2 = 200F_2(p_1-p_2') \\ Q_d = 200F^*(p^*-p_1) \end{cases} \qquad (7-78)$$

式中,F_1 是图 7-32 中部件 1 的孔面积;F_2 是部件 2 的孔面积;F^* 是侧孔面积。如果电子枪区域的真空泵抽速为 10 L/s,气体动力学窗区域的真空泵抽速为 45 L/s,$h=9$ mm,$h^*=30$ mm,0.6 mm 的侧孔开 5 个,所得的真空度比不开侧孔可提高 30% 左右。

超声气体喷流虽然在马赫盘附近降低气压,但在马赫盘之后,气压还会上升,其原因是喷射的气体分子大部分进入了电子枪,从而导致气压的上升。为此可以考虑采用如图 7-33 所示的结构将喷流方向偏转。

对于如图 7-33 所示的结构,入射的气体首先在 a 点膨胀,使得自 a 点向左的直线上产生压力梯度,从而使得喷流方向偏转。当 $h>2d$ 时,p_k/p_2 的值与部件 2 的形状无关,并且使部件 1、2 之间的抽气效率大大提高了。喷嘴的

切割角度 φ 为[39]

$$\varphi = \pi - \left(\frac{\gamma+1}{\gamma-1}\right)^{0.5} \cdot \frac{\pi}{2} \qquad (7-79)$$

对于空气，$\gamma=1.4$，$\varphi=49°33'$，如果 $p_k=10\ \text{kPa}$，$p_2=50\ \text{Pa}$，则喷流的偏转角度为 $25°$[39]。此外 a 点附近的气体温度也会影响喷流的状态。偏转的喷流使得喷嘴两侧的气压不同[39]：

$$p_1/p_3 = 1 + \gamma(\lambda^2-1)/(\lambda^2+1) \qquad (7-80)$$

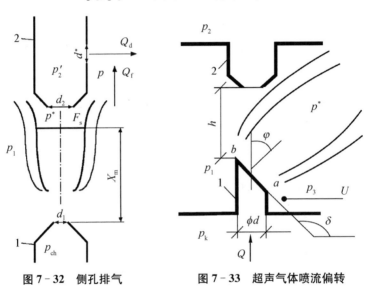

图 7-32　侧孔排气　　　　　图 7-33　超声气体喷流偏转

由于部件 1 产生的气压降不超过 2～3 个量级，相对于空气的 λ 就不超过 2.45，由此得到式(7-80)的极限值 $p_1/p_3\approx2$。

4）条缝差分抽气

上述结构都是将束流引出到低真空中应用。如果被辐照材料是薄膜，也可以将薄膜通过机械结构传输到高真空内，经过电子束的辐照处理再传输出来，如图 7-34[40] 所示。其中薄膜从图中右侧的解卷绕装置，经过中间的大气到大气真空密封装置，再到卷绕装置。在大气到大气真空密封装置中有多级密封装置，每一级由三个密封滚、两个密封块和两个导向滚等组成，如图 7-35[40] 所示。相邻两个密封滚的间距为 100～150 μm，并且可调，导向滚用于将薄膜偏离气流方向。密封滚的尺寸为 $\phi86\ \text{mm}\times1\ 240\ \text{mm}$，如果密封滚前后的气压差为 $5\times10^4\ \text{Pa}$，其所承受的压力约为 500 N，其所导致的密封滚最大位移为 3 mm[40]。

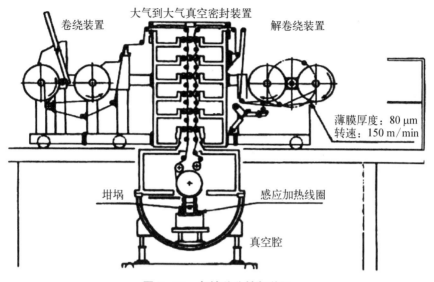

图 7 - 34　条缝差分抽气装置

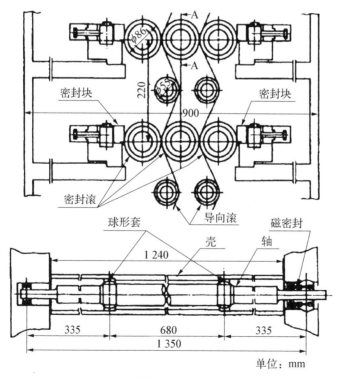

单位：mm

图 7 - 35　条缝差分抽气密封结构

条缝差分抽气模型如图 $7-36^{[40]}$ 所示，其中 T 是温度，p 是气压，计算公式与式(7-45)类似。当前级气压 p_1 与后级气压 p_2 的关系为 $p_2/p_1 > 0.53$ 时，气体流量 Q 随后级气压 p_2 的增加而减小；当 $p_2/p_1 \leqslant 0.53$ 时，通过间隙的气体速度达到或超过声速，黏滞流气体流量 Q 为常量[40]：

$$Q = Cabp_1 \sqrt{\gamma RT} \left[2/(\gamma+1)\right]^{(\gamma+1)/2(\gamma-1)} \qquad (7-81)$$

式中，$p_1 > 133\,\mathrm{Pa}$；a 是缝的长度；b 是缝的宽度；$R = 287.03\,\mathrm{J/(kg \cdot K)}$；$C$ 是气体流量系数，其与前级气压的关系如图 $7-37^{[40]}$ 所示。对于分子流的气体，流量 Q 为常量[40]：

$$Q = \varphi(p_2 - p_1) = 4ab^2 \sqrt{2RT/\pi}(p_2 - p_1)/(3l) \qquad (7-82)$$

式中，l 是缝的等效深度；φ 是流导。对于黏滞-分子流的气体流量 Q 的计算需要将式(7-82)的流导改为式(7-71)。

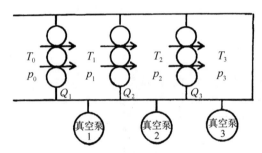

图 7-36　条缝差分抽气模型

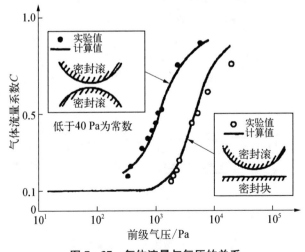

图 7-37　气体流量与气压的关系

对于条缝差分抽气,尽管级数越多越好,然而经过计算,如果缝宽为 0.15 mm,真空室的工作气压为 $6×10^{-2}$ Pa,采用 6 级的经济性最好[40]。

7.2.3　等离子体隔离

在某些应用情况下,例如电子束焊接、离子注入、干蚀刻(dry etching)、微制造(micro-fabrication)等要求输出束斑的功率密度很高,即不能采用扩束后的薄膜引出,同时要求的隔离空间很短、真空梯度很高,因此很难采用差分抽气的方法。为此有人提出等离子体隔离的方法。同样等离子体隔离方法可用于自由电子激光的引出。

7.2.3.1　理论基础

采用等离子体隔离方法是将大气与真空腔之间的过渡区域等离子化,在等离子区域和大气区域的气压 p 应该达到平衡,满足气态方程:

$$p = nkT \tag{7-83}$$

式中,n 是气体分子密度;k 玻耳兹曼常数。等离子体内的平均温度可达 12 000 K[41],考虑到室温为 300 K 左右,则等离子体内的分子密度可降低为大气的 1/40。因此,如果仅考虑等离子体的作用,就可将气压降低 97.5% 左右。

此外,随着温度的上升,气体和等离子体的黏滞系数会增加,会导致黏滞流气体管道的流导[根据式(7-48)、式(7-58)、式(7-62)]降低,即通过管道的气体流量降低。其中气体的黏滞系数与温度的关系如下所示[42-43]:

$$\eta = aT^x \tag{7-84}$$

式中,a 和 x 是常数,不同气体的值不同,例如 800 K 空气的 x 略大于 1。等离子体中的电子黏滞系数 η_e 和离子黏滞系数 η_i 为[44]

$$\eta_e = 2.5 ×10^7 kT_e^{2.5}/\lambda_e \tag{7-85}$$

$$\eta_i = 2 ×10^5 k \sqrt{\mu} \, T_i^{2.5}/\lambda_i \tag{7-86}$$

式中,λ 是库仑对数;μ 是离子的质量数。随着温度的上升,无论是气体还是等离子体的黏滞系数都急剧增加,从而使得管道内的气体流量急剧降低。

气体的电离时间一般为 $\dfrac{1}{n_e \sigma v}$[41],其中 σ 是电离碰撞截面。在长为 6 cm、直径为 2 mm 的管道内注入 50 A、100 eV 的电子束,中性气体的电离时间约为 0.1 μs,而气体穿过管道的时间约为十几微秒。因此,气体的电离速度很快,从而形成一种瓶塞的效果,阻滞大颗粒或金属蒸气通过管道,在电子束引出焊接的场合具有很好的效果[41]。

有两种力作用在自由传输的束流上,一是扩束作用的空间电荷力,二是传输电流产生的聚束作用的磁场箍缩力。在等离子体内传输的束流,空间电荷力被中和,只有磁场箍缩力起作用。因此,等离子体内传输的束流具有自聚焦效果。

如果气体的电离率为 15%,则电子束穿透等离子体窗的过程中发生碰撞散射导致的束流横向能量变化为[41, 45]

$$\frac{\mathrm{d}T_\perp}{\mathrm{d}z} = \frac{4\pi e^4 n Z(Z+1)}{\beta^2 \gamma m c^2} \ln\left(\frac{192\beta\gamma}{Z^{1/3}}\right) \tag{7-87}$$

式中,n 是原子密度;Z 是原子序数;m 是电子质量;c 是光速;β、γ 是与相对论相关的参数。为严格计算通过等离子体窗的束流动力学,需要结合束流包络方程[46]:

$$\frac{\mathrm{d}^2 R}{\mathrm{d}z^2} + \kappa R - \frac{K}{R} - \frac{\epsilon_\perp^2}{R^3} = 0 \tag{7-88}$$

式中,R 是束包络半径;κ 是与聚焦有关的系数,$K = 2I_b/[1.7\times10^4(\beta\gamma)^3]$;$I_b$ 是等效空间电荷力流强;$\epsilon_\perp = 2R\sqrt{kT_\perp/mc^2}$。电子的碰撞不仅会产生横向散射,还会导致能量损失[41]:

$$\frac{\mathrm{d}E}{\mathrm{d}z} = \frac{4\pi e^4 n Z}{mc^2\beta^2}\left[\ln\left(\frac{2mc^2\beta^2\gamma^2}{W}\right) - \beta^2\right] \tag{7-89}$$

式中,W 是分子激发能,典型值为 10 eV。对大多数的电子束流和等离子体,式(7-89)一般为 $\mathrm{d}E/\mathrm{d}z \approx 300$ eV/cm。

为了减少计算复杂度,可做如下简化[47]:① 隔离窗内的等离子体是稳定、连续、轴对称和稀薄的;② 涡流速度分量可忽略;③ 假定等离子体具有热动态平衡和电中性;④ 等离子体的热动力学和传输性能参数是等离子体温度和压强的函数,包括热导、电导、黏滞系数、密度、声速、热容等。在此假设下,等离子体内需要满足质量守恒方程[47]:

$$\frac{\partial}{\partial z}(\rho v_z) + \frac{\partial}{\partial r}(r\rho v_r) = 0 \tag{7-90}$$

式中，ρ 是气体密度；v_z、v_r 是轴向和径向速度。

轴向动量守恒方程[47]如下：

$$\frac{\partial}{\partial z}(\rho v_z v_z) + \frac{1}{r}\frac{\partial}{\partial r}(r\rho v_z v_r) \tag{7-91}$$

$$= 2\frac{\partial}{\partial z}\left(\mu\frac{\partial v_z}{\partial z}\right) - \frac{\partial p}{\partial z} + \frac{1}{r}\frac{\partial}{\partial r}\left[r\mu\left(\frac{\partial v_r}{\partial z} + \frac{\partial v_z}{\partial r}\right)\right] + j_r B_\theta$$

式中，μ 是等效黏滞系数；p 是静态压强；j_r 是径向电流；B_θ 是周向磁场。

径向动量守恒方程[47]如下：

$$\frac{\partial}{\partial z}(\rho v_z v_r) + \frac{1}{r}\frac{\partial}{\partial r}(r\rho v_r v_r) \tag{7-92}$$

$$= \frac{2}{r}\frac{\partial}{\partial z}\left(r\mu\frac{\partial v_r}{\partial z}\right) - \frac{\partial p}{\partial r} + \frac{\partial}{\partial r}\left[\mu\left(\frac{\partial v_r}{\partial z} + \frac{\partial v_z}{\partial r}\right)\right] - j_z B_\theta - \frac{2\mu v_r}{r^2}$$

式中，j_z 是周向电流。

能量守恒方程[47]如下：

$$\frac{\partial}{\partial z}(\rho v_z h) + \frac{1}{r}\frac{\partial}{\partial r}(r\rho v_r h) \tag{7-93}$$

$$= \frac{\partial}{\partial z}\left(\frac{k}{C_p}\frac{\partial h}{\partial z}\right) + \frac{1}{r}\frac{\partial}{\partial r}\left(r\frac{k}{C_p}\frac{\partial h}{\partial r}\right) + \frac{j_r^2 + j_z^2}{\sigma} + q_r + \frac{5k_B}{2e}\boldsymbol{j} \cdot \nabla T$$

式中，k 是热导；C_p 是常压热容；σ 是热导；体辐射功率 $q_r = 4\pi\varepsilon_N$，ε_N 是静辐射系数。

7.2.3.2 模拟计算

等离子体隔离窗大多采用如图 7-38 所示的结构，其中 PEEK 是聚醚醚酮，左侧实验腔是低真空至大气压的环境，其结构基本沿水平中心旋转对称，阴极一般设计为 3 个环绕轴线[47-52]。

模拟计算采用 FLUENT 软件，计算模型如图 7-39 所示，其中弧流管道半径为 1.5 mm，长为 60 mm，入口压强为一个大气压，出口真空室压强为 60 Pa，阴极电流为 66 A，电压为 180 V，则等离子体窗内的电流分布如图 7-40 所示，温度分布如图 7-41 所示，速度分布如图 7-42 所示，压强分布如图 7-43 所示，在轴线上的气体速度与压强分布曲线如图 7-44 所示，在轴线上的气体温度分布曲线如图 7-45 所示[47]。

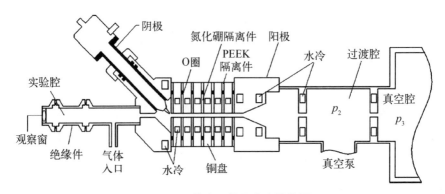

图 7-38　等离子体隔离窗结构图

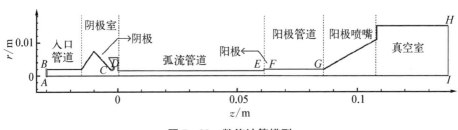

图 7-39　数值计算模型

图 7-40　电流分布图(彩图见附录 B)

图 7-41　温度分布图(彩图见附录 B)

图 7‑42　速度分布图(彩图见附录 B)

图 7‑43　压强分布图(彩图见附录 B)

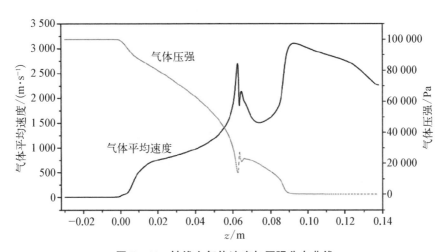

图 7‑44　轴线上气体速度与压强分布曲线

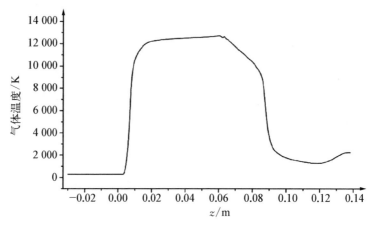

图7‑45　轴线上气体温度分布曲线

7.2.3.3　实验结果

通常等离子体窗的厚度为 $nl=1.5\times10^{17}/cm^{2[50]}$，比 $200\,\mu m$ 的铍窗（$nl=2.5\times10^{21}/cm^2$）低4个数量级。因此电子束通过等离子体窗内的电磁辐射可以忽略。图7‑38中的 p_2、p_3 在不同的弧放电电流下的值如图7‑46[41]所示，其中的试验腔工作在1个大气压下。如果没有弧放电，只有差分抽气，p_2 为 80 Torr；弧电流为 50 A 时，p_2 为 350 mTorr，即降低至没有弧放电时的约 $\dfrac{1}{200}$。在不同气体流量和弧电流下，弧流管道直径为 3 mm 的等离子体窗内的

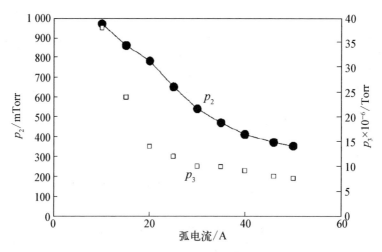

图7‑46　弧电流对真空度的影响

电子温度如图 7‑47[49] 所示。等离子体窗的伏安特性如图 7‑48[49] 所示,其中上方 3 条线的弧流管道直径为 3 mm,下方 3 条线的弧流管道直径为 6 mm。相同条件下,气体流量与弧电流的关系如图 7‑49[49] 所示。

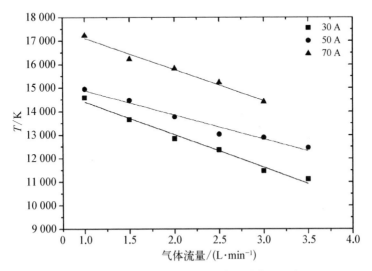

图 7‑47　不同气体流量和弧电流的电子温度

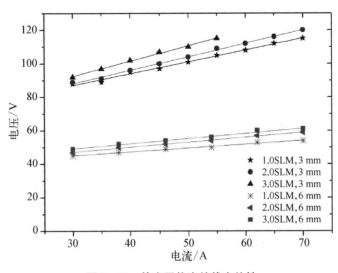

图 7‑48　等离子体窗的伏安特性

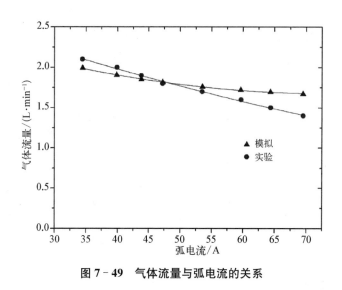

图 7‑49　气体流量与弧电流的关系

7.3　X 射线转换靶技术

在很多应用场合，需要将加速后的电子打靶转换成 X 射线。对于简单的 X 射线转换靶及其简化的应用场合分析，可以采用 7.1.1 节和 7.1.2 节中的公式方法；对于复杂的 X 射线转换靶及其复杂的应用场合分析，需要进行蒙特卡罗模拟计算。

7.3.1　蒙特卡罗计算

蒙特卡罗计算除了上述优点，还可以快速地实现对 X 射线转换靶的优化设计，不但可以很方便地改变靶的参数，而且可以避免长周期的测量时间和本地环境对测量的影响。在进行蒙特卡罗优化设计前，需要解决的一个重要问题是加速器能散对 X 射线能谱的影响。

7.3.1.1　电子束能散对 X 射线能谱的影响

加速器产生的电子束虽然是准单能的，但还是有一定能谱分布的。特别是工业应用的加速器，其对束流品质的要求不高，电子束能散一般都很大，图 7‑50[53]所示为 6.4 MeV 电子束能谱，可见其能谱曲线较为复杂。而蒙特卡罗计算可以模拟这种复杂能谱的电子束。采用 EGS5 蒙特卡罗程序计算如图 7‑50 所示的能谱电子束产生的 X 射线剂量角分布如图 7‑51[53]所示。能谱为如图 7-50 所示的电子平均能量为 6.4 MeV,6.4 MeV 能量的电子束产生的 X 射线剂量角分布也在图 7-51 中显示。图 7-51 中的三条曲线中,有两条几乎相同的曲线,其中,下面一条是图 7-50 能谱的电子产生的 X 射线角分布;上面一条是将这条曲线乘以一个系数,使其剂量最大角分布与单能的相同,称为能散规整曲线。而 6.4 MeV 单能电子束产生的 X 射线角分布曲线基本在上述两条曲线之间。

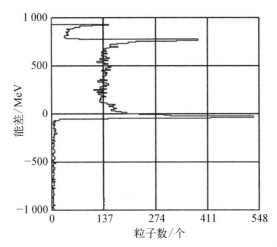

图 7-50　6.4 MeV 电子束能谱图

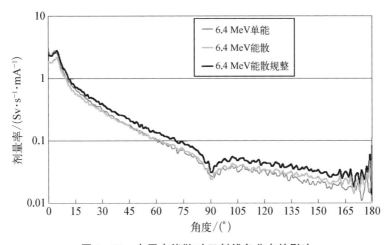

图 7-51　电子束能散对 X 射线角分布的影响

可以发现,6.4 MeV 单能电子束产生的 X 射线剂量角分布曲线与能散曲线和能散规整曲线都有一些差别,在 15°以内与 6.4 MeV 能散规整曲线接近,在 30°以外与 6.4 MeV 能散曲线接近。但是在图 7-51 中 X 射线出射的 4°以内，无能散电子束比有能散电子束产生的 X 射线剂量大 0.7Sv/(s・mA)左右，在 4°以外差别不大。

为了研究电子束能散对 X 射线能谱的影响，图 7-52[53]给出了 5.4 MeV、6 MeV 和 6.6 MeV 三种单能电子束轰击同一 2.5 mm 厚钨靶后的 X 射线能谱，纵坐标是归一化概率，即平均一个入射电子产生的光子概率。其中电子能量差异引起的能谱曲线变化还是比较大的，原因是电子的能量不同引起电子束的功率不同，因此同样的电子入射数目产生的 X 射线产额自然不同。为此，我们在图 7-53[53]中将 5.4 MeV 和 6 MeV 的能谱曲线乘以一个系数，这相当于增加入射电子数目，以保持三条曲线的入射电子束功率相同，这样得到的三条能谱的重合性是非常好的，也就是说，在能量变化不大时，电子束的能散对 X 射线的能谱曲线形状（即能谱的硬度）影响非常小。其原因是图 7-50 所示的电子束能散相对于图 7-52 所示 X 射线的能散小了很多。此外，电子束在打靶的过程中也会由于康普顿多级散射和轫致辐射等效应产生非常大的能散，这个能散与入射电子束的能散关系不大，因此电子束的能散对 X 射线的能散影响不大。

在工业无损探伤中，我们应用到的 X 射线一般是 15°之内的，15°之外的 X 射线用准直锥挡掉。图 7-51 中的规整曲线相当于在实际应用中增加了电子流强或照射时间，所得到的规整曲线与单能曲线在 15°之内的重合度是比较好

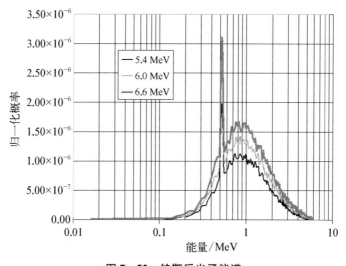

图 7-52 钨靶后光子能谱

的。总之,电子束能散虽然会引起 X 射线剂量角分布的变化,但是能谱曲线的硬度变化非常小。

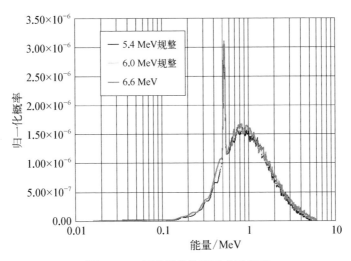

图 7－53　规整后的钨靶后光子能谱

7.3.1.2　X 射线转换靶厚度优化

X 射线转换靶材料一般采用重金属,因为重金属产生的 X 射线的剂量较高,然而同时,其对 X 射线的吸收也比较严重。如果转换靶较厚,虽然可以将更多的电子能量转化为 X 射线,但其对 X 射线的吸收反而使其输出的 X 射线剂量相对较低。如果转换靶较薄,则较多的电子能量在转换为 X 射线前就穿透转换靶,因而输出的 X 射线剂量也会较低。因此,X 射线转换靶存在一个厚度优化的问题。

如果电子束能量为 10 MeV,统计所有光子的能量,不同材料、不同厚度单层靶归一化为单个电子的 X 射线能量和曲线如图 7-54[54]所示。其中金和钨的曲线非常接近,曲线峰值的靶厚度为 1.8 mm;钽靶的峰值靶厚度为 2 mm;这三种金属的 X 射线能量转换效率约为 20%;铜靶的峰值靶厚度为 4.5 mm,X 射线能量转换效率只有 12%。在不同材料和不同厚度的单层靶后,所有穿透的电子能量归一化为一个初始入射电子,其曲线如图 7-55[8]所示。综合图 7-54 和图 7-55,单层靶在获得最大 X 射线输出时,有不到 10% 的剩余电子能量穿透单层靶。

10 MeV 的 X 射线会产生少量的中子,为避免中子活化问题,在食品辐照领域一般将 7.5 MeV[55-56]的电子束转换为 X 射线。不同靶材料、不同厚度的 X 射线产额如图 7-56[57]所示,可见钨、钽靶厚度分别为 1.2 mm、1.5 mm 时,

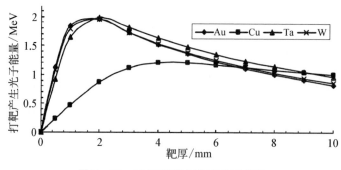

图 7‑54　10 MeV 单层靶后光子能量

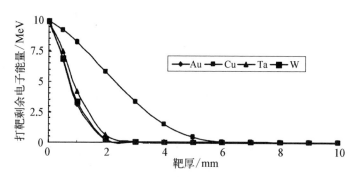

图 7‑55　10 MeV 单层靶后电子能量

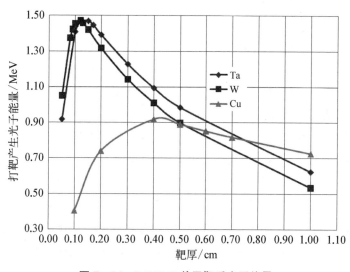

图 7‑56　7.5 MeV 单层靶后光子能量

光子转化效率达到最大,分别为 14.66％、14.67％,靶前方漏电子能量占比分别为 7.12％、5.46％;铜靶厚度为 4 mm 时达到最高转化效率为 9.18％,靶前方漏电子能量占比为 5.09％。当打靶的电子束功率为 20 kW 时,钨、钽靶的热沉积功率分别为 15.6 kW、16 kW。

上述计算统计的是 X 射线总能量,如果统计靶前 1 m 处的剂量率,即前向剂量率,则结果如图 7 - 57[58]所示,9 MeV 最优铜靶厚度为 2.1 mm,9 MeV 最优钨靶厚度为 0.87 mm。

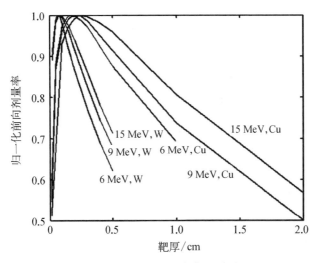

图 7 - 57　前向剂量率与靶厚的关系

7.3.1.3　X 射线复合转换靶优化

由于 X 射线转换靶上的热沉积功率很高,需要采用水冷结构,即采用铝或不锈钢作为基底,与钨靶或钽靶组成密闭空间形成冷却水道。铝的材质轻软,但不足之处是熔点较低,热膨胀系数大,容易发生变形。不锈钢的密度比较大,这会造成整个转换靶质量较重,但不锈钢熔点高,热膨胀系数小,使得采用该材质的转换靶不易变形,因此选择不锈钢作为复合靶基底更佳,但不锈钢热导率较小,转换靶的具体结构设计还需通过计算其热分布,以防止局部过热。

选择水层厚度为 6 mm,不锈钢基底厚度为 2 mm,10 MeV 电子产生的光子剂量随主靶靶厚的变化情况如图 7 - 58[54]所示,钨靶的最大剂量厚度约为 1.4 mm,出射光子能量为 1.84 MeV;钽靶的最大剂量厚度约为 1.7 mm,出射光子能量为 1.85 MeV。与单层靶的最佳厚度相比,钽靶和钨靶的复合靶产生光子的低能部分(小于 6 MeV)剂量分别减少约 9％和 8％,高能部分则影响较

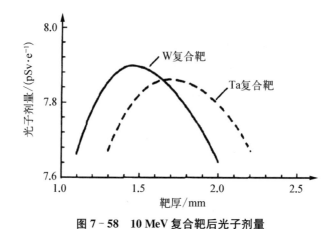

图 7‑58　10 MeV 复合靶后光子剂量

小,分别减少 5% 和 4%,同时,水层和基底对漏电子也有一定的过滤作用。

对于 7.5 MeV 电子束转换 X 射线,同样采用水层厚度为 6 mm,不锈钢基底厚度为 2 mm,产生的光子剂量随主靶厚度的变化情况如图 7‑59 所示,钨靶厚度为 1.2 mm,钽厚度为 1.4 mm。

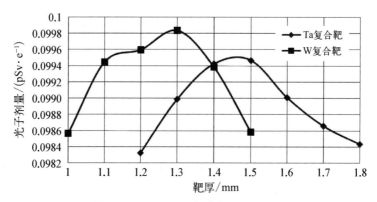

图 7‑59　7.5 MeV 复合靶后光子剂量

7.3.1.4　钼‑99 生产靶优化

基于电子加速器的钼‑99 同位素生产是解决钼‑99 供求危机的备选方案之一,其方案有两个:一是复合靶,即电子束先轰击钨等重金属靶产生 X 射线,X 射线再辐照钼‑100,光核反应产生钼‑99;二是自生靶[59],即电子束直接轰击钼‑100,产生的 X 射线就近进行光核反应产生钼‑99。自生靶相比复合靶的优点有两个:一是没有复合靶的 X 射线转换靶对 X 射线的吸收,二是对 X 射线的利用效率高,因为复合靶中的钼‑100 必须远离 X 射线转换靶,并且只能利用有限角度内的 X 射线。

电子束轰击钨靶和钼靶的光子产额 Y 如图 7-60[59] 所示,其中 r_0 是相应能量的电子在靶内的射程,z 是靶的厚度,每个电子束的能量都计算了钨靶和钼靶两条曲线,而钨靶的光子产额高于钼靶。不同能量下,最大光子产额的钼靶厚度如图 7-61[59] 所示,其厚度是实际厚度与电子射程的比值。

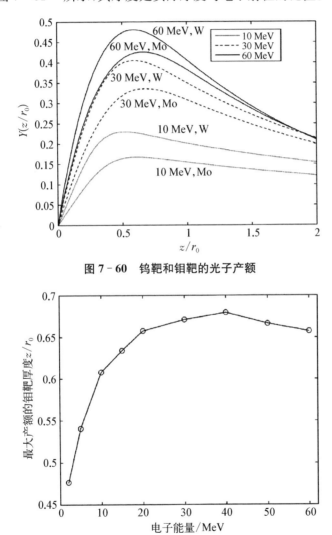

图 7-60　钨靶和钼靶的光子产额

图 7-61　最大光子产额的钼靶厚度

不同能量下的光中子产额如图 7-62[59] 所示,其中的实线对应复合靶,虚线对应钼-100 靶材。不同电子能量、不同钼-100 靶厚度的光中子产额如图 7-63[59] 所示。每个光中子的产生对应于一个钼-99 的产生,钼-99 在产生后会不断衰变为锝-99,因此辐照后的钼靶中的钼-99含量是一个动态过程。但是如果经过很长时间的电子束轰击,钼-99的产生数量就会与其衰变的数量相同,从而达到饱和。因此,光中子产额意味着钼靶中饱和的钼-99活度。如果采用 50 MeV、100 kW 的电子束轰击钨靶再辐照半径为 1 cm、厚为 2 cm 的钼-100,可得钼-99 的饱和活度为 810 Ci[59],其比活度为 12.6 Ci/g。如果电子束直接轰击自生靶半径为 1 cm、厚为 2 cm 的钼-100,可得钼-99 的饱和活度为 1 480 Ci[59],比活度为 23.05 Ci/g。

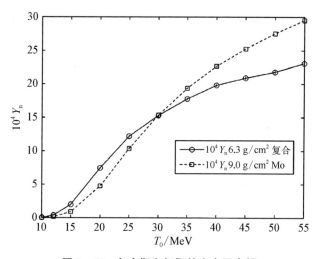

图 7-62 复合靶和钼靶的光中子产额

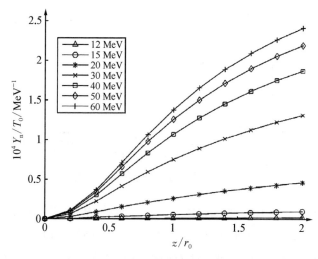

图 7-63 不同钼靶厚度的光中子产额

7.3.2　转换靶的结构设计

加速器的 X 射线转换靶有直接封接真空的内靶和真空外的外靶两种,外靶需要首先将电子束通过真空隔离膜引出到大气。目前国际上辐照加速器通常采用外靶,一方面便于根据被辐照物体选择电子束辐照或者 X 射线辐照,另一方面外靶对转换靶的冷却和密闭性结构的设计要求较低。如果外靶承受的束流功率较低,可以将高 Z 靶材附着在低 Z、高导热系数的基底上,如图 7 - 64[8] 所示。如果束流功率很高,则需要在基底上开水冷通道,如图 7 - 65[8] 所示。高 Z 靶材一般为钽或钨,低 Z 材料一般为铝或铜。

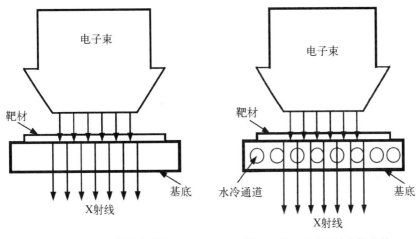

图 7 - 64　低功率转化靶结构　　　　图 7 - 65　高功率转化靶结构

如果大功率电子束的扫描范围较大,则需要在基底上钻深孔,机械加工难度较大,为此可以在靶材下附着水冷管道,如图 7 - 66[60] 所示。为了进一步提高 X 射线剂量,需要尽量减少靶材后的低 Z 材料用量,因此将水冷通道做成夹层的方式,即将靶材和低 Z 材料的基底都做成薄板,在两层薄板之间形成水冷通道。由于 X 射线转换靶一般较宽,因此就有人将水冷通道中间加了两个隔条,可以形成 Z 形和 W 形的水流回路,如图 7 - 67 和图 7 - 68 所示。

对于 Z 形水流回路,回路中的水流速度分布如图 7 - 69[61] 所示,可见在每次水流拐弯后就形成一个水流高速区域;回路中的水流压强分布如图 7 - 70[61] 所示,在水流高速区域同时存在压强低谷。在水流拐弯的前后区域,隔条的两侧存在的压强差显然会对靶结构产生不利影响,同时由于靶材与基底都是薄板结构,隔条的加工焊接都比较困难,隔条与靶材的接触密封效果也不会很好。

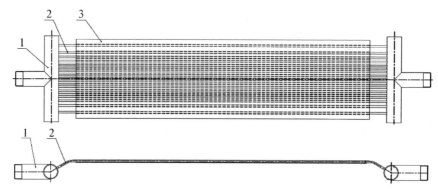

1—主冷却管;2—支冷却管;3—X射线转换靶材。

图 7 - 66　管道水冷 X 射线转换靶

图 7 - 67　Z 形水流回路　　　　　**图 7 - 68　W 形水流回路**

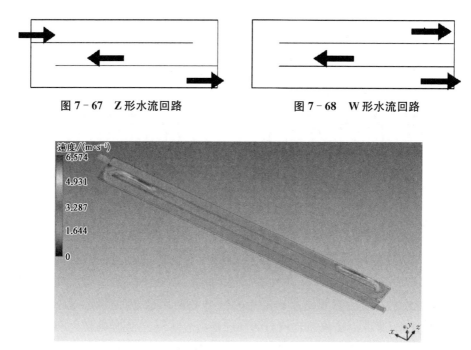

图 7 - 69　Z 形水流回路的水流速度分布(彩图见附录 B)

W 形水流回路也会存在上述问题。

　　为解决上述问题,可以采用无隔条的夹层水冷通道。夹层水冷通道之所以加隔条,是为了获得均匀的水流速度。而去掉隔条也可以获得均匀的水流速度,其原理类似于图 7 - 66 所示的方式,其中的主冷却管 1 的作用可看作分水器,使得注入所有支冷却管 2 内的水量和水流速度基本相同。图 7 - 71[62]

所示是无隔条夹层 X 射线转换靶内的水体结构,其中 1 是分水器,2 是靶材与基底之间的水冷薄层,3 和 4 是水流出入口。水冷薄层 2 的水流速度分布和水流压强分布如图 7-72[62] 和图 7-73[62] 所示,其分水器的结构虽与图 7-71 不同,但效果是相同的,即除了分水器附近,在垂直于水流方向的截面上,水流速度分布和压强分布是均匀的,同时其出入口的压强降低为有隔条的 40% 左右,入口压强比有隔条的降低了约 1 个数量级。

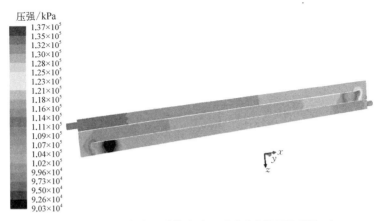

图 7-70　Z 形水流回路的水流压强分布(彩图见附录 B)

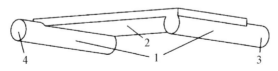

1—分水器;2—水冷薄层;3、4—水流出入口。

图 7-71　无隔条夹层 X 射线转换靶水体结构

图 7-72　无隔条夹层 X 射线转换靶内的水流速度分布(彩图见附录 B)

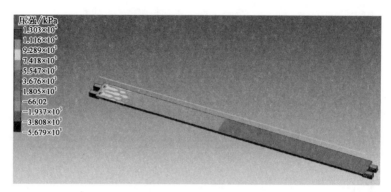

图 7 - 73　无隔条夹层 X 射线转换靶内的水流压强分布(彩图见附录 B)

参考文献

［1］　Tsoulfanidis N.　Measurement and detection of radiation［M］. 2nd ed.　London：Taylor & Francis, 1995：121 - 165.

［2］　丁洪林. 核辐射探测器[M]. 哈尔滨：哈尔滨工程大学出版社,2010：27 - 50.

［3］　National Institute of Standards and Technology.　Stopping-power and range tables for electrons, protons and Helium ions［EB/OL］.［2009 - 10 - 07］. https：//www. nist. gov/pml/stopping-power-range-tables-electrons-protons-and-helium-ions.

［4］　汲长松. 核辐射探测器及其实验技术手册[M]. 2 版. 北京：原子能出版社,2010：35 - 38.

［5］　National Institute of Standards and Technology.　X-ray mass attenuation coefficients ［EB/OL］.［2009 - 09 - 17］. https：//www. nist. gov/pml/x-ray-mass-attenuation-coefficients.

［6］　Martin J E.　Physics for radiation protection[M]. 3rd ed.　Weinheim：Wiley-VCH, 2013：323.

［7］　许淑艳. 蒙特卡罗方法在实验核物理中的应用[M]. 北京：原子能出版社,2006.

［8］　钱文枢. 大功率辐照加速器 X 射线转换靶研究[D]. 北京：清华大学,2008.

［9］　Hirayama H, Namito Y, Bielajew A F, et al.　The EGS5 code system：SLAC Report number SLAC - R - 730［R］.　Stanford：Stanford Linear Accelerator Center, 2005.

［10］　Diagnostics Applications Group, Los Alamos National Laboratory. Monte Carlo N-particle transport code system［R］.　Los Alamos：Los Alamos National Laboratory, 2000.

［11］　Agostinelli S. G4 — a simulation toolkit［J］. Nuclear Instruments and Methods in Physics Research Section A：Accelerators, Spectrometers, Detectors and Associated Equipment, 2003,506 (3)：250 - 303.

［12］　Institute of Electrical and Electronics Engineers.　The GEANT4 toolkit［J］.　IEEE Transactions on Nuclear Science, 2006,53(1)：270 - 278.

［13］　Ferrari A, Fasso A, Sala P R.　FLUKA：a multi-particle transport code：SLAC -

R‐773[R]. Stanford: Stanford Linear Accelerator Center, 2005.

[14] Fasso A, Ferrari A, Rosler S, et al. The physics models of FLUKA: status and recent developments [C]. Computing in High Energy and Nuclear Physics (CHEP03), La Jolla, California, 2003.

[15] Salvat F, Fernandez-varea J M, Sempau J. PENELOPE: a code system for Monte Carlo simulation of electron and photon transport[C]. Proceedings of the Workshop, Issy-les-Moulineaux, 2003.

[16] Cho S O, Kim M, Lee B C, et al. A compact low-energy electron beam irradiator [J]. Applied Radiation and Isotopes, 2002, 56(5): 697‐702.

[17] Itoh Y, Ishiwata Y, Tamura M. Electron beam irradiation device and method of manufacturing an electron beam permeable window: US, 5210426[P]. 1993‐05‐11.

[18] Shikata S, Yamada T. Simulation of mechanical properties of diamond membrane for application to electron beam extraction window[J]. Diamond and Related Materials, 2008, 17(4): 794‐798.

[19] Avnery T. Electron beam emitter: US, 7180231[P]. 2007‐02‐20.

[20] Roeder O, Seyfert U, Panzer S. Electron beam exit window: US, 6561342[P]. 1995‐02‐17.

[21] Rao B N S. A simple formula for the transmission and absorption of mono-energetic electrons[J]. Nuclear Instruments and Methods, 1966, 44(1): 155‐156.

[22] Seltzer S M, Berger M J. Transmission and reflection of electrons by foils[J]. Nuclear Instruments and Methods, 1974, 119: 157‐179.

[23] 张华顺. 工业用电子帘加速器[M].北京: 原子能出版社,2017.

[24] 何小海,林理彬,肖德鑫,等.电子束引出窗冷却研究[J].原子能科学技术,2009,43 (10): 925‐930.

[25] 何子锋,杨永金,黄建鸣,等.用于 X 射线转换靶的基体及其加工方法:中国, CN201310517782.1[P]. 2014‐02‐12.

[26] Lee J C, Ueng T S, Chen J R, et al. A differential pumping system for the gas filter of the high flux beamline at SRRC[J]. Nuclear Instruments and Methods in Physics Research Section A, 2001, 467(1): 793‐796.

[27] Renier M, Draperi A. A differential pumping system for one of the ESRF ultra-high vacuum beamlines[J]. Vacuum,1997, 48(5): 405‐407.

[28] 杨晓天,张军辉,蒙峻,等.HIRFL 大型真空系统[J].真空,2010,47(4): 60‐64.

[29] 周洪军,霍同林,张国斌,等.0.6 m 段四个量级真空差分系统的实现[J].真空, 2003,4: 48‐49.

[30] Guzek J, Richardson K, Franklyn C B, et al. Development of high pressure deuterium gas targets for the generation of intense mono-energetic fast neutron beams[J]. Nuclear Instruments and Methods in Physics Research Section B, 1999, 152(4): 515‐526.

[31] Chenevert G M, Deluca P M, Kelsey C A, et al. A tritium gas target as an intense

source of 14 MeV neutrons[J]. Nuclear Instruments and Methods, 1977, 145(1): 149-155.

[32] Favela J F, Shapira D, Chávez E, et al. Nuclear physics experiments with a windowless supersonic gas jet target[J]. Journal of Physics: Conference Series, 2014, 492(1): 012010.

[33] Taskaev S, Kuznetsov A S, Aleynik V I, et al. Calibration testing of the stripping target of the vacuum insulated tandem accelerator[C]. Proceedings of RUPAC2012, Saint-Petersburg, Russia, 2012.

[34] 薛松,关志远. 超高真空大截面差分系统的设计[J]. 光学机械,1991,120(3): 18-23.

[35] 达道安. 真空设计手册[M]. 3版. 北京: 国防工业出版社,2004.

[36] Orlikov L N, Orlikov N L. Methods for increasing the efficiency of electron beam extraction through a gas-dynamic window [J]. Instruments and Experimental Techniques, 2002, 45(6): 784-789.

[37] Orlikov L N, Orlikov N L. Increasing pressure difference via a gas-dynamic window for electron-beam extraction [J]. Journal of Applied Mechanics and Technical Physics, 2001, 42(5): 737-740.

[38] Caldirola S, Barni S, Roman H E, et al. Mass spectrometry measurements of a low pressure expanding plasma jet[J]. Journal of Vacuum Science & Technology, 2015, 33(6): 061306.

[39] Orlikov L N, Orlikov N L. The geometric and parametric control of gas flow in a gasdynamic window[J]. Technical Physics Letters, 2001, 27(10): 881-882.

[40] Itou Y, Hirai E, Shimakawa T. Estimation of minimum power consumption and pumps cost for the differential pumping system[J]. Applied Surface Science, 2001, 169: 792-798.

[41] Hershcovitch A. A plasma window for transmission of particle beams and radiation from vacuum to atmosphere for various applications[J]. Physics of Plasmas, 1998, 5(5): 2130-2136.

[42] Daugherty R L, Ingersoll A C. Fluid mechanics [M]. New York: McGraw-Hill, 1954.

[43] Chapman S, Cowling T G. The mathematical theory of non-uniform gases [M]. Cambridge: Cambridge University Press, 1939.

[44] Braginskii S I. Reviews of plasma physics [M]. New York: Consultants Bureau, 1965.

[45] Hershcovitch A. High-pressure arcs as vacuum-atmosphere interface and plasma lens for nonvacuum electron beam welding machines, electron beam melting and nonvacuum ion material modification[J]. Journal of Applied Physics, 1995, 78(9): 5283-5288.

[46] Kapchinskij I M, Vladimirinskij V V. Proceedings of the International Conference on High Energy Accelerators[C]. Geneva: CERN, 1959.

［47］ Huang S，Zhu K，Shi B L，et al. Numerical simulation study on fluid dynamics of plasma window using argon［J］. Physics of Plasmas，2013，20(7)：073508.

［48］ Kuboki H，Okuno H，Hershcovitch A，et al. Development of plasma window for gas charge stripper at RIKEN RIBF［J］. Journal of Radioanalytical and Nuclear Chemistry，2014，299：1029 - 1034.

［49］ Huang S，Zhu K，Lu Y R，et al. Quantitative characterization of arc discharge as vacuum interface［J］. Physics of Plasmas，2014，21(12)：123511.

［50］ Hershcovitch A. A plasma window for vacuum-atmosphere interface and focusing lens of sources for non-vacuum ion material modification［J］. Review of Scientific Instruments，1998，69(2)：868 - 873.

［51］ Beer A，Hershcovitch A，Franklyn C B，et al. Performance of a plasma window for a high pressure differentially pumped deuterium gas target for mono-energetic fast neutron production — Preliminary results［J］. Nuclear Instruments and Methods in Physics Research Section B，2000，170(1)：259 - 265.

［52］ Wang S Z，Zhu K，Huang S，et al. Theoretical and experimental investigation on magneto-hydrodynamics of plasma window［J］. Physics of Plasmas，2016，23 (1)：013505.

［53］ 李金海,刘保杰. 低能电子束能散对其产生的 X 射线能谱影响的研究［C］//中国核科学技术进展报告(第四卷). 中国核学会 2015 年学术年会论文集第 8 册. 2015.

［54］ 钱文枢,郑曙昕,唐传祥,等. 大功率辐照加速器 X 射线转换靶设计［J］. 清华大学学报(自然科学版),2008,48(8)：1276 - 1278.

［55］ Grégoire O，Cleland M R，Mittendorfer J，et al. Radiological safety of food irradiation with high energy X-rays：theoretical expectations and experimental evidence［J］. Radiation Physics and Chemistry，2003，67(2)：169 - 183.

［56］ Grégoire O，Cleland M R，Mittendorfer J，et al. Radiological safety of medical devices sterilized with X-rays at 7. 5 MeV［J］. Radiation Physics and Chemistry，2003，67(2)：149 - 167.

［57］ 刘保杰,朱志斌,李金海. 7.5 MeV 电子束 X 射线转换靶的设计研究［C］//中国核科学技术进展报告(第五卷). 中国核学会 2017 年学术年会论文集第 8 册. 2017(5)：1 - 5.

［58］ 郭冰琪,李泉凤,杜泰斌,等. 韧致辐射靶的发射率及角分布分析［J］. 高能物理与核物理,2005,29(12)：1190 - 1195.

［59］ Tschanski A，Bielajew A F，Archambault J P，et al. Electron accelerator-based production of molybdenum-99：bremsstrahlung and photoneutron generation from molybdenum vs. tungsten［J］. Nuclear Instruments and Methods in Physics Research Section B，2016，366：124 - 139.

［60］ 张宇蔚. 大功率辐照加速器 X 射线转换靶及转换装置：中国,201610231916. 7［P］. 2018 - 08 - 24.

［61］ 李春光,刘保杰,李金海. 大功率辐照加速器 X 射线转换靶结构设计与分析［J］. 中国原子能科学研究院年报,2015：200.

［62］ 李金海,李春光,刘保杰. 一种大功率电子辐照加速器 X 射线转换靶：中国,201610258352. 6［P］. 2018 - 04 - 17.

第 8 章
电子辐照加工概论

电子辐照加工的应用领域非常广泛,其在国民经济中的应用属于高新技术。对任何高新技术的判断、确立和发展都必须遵循"3E 原则",即能源(energy)、生态(ecology)和经济(economy)。能源是指新技术必须是节省能源的;生态是指新技术为污染物零排放或低排放,有利于环保;经济是指生产效率高、原材料消耗少、经济成本低。电子辐照加工是满足"3E 原则"的高新技术。本章针对食品辐照、医疗用品辐照、材料辐照加工和同位素生产,对电子辐照的应用做进一步介绍。

8.1 食品辐照

食品辐照的原理和历史在第一章内有所介绍。电子加速器产生的高能电子束照射可使某些物质产生物理、化学和生物学效应,并能有效地杀灭细菌、病毒和害虫,提高食品的卫生质量和延长食品保质期[1]。这个技术不仅可以杀死食品表面的病原菌,还可以杀死寄生在食品深层的昆虫和致病菌如禽流感病毒,防止食品霉烂、变质、损失,实现水果蔬菜的储存保鲜、抑制发芽、推迟后熟,延长水果蔬菜保鲜期和上货架期,甚至可以降解肉类制品中的毒素和农产品中的农药残留,提高食品的卫生质量。

加速器具有辐照束流集中定向、能源利用充分、辐照效率高、均匀性好、穿透深、灭菌彻底、不产生放射性废物等优点,这一技术已广泛应用于食品灭菌保鲜。食品辐照的能耗[约为 0.04 美分/(千克·次)]是冷冻保存能耗的几分之一到十几分之一[2]。随着放射性同位素辐射源售价的飞涨、废源处理费用的上升,加上安全和环保法律法规的要求,电子加速器装置具有明显的经济优势和社会效益。

电子束辐照加工技术产业为全世界的社会经济发展作出了重要的贡献，成为一种高效的、生态的、安全的高新技术。目前全世界已有 60 多个国家批准食用辐照食品 300 余种，年市场销售总量达 100 万吨，我国占一半以上，食品辐照年产值达 180 亿元。1997 年，我国发布了豆类谷物、干果果脯类、熟畜禽肉类、香辛料、新鲜水果蔬菜、冷冻分割包装畜禽肉类六大类辐照食品的卫生标准。近年来，欧盟以及日本、美国等国由于农药残留及含菌的问题，相继部分禁止进口我国的虾仁、鳗鱼、鸡肉、蜂蜜等食品，每年给我国造成的经济损失高达几十亿美元。很多国家要求我国的出口食品必须进行辐照处理，例如日本已明确表示，不允许未经辐照处理的中草药、豆制品等进口。

我国是一个农业大国，农产品资源丰富。辐照加工在"十三五"及今后较长时期对发展我国食品工业必将有所作为，其重点应用发展方向包括以下四个方面：① 辐照杀灭致病菌、虫，减少食源性疾病的发生，大力推广辐照处理技术。对于冷、鲜动物源性食品，由于其独特的物理状态和品质特征，常用的高温高压、巴氏灭菌等灭菌手段已无能为力，只能采用辐照方法，特别是对于小包装熟食品的辐照杀菌、制冷小包装鲜肉和鲜禽肉的辐照处理、调味品和脱水蔬菜的辐照杀菌处理以及保健食品的辐照处理。② 进出口的农副产品和食品的检疫处理。据海关统计，近几年来，我国进出口贸易中的农副产品、食品以及一些可能生虫染菌的产品约占进出口量的三分之一，达 9 000 万吨，价值 450 亿美元。为了避免一些病菌、虫害和化学毒素等带入国内，采取辐照处理是十分有效的方法，应在主要口岸建立辐照检疫处理示范装置并大力推广使用。③ 风味食品和土特产品的辐照杀虫保鲜。我国风味食品和土特产品非常丰富，不但国内市场广阔，而且是出口创汇的好资源。但许多传统风味食品和山野蔬菜等是不能用高温高压灭菌的，采用辐照处理是唯一的选择。④ 粮食储存中的辐照杀虫。我国战备粮储存大约为 9 000 万吨，目前主要依靠熏蒸杀虫剂处理，其引起的药物残留和环境污染对人们的健康有极大的危害，操作工作人员更是深受其害；而且由于长期用药，虫类已有抗药性，因此大力推广使用辐照杀虫是有效的方法。⑤ 保健食品的电子束辐照。保健食品一般不能进行热处理消毒和添加化学防腐剂，因此只能进行辐照冷加工灭菌，当前市场供应的保健食品很多都是经辐照灭菌的。因其密度低、包装小，电子束辐照有很大的优越性。⑥ 电子束辐照降解。尽管辐照有害物降解效应在检测上要求较高，但辐照对食品中化学污染物的降解作用随着国际贸易的发展和消费者对食品安全的极大关注逐步显露出来。

大量研究表明,辐照对食品中营养成分的影响远小于烹调,因为消费者可以一眼认出烹调前后的食品,而低剂量辐照前后的食品通过看、闻、尝不可能区分。其实,所有的加工和保藏方法都减少了食品中的某些营养成分。一般来说,低剂量辐照(<10 kGy)造成的营养成分减少测定不出来或者测定无意义;高剂量辐照(>10 kGy)造成的营养成分的损失要比烹调和冷藏小。例如,肉的颜色是最重要的感官因素和质量因素,5 kGy 的辐照剂量使肉的精确颜色指数有变化,但对肉的颜色没有明显影响。对大部分食品来说,较低剂量的辐照对食品的感官和温度都不会有明显影响,然而较高剂量辐照会使食品的温度有微小变化,感官有显著变化,如食品散发出气味,颜色变褐。辐照对食品的营养成分利用率的影响程度与其他杀菌方法相比无明显差异[3]。

在电子束辐照食品的过程中,如果辐照剂量过高会产生所谓"辐解产物"的气体成分,从而使食品产生难闻的气味,对食品品质造成很大的影响[4-5]。研究表明:10 kGy 剂量的电子束辐照处理 1 kg 食品数小时仅仅引起 2.4℃的温升[6]。1～1.5 kGy 剂量辐照能使哈密瓜在 10℃下储藏 12 天[7],并且感官品质良好。经小于 2 kGy 剂量的电子束辐照过的鲜切哈密瓜品质维持较好[8],其中,1.5 kGy 剂量的辐照效果最好。1 kGy 剂量的电子束辐照能使芒果在 12℃下的果实品质保持最佳状态达 21 天[9]。适宜剂量的电子束辐照能提高草莓的自由基清除能力,免于破坏细胞膜的结构,还能降低丙二醛的产生,可较好地维持草莓的食用品质[10]。2～3.5 kGy 的电子束辐照可有效抑制草莓致病菌,降低果实腐烂指数,保持较高的新鲜度和硬度,延缓有机酸、可溶性糖及维生素 C 等营养物质的损耗,达到理想的保鲜效果;在常温贮藏条件下,3～5 kGy[11]的辐照对延长草莓保鲜期效果较好,而 5 kGy 辐照会破坏草莓的营养品质。2.5 kGy 剂量的电子束辐照冷冻储藏的液体蛋黄不会显著影响它的化学、物理及功能性指标[12],可以较好地保持储藏液体蛋黄的良好品质,延长其货架期。辐照加工还可降低火腿中防腐剂的使用量,最多可降低至原来的 80%,减少了亚硝酸盐对人体的危害;可降低 α-淀粉酶的活力,从而降低 α-淀粉的代谢能力;辐照过的食品原料熟化时间变短且利于消化[5];可以使牛肉嫩化。10 kGy 的辐照可改善大豆中的浓缩蛋白的功能特性[13],而 20 kGy 的辐照会破坏浓缩蛋白的功能特性,从而影响大豆的品质,为使辐照不影响大豆的品质,选择合适的辐照剂量至关重要。6 kGy 的辐照会使鱼肉色泽略微变红[14],因电子束具有杀菌作用,可以较好地维持鱼肉的感官品质,主要体现在色泽、气味、肌肉弹性和组织形态上。用 3 kGy、7 kGy、10 kGy[15]剂量的电子束辐照杏仁,结果表明 7 kGy 是最适的辐照剂量,能很好地维持其感官品质和不破坏营养成分。此外,相对于 γ 射线辐照,电子辐照对脂肪的氧化作用更小[16]。

低剂量的电子束辐照能够使化学污染物或农、兽药残留物分子发生交联、断裂等一系列反应,改变它们的生物学特性及原有的结构,从而除去食品中的农、兽药物残留,并且较好地维持食品的食用品质[17]。水溶液经电子束辐照后,水分子将被激发和电离,产生氢原子、氢自由基和水合电子等大量活性离子[18]。在反应过程中生成的氢自由基是最活泼的氧化剂之一,能够有效降解溶液中的有机污染物,这就是电子束辐照技术之所以能够降解有机污染物的原因[19]。8 kGy 电子束辐照剂量对呋喃妥因与呋喃唑酮的水溶液降解率为100%[20],当辐照剂量降至 6 kGy,两种药物的降解率小于 80%。张娟琴等[21]报道了电子束辐照能加大降解毒死蜱、氯氰菊酯、百菌清和溴氰菊酯这 4 种药物,并且还证明了在一定剂量范围内它们的降解率随辐照剂量的加大而上升,据此,电子束辐照技术可降解产品中的农药残留得到了较好的证明。电子束辐照对水中残留的氯化有机物以及水产品中残留的氯霉素都有降解作用[22]。为了降低农、兽药物残留对人们的危害,应该加强源头控制,降低食品的污染。目前对辐照降解机理、降解过程、降解产物和产物毒性的研究尚存在明显不足,需要进一步深入研究[23]。

生物毒素是生物机体分泌代谢或半生物合成产生的有毒物质。目前已知的生物毒素有数千种,依据来源可将其分为动物源性毒素、植物源性毒素和微生物毒素。生物毒素以多种方式参与生命系统与代谢过程,并常以高特异性选择作用于特定靶位分子,如细胞膜、受体、离子通道、核糖体蛋白等,进而形成各类不同程度的致死或毒害效应。其中的黄曲霉毒素、赭曲霉毒素、伏马菌素、微囊藻毒素和贝类毒素等因常污染谷类、玉米、花生等作物和海产品,是地区性肝、胃、食道癌的主要诱导物质,严重威胁人类健康,因此受到人们的广泛关注。生物毒素中还存在多种高强毒性的神经毒素、心脏毒素、细胞毒素,随着人类对海洋利用程度的深入,贝类麻痹神经性中毒的发生率也日趋增长[24]。

目前,农产品中生物毒素的消解方法主要有物理法(碾磨、吸附、水洗、热处理等)、化学法(氨化法、臭氧法等)和生物法(真菌发酵法)等。不同消解处理各具特点,同时也因存在某些不足限制了其产业应用,并且这些方法均不能完全消除生物毒素造成的污染问题。采用辐照降解农产品中生物毒素的技术能够解决常规化学处理或生物处理过程复杂等问题,具有适合大批量食品或农产品加工处理的特点;辐照降解一般在常温常压条件下进行,其操作简单、高效,无化学残留,不会产生二次污染,并且具有环境友好、节约能源等显著的技术优势[24]。

8.2　医疗用品辐照

医疗用品辐照灭菌与食品辐照的原理类似,所不同的是,医疗灭菌主要是用射线杀死病原菌和病毒,所需要的辐照剂量更高。其原因是,微生物抗辐照能力与它们的进化水平、结构复杂程度、繁殖方式及体积大小有关。微生物体积和复杂度越高,辐照损伤标靶面积就越大,就越容易被杀死,如表 8-1[25] 所示。害虫和寄生虫对辐照最敏感;真菌细胞次之,因为其一般比细菌大,构造复杂;孢子和孢芽比较抗辐照,因为其 DNA 小,并且处于休眠状态;病毒最抗辐照。

表 8-1　各种不同生物及微生物的辐照致死剂量

生物体	高等动物	昆　虫	非芽孢菌	芽孢菌	病　毒
致死剂量/kGy	0.005~0.01	0.1~1.0	0.5~10	10~50	10~200

微生物的存活数目在辐照灭菌过程中遵循指数灭活规律,即无论辐照多大剂量,微生物总有极小部分存活下来。因此确定某一产品的灭菌加工不能单纯追求绝对的灭菌效果,必须权衡许多因素,例如微生物污染水平、产品无菌要求程度、灭菌剂量及剂量不均匀度、辐照可能对产品造成的损伤、加工成本等,其中灭菌保证水平(sterility assurance level, SAL)是其重要参数之一。

灭菌保证水平是指通过有效辐照灭菌后,产品处于残存有菌状态的最大期望概率。如果 SAL 为 10^{-6},意味着样品中有 10^6 个微生物,辐照后最可能有 1 个存活下来。SAL 的选择由产品使用目的来确定,直接或间接进入人体的医疗用品,SAL 选择 10^{-6};不与受伤组织接触的医疗用品,SAL 可选择 10^{-3}。对耐辐照的肉毒杆菌的辐照剂量为 10~20 kGy 时,灭菌保证水平可达 10^{-6}。因此,目前国际上普遍采用的有效灭菌剂量为 25 kGy,对绝大多数病毒、病原菌的灭菌保证水平可达 10^{-6}。

表 8-2[25-26] 对辐照灭菌与常规的化学、蒸汽、紫外线及臭氧灭菌进行了比较,化学灭菌方法主要是采用环氧乙烷(ETO)熏蒸。相对于其他方法,辐照灭菌具有更大的优越性,主要体现在:① 节约能源,辐照法的能源消耗是化学法和加热法的 0.5%~2.5%;② 消毒灭菌更彻底,辐照剂量为 10^3~10^4 Gy 时,

可使活的细菌、霉菌、真菌的数量降低到百万分之一;③ 可在常温下灭菌,辐照剂量为 25 kGy 时,样品温度只增加几摄氏度,特别适应于热敏材料制成的医疗用品及生物制品、敷料等;④ 辐照灭菌速度快,操作简便,可连续作业,适合大规模产业化运行;⑤ 由于射线的能量高、穿透性强,能够辐照密封包装产品,灭杀内部微生物,可用于一次性医疗用品,可避免使用中的交叉感染,降低发病率;⑥ 密封包装产品经辐照灭菌后可长期保存,不会被二次污染,适合于军用、野外用和流行病区使用;⑦ 没有化学残留和污染,也不会产生感生放射性。

表 8 - 2　各种灭菌方法的比较

项　目	电子束辐照	γ 辐照	高　温	化学方法	紫外线	臭　氧
灭菌方法	高能电子束	Co₆₀ γ 射线	120℃ 高压蒸汽或 160℃ 干热气体	环氧乙烷熏蒸	紫外线照射	常温熏蒸
灭菌程度	彻底	彻底	良好	良好	良好	良好
穿透性	低于 γ 辐照	强	无	无	无	无
加工模式	连续	连续	分批次	分批次	分批次	分批次
加工时间	小于 1 分钟	几小时	几小时	超过 10 小时	几小时	几小时
后处理	无	无	要求干燥过程	要求废气处理	无	无
能耗	低	无	高	较低	低	较低
灭菌成本	较低	高	低	低	低	低

　　医疗卫生产品种类很多,如表 8 - 3[27] 所示,主要包括一次性使用的医疗器械、卫生材料、药品包装材料、中西药材和化妆品、生物组织和生物制剂等。一次性使用的医疗器械中,一次性输液器年用量为 10 亿～12 亿套,一次性注射器年用量为 20 亿套,据国家食品药品监督管理总局 2002 年公布授权的相关生产企业有 143 家,需逐步淘汰环氧乙烷消毒法,采用辐照灭菌消毒法。全国具有较大规模的医用乳胶手套生产企业 30 家,年产量约为 3 亿副,大部分出口,根据国外要求,都应采用辐照灭菌法。目前,全国有卫生材料生产企业 400 多家,有 43% 的产品出口,大部分是出口到国外后另行包装,由当地国灭菌处理。今后,需在国内完成辐照灭菌,以最终产品进入欧美市场。我国药品包装企业有 700 多家,目前,只有少数企业采用辐照灭菌法,有巨大的市场需

要开发。在中成药材方面,配制中药过程中,药材生粉中含有的营养物质容易滋生细菌,达不到质量要求,而用环氧乙烷消毒会有残留,高温消毒会使中药中的挥发性成分损失,因此,目前辐照灭菌是最为有效的方法,应大力推广使用。

表 8‐3　医疗卫生产品分类

分　　类	产　　品	厂家数量
一次性医疗器械	注射器、针、刀具、骨锉、骨刀、钳子、乳胶手套、采血输血装置、吸入治疗装置	173 家
卫生材料	医用敷料、胶布、绷带、药棉、罩布、帽子、手术巾、手术衣、急救包	400 多家
药品包装材料	塑料制品、复合膜、PTP 铝箔、疫苗包装制品、抗生素铝塑组合	700 多家
中西药材和化妆品	中草药、中成药、西药、化妆品	无法统计
生物组织和生物制剂	心脏瓣膜、血管、神经末梢、角膜、骨骼、皮肤	无数据

目前国内 80% 以上医疗卫生产品仍然采用环氧乙烷(ETO)熏蒸,而蒙特利尔国际公约在 2003 年就已经生效,要求发展中国家在 2015 年前停止使用 ETO,因此医疗卫生产品消毒灭菌必将逐步被辐照技术替代。欧美发达国家的医疗用品灭菌 60% 采用辐照方法。基于巨大的市场空间、辐照技术的日趋成熟以及产品出口的拉动力,医疗卫生产品的辐照消毒产品产值逐年增加,目前每年有 75 万立方米的医疗用品采用辐照灭菌,年产值达 26 亿元,但医疗用品的辐照灭菌率仍然只有 10% 左右。

8.3　材料辐照加工

本节所述的材料辐照加工针对高分子化合物。高分子化合物又称高聚物,其相对分子质量一般为 $10^4 \sim 10^6$。由于高分子化合物的相对分子质量很大,其物理、化学和力学性能与低分子化合物有很大差异。高分子化合物的相对分子质量虽然很大,但其组成并不复杂,都是由特定的结构单元通过共价键多次重复连接而成的,一般具有一维链型和三维体型两种形态。高分子化合物按主链结构可分为碳链高分子、杂链高分子、元素有机高分子和无机高分子四大类。高分子化合物按性能可以分为塑料、橡胶和纤维三大类。

高分子化合物的辐照化工改性包括辐照交联、辐照硫化、辐照聚合、辐照接枝、辐照降解、辐照固化等，其反应原理如图8-1所示。辐照与物质的作用分为三个阶段，如表8-4[28]所示，核辐射穿过物质时，可破坏有害的化学物质结构，也可取代传统化学加工方法通过交联、接枝、聚合、裂解等反应生成新的、性能优异的化工产物。反应原料与产品种类如表8-5所示[28]，这方面的理论研究正在深入地进行，也有不少产品已实现工业化生产。

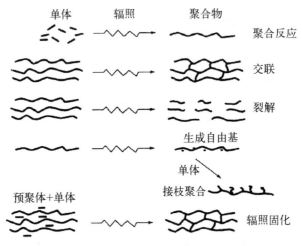

图8-1 高分子化合物的辐照化工原理图

表8-4 核辐射与物质作用的阶段

阶段	物理阶段	物理化学阶段	化学阶段
时间/s	$10^{-18} \sim 10^{-15}$	$10^{-14} \sim 10^{-11}$	10^{-11}
反应产物和过程	生成正离子、激发分子、二级电子	激发态能量转移、离解和离子分子反应	离子、自由基和分子产物扩散，与介质反应生成最终产物

表8-5 辐照化工分类

辐照化工种类	辐照化工材料	产品种类
辐照交联	聚乙烯（PE）、聚丙烯（PP）、聚甲基丙烯酸甲酯（PMMA）、聚对苯二甲酸乙二酯（PET）、聚苯乙烯（PS）、聚氯乙烯（PVC）、聚烯烃弹性体（POE）、聚碳酸酯（PC）、聚砜树脂（PSF）、聚苯乙烯甲基丙烯酸甲酯（SMMA）[29]、乙烯-醋酸乙烯酯共聚物（EVA）、乙烯丙烯酸乙酯（EEA）[30-31]等	电线电缆、热收缩材料、聚合物微发泡材料、工程塑料改性、热敏电阻PTC材料及温控电热带

（续表）

辐照化工种类	辐照化工材料	产 品 种 类
辐照硫化	天然橡胶（NR）、硅橡胶（SR）、丁苯橡胶（SBR）、丁基橡胶（BR）、乙丙橡胶（EPDM）、异丁橡胶（IIR）、氯磺化聚乙烯橡胶（CSPE）[32]、丁腈橡胶、三元乙丙橡胶（EPDM）、溴化丁基橡胶（BIIR）、氯化丁基橡胶（CIIR）[29]等	轮胎、电缆、橡胶密封材料、遇水膨胀橡胶、发泡体、婴儿奶嘴、避孕套、手套、儿童玩具、医疗用品
辐照聚合	丙烯腈（AN）、苯乙烯（ST）、醋酸乙烯酯（VAC）、丙烯酸酯[29]、甲基丙烯酸甲酯（MMA）、固态三聚甲醛、三氟氯乙烯（PCTFE）、丙烯酰胺（AM）、乙烯[28]等单体、乳液、咪唑类离子液	高分子环保材料、聚合涂料、木塑复合材料制品、纺织印染助剂、黏合剂、增稠剂以及涂料、水凝胶、高吸水树脂、传感器、医药缓释剂、防辐射屏蔽材料
辐照固化	增强纤维、基体树脂、阳离子引发剂、涂料、油墨、胶黏剂	表面涂层固化、先进复合材料固化
辐照接枝	基材：聚乙烯、烯烃聚合物、聚酯布、聚偏氟乙烯尼龙、淀粉等；单体：丙烯酸、甲基丙烯酸缩水甘油酯、丙烯酰胺、乙烯基膦酸酯低聚物、六氟丙酮等	高吸水性卫生材料、特种功能膜、高吸水树脂、电池隔膜、离子交换膜
辐照降解	高分子化合物、农药、废水等	超细粉

8.3.1　辐照交联

辐照交联是利用电子束的电离辐射作用，对高分子聚合物进行电离和激发，生成大分子游离基，在高分子聚合物长链之间形成化学键和自由基，化学键和自由基结合将一维的大分子链交联形成三维网络的分子链结构，从而使聚合物的物理性能、化学性能获得改善，如拉伸强度、模量、耐磨性、断裂伸长率、绝缘性、抗化学腐蚀、抗大气老化、热稳定性、阻燃等，并有可能引入新性能的技术手段，这个领域正在以辐照交联代替化学交联。辐照交联所需辐照剂量一般大于 10 kGy。

电线电缆的主要基材是聚乙烯、聚氯乙烯，辐照交联是使其高分子链自由基复合发生交联反应，使材料的耐热性、绝缘性及机械强度等都得到很大改善。利用辐照交联技术可以生产无卤阻燃绝缘材料的线缆[30-31]，这是一种新颖、价廉而性能优良的电线电缆，其使用范围正在急剧地扩大，在核电、航空、航天、航海、军工、汽车等领域得到广泛应用。美国明文规定飞机用电缆必须全部使用辐照交联产品。

聚乙烯等结晶型高分子材料经辐照交联后还会产生"记忆效应"。将经过辐照交联的聚乙烯加热到它的熔点以上,这时会呈现一种高弹态,晶体虽然熔化了,但是并不会流动,而是具有像橡胶一样的弹性。此时加上外力扩张,冷却定型后会保持这种扩张状态。倘若除去外力,再把这种扩张过的辐照交联聚乙烯加热,达到结晶熔化温度后,这种材料可以将扩张前的状态"记忆"起来,重新收缩恢复原状,径向收缩率可达 50%,收缩力达到几十千克/厘米^2。一般而言,任何热收缩制品都不可能 100% 恢复到扩张或拉伸前的尺寸和形状。

现在市场上的大部分热收缩膜不是辐照交联的制品,是定向拉伸热收缩制品,然而,用辐照交联生产热收缩材料有如下好处:① 防止自然收缩;② 热收缩率高;③ 耐热性好;④ 机械性能高。同时辐照交联制品的尺寸精确高、稳定性好,辐照交联还可以用来制造热收缩膜、板及特种功能膜。辐照交联阻燃聚烯烃热收缩材料的收缩温度一般在 120℃以上,但在某些特殊场合,如对于精密电子元件或医用高分子材料,这样高的温度易使电子元件或生物有机体受损,因此市场上相继成功开发了低温收缩的聚烯烃热收缩材料,收缩温度在 90℃左右。但这些聚烯烃热收缩材料均采用含卤阻燃剂,燃烧时释放出大量腐蚀性的有毒卤化氢气体,会引起严重的二次灾害。张聪[33]采用红磷、氧化铝等复合阻燃剂,研究了聚烯烃热收缩材料的配方和辐照工艺,获得了收缩温度为 90℃、烟密度和卤化氢含量更低的材料。

热收缩产品主要有以下四大系列:① 热收缩石油产品,主要用于石油、天然气、自来水、暖气等管道的防腐处理;② 热收缩电力产品,主要指高压热收缩电缆附件、母排管等;③ 热收缩通信产品;④ 热收缩电子产品,如低压电线接头处的热收缩管。辐照交联热收缩管在邮电通信、输电线路、电器设备、石化管道领域应用广阔,具有优异的密封、防腐、耐磨及绝缘性,使用方便。

聚合物微孔发泡材料从 20 世纪 20 年代就开始研制生产,传统工艺的微孔直径为 0.1~1 mm,泡孔密度为 10^6 个/厘米^3。与致密聚合物比较,微孔发泡材料质量轻,机械性能好,疲劳寿命长,冲击强度高,韧性好,介电常数和电导率低,用途广泛,被称为"21 世纪新型材料"[29]。利用辐照交联制备发泡材料的微孔直径小于 10 μm,泡孔密度超过 10^8 个/厘米^3,其制作原理是将 PE 与发泡剂共混,在 150℃下挤出,用 80 keV 以上的电子束辐照交联发泡,可制得耐热性好且柔软的 PE 泡沫。与化学交联方法相比,辐照交联的高密度聚乙烯泡沫塑料有光滑、均一的表面,闭孔和树脂的内在性质赋予了它良好的机械性能、耐冲击性、绝缘性、隔音、抗震、防潮,在外观、力学性质、热学性质、化学性质等方面具有很多优点,特别是无毒无味的优点,是一种介于硬质和软质材料之间的半硬质泡沫塑料。

辐照交联的高发泡聚丙烯 80% 用在汽车上[29]。主要应用领域包括汽车天棚的隔热材料、仪表板及门上的缓冲材料;食品包装材料;冰箱、空调及建筑的保温材料;热水管、暖房、太阳能热水器、发动机、车间、冷却器等设备的隔热材料;游泳器材、护舷材、体操垫、野营垫等运动休闲器材;垫圈、封油环、防震垫、浮筒、油栅、医药容器盖等工业应用材料。交联发泡塑料由于交联键的存在造成材料回收困难,因此从再利用的角度考虑,PP 和 PCL 无凝胶发泡是有优势的。

辐照交联也可以用于生产自控温的塑料发热体,这种材料在温度升高时电阻增大,特别在超过熔点后,电阻急剧增加,发热量减少,自动控制了加热功率。而不交联的聚合物超过熔点后电阻急剧减少,这就是发热体易着火的原因。利用这一特性,可以生产自控温加热电缆和可恢复保险管等,当通过这种保险管的电流超过规定值时,它的电阻会变得无穷大;切断电源,当温度降下来之后,再恢复正常供电。此外,广泛应用于电子仪器的零部件的工程塑料经过辐照交联之后,在焊锡时可瞬间承受 300 ℃ 的高温而不会熔化。

辐照交联的影响因素包括辐照条件和聚合物的性质。辐照条件包括:
① 剂量率(剂量率影响自由基的生成速率,故对辐照交联产生影响)。② 辐照的气氛(在真空和有氧两种不同条件下辐照,交联反应往往会呈现不同的行为,氧是交联反应的抑制剂,能猝灭自由基,可以减少辐照交联的凝胶含量;乙炔和 N_2O 可以促进交联反应)。③ 辐照温度(在玻璃化温度 T_g 以下,聚合物的分子链被冻结,两个自由基很难再结合,而在 T_g 以上的温度,交联数就大大增加;另外,有些聚合物如聚己内酯,在熔点以下辐照交联效率很低,但在熔点以上辐照,其交联数就大大增加)。④ 压力(辐照时提高压力能促进交联反应,这是因为加压使生成自由基间的距离变小,自由基更易于互相结合)。在聚合物性质方面,影响因素包括:① 聚合物的化学结构(如芳香族环状结构抑制交联,而卤素可以促进交联);② 立体规整性(如就顺式和反式的聚异戊二烯而言,反式的更易于交联);③ 相对分子质量及分布(相对分子质量越大,生成凝胶的剂量就越低;相对分子质量分布越窄,交联的效率就越高);④ 结晶

度(结晶的内部难以发生交联,因此结晶度高的聚合物交联难度增大);⑤ 试样的形状(在空气中辐照时试样的厚度会影响自由基氧化反应,故会影响交联;而在真空中辐照试样厚度一般不会产生什么影响);⑥ 拉伸(结晶聚合物在拉伸下更容易发生交联反应,这可能是由于连接晶区与非晶区的分子链的数目增加了);⑦ 防老剂(一般是自由基捕获剂,常常能阻止辐照交联反应);⑧ 填料(在辐照交联时炭黑和 ZnO 也起补强作用)。

8.3.2 辐照硫化

橡胶工业中,天然胶乳或橡胶分子在辐照作用下进行的交联反应类似于橡胶硫化的过程,故称为辐照硫化。严格意义上讲,辐照硫化是辐照交联的一种,所不同的是,辐照硫化的化工材料只包括橡胶材料,如表 8-5 中所示。橡胶辐照硫化是利用射线(电子束或 γ 射线)在常温常压下激活橡胶基体中的橡胶分子,产生橡胶大分子自由基,使橡胶实现碳-碳交联的过程,形成三维网状结构,从而提高材料的耐温、抗磨、抗腐、抗压、抗张等性能。聚合物辐照交联反应历程有以下几种说法[34]:辐照时在邻近分子间脱氢,生成的两个自由基结合而交联;独立产生的两个可移动的自由基相结合;离子分子直接反应导致交联;自由基与双键反应而交联;主键断裂产生的自由基进行复合反应;环化反应。

辐照硫化过程中的交联规律包括[34]:交联度与辐照剂量成正比;交联度与高能射线的类型无关;交联度几乎与剂量率无关;产生交联不需要有不饱和基团或较为活泼的基团;除某些例外(如含芳香环的聚合物),交联度并不绝对依赖于化学结构;交联度并不绝对依赖于温度;以值表示的交联效率几乎不受相对分子质量的影响;辐照硫化所需辐照剂量为 15~20 kGy。

辐照硫化的优点包括:① 可不加硫化剂和促进剂等助剂,避免了由于使用的助剂在基材内部分布不均而造成的交联不均匀,以及因温度梯度的影响而造成的材料性能下降,同时提高了产品纯度;② 辐照硫化产品具有热稳定性好以及抗老化的特点;③ 辐照硫化天然橡胶的透明性和柔软性更好;④ 辐照硫化还具有明显的节能效果,传统橡胶硫化工艺的能耗是辐照硫化的 10 倍左右;⑤ 环境污染较小,硫化过程中没有化学橡胶硫化工艺中产生的 SO_x,辐照硫化橡胶燃烧产生的灰烬少,并且容易降解;⑥ 生产效率高,硫化速度可达每分钟几百米以上;⑦ 控制方便,辐照交联技术可随意控制橡胶制品的交联度,而且操作极为方便,为橡胶的预硫化工艺提供了最佳手段,而化学硫化工艺很难控制橡胶制品的预交联度;⑧ 节约原料,在化学硫化工艺中,橡胶料因加热变稀而发生流动,造成成品不均匀和材料浪费,此外,辐照技术还可对橡胶生产提供预硫化手段,使橡胶预交联,降低橡胶的流动性,保证了橡胶产品在加工流水线上和最后硫化时的形状和三维尺寸;⑨ 辐照硫化天然橡胶不使用 N-亚硝胺类的致癌物,具有非常低的细胞毒性(胞毒性),水溶性蛋白含量低(可避免水溶性蛋白的过敏问题[35]),可以用来制作婴儿奶嘴、儿童玩具、医疗用品等。

8.3.3　辐照聚合

辐照聚合是指应用高能射线(γ射线和电子束等)的电离辐照使单体生成离子或自由基,形成活性中心而发生的聚合反应,其聚合体系可以同时产生自由基、阴离子和阳离子。因此,辐照聚合机理包括自由基机理、阴离子机理和阳离子机理。由于在云团中的囚笼效应,自由基之间、阴离子和阳离子之间都可迅速复合,只有小部分可逃逸出云团而形成稳定条件。通常自由基比阴、阳离子逃逸出云团的概率大得多,所以绝大部分没有特殊干燥、剂量率比较低的聚合体系都以自由基聚合为主。到目前为止,辐照聚合研究的主要对象是小分子单体的聚合,但近年来也已涉足大分子单体的应用[36]。辐照聚合所需辐照剂量为 50~200 kGy。

辐照聚合较之传统的化学聚合具有其独特的优点:① 辐照聚合制得的高分子具有较高的纯度,不需要加入化学引发剂,没有引发剂残留物,无金属残留;② 射线能量高,可以使难以聚合的单体发生聚合;③ 射线穿透能力很强,可以穿透玻璃或其他材质的反应器,而诱发聚合的紫外光易被玻璃吸收;④ 反应温度低,聚合可以在室温或更低的温度下进行,有利于对热不稳定单体实施活性自由基聚合;⑤ 生产能力大;⑥ 控制容易,可通过调节辐照剂量和剂量率来控制反应的速率和程度;⑦ 节能环保。

辐照引发聚合反应和普通引发剂引发的聚合反应一样,所得聚合物的相对分子质量和分布难以精确控制。由于辐照射线能量高,对于化学反应的选择性差,容易发生副反应,一定程度上限制了它的应用范围。

水凝胶是一种亲水性交联聚合物,在水中可以达到一定的溶胀状态但不能溶解。水凝胶具有三维立体的网状结构,相当柔软,并且具有橡胶弹性。由于水凝胶表面与周围水溶液之间有很低的表面张力,可以减少对体液中蛋白质的吸附作用,所以,水凝胶作为医疗产品具有很好的生物相容性。

采用辐照聚合合成的高分子吸水剂或水凝胶的消溶胀速度为由传统化学引发剂得到的 100 倍。由于吸水剂具有很强的吸水保水能力,被广泛应用于工业、农业和医疗卫生等领域。在工业上的应用包括石油、洗煤、采矿、造纸、制糖和化学工业。在农业上的应用包括土壤改良及保水增产、提高肥力。在医疗卫生上将吸水剂加入纸、纸浆和布中,可生产出餐布、卫生纸、尿布和鞋垫等。辐照聚合还可制备环境敏感水凝胶,对温度、pH、离子强度等敏感。当这些水凝胶受到外界的刺激时,可以在溶胀和收缩状态之间发生转换,这样的刺激响应行为使得水凝胶可以应用到智能型生物材料中,如生物大分子的分离、浓集、酶的包埋,以及药物慢释放体系[37]。

辐照聚合还可合成防辐照屏蔽材料,包括铅硼聚乙烯复合屏蔽材料、防辐照有机玻璃、橡胶或塑料填充铅或铅盐、玻璃钢类复合防辐照材料等[38]。

8.3.4 辐照固化

辐照固化是一种借助照射方法诱导经特殊配制的 100% 反应性液体快速转变成固体,实现化学配方(涂料、油墨和胶黏剂)由液态转化为固态的加工过程。辐照固化大体可以分为涂层固化和高分子复合材料固化。涂层固化是固化固体表面的涂料、油墨等。高分子复合材料固化是固化增强纤维附着或浸泡基体树脂和阳离子引发剂等液体,固化需要与现有的复合材料成型技术如手工/自动铺叠、缠绕、RTM、拉挤等工艺相结合。辐照固化的树脂按固化机理可分为两类。第一类按自由基机理固化,主要是丙烯酸酯和甲基丙烯酸酯类。第二类按阳离子机理固化,主要是环氧树脂。第一类树脂固化后使用温度和断裂韧性较低,固化收缩率高,并且固化过程受到氧的阻抑。辐照固化在化学反应原理上更接近辐照聚合。辐照固化一般采用电子束固化。

辐照固化涂料的主要组成是成膜物、活性稀释剂及多官能团单体等。成膜物和活性稀释剂质量分数占配方总质量的 70%～95%,成膜物决定辐照固化体系的基本性质,活性稀释剂起调节体系黏度、改善体系流变性能和增加塑性的作用。辐照固化涂料中的成膜物主要是不饱和齐聚物。聚氨酯辐照固化涂料目前常用的齐聚物是聚氨酯-丙烯酸酯(PUA)。多官能团单体在固化过程中起交联剂作用,可加快固化速度和改善固化膜性能。辐照固化涂料中除上述主要成分外,还需添加交联剂、阻聚剂、颜料及二氧化钛、滑石粉等填料。颜料和填料的加入,其主要作用是美观,其次是增加漆膜硬度,再次则为降低涂料成本。

　　典型的电子束固化油墨连接料的配方如下：环氧丙烯酸酯 33.5%，三羟甲基丙烷三丙烯酸酯 15.0%，三丙烯基乙二醇二丙烯酸酯 15.0%，N-乙烯吡咯烷酮 15.0%，润湿剂 0.5%，卡诺巴蜡 1.0%。其中，丙烯酸环氧酯是电子束固化油墨连接料的成膜物，起到增加墨膜硬度和提高抗腐蚀性的作用；三羟甲基丙烷三丙烯酸酯可以降低油墨的黏度，提高树脂的软化点，增加墨膜硬度；三丙烯基乙二醇二丙烯酸酯起到降低油墨黏度的作用；N-乙烯吡咯烷酮是调节黏度的良好稀释剂，这些单体物质参与聚合反应，与预聚物交联成高分子聚合物；润湿剂可以增加连接料对颜料的润湿性，调节油墨的流动性能；卡诺巴蜡可增加墨膜的表面光滑性。电子束固化油墨的配方中没有光敏剂。电子束固化所需辐照剂量为 30～200 kGy。

　　电子束涂层固化以其独特的技术优势显示出强大的生命力，为传统产业的技术改造以及高新技术产业（特别是电子信息产业）的建立和发展提供了先进的技术手段，广泛地用于化工、机械、电子、轻工、运输、通信、国防、反恐安全等领域。随着技术的发展和市场的开拓，电子束涂层固化所适用的基材已由单一的木材扩展至纸张、塑料、金属、石材、水泥制品、织物、皮革、电子器件、磁性介质、隔离涂层、黏合剂、陶瓷砖的装饰面、光纤保护层电子技术和蚀刻技术等。最为抢眼的应用是在涂料领域的应用，其规模远远大于油墨和胶黏剂。一些电子束涂层固化终端应用产品甚至还深入人们的日常生活，成为现代社会追求时尚的一部分。因此涂层辐照固化被誉为"面向 21 世纪绿色工业的新技术"，其优点包括以下几个方面：① 电子束涂层固化不仅不受涂层颜色的限制，而且还能固化纸张或其他基材内部涂料和不透明基材（如铝箔）之间的黏合剂；② 电子束涂层固化可使涂料、油墨和黏合剂 100%固化，尤其适用于固化程度必须绝对达到 100%的领域（如食品包装和室内装饰材料等）；③ 生产率和成品率高，线速度快，能形成规模生产；④ 能耗明显降低，电子束涂层固化能耗为紫外线（UV）固化的 5%、传统热固化的 1%；⑤ 固化温度低，适用于热敏基材；⑥ 设备紧凑，操作方便，可控性强，精确性和可重复性高；⑦ 电子束涂层固化过程要求惰性气氛保护；⑧ 环境污染较小，涂料中挥发性有机溶剂含量低，因避免了使用溶剂而不会造成污染，非常适用于食品包装领域；⑨ 电子束涂层固化的适用范围比 UV 固化和热固化要广泛得多；⑩ 固化产品的机械、物理和化学等性能优越，并且产品新颖、独特、质量好。

　　先进复合材料是一种高分子材料，它是由环氧树脂为基体相，高级合成纤维为增强相构成，具有高比强度和比模量、质轻、抗疲劳、耐腐蚀、尺寸稳定等特点,又称为聚合物基复合材料。先进复合材料的密度为钢的 1/5、铝合金的 1/2,其比强度、比模量高于钢和铝合金。由于电子束辐照的高穿透性,其在辐照聚合轻质、高强度、高模量、耐腐蚀、抗磨损、抗冲击和抗损伤的先进复合材料方面独具优势。电子束固化高分子复合材料可用于火箭推进器、弹道导弹燃料贮罐、反坦克发射筒、炮弹壳、鱼雷发射器、防弹板、防弹头盔等[39-41]。因此各国对电子束固化中使用的低聚物成分严格保密。电子束固化先进复合材料在美国已有不少成功应用。美国陆军研究实验室(Army Research Laboratory,ARL)、科学研究实验室(Scientific Research Laboratory,SRL)和特拉华大学(University of Delaware)合作,开发了树脂、黏合剂加工技术,研制了装甲车侧挡板。SRL 还将电子束固化技术应用于汽车部件制造。美国用电子束固化技术制备导弹壳体,模具材料采用价廉质轻的环氧树脂/泡沫和胶合板,取代质量达 100 kg 的浇铸金属;他们还用多树脂基体进行电子束固化,开发新的电子束固化树脂和加工技术,用于制备飞机进气管道。电子束固化还用于多种单丝缠绕,包括飞轮、战术导弹发动机和直升机驾驶杆。美国航空航天局(National Aeronautics and Space Administration,NASA)将电子束固化技术用于低温管槽和空间结构修补片;他们还制成重叠缠绕的 FASTRAC 火箭鼻,鼻里的材料保持低温以防止因高温应力作用引起脱层。加拿大航空公司与 Acsion 工业公司合作,对客机整流罩进行快速的复合材料修补,电子束固化的整流罩构件增强了飞行动力学;已进行了数百次飞行试验,飞行时间达 1 000 h,效果良好。一些独立研究机构的研究表明,在航空器构件制造中采用电子束固化材料,根据构件的设计、形状与产量,可使成本降低 10%～50%,这还未包括因制造周期缩短而带来的效益。

先进复合材料过去都采用热固化成型,现在用辐照固化的优点如下:① 固化速度快,成型周期短,一个 10 MeV/50 kW 的电子加速器每小时可加工 1 800 kg 复合材料,速度是热固化的几倍到一千倍;② 采用室温或低温固化,固化收缩率低,有利于尺寸控制,同时也减少了残余应力,提高了抗热疲劳性能,改善了室温下预浸物的储存稳定性;③ 简化了生产工艺,它的共固化能力也明显好于热固化,适用于加工大型和复杂构件,最大可成型直径为 5 m、长为 10 m 的制件;④ 可以选择区域固化,电子束固化是"瞄准区域"的固化,所以在制造或装配过程中可以仅仅固化所选择的区域,而其他区域不固化,这不但对降低复合材料装配成本从而大大降低制造成本有重要意义,而且在复合材料修理领域很有应用前景;对于大型制件成型,可以同时固化或胶接不同材料,以及可以选择区域固化等,这些赋予了设计者更大的自由度,使他们可以进行不对称或不均衡设计;⑤ 减少环境污染和对工作人员的危害,不含或含极少量的有机挥发物,也不必使用毒性较大的固化剂;⑥ 可与几种传统工艺结合,实现连续加工;⑦ 可用低成本的模具材料替代钢模具,如木材、石膏等;⑧ 降低了产品的生产成本能耗,生产成本比热固化工艺降低 25%～65%。

8.3.5　辐照接枝

聚合物的辐照接枝是指在高能射线作用下,在主干聚合物骨架上产生一个或几个活性点,然后使单体成功地接到每一个活性点上,产生从骨架上长出来的接枝长链,即主干分子链与单体在侧链上发生聚合反应生成接枝共聚物的过程。按照不同的工艺条件,辐照接枝过程分为自由基机理和离子机理两种类型。其中多数的辐照接枝是按自由基机理进行的。

高能射线的作用原理是通过高能辐射激发大分子并引起电离、正负离子的分解、电荷的中和,并进而引发各种化学反应,特别是自由基反应。通常辐照接枝的基本方法有 3 种,即共辐照接枝法、预辐照接枝法和过氧化物接枝法。共辐照接枝法中,主干分子链和接枝单体在射线作用下都生成活性自由基,既有主干分子链和接枝单体的接枝共聚物生成,也有接枝单体的均聚物产生。因此共辐照法对接枝单体有特殊要求,否则易生成均聚物。该法的优点是自由基利用率高,只要辐照 10 kGy 就可以了,工艺简单,单体对高分子材料有辐照保护作用(气相接枝除外)。预辐照接枝法是在真空条件下先对材料进行辐照,然后将其浸渍在已除去空气的单体或其溶液中,经放置后,塑料上辐照生成的自由基与单体反应,生成接枝共聚物。过氧化物接枝法是在空气中对材料进行预辐照,在分子链上生成过氧化物,然后在加热条件下进行单体接枝。预辐照接枝法和过氧化物接枝法的辐照与接枝分别进行,原则上适用于任何选定的基材-单体混合体系,对单体没有限制,均聚物少,给研究和生产带来方便。另外,由于单体不受辐照,可采用高剂量(如使用加速器等)辐照,一般在 10 kGy 以上,而辐照时间短有利于工业化生产。但后两种方法自由基利用率低,对分子链的损伤比共辐照法严重,故对容易裂解的材料是不适用的[42]。辐照接枝所需辐照剂量为 10～200 kGy。

辐照接枝可明显地改善高聚物材料的表面状态及材料的物理机械性能,从而拓宽其应用范围。目前已有 400 余种接枝聚合物体系可用辐照方法引发,例如聚乙烯辐照接枝可改进聚乙烯的黏结、印刷性能,并使其强度和电性能改善;聚乙烯接枝丙烯酸后可用作电池隔膜,与金属黏结性能良好,接枝乙烯基酸胺后可用作阴离子交换膜等;聚氯乙烯纤维接枝苯乙烯后可提高耐热性能,可用作热水管道,接枝丙烯腈后可减少其热收缩性,而接枝丁二烯后可提高其低温耐冲击性能;在聚酯和棉花混纺布上接枝正羟甲基丙烯酸胺后可得到不起皱、不易污染的织物,可用作地毯;在有机硅表面接枝甘磷脂可作抗血液凝固材料;在金属表面、金属氧化物和硅酸盐等物质上接枝合适的高分子聚合物后即成新型的具有特定性能的无机、有机复合材料[28]。辐照接枝制备的功能性纺织品具备抗菌、防电磁辐射、抗紫外线、防水透湿、阻燃、抗静电等优异性能[29]。利用辐照接枝制备的离子交换膜已经在电解、电渗析、脱盐、蓄电池、燃料电池、生物医药等领域得到了广泛应用[29]。辐照引发膜接枝还广泛用于环境响应膜、抗菌膜、抗污染膜、生物医用膜等功能膜的制备[43]。利用辐照接枝制备的超高相对分子质量聚乙烯(UHMWPE)纤维基的吸附材料可进行海水提铀[29, 44]。海水中的铀储量为 45 亿吨,是陆地铀矿的 1 000 倍,但其浓度很低,仅为 3.3 μg/L。

辐照接枝改性方法的特点如下:① 可以完成化学法难以进行的接枝反应,如对固态纤维进行接枝改性时,化学引发要在固态纤维中形成均匀的引发点是困难的,而射线辐照的穿透力特别强,可以在整个固态纤维中均匀地形成自由基,便于接枝反应的进行。② 辐照可被物质非选择性吸收,因此比紫外线引发接枝反应更为广泛;原则上,辐照接枝技术可以应用于任何一对聚合物-单体体系的接枝共聚。③ 辐照接枝在室温甚至低温下也可完成,同时,可以通过调整剂量、剂量率、单体浓度和向基材料溶胀的深度来控制反应,以达到需要的接枝速度、接枝率和接枝深度(表面或本体接枝)。④ 辐照接枝反应是由射线引发的,不需引发剂便可以得到纯净的接枝共聚物,同时还能起到消毒的作用,这对医用高分子材料的合成和改性是十分重要的。⑤ 接枝反应易控制,操作简单,所用辐照剂量小,并且得到的接枝共聚物兼具两种高聚物的综合性能。⑥ 可以进行规模化工业生产。⑦ 环境污染小。

8.3.6 辐照降解

辐照降解是指聚合物在高能辐射作用下主链发生断裂的过程,辐照降解的结果是聚合物相对分子质量随吸收剂量的增加而下降,甚至有些聚合物分子降解变成单体分子。聚合物进行辐照时,交联与降解通常同时发生,如降解占优势,则此类聚合物称为降解型聚合物。辐照导致的主链断裂,有辐照的直

接作用和间接作用。直接作用是辐照引发的自由基或离子直接引起断裂;间
接作用通常为氧化作用,自由基与氧气作用,生成 $RO_2 \cdot$ 自由基,再经历系列
反应,导致主链断裂。辐照降解为无规则断裂,不发生端基断裂。聚合物辐照
降解后的相对分子质量为 $10^3 \sim 10^5$。

　　聚合物的辐照降解已应用于聚合物材料的再生利用、废料处理及相对分
子质量调节等方面。辐照降解聚四氟乙烯(PTFE)生成的超细粉主要作为添
加剂用于润滑油、润滑脂、油墨、涂料、工程塑料、皮革、橡胶等领域,赋予材料
或涂层耐摩擦、抗刮伤等性能[29]。辐照降解聚甲基丙烯酸甲酯(PMMA)生成
的超细粉主要用于化妆品、医用材料和化工材料等领域[29]。壳聚糖经辐照降
解后生成的超细粉可制作天然的水果防护剂和植物促生长剂;由于其很好的
抗菌性能,还可用于饲料、医用辅料、抗菌薄膜等领域[29]。高能射线可以使农
产品中残留的有害农药、抗生素、生物毒素得到降解[45-46]。辐照降解可应用于
环境污染治理和资源回收利用,如持久性难降解有机污染物的降解处理、印染废
水中活性染料的脱色和降解、城市生活污水的深度处理,以及消毒灭菌、固体废
物的综合利用等[47]。辐照降解还可应用于腐植酸[48]和纤维素[49-50]的降解。

　　聚合物降解包括生物降解、化学降解和辐照降解三种方法。一般而言,化
学降解需要消耗大量能源并产生二次污染(例如高温焚烧时会产生二噁英和
苯并呋喃等毒性更大的化合物)。生物降解效率低、成本高,且大多停留在实验
室阶段,实际应用很少。辐照降解的优点是无须添加物,不产生二次污染,反应
迅速易控,节省能源,降解过程中最大限度地减少了有毒气体的产生和颗粒物的
排放,聚合物经辐照降解后可得到均一性较好的产品,且生物相容性不受影响。

8.4　钼-99 放射性同位素生产

　　放射性同位素的应用非常广泛,遍及国防、工业、农业、医学和科学研究等各
个领域,其中,当前全世界生产的同位素 90% 以上都用于核医学。2010 年全球
核医学业产值超过 3 000 亿美元,且年增长率超过 15%。美国有 7 000 多家医院
进行核医学诊治,全球每年有超过 3 000 万人次使用放射性同位素进行诊断和治
疗。国内核医学领域的发展也十分迅速,2015 年的产值约为 300 亿元[51]。由于
中国人口是美国的 5 倍左右,中国的放射性药物存在着非常巨大的发展空间。

　　放射性同位素在核医学领域的应用中,70% 以上的产值是基于钼锝发生
器内的单光子发射计算机断层成像术(single-photon emission computed

tomography，SPECT）。SPECT 的基本成像原理如下：首先病人需要摄入含有半衰期适当的放射性同位素药物，在药物到达所需要成像的断层位置后，由于放射性衰变，将从断层处发出 γ 光子，位于外层的 γ 照相机探头的每个灵敏点探测沿一条投影线（ray）进来的 γ 光子，通过闪烁体将探测到的高能 γ 射线转化为能量较低但数量很大的光信号，然后通过光电倍增管将光信号转化为电信号并进行放大，得到的测量值代表人体在该投影线上的放射性之和。要想知道人体在纵深方向上的结构，就需要从不同角度进行观测，知道了某个断层在所有观测角的一维投影，就能计算出该断层的图像。从投影求解断层图像的过程称作重建。

可用于 SPECT 的放射性同位素有多种，包括^{99m}Tc、^{123}I、^{201}Ti、^{67}Ga、^{111}In 等，其中^{99m}Tc 是最优的选择。目前全球诊断核成像的约 80% 都使用^{99m}Tc，因为其半衰期只有 6 个小时，可在满足医疗诊断要求的情况下，使病人受到较少的辐射；同时，其发射的 γ 光子能量为 140 keV，探测器对这个能量的探测效率最高；此外，^{99m}Tc 的最大优点是可以采用奶牛挤奶的供应模式，由于^{99m}Tc 的半衰期较短，不能进行长途和长时间运输储藏，但^{99m}Tc 可通过^{99}Mo 的 β 衰变获得，^{99}Mo 的半衰期为 66 小时，这就解决了运输储藏和减少病人的辐射损伤对同位素半衰期要求的矛盾。奶牛挤奶的供应模式是制作钼锝发生器，即同位素生产厂家制作的是^{99}Mo 同位素，将其运输至医院等应用方，在医疗诊断前再将^{99m}Tc 提取配药。从图 8 - 2 中可见，钼锝发生器可以每隔 12 小时左

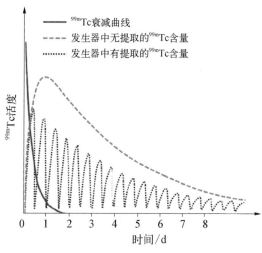

图 8 - 2　钼锝发生器内的^{99m}Tc 含量

右提取一次^{99m}Tc,再经过 12 小时左右,钼锝发生器内的^{99m}Tc 含量接近饱和。

目前^{99}Mo 的生产主要采用反应堆辐照高浓铀(HEU)的方法,其裂变产物中只有 6％左右的^{99}Mo,因此会伴随大量裂变废物的产生。但^{99}Mo 的生产供应仍然依赖于世界上数量有限的几个研究堆。由于这些反应堆使用年限长,设备老化,需要经常停堆维护和检查,进而引起医用同位素供应的短缺。国际上能够生产^{99}Mo 的反应堆只有 9 个,主要来自加拿大 Chalk River 和荷兰 Petten,每周至少需要生产 9 500 六日居里^{99}Mo(六日居里是^{99}Mo 离开加工设施 6 天后剩余放射性的量度)供应给北美(53％)、欧洲(23％)、亚洲(20％)以及世界其他地区(4％),供求关系紧张。9 个反应堆中有 6 个是 45～55 年的老堆,面临退役,因此^{99}Mo 的供应存在严重的危机,而法国的 OSIRIS 已经于 2015 年停堆,加拿大的 Chalk River 已经于 2018 年停堆,如果其他反应堆不增加产量,也不建新堆,全球的^{99}Mo 供应缺口约为 25 万居里(全球需求约为 60 万居里)[51]。此外,目前^{99}Mo 的生产基本上是采用高浓铀,而高浓铀存在核扩散的风险。美国国家核安全管理局(NNSA)在 1992 年提出动议,为了反恐安全需要而限制高浓铀的出口,计划在 2020 年完全停止使用用于^{99}Mo 生产的高浓铀。

在经济合作与发展组织(OECD)成员国的要求下,为解决^{99}Mo 危机,保障^{99}Mo 和^{99m}Tc 的全球可靠供应,核能机构(NEA)筹划委员会于 2009 年成立了医用同位素安全供用高级专家组(High-Level Group on the Security of Supply of Medical Radioisotopes,HLG - MR)。专家组为强化长、中、短期的钼锝可靠供应的主要目标,研究了^{99}Mo 供应链、需要攻克的技术难点、需要解决的问题及解决的机制[52]。

HLG - MR 的研究结论是,^{99}Mo 危机产生的原因是^{99}Mo 的生产与供应未能实现全面的市场化运行。具体而言,就是^{99}Mo 的市场价格中没有考虑反应堆的建造、维护、核废料后处理等间接成本,使得^{99}Mo 的生产供应只能依靠现有的研究堆,即其价格体现不能独立支撑^{99}Mo 的生产供应体系。同时,^{99}Mo 的生产装置昂贵,市场准入门槛高,投资回收周期长,例如仅提取和处理^{99}Mo 装置投资就高达 2 亿美元。

HLG - MR 给出的近期解决^{99}Mo 供求危机的方案如下[52]:① 继续开展在研究型反应堆的高浓铀和低浓铀的^{99}Mo 生产;② 溶液反应堆生产^{99}Mo;③ ^{98}Mo 的中子捕获反应生产^{99}Mo;④ 质子回旋加速器直接生产^{99m}Tc。中期解决^{99}Mo供求危机的方案如下：① 基于电子加速器的光致裂变反应生产^{99}Mo；② 基于电子加速器的光核反应生产^{99}Mo。中期解决方案的预期实现时间为2017—2025年。远期解决^{99}Mo供求危机的方案如下：① 散裂中子诱发的裂变反应生产^{99}Mo；② 散裂中子源或氘碳中子源产生的高能中子诱发^{100}Mo的(n,2n)反应生产^{99}Mo。

近期方案中，基于反应堆生产^{99}Mo的技术相对成熟，但其存在核废料处理、耗费核材料等问题，同时由于其装置投资很大，难以从根本上解决^{99}Mo供求危机的问题。此外，西方发达国家因为核扩散忧虑而对新建反应堆的立场日益保守，因此HLG-MR将反应堆生产^{99}Mo作为近期解决方案。回旋加速器生产的^{99m}Tc不能进行长时间储存运输，其装置投资也较大，因此只能作为^{99}Mo供求危机的应急解决方案。中期方案中，对基于电子加速器的^{99}Mo生产技术已经进行了前期研究，并在加拿大光源(CLS)进行了商业化的^{99}Mo生产[53]，其在技术上是可行的，其装置投资也相对较小，可靠性高，伴生同位素少，核废物少，因此该方案可有效地解决^{99}Mo供求危机，但其缺点是^{99}Mo分离困难将导致其比活度低。根据专家估算，现有反应堆生产^{99m}Tc的价格为15美元/剂量，使用回旋加速器生产的价格为8美元/剂量，使用电子直线加速器生产的价格为4美元/剂量。

8.5 其他辐照加工应用

半导体电子元器件改性是辐照加工的一个重要应用领域。与传统的扩金工艺相比，电子加速器辐照半导体电子元器件具有可控性高、工艺简便、器件性能稳定、产率高、成本低和漏电小等优点。在国外，应用加速器产生的电子束控制半导体器件的少子寿命技术已于20世纪70年代成功地应用于生产[54]。采用最佳能量(12 MeV)的电子束对快速半导体二极管、开关晶体管、快速可控硅辐照取得了令人满意的结果，可降低器件体内少子寿命，即提高开关速度与改善少子寿命有关的参数，辐照后可使其电参数控制在合格范围内，辐照后退火使其电参数稳定。快速二极管在不同辐照剂量下的反向恢复时间t_{rr}、峰值压降V_{FM}如表8-6所示；可控硅在不同辐照剂量下的关断时间t_q和通态峰值压降V_{TM}如表8-7所示；开关晶体管在不同辐照剂量下的储存时间t_s和饱和压降V_{ces}如表8-8所示[55]。

表 8-6　不同辐照剂量对快速二极管参数的影响

参数	辐照剂量/$\times 10^{13} cm^{-2}$					
	0	2	4	6	8	10
$t_{rr}/\mu s$	8.1	2.2	0.81	0.52	0.41	0.38
V_{FM}/V	0.91	0.93	0.96	1.12	1.21	1.28

表 8-7　不同辐照剂量对可控硅参数的影响

参数	辐照剂量/$\times 10^{12} cm^{-2}$					
	0	2	4	6	8	10
$t_q/\mu s$	180	101	75	35	21	13
V_{TM}/V	1.56	1.64	1.72	1.8	1.95	2.1

表 8-8　不同辐照剂量对开关晶体管参数的影响

参数	辐照前	辐照后	常规值
$t_s/\mu s$	5	1.6	$\leqslant 4$
V_{ces}/V	0.73	0.79	$\leqslant 1.5$

　　射线辐照还可使宝石变色,提高宝石的观赏价值。例如无色透明的黄玉(成分是 $Al_2[Fe_2SiO_4]$)在宝石中属低档品,而经过辐照处理后可变成天蓝色或海蓝色,其价值大大提高[56]。辐照手段有三种,用 X 射线辐照只产生 X1 色心,改色较浅,而用中子辐照可形成 X1 和 X2 两个色心,改色较深,但因活化而带有放射性。高能电子辐照不仅产生 X1 色心,而且产生 Y1 色心,而 Y1 色心的形成与黄玉本身所含的杂质成分,即与产地有关。所以经高能电子辐照过的黄玉改色有深有浅,不仅不带放射性,而且色度较好。

8.6　辐照行业法律规范

　　自 1997 年 6 月以来我国正式颁布的有关辐照加工的国家法律和标准如下:

《放射性同位素与射线装置安全和防护条例》

《辐照熟畜禽肉类卫生标准》(GB 14891.1—1997)

《辐照干果果脯类卫生标准》(GB 14891.3—1997)

《辐照香辛料类卫生标准》(GB 14891.4—1997)

《辐照新鲜水果、蔬菜类卫生标准》(GB 14891.5—1997)

《辐照冷冻包装畜禽肉类卫生标准》(GB 14891.7—1997)

《辐照豆类、谷类及其制品卫生标准》(GB 14891.8—1997)

《苹果辐照保鲜工艺》(GB/T 18527.1—2001)

《食品辐照加工卫生规范》(GB/T 18524—2016)

《辐照猪肉卫生标准》(GB 14891.6—1994)

《电离辐射防护与辐射源安全基本标准》(GB 18871—2002)

《γ辐照装置的辐照防护与安全规范》(GB 10252—2009)

《环境空气质量标准》(GB 3095—2012)

《声环境质量标准》(GB 3096—2008)

《地表水环境质量标准》(GB 3838—2002)

《地下水质量标准》(GB/T 14848—2017)

《农用地土壤污染风险管控标准》(GB 15618—2018)

《工业企业厂界环境噪声排放标准》(GB 12348—2008)

《污水综合排放标准》(GB 8978—1996)

《建筑施工场界环境噪声排放标准》(GB 12523—2011)

《大气污染物综合排放标准》(GB 16297—1996)

《生活饮用水卫生标准》(GB 5749—2006)

《工业企业设计卫生标准》(GBZ 1—2010)

《环境影响评价技术导则　大气环境》(HJ 2.2—2008)

《环境影响评价技术导则　声环境》(HJ 2.4—2009)

《制定地方大气污染物排放标准的技术方法》(GB/T 3840—1991)

《水池贮源型γ辐照装置设计安全准则》(GB 17279—1998)

《γ射线辐射源(辐射加工用)检定规程》(JJG 591—1989)

《γ辐照装置设计建造和使用规范》(GB/T 17568—2019)

《辐射环境监测技术规范》(HJ/T 61—2001)

《放射性物品安全运输规程》(GB 11806—2019)

《核辐射环境质量评价的一般规定》(GB 11215—1989)

《辐射环境保护管理导则　核技术利用建设项目　环境影响评价文件的内容和格式》(HJ/T 10.1—2016)

《工作场所有害因素职业接触限值　第 1 部分：化学有害因素》

(GBZ 2.1—2019)

《工作场所有害因素职业接触限值　第 2 部分：物理因素》(GBZ 2.2—2007)

《粒子加速器辐射防护规定》(GB 5172—1985)

《X、γ射线和电子束辐照不同材料吸收剂量的换算方法》(GB/T 15447—2008)

《能量为 300 keV～25 MeV 电子束辐射加工装置剂量学导则》(GB/T 16841—2008)

《辐射加工用电子加速器工程通用规范》(GB/T 25306—2010)

《电子束辐射源(辐射加工用)》(JJG 772—1992)

参考文献

[1] 范林林,韩鹏祥,冯叙桥,等.电子束辐照技术在食品工业中应用的研究与进展[J].食品工业科技,2014,35(14)：374 - 380.

[2] 金守鸣.农副产品辐照加工商业化的现状和前景[J].中国农学通报,1992,8(2)：34 - 36.

[3] 王锋,哈益明,周洪杰,等.辐照对食品营养成分的影响[J].食品与机械,2005,21(5)：45 - 48.

[4] Giroux M, Lacroix M. Nutritional adequacy of irradiated meat — a review[J]. Food Research International, 1998, 31(4)：257 - 264.

[5] Delincee H. Detection of food treated with ionizing radiation[J]. Trends in Food Science & Technology, 1998, 9(2)：73 - 82.

[6] Siddhuraju P, Makkar H P S, Becker K. The effect of ionising radiation on antinutritional factors and the nutritional value of plant materials with reference to human and animal food[J]. Food Chemistry, 2002,78(2)：187 - 205.

[7] Castell-Perez E,Moreno M,Rodriguez O,et al. Electron beam irradiation treatment of cantaloupes：effect on product quality [J]. Food Science and Technology International, 2004,10(6)：383 - 390.

[8] 周任佳,乔勇进,王海宏,等.高能电子束辐照处理对鲜切哈密瓜品质及微生物控制效果的影响[J].保鲜与加工,2011,11(6)：27 - 30.

[9] Moreno M A, Castell-Perez M E, Gomes C, et al. Effect of electron beam irradiation on physical,textural,and microstructural properties of "Tommy Atkins" mangoes [J]. Journal of Food Science, 2006, 71(2)：80 - 86.

[10] 杨俊丽.高能电子束辐照对草莓贮藏品质的影响[D].泰安：山东农业大学,2010.

[11] 杨俊丽,乔勇进,乔旭光.高能电子束辐照对草莓常温贮藏品质的影响[J].食品与发酵工业,2010,36(1)：191 - 195.

[12] Huang S, Herald T J, Mueller D D. Effect of electron beam irradiation on physical,

physicochemical, and functional properties of liquid egg yolk during frozen storage [J]. Poultry Science, 1997, 76(11): 1607 - 1615.

[13] 张振山,刘玉兰,王娟娟,等.辐照对大豆中蛋白质品质的影响[J].食品工业科技,2013,34(2): 104 - 107.

[14] 刘冰冰,杨文鸽,徐大伦,等.电子束冷杀菌对美国红鱼冰藏品质的影响[J].食品与发酵工业,2010,36(8): 161 - 164.

[15] Paloma S B, Isabel E, Felix R, et al. Sensorial and chemical quality of electron beam irradiated almonds [J]. LWT-Food Science and Technology, 2008, 41(3): 442 - 449.

[16] 汪昌保,赵永富,王志东,等.电子束和γ射线辐照对猪油脂肪氧化的影响[J].核农学报,2015,29(10): 1924 - 1930.

[17] 黄佳佳,徐振林,罗翠红,等.电子束辐照在食品中兽药残留降解的应用[J].食品工业科技,2011,32(1): 313 - 317.

[18] Getoff N. Radiation-induced degradation of water pollutants — state of the art[J]. Radiation Physics Chemistry, 1996, 47(4): 581 - 593.

[19] Moraes J E F, Quina F H, Nascimento C A O, et al. Treatment of saline wastewater contaminated with hydrocarbonsby the photo-fenton process [J]. Environmental Science & Technology, 2004, 38(4): 1183 - 1187.

[20] Liu Z T, Zhang H Y, Liu Y H. Effect of electron irradiationon nitrofurans and their metabolites[J]. Radiation Physics Chemistry, 2007, 76(11): 1903 - 1905.

[21] 张娟琴,邢增涛.电子束辐照对双孢菇中农药残留的影响[J].上海农业学报,2011,27(1): 49 - 51.

[22] 崔登来,施惠栋,谢宗传.电子束降解氯霉素调控因子试验[J].核农学报,2003,17(5): 373 - 374.

[23] 张庆芳,王锋,哈益明,等.辐射降解农、兽药残留的研究及安全性评价方法[J].食品科学,2009,30(13): 268 - 272.

[24] 靳婧,哈益明,王锋,等.生物毒素辐照降解技术研究进展[J].核农学报,2016,30(10): 1997 - 2004.

[25] 史戎坚.电子加速器工业应用导论[M].北京:中国质检出版社,2012:177.

[26] 焦彦超.医疗器械产品常用灭菌方法[J].医药工程设计,2009,30(4): 24 - 27.

[27] 王春雷,朱南康,滕维芳,等.我国医疗用品的辐射灭菌需求及对策[J].核技术,2005,28(2): 123 - 126.

[28] 傅依备,许云书,黄玮,等.核辐射技术及其在材料科学领域的应用[J].中国工程科学,2008,10(1): 12 - 22.

[29] 吴国忠.辐射技术与先进材料[M].上海:上海交通大学出版社,2016.

[30] 马以正,侯海林.辐射交联无卤阻燃聚烯烃复合材料的研究[J].核技术,1997,20(7): 408 - 412.

[31] 周盾白,贾德民,黄险波.辐射交联改善聚合物阻燃性能的研究进展[J].辐照研究与辐照工艺学报,2006,24(2): 72 - 76.

[32] 周瑞敏,刘兆民,王锦花.辐射技术在橡胶硫化中的应用[J].核技术,2000,23(6):

427 - 430.

[33] 张聪. 辐射交联低温热收缩聚烯烃材料的研制[J]. 中国塑料,2001,15(1)：45 - 47.

[34] 宋廷善. 电子束橡胶辐射硫化加工技术[J]. 橡胶资源利用,2005(3)：10 - 13.

[35] 诸杰,朱南康. 降低天然橡胶乳液中水溶性蛋白质含量的方法[J]. 中国血液流变学杂志,2006,16(1)：153 - 157.

[36] 周成飞. 大分子单体的合成方法及其在辐射聚合方面应用的研究进展　Ⅱ. 在辐照聚合方面的应用[J]. 合成技术及应用,2013,28(1)：33 - 36.

[37] 翟茂林,张九宏,伊敏,等. 温度敏感性聚 N-异丙基丙烯酰胺水凝胶的辐射合成及其性质研究[J]. 同位素,1994,7(4)：198 - 204.

[38] 周成飞. 高分子辐射材料的研究进展[J]. 化工新型材料,2003,31(9)：19 - 21.

[39] 居学成,哈鸿飞. 电子束固化高分子复合材料[J]. 高科技纤维与应用,2000,25(1)：21 - 24.

[40] 王宇光,黎观生,张庆茂,等. 电子束固化技术及可电子束固化环氧树脂体系[J]. 绝缘材料,2002(6)：27 - 31.

[41] 孙大宽. 先进复合材料—电子束固化新应用[J]. 辐射研究与辐射工艺学报,2007,25(3)：129 - 132.

[42] 罗延龄. 高聚物辐射接枝技术及其应用[J]. 合成橡胶工业,1998,21(3)：142 - 145.

[43] 谷庆阳,贾志谦. 辐射引发膜接枝的研究进展[J]. 高分子材料科学与工程,2013,29(4)：160 - 164.

[44] 饶林峰. 辐射接枝技术的应用：日本海水提铀研究的进展及现状[J]. 同位素,2012,25(3)：129 - 139.

[45] 华跃进. 中国核农学通论[M]. 上海：上海交通大学出版社,2016：508.

[46] 张庆芳,王锋,哈益明,等. 辐射降解农、兽药残留的研究及安全性评价方法[J]. 食品科学,2009,30(13)：268 - 272.

[47] 宋鹏程,陆书玉,罗丽娟. 辐射技术用于染料废水的脱色与降解[J]. 核技术,2011,34(11)：815 - 822.

[48] 梁宏斌,蒋伯成. 电子束辐射降解腐植酸[J]. 黑龙江科学,2010,1(4)：12 - 14.

[49] 哈益明,刘世民. 甲基纤维素辐射降解及工艺研究[J]. 激光生物学报,2001,10(2)：112 - 115.

[50] 崔国士,杨蓓,赵红英,等. 电子束辐照制备纳米纤维素[J]. 辐射研究与辐射工艺学报,2018,36(5)：28 - 32.

[51] 中国科学技术协会. 2016—2017 核技术应用学科发展报告[M]. 北京：中国科学技术出版社,2018.

[52] Nuclear Energy Agency, Organization for Economic Co-operation and Development. The supply of medical radioisotopes： review of potential molybdenum-99/technetium-99m production technologies[R]. Paris：OECD NEA,2010.

[53] Jong M S D. Producing medical isotopes using X-rays[C]. Proceedings of IPAC2012, Louisiana, 2012：3177 - 3179.

[54] Carlson R O, Sun Y S, Assalit H B. Lifetime control in silicon power devices by electron or gamma irradiation[J]. IEEE trans, electron device, 1977, 24(8)：

1103 - 1108.

[55] 杭德生,赖启基. 12 MeV、4.2 kW电子直线加速器的辐照应用[J]. 辐射研究与辐射工艺学报,2000,18(4):312 - 314.

[56] 陈桂成,徐芬娟. 高能电子辐照工艺在半导体器件和宝石改色中的应用[J]. 核物理动态,1994,11(2):42 - 43.

附录 A：不同材料性质列表

表 1　各种材料中单能电子的阻止本领、射程、韧致辐射产额

E_0/MeV	H			C			N			O		
	dE/dx	射程	Y_0	dE/dx	射程	Y_0	dE/dx	射程	Y_0	dE/dx	射程	Y_0
1.0#2	51.24	1.08#4	1.03#5	19.99	2.85#4	8.74#5	19.96	2.85#4	1.02#4	19.37	2.95#4	1.21#4
1.25#2	42.71	1.61#4	1.24#5	16.82	4.21#4	1.05#4	16.80	4.22#4	1.23#4	16.33	4.36#4	1.45#4
1.5#2	36.82	2.25#4	1.45#5	14.61	5.81#4	1.21#4	14.59	5.83#4	1.42#4	14.19	6.01#4	1.68#4
1.75#2	32.49	2.97#4	1.65#5	12.96	7.63#4	1.37#4	12.95	7.65#4	1.61#4	12.61	7.88#4	1.90#4
2.0#2	29.16	3.78#4	1.85#5	11.69	9.67#4	1.52#4	11.68	9.68#4	1.79#4	11.38	9.97#4	2.12#4
2.5#2	24.39	5.67#4	2.25#5	9.852	1.44#3	1.81#4	9.842	1.44#3	2.14#4	9.600	1.48#3	2.53#4
3.0#2	21.10	7.88#4	2.63#5	8.575	1.98#3	2.09#4	8.568	1.98#3	2.47#4	8.363	2.04#3	2.92#4
3.5#2	18.70	1.04#3	3.00#5	7.635	2.60#3	2.36#4	7.629	2.60#3	2.78#4	7.452	2.67#3	3.29#4
4.0#2	16.87	1.32#3	3.37#5	6.911	3.29#3	2.61#4	6.908	3.29#3	3.09#4	6.750	3.38#3	3.65#4
4.5#2	15.42	1.63#3	3.73#5	6.337	4.05#3	2.87#4	6.335	4.05#3	3.38#4	6.193	4.15#3	4.00#4
5.0#2	14.24	1.97#3	4.09#5	5.869	4.87#3	3.11#4	5.868	4.87#3	3.67#4	5.739	4.99#3	4.34#4

（续表）

E_0/MeV	H dE/dx	H 射程	H Y_0	C dE/dx	C 射程	C Y_0	N dE/dx	N 射程	N Y_0	O dE/dx	O 射程	O Y_0
5.5#2	13.27	2.33#3	4.44#5	5.481	5.75#3	3.35#4	5.481	5.75#3	3.95#4	5.362	5.89#3	4.67#4
6.0#2	12.45	2.72#3	4.79#5	5.153	6.69#3	3.58#4	5.154	6.69#3	4.22#4	5.044	6.86#3	4.99#4
7.0#2	11.14	3.58#3	5.48#5	4.629	8.74#3	4.03#4	4.632	8.75#3	4.75#4	4.535	8.95#3	5.61#4
8.0#2	10.15	4.52#3	6.15#5	4.229	1.10#2	4.47#4	4.233	1.10#2	5.26#4	4.146	1.13#2	6.20#4
9.0#2	9.368	5.54#3	6.81#5	3.913	1.35#2	4.89#4	3.918	1.35#2	5.75#4	3.839	1.38#2	6.78#4
0.10	8.738	6.65#3	7.46#5	3.657	1.61#2	5.30#4	3.664	1.61#2	6.23#4	3.591	1.65#2	7.34#4
0.125	7.591	9.73#3	9.05#5	3.190	2.35#2	6.28#4	3.199	2.34#2	7.37#4	3.137	2.39#2	8.67#4
0.15	6.820	1.32#2	1.06#4	2.874	3.17#2	7.21#4	2.885	3.17#2	8.45#4	2.831	3.24#2	9.92#4
0.175	6.267	1.71#2	1.22#4	2.647	4.08#2	8.10#4	2.660	4.07#2	9.48#4	2.611	4.16#2	1.11#3
0.20	5.852	2.12#2	1.37#4	2.476	5.06#2	8.96#4	2.491	5.05#2	1.05#3	2.446	5.15#2	1.23#3
0.25	5.276	3.02#2	1.67#4	2.238	7.19#2	1.06#3	2.256	7.16#2	1.24#3	2.217	7.30#2	1.45#3
0.30	4.899	4.01#2	1.97#4	2.081	9.51#2	1.22#3	2.103	9.46#2	1.42#3	2.067	9.64#2	1.66#3
0.35	4.637	5.06#2	2.27#4	1.971	1.20#1	1.37#3	1.996	1.19#1	1.59#3	1.963	1.21#1	1.86#3
0.40	4.447	6.16#2	2.58#4	1.891	1.46#1	1.53#3	1.920	1.45#1	1.77#3	1.889	1.47#1	2.06#3
0.45	4.305	7.30#2	2.88#4	1.831	1.73#1	1.68#3	1.863	1.71#1	1.94#3	1.833	1.74#1	2.25#3
0.50	4.196	8.48#2	3.19#4	1.785	2.00#1	1.83#3	1.820	1.98#1	2.10#3	1.791	2.02#1	2.45#3

（续表）

E_0/MeV	H			C			N			O		
	dE/dx	射程	Y_0	dE/dx	射程	Y_0	dE/dx	射程	Y_0	dE/dx	射程	Y_0
0.55	4.111	9.68#2	3.51#4	1.749	2.29#1	1.98#3	1.787	2.26#1	2.27#3	1.759	2.30#1	2.64#3
0.60	4.044	1.09#1	3.83#4	1.720	2.58#1	2.13#3	1.761	2.54#1	2.44#3	1.734	2.59#1	2.83#3
0.70	3.949	1.34#1	4.47#4	1.678	3.16#1	2.43#3	1.725	3.12#1	2.77#3	1.700	3.17#1	3.22#3
0.80	3.887	1.60#1	5.13#4	1.650	3.77#1	2.73#3	1.703	3.70#1	3.11#3	1.679	3.76#1	3.60#3
0.90	3.846	1.86#1	5.81#4	1.631	4.38#1	3.04#3	1.690	4.29#1	3.45#3	1.666	4.36#1	3.99#3
1.00	3.821	2.12#1	6.50#4	1.619	4.99#1	3.36#3	1.683	4.88#1	3.79#3	1.659	4.96#1	4.38#3
1.25	3.794	2.77#1	8.29#4	1.603	6.54#1	4.16#3	1.680	6.37#1	4.66#3	1.658	6.47#1	5.37#3
1.50	3.796	3.43#1	1.02#3	1.600	8.11#1	4.98#3	1.688	7.86#1	5.54#3	1.667	7.97#1	6.38#3
1.75	3.812	4.09#1	1.21#3	1.604	9.67#1	5.83#3	1.702	9.33#1	6.44#3	1.682	9.47#1	7.41#3
2.00	3.835	4.74#1	1.41#3	1.610	1.122	6.70#3	1.719	1.079	7.36#3	1.699	1.094	8.45#3
2.50	3.888	6.04#1	1.82#3	1.628	1.431	8.50#3	1.754	1.367	9.24#3	1.736	1.386	1.06#2
3.00	3.943	7.32#1	2.26#3	1.648	1.736	1.04#2	1.790	1.649	1.12#2	1.773	1.671	1.28#2
3.50	3.997	8.58#1	2.70#3	1.668	2.038	1.23#2	1.824	1.926	1.31#2	1.808	1.950	1.50#2
4.00	4.047	9.82#1	3.16#3	1.688	2.336	1.42#2	1.857	2.198	1.51#2	1.842	2.224	1.72#2
4.50	4.095	1.11	3.63#3	1.707	2.631	1.62#2	1.888	2.465	1.71#2	1.874	2.493	1.95#2
5.00	4.140	1.23	4.11#3	1.726	2.922	1.81#2	1.917	2.728	1.91#2	1.905	2.758	2.17#2

（续表）

E_0/MeV	H			C			N			O		
	dE/dx	射程	Y_0	dE/dx	射程	Y_0	dE/dx	射程	Y_0	dE/dx	射程	Y_0
5.50	4.182	1.35	4.59#3	1.744	3.210	2.01#2	1.945	2.987	2.11#2	1.934	3.018	2.40#2
6.00	4.222	1.47	5.08#3	1.761	3.495	2.22#2	1.972	3.242	2.31#2	1.962	3.275	2.63#2
7.00	4.295	1.70	6.08#3	1.795	4.058	2.63#2	2.024	3.742	2.72#2	2.016	3.777	3.08#2
8.00	4.361	1.93	7.10#3	1.826	4.610	3.04#2	2.072	4.231	3.12#2	2.066	4.267	3.54#2
9.00	4.422	2.16	8.13#3	1.857	5.153	3.45#2	2.117	4.708	3.53#2	2.114	4.746	3.99#2
10.0	4.479	2.38	9.18#3	1.886	5.688	3.87#2	2.161	5.176	3.93#2	2.160	5.214	4.44#2
12.5	4.604	2.93	1.18#2	1.955	6.989	4.90#2	2.262	6.306	4.94#2	2.267	6.343	5.56#2
15.0	4.714	3.47	1.45#2	2.021	8.247	5.94#2	2.356	7.388	5.93#2	2.368	7.421	6.65#2
17.5	4.812	4.00	1.72#2	2.084	9.465	6.96#2	2.446	8.430	6.89#2	2.464	8.456	7.72#2
20.0	4.903	4.51	1.99#2	2.146	10.65	7.96#2	2.532	9.434	7.84#2	2.556	9.452	8.76#2
25.0	5.065	5.51	2.54#2	2.266	12.91	9.91#2	2.696	11.35	9.67#2	2.733	11.34	1.08#1
30.0	5.212	6.49	3.08#2	2.384	15.06	1.18#1	2.852	13.15	1.14#1	2.903	13.12	1.27#1
35.0	5.347	7.43	3.63#2	2.500	17.11	1.36#1	3.000	14.86	1.31#1	3.065	14.79	1.45#1
40.0	5.471	8.36	4.16#2	2.615	19.07	1.53#1	3.142	16.49	1.47#1	3.222	16.38	1.62#1
45.0	5.583	9.26	4.69#2	2.730	20.94	1.69#1	3.281	18.04	1.62#1	3.375	17.90	1.78#1
50.0	5.686	10.15	5.22#2	2.844	22.73	1.85#1	3.417	19.54	1.77#1	3.526	19.35	1.93#1

说明：1.0#2的含义是 1.0×10^{-2}。

表 1(续)　各种材料中单能电子的阻止本领、射程、韧致辐射产额

E_0 /MeV	Na			Al			Si			S		
	dE/dx	射程	Y_0	dE/dx	射程	Y_0	dE/dx	射程	Y_0	dE/dx	射程	Y_0
1.0#2	16.80	3.46#4	1.80#4	16.50	3.54#4	2.13#4	16.90	3.46#4	2.29#4	16.76	3.50#4	2.57#4
1.25#2	14.22	5.08#4	2.17#4	13.98	5.19#4	2.58#4	14.33	5.07#4	2.78#4	14.22	5.12#4	3.14#4
1.5#2	12.41	6.97#4	2.53#4	12.21	7.11#4	3.02#4	12.52	6.95#4	3.25#4	12.42	7.01#4	3.68#4
1.75#2	11.05	9.11#4	2.87#4	10.88	9.28#4	3.44#4	11.16	9.07#4	3.71#4	11.08	9.15#4	4.21#4
2.0#2	9.997	1.15#3	3.20#4	9.851	1.17#3	3.84#4	10.11	1.14#3	4.15#4	10.03	1.15#3	4.73#4
2.5#2	8.461	1.70#3	3.83#4	8.345	1.72#3	4.62#4	8.564	1.68#3	5.00#4	8.507	1.70#3	5.72#4
3.0#2	7.391	2.33#3	4.43#4	7.294	2.37#3	5.35#4	7.487	2.31#3	5.81#4	7.440	2.33#3	6.66#4
3.5#2	6.599	3.05#3	5.00#4	6.516	3.09#3	6.06#4	6.690	3.02#3	6.58#4	6.649	3.04#3	7.57#4
4.0#2	5.988	3.84#3	5.56#4	5.916	3.90#3	6.74#4	6.075	3.80#3	7.32#4	6.039	3.83#3	8.43#4
4.5#2	5.502	4.72#3	6.09#4	5.437	4.78#3	7.39#4	5.584	4.66#3	8.04#4	5.552	4.69#3	9.27#4
5.0#2	5.105	5.66#3	6.60#4	5.046	5.74#3	8.02#4	5.183	5.59#3	8.73#4	5.154	5.63#3	1.01#3
5.5#2	4.774	6.67#3	7.10#4	4.721	6.76#3	8.64#4	4.850	6.59#3	9.40#4	4.823	6.63#3	1.09#3
6.0#2	4.495	7.75#3	7.59#4	4.446	7.86#3	9.23#4	4.568	7.65#3	1.01#3	4.543	7.70#3	1.16#3
7.0#2	4.048	1.01#2	8.52#4	4.005	1.02#2	1.04#3	4.116	9.96#3	1.13#3	4.094	1.00#2	1.31#3
8.0#2	3.706	1.27#2	9.41#4	3.668	1.28#2	1.15#3	3.769	1.25#2	1.25#3	3.750	1.26#2	1.45#3
9.0#2	3.436	1.55#2	1.03#3	3.401	1.57#2	1.25#3	3.496	1.53#2	1.37#3	3.478	1.54#2	1.59#3

（续表）

E_0/MeV	Na			Al			Si			S		
	dE/dx	射程	Y_0	dE/dx	射程	Y_0	dE/dx	射程	Y_0	dE/dx	射程	Y_0
0.10	3.216	1.85#2	1.11#3	3.185	1.87#2	1.35#3	3.274	1.82#2	1.48#3	3.257	1.83#2	1.72#3
0.125	2.816	2.69#2	1.31#3	2.789	2.71#2	1.59#3	2.867	2.64#2	1.74#3	2.854	2.66#2	2.02#3
0.15	2.544	3.62#2	1.49#3	2.521	3.66#2	1.82#3	2.592	3.56#2	1.98#3	2.580	3.58#2	2.31#3
0.175	2.349	4.65#2	1.67#3	2.328	4.69#2	2.03#3	2.394	4.57#2	2.21#3	2.383	4.59#2	2.58#3
0.20	2.203	5.75#2	1.83#3	2.183	5.80#2	2.23#3	2.245	5.65#2	2.43#3	2.235	5.67#2	2.83#3
0.25	1.999	8.14#2	2.15#3	1.981	8.22#2	2.62#3	2.038	7.99#2	2.85#3	2.029	8.03#2	3.32#3
0.30	1.866	1.07#1	2.46#3	1.849	1.08#1	2.98#3	1.903	1.05#1	3.25#3	1.894	1.06#1	3.78#3
0.35	1.774	1.35#1	2.75#3	1.757	1.36#1	3.34#3	1.809	1.32#1	3.63#3	1.800	1.33#1	4.22#3
0.40	1.708	1.64#1	3.03#3	1.691	1.65#1	3.68#3	1.741	1.61#1	4.00#3	1.732	1.61#1	4.65#3
0.45	1.659	1.93#1	3.32#3	1.642	1.95#1	4.02#3	1.690	1.90#1	4.37#3	1.682	1.91#1	5.07#3
0.50	1.622	2.24#1	3.59#3	1.604	2.26#1	4.35#3	1.652	2.20#1	4.73#3	1.644	2.21#1	5.48#3
0.55	1.593	2.55#1	3.87#3	1.576	2.58#1	4.68#3	1.623	2.50#1	5.09#3	1.615	2.51#1	5.90#3
0.60	1.571	2.87#1	4.14#3	1.554	2.89#1	5.01#3	1.600	2.81#1	5.44#3	1.592	2.83#1	6.30#3
0.70	1.541	3.51#1	4.69#3	1.522	3.55#1	5.66#3	1.568	3.44#1	6.15#3	1.560	3.46#1	7.12#3
0.80	1.523	4.16#1	5.24#3	1.503	4.21#1	6.32#3	1.549	4.09#1	6.86#3	1.541	4.11#1	7.93#3
0.90	1.512	4.82#1	5.78#3	1.492	4.87#1	6.98#3	1.537	4.73#1	7.56#3	1.529	4.76#1	8.74#3

（续表）

E_0/MeV	Na dE/dx	Na 射程	Na Y_0	Al dE/dx	Al 射程	Al Y_0	Si dE/dx	Si 射程	Si Y_0	S dE/dx	S 射程	S Y_0
1.00	1.506	5.48＃1	6.33＃3	1.486	5.55＃1	7.64＃3	1.531	5.39＃1	8.28＃3	1.523	5.41＃1	9.56＃3
1.25	1.506	7.14＃1	7.73＃3	1.484	7.23＃1	9.31＃3	1.529	7.02＃1	1.01＃2	1.521	7.06＃1	1.16＃2
1.50	1.515	8.80＃1	9.14＃3	1.491	8.91＃1	1.10＃2	1.538	8.65＃1	1.19＃2	1.530	8.70＃1	1.37＃2
1.75	1.529	1.044	1.06＃2	1.504	1.058	1.27＃2	1.551	1.027	1.38＃2	1.544	1.032	1.58＃2
2.00	1.545	1.207	1.21＃2	1.518	1.224	1.45＃2	1.567	1.188	1.57＃2	1.560	1.193	1.80＃2
2.50	1.577	1.527	1.50＃2	1.549	1.550	1.81＃2	1.600	1.503	1.95＃2	1.595	1.510	2.24＃2
3.00	1.608	1.841	1.81＃2	1.580	1.869	2.17＃2	1.634	1.812	2.34＃2	1.631	1.820	2.68＃2
3.50	1.637	2.149	2.12＃2	1.609	2.183	2.54＃2	1.667	2.115	2.74＃2	1.667	2.124	3.13＃2
4.00	1.665	2.452	2.44＃2	1.637	2.491	2.92＃2	1.699	2.412	3.13＃2	1.701	2.420	3.58＃2
4.50	1.690	2.750	2.75＃2	1.664	2.794	3.30＃2	1.729	2.704	3.54＃2	1.735	2.712	4.03＃2
5.00	1.715	3.044	3.07＃2	1.690	3.092	3.68＃2	1.758	2.991	3.94＃2	1.767	2.997	4.48＃2
5.50	1.739	3.333	3.39＃2	1.715	3.386	4.06＃2	1.786	3.273	4.34＃2	1.799	3.278	4.93＃2
6.00	1.761	3.619	3.72＃2	1.739	3.675	4.44＃2	1.813	3.551	4.74＃2	1.829	3.553	5.38＃2
7.00	1.805	4.180	4.36＃2	1.787	4.242	5.20＃2	1.865	4.095	5.55＃2	1.889	4.091	6.27＃2
8.00	1.847	4.727	5.01＃2	1.833	4.795	5.96＃2	1.916	4.624	6.34＃2	1.946	4.613	7.15＃2
9.00	1.888	5.263	5.66＃2	1.877	5.334	6.71＃2	1.965	5.139	7.14＃2	2.001	5.119	8.02＃2

（续表）

E_0/MeV	Na dE/dx	Na 射程	Na Y_0	Al dE/dx	Al 射程	Al Y_0	Si dE/dx	Si 射程	Si Y_0	S dE/dx	S 射程	S Y_0
10.0	1.928	5.787	6.30#2	1.921	5.861	7.45#2	2.013	5.642	7.92#2	2.056	5.612	8.88#2
12.5	2.024	7.052	7.88#2	2.029	7.127	9.28#2	2.130	6.849	9.83#2	2.187	6.791	1.10#1
15.0	2.118	8.259	9.42#2	2.134	8.328	1.11#1	2.245	7.992	1.17#1	2.316	7.902	1.30#1
17.5	2.210	9.415	1.09#1	2.237	9.472	1.28#1	2.359	9.078	1.35#1	2.443	8.952	1.49#1
20.0	2.301	10.52	1.24#1	2.340	10.56	1.44#1	2.472	10.11	1.51#1	2.568	9.950	1.67#1
25.0	2.480	12.62	1.51#1	2.544	12.61	1.75#1	2.695	12.05	1.83#1	2.818	11.81	2.01#1
30.0	2.657	14.56	1.77#1	2.746	14.50	2.03#1	2.917	13.83	2.12#1	3.066	13.51	2.31#1
35.0	2.833	16.39	2.00#1	2.947	16.26	2.29#1	3.139	15.48	2.39#1	3.313	15.08	2.59#1
40.0	3.009	18.10	2.22#1	3.148	17.90	2.53#1	3.360	17.02	2.64#1	3.560	16.53	2.85#1
45.0	3.184	19.71	2.43#1	3.349	19.44	2.75#1	3.581	18.47	2.87#1	3.808	17.89	3.09#1
50.0	3.359	21.24	2.63#1	3.550	20.89	2.96#1	3.802	19.82	3.08#1	4.055	19.16	3.30#1

表1（续）各种材料中单能电子的阻止本领、射程、韧致辐射产额

E_0/MeV	Cl dE/dx	Cl 射程	Cl Y_0	Cu dE/dx	Cu 射程	Cu Y_0	Fe dE/dx	Fe 射程	Fe Y_0	I dE/dx	I 射程	I Y_0
1.0#2	16.24	3.60#4	2.67#4	13.19	4.60#4	4.70#4	13.90	4.33#4	4.20#4	10.65	5.93#4	7.82#4
1.25#2	13.77	5.28#4	3.26#4	11.28	6.66#4	5.81#4	11.86	6.28#4	5.19#4	9.186	8.46#4	9.83#4

（续表）

E_0/MeV	Cl dE/dx	Cl 射程	Cl Y_0	Cu dE/dx	Cu 射程	Cu Y_0	Fe dE/dx	Fe 射程	Fe Y_0	I dE/dx	I 射程	I Y_0
1.5E2	12.03	7.23E4	3.84E4	9.917	9.03E4	6.90E4	10.41	8.54E4	6.15E4	8.122	1.14E3	1.18E3
1.75E2	10.73	9.44E4	4.40E4	8.887	1.17E3	7.97E4	9.323	1.11E3	7.09E4	7.312	1.46E3	1.38E3
2.0E2	9.713	1.19E3	4.95E4	8.080	1.47E3	9.02E4	8.468	1.39E3	8.01E4	6.673	1.82E3	1.58E3
2.5E2	8.233	1.75E3	6.00E4	6.892	2.14E3	1.11E3	7.213	2.03E3	9.80E4	5.724	2.63E3	1.96E3
3.0E2	7.199	2.40E3	7.00E4	6.055	2.91E3	1.30E3	6.330	2.77E3	1.15E3	5.051	3.56E3	2.34E3
3.5E2	6.433	3.14E3	7.96E4	5.431	3.79E3	1.49E3	5.672	3.61E3	1.32E3	4.547	4.61E3	2.71E3
4.0E2	5.842	3.96E3	8.89E4	4.947	4.75E3	1.67E3	5.163	4.54E3	1.48E3	4.154	5.76E3	3.07E3
4.5E2	5.371	4.85E3	9.78E4	4.560	5.81E3	1.85E3	4.756	5.55E3	1.63E3	3.838	7.02E3	3.43E3
5.0E2	4.986	5.82E3	1.07E3	4.242	6.95E3	2.03E3	4.422	6.64E3	1.78E3	3.579	8.37E3	3.78E3
5.5E2	4.666	6.85E3	1.15E3	3.977	8.16E3	2.19E3	4.144	7.81E3	1.93E3	3.362	9.81E3	4.12E3
6.0E2	4.395	7.96E3	1.23E3	3.753	9.46E3	2.36E3	3.908	9.05E3	2.07E3	3.178	1.13E2	4.46E3
7.0E2	3.961	1.04E2	1.39E3	3.392	1.23E2	2.67E3	3.529	1.18E2	2.35E3	2.882	1.47E2	5.11E3
8.0E2	3.629	1.30E2	1.54E3	3.114	1.54E2	2.98E3	3.238	1.47E2	2.61E3	2.653	1.83E2	5.75E3
9.0E2	3.366	1.59E2	1.68E3	2.894	1.87E2	3.27E3	3.007	1.79E2	2.86E3	2.472	2.22E2	6.36E3
0.10	3.153	1.89E2	1.82E3	2.715	2.23E2	3.55E3	2.820	2.14E2	3.11E3	2.324	2.64E2	6.96E3
0.125	2.763	2.74E2	2.14E3	2.387	3.21E2	4.21E3	2.476	3.09E2	3.68E3	2.054	3.78E2	8.39E3

（续表）

E_0/MeV	Cl dE/dx	Cl 射程	Cl Y_0	Cu dE/dx	Cu 射程	Cu Y_0	Fe dE/dx	Fe 射程	Fe Y_0	I dE/dx	I 射程	I Y_0
0.15	2.499	3.70#2	2.44#3	2.164	4.31#2	4.82#3	2.242	4.15#2	4.21#3	1.870	5.06#2	9.74#3
0.175	2.310	4.74#2	2.73#3	2.002	5.52#2	5.40#3	2.074	5.31#2	4.71#3	1.738	6.45#2	1.10#2
0.20	2.168	5.86#2	3.00#3	1.881	6.81#2	5.95#3	1.947	6.56#2	5.19#3	1.638	7.94#2	1.22#2
0.25	1.970	8.29#2	3.51#3	1.711	9.60#2	6.98#3	1.771	9.26#2	6.09#3	1.501	1.11#1	1.44#2
0.30	1.841	1.09#1	4.00#3	1.601	1.26#1	7.95#3	1.656	1.22#1	6.92#3	1.412	1.46#1	1.65#2
0.35	1.753	1.37#1	4.46#3	1.524	1.58#1	8.86#3	1.576	1.53#1	7.72#3	1.351	1.82#1	1.84#2
0.40	1.689	1.66#1	4.91#3	1.469	1.92#1	9.74#3	1.519	1.85#1	8.49#3	1.308	2.20#1	2.03#2
0.45	1.642	1.96#1	5.35#3	1.428	2.26#1	1.06#2	1.477	2.19#1	9.24#3	1.277	2.58#1	2.20#2
0.50	1.607	2.27#1	5.78#3	1.398	2.62#1	1.14#2	1.445	2.53#1	9.97#3	1.254	2.98#1	2.37#2
0.55	1.580	2.58#1	6.21#3	1.375	2.98#1	1.23#2	1.421	2.88#1	1.07#2	1.238	3.38#1	2.54#2
0.60	1.560	2.90#1	6.63#3	1.357	3.35#1	1.31#2	1.402	3.23#1	1.14#2	1.226	3.79#1	2.70#2
0.70	1.532	3.55#1	7.47#3	1.333	4.09#1	1.47#2	1.376	3.95#1	1.28#2	1.211	4.61#1	3.01#2
0.80	1.517	4.21#1	8.31#3	1.319	4.84#1	1.63#2	1.362	4.68#1	1.42#2	1.206	5.44#1	3.31#2
0.90	1.508	4.87#1	9.14#3	1.312	5.60#1	1.78#2	1.354	5.42#1	1.56#2	1.205	6.27#1	3.60#2
1.00	1.505	5.53#1	9.98#3	1.309	6.37#1	1.94#2	1.350	6.16#1	1.70#2	1.208	7.09#1	3.89#2
1.25	1.510	7.19#1	1.21#2	1.313	8.28#1	2.33#2	1.353	8.01#1	2.04#2	1.226	9.15#1	4.60#2

（续表）

E_0/MeV	Cl dE/dx	Cl 射程	Cl Y_0	Cu dE/dx	Cu 射程	Cu Y_0	Fe dE/dx	Fe 射程	Fe Y_0	I dE/dx	I 射程	I Y_0
1.50	1.525	8.84#1	1.42#2	1.327	1.017	2.72#2	1.365	9.85#1	2.39#2	1.250	1.117	5.28#2
1.75	1.544	1.047	1.63#2	1.344	1.204	3.11#2	1.382	1.167	2.75#2	1.277	1.315	5.96#2
2.00	1.565	1.208	1.85#2	1.364	1.389	3.51#2	1.400	1.347	3.10#2	1.307	1.508	6.62#2
2.50	1.610	1.523	2.29#2	1.405	1.750	4.30#2	1.440	1.699	3.81#2	1.366	1.883	7.91#2
3.00	1.654	1.829	2.73#2	1.448	2.101	5.10#2	1.480	2.042	4.53#2	1.426	2.241	9.17#2
3.50	1.697	2.127	3.17#2	1.490	2.441	5.89#2	1.520	2.375	5.24#2	1.486	2.584	1.04#1
4.00	1.738	2.419	3.61#2	1.531	2.772	6.67#2	1.560	2.700	5.95#2	1.545	2.914	1.16#1
4.50	1.778	2.703	4.05#2	1.573	3.094	7.44#2	1.599	3.016	6.66#2	1.603	3.232	1.27#1
5.00	1.817	2.981	4.49#2	1.613	3.408	8.21#2	1.638	3.325	7.36#2	1.660	3.539	1.38#1
5.50	1.855	3.253	4.93#2	1.653	3.715	8.97#2	1.676	3.627	8.05#2	1.717	3.835	1.49#1
6.00	1.891	3.520	5.37#2	1.693	4.013	9.71#2	1.713	3.922	8.74#2	1.774	4.121	1.60#1
7.00	1.962	4.039	6.23#2	1.771	4.591	1.12#1	1.788	4.493	1.01#1	1.886	4.668	1.80#1
8.00	2.030	4.541	7.07#2	1.849	5.143	1.26#1	1.861	5.042	1.14#1	1.998	5.183	1.99#1
9.00	2.096	5.025	7.90#2	1.925	5.673	1.39#1	1.933	5.569	1.27#1	2.109	5.670	2.17#1
10.0	2.160	5.495	8.72#2	2.001	6.183	1.53#1	2.005	6.077	1.39#1	2.219	6.132	2.34#1
12.5	2.314	6.613	1.07#1	2.190	7.376	1.84#1	2.182	7.272	1.68#1	2.494	7.194	2.73#1

（续表）

E_0/MeV	Cl dE/dx	Cl 射程	Cl Y_0	Cu dE/dx	Cu 射程	Cu Y_0	Fe dE/dx	Fe 射程	Fe Y_0	I dE/dx	I 射程	I Y_0
15.0	2.463	7.660	1.26#1	2.377	8.472	2.12#1	2.357	8.374	1.95#1	2.768	8.145	3.07#1
17.5	2.607	8.646	1.44#1	2.563	9.484	2.39#1	2.531	9.397	2.20#1	3.043	9.006	3.38#1
20.0	2.749	9.580	1.60#1	2.749	10.43	2.63#1	2.704	10.35	2.44#1	3.318	9.793	3.65#1
25.0	3.023	11.31	1.92#1	3.120	12.13	3.06#1	3.050	12.09	2.85#1	3.870	11.19	4.13#1
30.0	3.290	12.90	2.21#1	3.491	13.65	3.44#1	3.396	13.65	3.22#1	4.425	12.39	4.53#1
35.0	3.553	14.36	2.47#1	3.861	15.01	3.77#1	3.741	15.05	3.55#1	4.983	13.46	4.86#1
40.0	3.814	15.72	2.71#1	4.233	16.24	4.06#1	4.087	16.33	3.83#1	5.543	14.41	5.15#1
45.0	4.073	16.99	2.93#1	4.605	17.38	4.32#1	4.434	17.50	4.09#1	6.106	15.27	5.41#1
50.0	4.332	18.18	3.14#1	4.978	18.42	4.55#1	4.782	18.59	4.33#1	6.670	16.05	5.63#1

表1（续）　各种材料中单能电子的阻止本领、射程、韧致辐射产额

E_0/MeV	Co dE/dx	Co 射程	Co Y_0	Cr dE/dx	Cr 射程	Cr Y_0	Ni dE/dx	Ni 射程	Ni Y_0	Be dE/dx	Be 射程	Be Y_0
1.0#2	13.54	4.46#4	4.37#4	14.17	4.22#4	3.85#4	13.92	4.35#4	4.54#4	18.63	3.03#4	5.44#5
1.25#2	11.56	6.46#4	5.39#4	12.08	6.13#4	4.74#4	11.90	6.30#4	5.61#4	15.64	4.50#4	6.49#5
1.5#2	10.15	8.78#4	6.40#4	10.59	8.35#4	5.62#4	10.45	8.55#4	6.66#4	13.56	6.23#4	7.50#5
1.75#2	9.093	1.14#3	7.38#4	9.474	1.09#3	6.47#4	9.366	1.11#3	7.69#4	12.02	8.19#4	8.47#5

（续表）

E_0/MeV	Co			Cr			Ni			Be		
	dE/dx	射程	Y_0	dE/dx	射程	Y_0	dE/dx	射程	Y_0	dE/dx	射程	Y_0
2.0＃2	8.262	1.43＃3	8.34＃4	8.599	1.36＃3	7.30＃4	8.513	1.39＃3	8.69＃4	10.84	1.04＃3	9.42＃5
2.5＃2	7.040	2.09＃3	1.02＃3	7.315	2.00＃3	8.92＃4	7.257	2.03＃3	1.07＃3	9.115	1.54＃3	1.13＃4
3.0＃2	6.180	2.85＃3	1.20＃3	6.414	2.73＃3	1.05＃3	6.373	2.76＃3	1.25＃3	7.925	2.13＃3	1.30＃4
3.5＃2	5.539	3.70＃3	1.37＃3	5.744	3.55＃3	1.20＃3	5.715	3.59＃3	1.43＃3	7.049	2.80＃3	1.47＃4
4.0＃2	5.043	4.65＃3	1.54＃3	5.225	4.47＃3	1.34＃3	5.204	4.51＃3	1.61＃3	6.376	3.55＃3	1.63＃4
4.5＃2	4.646	5.68＃3	1.71＃3	4.810	5.47＃3	1.48＃3	4.795	5.52＃3	1.78＃3	5.843	4.37＃3	1.79＃4
5.0＃2	4.321	6.80＃3	1.86＃3	4.471	6.54＃3	1.62＃3	4.460	6.60＃3	1.95＃3	5.409	5.26＃3	1.95＃4
5.5＃2	4.049	8.00＃3	2.02＃3	4.188	7.70＃3	1.75＃3	4.181	7.76＃3	2.11＃3	5.049	6.22＃3	2.10＃4
6.0＃2	3.819	9.27＃3	2.17＃3	3.948	8.93＃3	1.88＃3	3.944	8.99＃3	2.27＃3	4.744	7.24＃3	2.25＃4
7.0＃2	3.449	1.20＃2	2.46＃3	3.564	1.16＃2	2.12＃3	3.563	1.17＃2	2.57＃3	4.259	9.47＃3	2.55＃4
8.0＃2	3.165	1.51＃2	2.73＃3	3.268	1.45＃2	2.36＃3	3.270	1.46＃2	2.86＃3	3.889	1.19＃2	2.83＃4
9.0＃2	2.940	1.83＃2	3.00＃3	3.034	1.77＃2	2.59＃3	3.038	1.78＃2	3.14＃3	3.596	1.46＃2	3.10＃4
0.10	2.757	2.19＃2	3.25＃3	2.844	2.11＃2	2.81＃3	2.850	2.12＃2	3.41＃3	3.360	1.75＃2	3.37＃4
0.125	2.421	3.16＃2	3.85＃3	2.496	3.05＃2	3.32＃3	2.503	3.06＃2	4.04＃3	2.928	2.55＃2	4.01＃4
0.15	2.193	4.25＃2	4.42＃3	2.259	4.11＃2	3.80＃3	2.268	4.11＃2	4.63＃3	2.636	3.45＃2	4.61＃4
0.175	2.029	5.43＃2	4.94＃3	2.089	5.26＃2	4.25＃3	2.098	5.26＃2	5.18＃3	2.426	4.44＃2	5.20＃4

（续表）

E_0/MeV	Co			Cr			Ni			Be		
	dE/dx	射程	Y_0	dE/dx	射程	Y_0	dE/dx	射程	Y_0	dE/dx	射程	Y_0
0.20	1.905	6.71#2	5.44#3	1.961	6.50#2	4.68#3	1.970	6.49#2	5.71#3	2.269	5.51#2	5.77#4
0.25	1.733	9.47#2	6.39#3	1.782	9.18#2	5.48#3	1.791	9.16#2	6.70#3	2.049	7.84#2	6.87#4
0.30	1.620	1.25#1	7.27#3	1.666	1.21#1	6.23#3	1.675	1.21#1	7.62#3	1.904	1.04#1	7.92#4
0.35	1.542	1.56#1	8.10#3	1.585	1.52#1	6.95#3	1.594	1.51#1	8.50#3	1.803	1.31#1	8.96#4
0.40	1.486	1.89#1	8.91#3	1.527	1.84#1	7.65#3	1.537	1.83#1	9.35#3	1.729	1.59#1	9.99#4
0.45	1.445	2.23#1	9.69#3	1.484	2.17#1	8.32#3	1.494	2.16#1	1.02#2	1.673	1.89#1	1.10#3
0.50	1.414	2.58#1	1.05#2	1.452	2.51#1	8.98#3	1.462	2.50#1	1.10#2	1.631	2.19#1	1.20#3
0.55	1.390	2.94#1	1.12#2	1.427	2.86#1	9.64#3	1.437	2.85#1	1.18#2	1.597	2.50#1	1.30#3
0.60	1.372	3.30#1	1.20#2	1.408	3.21#1	1.03#2	1.419	3.20#1	1.26#2	1.571	2.81#1	1.41#3
0.70	1.347	4.04#1	1.34#2	1.382	3.93#1	1.16#2	1.393	3.91#1	1.41#2	1.532	3.46#1	1.61#3
0.80	1.333	4.79#1	1.49#2	1.366	4.66#1	1.28#2	1.379	4.63#1	1.56#2	1.506	4.12#1	1.82#3
0.90	1.325	5.54#1	1.63#2	1.357	5.39#1	1.41#2	1.371	5.36#1	1.71#2	1.489	4.79#1	2.03#3
1.00	1.322	6.29#1	1.78#2	1.353	6.13#1	1.54#2	1.368	6.09#1	1.86#2	1.477	5.46#1	2.25#3
1.25	1.325	8.19#1	2.14#2	1.355	7.98#1	1.85#2	1.372	7.91#1	2.24#2	1.463	7.16#1	2.80#3
1.50	1.338	1.006	2.50#2	1.366	9.82#1	2.17#2	1.385	9.73#1	2.62#2	1.460	8.87#1	3.37#3
1.75	1.354	1.192	2.87#2	1.381	1.164	2.50#2	1.403	1.152	3.00#2	1.463	1.058	3.96#3

（续表）

E_0/MeV	Co			Cr			Ni			Be		
	dE/dx	射程	Y_0	dE/dx	射程	Y_0	dE/dx	射程	Y_0	dE/dx	射程	Y_0
2.00	1.373	1.375	3.24#2	1.398	1.344	2.82#2	1.423	1.329	3.38#2	1.469	1.229	4.56#3
2.50	1.412	1.735	3.98#2	1.435	1.697	3.48#2	1.466	1.675	4.15#2	1.484	1.568	5.81#3
3.00	1.453	2.084	4.72#2	1.473	2.041	4.14#2	1.509	2.012	4.92#2	1.500	1.903	7.10#3
3.50	1.493	2.423	5.46#2	1.511	2.376	4.81#2	1.552	2.338	5.69#2	1.516	2.234	8.43#3
4.00	1.533	2.753	6.20#2	1.549	2.702	5.47#2	1.595	2.656	6.45#2	1.531	2.563	9.80#3
4.50	1.573	3.075	6.93#2	1.586	3.021	6.13#2	1.637	2.965	7.21#2	1.545	2.888	1.12#2
5.00	1.611	3.390	7.65#2	1.622	3.333	6.78#2	1.678	3.267	7.95#2	1.559	3.210	1.26#2
5.50	1.650	3.696	8.37#2	1.658	3.638	7.43#2	1.719	3.562	8.69#2	1.572	3.529	1.40#2
6.00	1.688	3.996	9.08#2	1.693	3.937	8.07#2	1.760	3.849	9.42#2	1.584	3.846	1.55#2
7.00	1.763	4.576	1.05#1	1.763	4.515	9.33#2	1.840	4.405	1.08#1	1.607	4.473	1.84#2
8.00	1.836	5.131	1.18#1	1.832	5.072	1.06#1	1.919	4.937	1.22#1	1.628	5.091	2.14#2
9.00	1.909	5.665	1.31#1	1.899	5.608	1.18#1	1.997	5.448	1.36#1	1.649	5.701	2.44#2
10.0	1.982	6.179	1.44#1	1.966	6.125	1.29#1	2.074	5.939	1.49#1	1.669	6.304	2.74#2
12.5	2.161	7.387	1.74#1	2.130	7.346	1.57#1	2.266	7.092	1.79#1	1.715	7.782	3.51#2
15.0	2.339	8.499	2.01#1	2.293	8.477	1.83#1	2.456	8.151	2.07#1	1.759	9.221	4.28#2
17.5	2.515	9.529	2.27#1	2.454	9.531	2.07#1	2.646	9.131	2.33#1	1.801	10.63	5.05#2

（续表）

E_0/MeV	Co			Cr			Ni			Be		
	dE/dx	射程	Y_0	dE/dx	射程	Y_0	dE/dx	射程	Y_0	dE/dx	射程	Y_0
20.0	2.691	10.49	2.50#1	2.615	10.52	2.30#1	2.835	10.04	2.57#1	1.842	12.00	5.82#2
25.0	3.042	12.24	2.93#1	2.936	12.32	2.70#1	3.212	11.70	3.00#1	1.923	14.65	7.32#2
30.0	3.393	13.79	3.30#1	3.255	13.94	3.06#1	3.588	13.17	3.37#1	2.002	17.20	8.79#2
35.0	3.743	15.19	3.63#1	3.576	15.40	3.38#1	3.965	14.50	3.70#1	2.079	19.65	1.02#1
40.0	4.095	16.47	3.92#1	3.897	16.74	3.67#1	4.342	15.70	3.99#1	2.156	22.01	1.16#1
45.0	4.447	17.64	4.18#1	4.218	17.97	3.93#1	4.720	16.81	4.25#1	2.232	24.29	1.29#1
50.0	4.800	18.72	4.41#1	4.540	19.12	4.16#1	5.099	17.83	4.49#1	2.308	26.50	1.42#1

表 1（续） 各种材料中单能电子的阻止本领、射程、韧致辐射产额

E_0/MeV	Mo			Ti			Zn			Mg		
	dE/dx	射程	Y_0	dE/dx	射程	Y_0	dE/dx	射程	Y_0	dE/dx	射程	Y_0
1.0#2	11.68	4.612	6.53#4	13.17	4.62#4	4.85#4	19.96	2.85#4	1.02#4	17.15	3.40#4	1.96#4
1.25#2	10.04	5.140	8.15#4	11.27	6.68#4	6.00#4	16.80	4.22#4	1.23#4	14.53	4.99#4	2.37#4
1.5#2	8.860	5.643	9.75#4	9.908	9.05#4	7.13#4	14.59	5.83#4	1.42#4	12.68	6.83#4	2.77#4
1.75#2	7.963	6.123	1.13#3	8.881	1.17#3	8.24#4	12.95	7.65#4	1.61#4	11.30	8.93#4	3.15#4
2.0#2	7.256	7.234	1.29#3	8.076	1.47#3	9.33#4	11.68	9.68#4	1.79#4	10.22	1.13#3	3.51#4
2.5#2	6.211	8.239	1.59#3	6.890	2.14#3	1.14#3	9.842	1.44#3	2.14#4	8.655	1.66#3	4.21#4

（续表）

E_0/MeV	Mo dE/dx	Mo 射程	Mo Y_0	Ti dE/dx	Ti 射程	Ti Y_0	Zn dE/dx	Zn 射程	Zn Y_0	Mg dE/dx	Mg 射程	Mg Y_0
3.0#2	5.471	9.157	1.89#3	6.055	2.92#3	1.35#3	8.568	1.98#3	2.47#4	7.562	2.28#3	4.88#4
3.5#2	4.918	10.00	2.18#3	5.432	3.79#3	1.55#3	7.629	2.60#3	2.78#4	6.753	2.98#3	5.52#4
4.0#2	4.488	11.51	2.46#3	4.948	4.76#3	1.74#3	6.908	3.29#3	3.09#4	6.129	3.76#3	6.13#4
4.5#2	4.143	12.82	2.73#3	4.561	5.81#3	1.92#3	6.335	4.05#3	3.38#4	5.632	4.61#3	6.72#4
5.0#2	3.860	13.99	3.00#3	4.244	6.95#3	2.10#3	5.868	4.87#3	3.67#4	5.226	5.53#3	7.29#4
5.5#2	3.623	15.04	3.26#3	3.980	8.17#3	2.28#3	5.481	5.75#3	3.95#4	4.889	6.52#3	7.85#4
6.0#2	3.422	15.99	3.52#3	3.755	9.46#3	2.45#3	5.154	6.69#3	4.22#4	4.603	7.58#3	8.39#4
7.0#2	3.099	16.87	4.02#3	3.394	1.23#2	2.78#3	4.632	8.75#3	4.75#4	4.146	9.87#3	9.43#4
8.0#2	2.850	4.612	4.50#3	3.117	1.53#2	3.09#3	4.233	1.10#2	5.26#4	3.796	1.24#2	1.04#3
9.0#2	2.652	5.140	4.96#3	2.897	1.87#2	3.40#3	3.918	1.35#2	5.75#4	3.519	1.51#2	1.14#3
0.10	2.492	5.643	5.41#3	2.719	2.22#2	3.69#3	3.664	1.61#2	6.23#4	3.295	1.81#2	1.23#3
0.125	2.197	6.123	6.47#3	2.391	3.21#2	4.38#3	3.199	2.34#2	7.37#4	2.885	2.62#2	1.45#3
0.15	1.996	7.234	7.47#3	2.168	4.31#2	5.02#3	2.885	3.17#2	8.45#4	2.607	3.54#2	1.65#3
0.175	1.852	8.239	8.41#3	2.007	5.51#2	5.63#3	2.660	4.07#2	9.48#4	2.407	4.54#2	1.84#3
0.20	1.743	9.157	9.29#3	1.886	6.80#2	6.20#3	2.491	5.05#2	1.05#3	2.257	5.61#2	2.03#3
0.25	1.593	10.00	1.10#2	1.718	9.58#2	7.27#3	2.256	7.16#2	1.24#3	2.048	7.94#2	2.38#3

（续表）

E_0/MeV	Mo dE/dx	Mo 射程	Mo Y_0	Ti dE/dx	Ti 射程	Ti Y_0	Zn dE/dx	Zn 射程	Zn Y_0	Mg dE/dx	Mg 射程	Mg Y_0
0.30	1.495	11.51	1.25#2	1.607	1.26#1	8.27#3	2.103	9.46#2	1.42#3	1.912	1.05#1	2.71#3
0.35	1.427	12.82	1.39#2	1.531	1.58#1	9.23#3	1.996	1.19#1	1.59#3	1.817	1.32#1	3.03#3
0.40	1.380	13.99	1.53#2	1.476	1.91#1	1.01#2	1.920	1.45#1	1.77#3	1.749	1.60#1	3.35#3
0.45	1.345	15.04	1.66#2	1.436	2.26#1	1.10#2	1.863	1.71#1	1.94#3	1.698	1.89#1	3.66#3
0.50	1.319	15.99	1.79#2	1.405	2.61#1	1.19#2	1.820	1.98#1	2.10#3	1.660	2.19#1	3.96#3
0.55	1.300	16.87	1.92#2	1.382	2.97#1	1.28#2	1.787	2.26#1	2.27#3	1.631	2.49#1	4.27#3
0.60	1.285	4.612	2.04#2	1.365	3.33#1	1.36#2	1.761	2.54#1	2.44#3	1.608	2.80#1	4.57#3
0.70	1.267	5.140	2.28#2	1.341	4.07#1	1.53#2	1.725	3.12#1	2.77#3	1.576	3.43#1	5.17#3
0.80	1.258	5.643	2.51#2	1.327	4.82#1	1.69#2	1.703	3.70#1	3.11#3	1.556	4.07#1	5.77#3
0.90	1.255	6.123	2.75#2	1.320	5.58#1	1.85#2	1.690	4.29#1	3.45#3	1.545	4.71#1	6.37#3
1.00	1.255	7.234	2.97#2	1.317	6.34#1	2.01#2	1.683	4.88#1	3.79#3	1.539	5.36#1	6.97#3
1.25	1.268	8.239	3.54#2	1.323	8.23#1	2.42#2	1.680	6.37#1	4.66#3	1.537	6.99#1	8.50#3
1.50	1.288	9.157	4.10#2	1.337	1.011	2.82#2	1.688	7.86#1	5.54#3	1.546	8.61#1	1.01#2
1.75	1.311	10.00	4.65#2	1.355	1.197	3.22#2	1.702	9.33#1	6.44#3	1.559	1.022	1.17#2
2.00	1.337	11.51	5.19#2	1.375	1.380	3.63#2	1.719	1.079	7.36#3	1.574	1.182	1.33#2
2.50	1.389	12.82	6.27#2	1.419	1.738	4.45#2	1.754	1.367	9.24#3	1.606	1.496	1.66#2

（续表）

E_0/MeV	Mo			Ti			Zn			Mg		
	dE/dx	射程	Y_0	dE/dx	射程	Y_0	dE/dx	射程	Y_0	dE/dx	射程	Y_0
3.00	1.442	13.99	7.33#2	1.463	2.085	5.26#2	1.790	1.649	1.12#2	1.637	1.805	1.99#2
3.50	1.495	15.04	8.37#2	1.507	2.422	6.07#2	1.824	1.926	1.31#2	1.666	2.107	2.33#2
4.00	1.547	15.99	9.39#2	1.550	2.749	6.87#2	1.857	2.198	1.51#2	1.694	2.405	2.68#2
4.50	1.598	16.87	1.04#1	1.592	3.067	7.66#2	1.888	2.465	1.71#2	1.721	2.698	3.03#2
5.00	1.648	4.612	1.14#1	1.634	3.377	8.44#2	1.917	2.728	1.91#2	1.747	2.986	3.38#2
5.50	1.698	5.140	1.23#1	1.676	3.679	9.22#2	1.945	2.987	2.11#2	1.772	3.270	3.73#2
6.00	1.747	5.643	1.33#1	1.717	3.974	9.98#2	1.972	3.242	2.31#2	1.796	3.550	4.08#2
7.00	1.845	6.123	1.51#1	1.798	4.543	1.15#1	2.024	3.742	2.72#2	1.843	4.100	4.79#2
8.00	1.941	7.234	1.68#1	1.878	5.087	1.29#1	2.072	4.231	3.12#2	1.888	4.636	5.49#2
9.00	2.037	8.239	1.84#1	1.957	5.609	1.43#1	2.117	4.708	3.53#2	1.931	5.160	6.19#2
10.0	2.133	9.157	2.00#1	2.036	6.110	1.56#1	2.161	5.176	3.93#2	1.974	5.672	6.89#2
12.5	2.370	10.00	2.36#1	2.231	7.282	1.88#1	2.262	6.306	4.94#2	2.079	6.906	8.59#2
15.0	2.608	11.51	2.69#1	2.424	8.357	2.17#1	2.356	7.388	5.93#2	2.181	8.080	1.03#1
17.5	2.845	12.82	2.98#1	2.617	9.349	2.43#1	2.446	8.430	6.89#2	2.281	9.200	1.19#1
20.0	3.084	13.99	3.25#1	2.809	10.27	2.68#1	2.532	9.434	7.84#2	2.381	10.27	1.34#1
25.0	3.562	15.04	3.72#1	3.193	11.94	3.11#1	2.696	11.35	9.67#2	2.577	12.29	1.63#1

（续表）

E_0/MeV	Mo dE/dx	Mo 射程	Mo Y_0	Ti dE/dx	Ti 射程	Ti Y_0	Zn dE/dx	Zn 射程	Zn Y_0	Mg dE/dx	Mg 射程	Mg Y_0
30.0	4.043	15.99	4.12#1	3.577	13.42	3.49#1	2.852	13.15	1.14#1	2.772	14.16	1.90#1
35.0	4.526	16.87	4.46#1	3.961	14.75	3.82#1	3.000	14.86	1.31#1	2.966	15.90	2.15#1
40.0	5.011	4.612	4.76#1	4.346	15.95	4.11#1	3.142	16.49	1.47#1	3.160	17.54	2.38#1
45.0	5.498	5.140	5.02#1	4.731	17.05	4.37#1	3.281	18.04	1.62#1	3.353	19.07	2.60#1
50.0	5.987	5.643	5.25#1	5.117	18.07	4.61#1	3.417	19.54	1.77#1	3.546	20.52	2.80#1

表 1（续）　各种材料中单能电子的阻止本领、射程、韧致辐射产额

E_0/MeV	Hg dE/dx	Hg 射程	Hg Y_0	Ta dE/dx	Ta 射程	Ta Y_0	Pb dE/dx	Pb 射程	Pb Y_0	W dE/dx	W 射程	W Y_0
1.0#2	8.605	8.03#4	1.16#3	9.055	7.42#4	1.06#3	8.448	8.26#4	1.19#3	8.993	7.49#4	1.08#3
1.25#2	7.510	1.12#3	1.47#3	7.878	1.04#3	1.34#3	7.379	1.14#3	1.50#3	7.828	1.05#3	1.36#3
1.5#2	6.698	1.47#3	1.77#3	7.011	1.38#3	1.62#3	6.585	1.50#3	1.81#3	6.968	1.39#3	1.64#3
1.75#2	6.070	1.86#3	2.07#3	6.344	1.75#3	1.90#3	5.971	1.90#3	2.12#3	6.306	1.77#3	1.92#3
2.0#2	5.570	2.29#3	2.38#3	5.813	2.16#3	2.17#3	5.480	2.34#3	2.43#3	5.779	2.18#3	2.20#3
2.5#2	4.817	3.26#3	2.98#3	5.017	3.09#3	2.72#3	4.743	3.32#3	3.05#3	4.989	3.11#3	2.76#3
3.0#2	4.277	4.36#3	3.58#3	4.447	4.15#3	3.26#3	4.212	4.45#3	3.66#3	4.423	4.18#3	3.31#3
3.5#2	3.869	5.60#3	4.17#3	4.018	5.34#3	3.80#3	3.812	5.70#3	4.27#3	3.996	5.37#3	3.85#3

（续表）

E_0/MeV	Hg dE/dx	Hg 射程	Hg Y_0	Ta dE/dx	Ta 射程	Ta Y_0	Pb dE/dx	Pb 射程	Pb Y_0	W dE/dx	W 射程	W Y_0
4.0＃2	3.548	6.95＃3	4.75＃3	3.681	6.64＃3	4.32＃3	3.497	7.07＃3	4.87＃3	3.662	6.68＃3	4.38＃3
4.5＃2	3.290	8.41＃3	5.33＃3	3.410	8.05＃3	4.84＃3	3.243	8.55＃3	5.47＃3	3.393	8.10＃3	4.91＃3
5.0＃2	3.077	9.99＃3	5.90＃3	3.187	9.57＃3	5.36＃3	3.034	1.02＃2	6.06＃3	3.171	9.63＃3	5.43＃3
5.5＃2	2.898	1.17＃2	6.47＃3	3.000	1.12＃2	5.86＃3	2.858	1.19＃2	6.64＃3	2.985	1.13＃2	5.94＃3
6.0＃2	2.745	1.34＃2	7.03＃3	2.840	1.29＃2	6.36＃3	2.708	1.37＃2	7.21＃3	2.826	1.30＃2	6.45＃3
7.0＃2	2.499	1.73＃2	8.13＃3	2.583	1.66＃2	7.35＃3	2.466	1.75＃2	8.35＃3	2.570	1.67＃2	7.45＃3
8.0＃2	2.309	2.14＃2	9.21＃3	2.384	2.06＃2	8.31＃3	2.279	2.18＃2	9.46＃3	2.373	2.08＃2	8.43＃3
9.0＃2	2.158	2.59＃2	1.03＃2	2.226	2.50＃2	9.25＃3	2.130	2.63＃2	1.06＃2	2.216	2.51＃2	9.39＃3
0.10	2.034	3.07＃2	1.13＃2	2.097	2.96＃2	1.02＃2	2.008	3.11＃2	1.16＃2	2.088	2.98＃2	1.03＃2
0.125	1.807	4.38＃2	1.38＃2	1.860	4.23＃2	1.24＃2	1.785	4.44＃2	1.42＃2	1.852	4.25＃2	1.26＃2
0.15	1.653	5.83＃2	1.62＃2	1.699	5.64＃2	1.45＃2	1.633	5.91＃2	1.66＃2	1.692	5.67＃2	1.47＃2
0.175	1.541	7.40＃2	1.84＃2	1.583	7.17＃2	1.65＃2	1.524	7.49＃2	1.90＃2	1.576	7.20＃2	1.67＃2
0.20	1.458	9.07＃2	2.06＃2	1.495	8.80＃2	1.84＃2	1.442	9.18＃2	2.12＃2	1.489	8.84＃2	1.87＃2
0.25	1.342	1.27＃1	2.46＃2	1.375	1.23＃1	2.19＃2	1.329	1.28＃1	2.53＃2	1.370	1.24＃1	2.23＃2
0.30	1.268	1.65＃1	2.83＃2	1.297	1.61＃1	2.52＃2	1.257	1.67＃1	2.92＃2	1.292	1.61＃1	2.56＃2
0.35	1.218	2.05＃1	3.18＃2	1.244	2.00＃1	2.82＃2	1.209	2.07＃1	3.28＃2	1.240	2.01＃1	2.87＃2

（续表）

E_0/MeV	Hg			Ta			Pb			W		
	dE/dx	射程	Y_0	dE/dx	射程	Y_0	dE/dx	射程	Y_0	dE/dx	射程	Y_0
0.40	1.184	2.47#1	3.50#2	1.207	2.41#1	3.11#2	1.175	2.49#1	3.61#2	1.203	2.42#1	3.16#2
0.45	1.160	2.90#1	3.82#2	1.181	2.83#1	3.38#2	1.152	2.92#1	3.94#2	1.177	2.84#1	3.44#2
0.50	1.143	3.33#1	4.11#2	1.162	3.25#1	3.65#2	1.135	3.36#1	4.24#2	1.159	3.27#1	3.71#2
0.55	1.131	3.77#1	4.40#2	1.149	3.69#1	3.90#2	1.124	3.80#1	4.54#2	1.146	3.70#1	3.97#2
0.60	1.123	4.21#1	4.68#2	1.139	4.12#1	4.15#2	1.117	4.25#1	4.82#2	1.136	4.14#1	4.22#2
0.70	1.115	5.11#1	5.21#2	1.129	5.01#1	4.62#2	1.110	5.15#1	5.36#2	1.126	5.02#1	4.70#2
0.80	1.115	6.00#1	5.71#2	1.126	5.89#1	5.07#2	1.110	6.05#1	5.88#2	1.124	5.91#1	5.16#2
0.90	1.119	6.90#1	6.19#2	1.129	6.78#1	5.51#2	1.115	6.95#1	6.37#2	1.126	6.80#1	5.60#2
1.00	1.127	7.79#1	6.65#2	1.134	7.66#1	5.93#2	1.123	7.84#1	6.84#2	1.132	7.69#1	6.03#2
1.25	1.153	9.99#1	7.75#2	1.156	9.85#1	6.94#2	1.150	1.004	7.96#2	1.154	9.88#1	7.05#2
1.50	1.186	1.212	8.78#2	1.185	1.198	7.90#2	1.183	1.219	9.01#2	1.183	1.201	8.02#2
1.75	1.221	1.420	9.76#2	1.217	1.407	8.82#2	1.219	1.427	1.00#1	1.215	1.410	8.96#2
2.00	1.257	1.622	1.07#1	1.251	1.609	9.71#2	1.256	1.629	1.10#1	1.249	1.613	9.86#2
2.50	1.330	2.009	1.25#1	1.319	1.999	1.14#1	1.331	2.016	1.28#1	1.318	2.003	1.16#1
3.00	1.404	2.375	1.42#1	1.389	2.368	1.30#1	1.406	2.381	1.45#1	1.388	2.372	1.32#1
3.50	1.477	2.722	1.58#1	1.458	2.719	1.46#1	1.480	2.728	1.61#1	1.457	2.724	1.48#1

（续表）

E_0/MeV	Hg dE/dx	Hg 射程	Hg Y_0	Ta dE/dx	Ta 射程	Ta Y_0	Pb dE/dx	Pb 射程	Pb Y_0	W dE/dx	W 射程	W Y_0
4.00	1.549	3.052	1.73#1	1.527	3.054	1.60#1	1.553	3.057	1.76#1	1.526	3.059	1.63#1
4.50	1.621	3.368	1.88#1	1.595	3.375	1.74#1	1.626	3.372	1.91#1	1.595	3.380	1.77#1
5.00	1.692	3.670	2.01#1	1.663	3.682	1.88#1	1.698	3.673	2.05#1	1.663	3.687	1.90#1
5.50	1.763	3.959	2.15#1	1.730	3.976	2.01#1	1.769	3.962	2.18#1	1.731	3.981	2.03#1
6.00	1.834	4.237	2.27#1	1.798	4.260	2.13#1	1.841	4.239	2.30#1	1.798	4.265	2.16#1
7.00	1.975	4.763	2.51#1	1.932	4.796	2.37#1	1.983	4.762	2.54#1	1.933	4.801	2.39#1
8.00	2.115	5.252	2.73#1	2.065	5.297	2.58#1	2.125	5.249	2.77#1	2.067	5.301	2.61#1
9.00	2.255	5.710	2.94#1	2.198	5.766	2.79#1	2.266	5.705	2.97#1	2.201	5.770	2.82#1
10.0	2.395	6.140	3.13#1	2.331	6.208	2.98#1	2.407	6.133	3.16#1	2.335	6.211	3.01#1
12.5	2.745	7.114	3.56#1	2.664	7.210	3.40#1	2.761	7.102	3.59#1	2.670	7.212	3.43#1
15.0	3.097	7.971	3.93#1	2.998	8.094	3.77#1	3.116	7.954	3.96#1	3.006	8.094	3.80#1
17.5	3.450	8.736	4.24#1	3.334	8.885	4.09#1	3.472	8.713	4.27#1	3.343	8.882	4.12#1
20.0	3.805	9.426	4.53#1	3.670	9.599	4.37#1	3.830	9.399	4.56#1	3.682	9.594	4.40#1
25.0	4.519	10.63	5.00#1	4.348	10.85	4.85#1	4.551	10.59	5.03#1	4.364	10.84	4.88#1
30.0	5.239	11.66	5.39#1	5.030	11.92	5.24#1	5.279	11.61	5.41#1	5.051	11.90	5.27#1
35.0	5.964	12.55	5.71#1	5.717	12.85	5.56#1	6.011	12.50	5.73#1	5.743	12.83	5.60#1

（续表）

E_0/MeV	Hg dE/dx	Hg 射程	Hg Y_0	Ta dE/dx	Ta 射程	Ta Y_0	Pb dE/dx	Pb 射程	Pb Y_0	W dE/dx	W 射程	W Y_0
40.0	6.693	13.34	5.98#1	6.408	13.68	5.84#1	6.747	13.29	6.00#1	6.439	13.65	5.87#1
45.0	7.426	14.05	6.21#1	7.102	14.42	6.08#1	7.488	13.99	6.24#1	7.138	14.39	6.11#1
50.0	8.162	14.69	6.42#1	7.799	15.09	6.29#1	8.231	14.63	6.44#1	7.840	15.06	6.32#1

表 1（续）　各种材料中单能电子的阻止本领、射程、韧致辐射产额

E_0/MeV	水 dE/dx	水 射程	水 Y_0	干燥空气 dE/dx	干燥空气 射程	干燥空气 Y_0	铅玻璃（$\rho=6.22$ g/cm³） dE/dx	铅玻璃 射程	铅玻璃 Y_0	混凝土（$\rho=2.3$ g/cm³） dE/dx	混凝土 射程	混凝土 Y_0
1.0	22.56	2.52#2	9.41#5	19.76	2.88#4	1.08#4	10.50	6.07#4	7.62#4	18.05	3.21#4	1.71#4
1.25	18.98	3.73#2	1.13#4	16.63	4.27#4	1.30#4	9.069	8.64#4	9.71#4	15.26	4.72#4	2.07#4
1.5	16.47	5.15#2	1.32#4	14.45	5.89#4	1.51#4	8.028	1.16#3	1.18#3	13.30	6.48#4	2.42#4
1.75	14.61	6.76#2	1.49#4	12.83	7.73#4	1.71#4	7.234	1.49#3	1.39#3	11.84	8.48#4	2.76#4
2.0	13.18	8.57#2	1.66#4	11.58	9.78#4	1.90#4	6.606	1.85#3	1.60#3	10.71	1.07#3	3.08#4
2.5	11.10	1.27#3	1.99#4	9.757	1.45#3	2.27#4	5.673	2.67#3	2.02#3	9.056	1.58#3	3.70#4
3.0	9.657	1.76#3	2.30#4	8.495	2.00#3	2.62#4	5.010	3.61#3	2.44#3	7.905	2.17#3	4.30#4
3.5	8.596	2.31#3	2.60#4	7.566	2.63#3	2.96#4	4.513	4.66#3	2.85#3	7.055	2.84#3	4.87#4
4.0	7.781	2.92#3	2.89#4	6.852	3.32#3	3.28#4	4.125	5.82#3	3.26#3	6.400	3.59#3	5.42#4
4.5	7.134	3.59#3	3.17#4	6.284	4.09#3	3.60#4	3.814	7.08#3	3.66#3	5.878	4.41#3	5.94#4

（续表）

E_0/MeV	水			干燥空气			铅玻璃（$\rho=6.22\ \mathrm{g/cm^3}$）			混凝土（$\rho=2.3\ \mathrm{g/cm^3}$）		
	dE/dx	射程	Y_0	dE/dx	射程	Y_0	dE/dx	射程	Y_0	dE/dx	射程	Y_0
5.0♯2	6.607	4.32♯3	3.44♯4	5.822	4.91♯3	3.90♯4	3.558	8.44♯3	4.06♯3	5.453	5.29♯3	6.46♯4
5.5♯2	6.170	5.10♯3	3.70♯4	5.438	5.80♯3	4.20♯4	3.344	9.89♯3	4.46♯3	5.099	6.24♯3	6.96♯4
6.0♯2	5.801	5.94♯3	3.96♯4	5.114	6.75♯3	4.49♯4	3.162	1.14♯2	4.85♯3	4.799	7.25♯3	7.44♯4
7.0♯2	5.211	7.76♯3	4.45♯4	4.597	8.82♯3	5.05♯4	2.869	1.48♯2	5.63♯3	4.321	9.45♯3	8.38♯4
8.0♯2	4.761	9.77♯3	4.93♯4	4.201	1.11♯2	5.59♯4	2.643	1.84♯2	6.39♯3	3.955	1.19♯2	9.27♯4
9.0♯2	4.407	1.20♯2	5.39♯4	3.889	1.36♯2	6.11♯4	2.464	2.23♯2	7.14♯3	3.665	1.45♯2	1.01♯3
0.10	4.119	1.43♯2	5.84♯4	3.637	1.62♯2	6.62♯4	2.318	2.65♯2	7.87♯3	3.431	1.73♯2	1.10♯3
0.125	3.596	2.08♯2	6.91♯4	3.176	2.36♯2	7.83♯4	2.051	3.80♯2	9.64♯3	3.003	2.51♯2	1.29♯3
0.15	3.242	2.82♯2	7.93♯4	2.865	3.19♯2	8.97♯4	1.869	5.08♯2	1.13♯2	2.713	3.39♯2	1.48♯3
0.175	2.988	3.62♯2	8.89♯4	2.642	4.10♯2	1.01♯3	1.739	6.47♯2	1.29♯2	2.505	4.35♯2	1.65♯3
0.20	2.798	4.49♯2	9.83♯4	2.474	5.08♯2	1.11♯3	1.641	7.95♯2	1.45♯2	2.349	5.39♯2	1.82♯3
0.25	2.533	6.37♯2	1.16♯3	2.241	7.21♯2	1.31♯3	1.506	1.11♯1	1.74♯2	2.132	7.63♯2	2.14♯3
0.30	2.360	8.42♯2	1.33♯3	2.089	9.53♯2	1.50♯3	1.418	1.46♯1	2.01♯2	1.990	1.01♯1	2.44♯3
0.35	2.241	1.06♯1	1.50♯3	1.984	1.20♯1	1.69♯3	1.358	1.82♯1	2.26♯2	1.892	1.26♯1	2.73♯3
0.40	2.154	1.29♯1	1.66♯3	1.908	1.46♯1	1.87♯3	1.316	2.19♯1	2.50♯2	1.820	1.53♯1	3.01♯3
0.45	2.090	1.52♯1	1.82♯3	1.852	1.72♯1	2.05♯3	1.285	2.58♯1	2.73♯2	1.766	1.81♯1	3.29♯3

(续表)

E_0/MeV	水			干燥空气			铅玻璃（$\rho=6.22$ g/cm³）			混凝土（$\rho=2.3$ g/cm³）		
	dE/dx	射程	Y_0	dE/dx	射程	Y_0	dE/dx	射程	Y_0	dE/dx	射程	Y_0
0.50	2.041	1.77#1	1.98#3	1.809	2.00#1	2.23#3	1.263	2.97#1	2.95#2	1.725	2.10#1	3.57#3
0.55	2.003	2.01#1	2.13#3	1.776	2.27#1	2.40#3	1.247	3.37#1	3.16#2	1.693	2.39#1	3.84#3
0.60	1.972	2.27#1	2.29#3	1.751	2.56#1	2.58#3	1.236	3.77#1	3.36#2	1.668	2.69#1	4.11#3
0.70	1.926	2.78#1	2.61#3	1.715	3.14#1	2.93#3	1.222	4.59#1	3.76#2	1.632	3.30#1	4.66#3
0.80	1.896	3.30#1	2.93#3	1.694	3.72#1	3.28#3	1.217	5.41#1	4.14#2	1.609	3.91#1	5.20#3
0.90	1.876	3.83#1	3.25#3	1.681	4.32#1	3.64#3	1.217	6.23#1	4.50#2	1.594	4.54#1	5.75#3
1.00	1.862	4.37#1	3.58#3	1.674	4.91#1	4.00#3	1.221	7.05#1	4.85#2	1.585	5.17#1	6.31#3
1.25	1.845	5.72#1	4.42#3	1.671	6.41#1	4.91#3	1.240	9.08#1	5.69#2	1.577	6.75#1	7.72#3
1.50	1.841	7.08#1	5.28#3	1.680	7.90#1	5.84#3	1.266	1.108	6.49#2	1.580	8.34#1	9.16#3
1.75	1.844	8.43#1	6.17#3	1.694	9.38#1	6.78#3	1.295	1.303	7.25#2	1.588	9.91#1	1.06#2
2.00	1.850	9.79#1	7.09#3	1.711	1.085	7.75#3	1.326	1.494	8.00#2	1.599	1.148	1.21#2
2.50	1.868	1.247	8.97#3	1.747	1.374	9.72#3	1.389	1.862	9.42#2	1.625	1.459	1.52#2
3.00	1.889	1.514	1.09#2	1.783	1.658	1.17#2	1.452	2.214	1.08#1	1.651	1.764	1.84#2
3.50	1.910	1.777	1.29#2	1.817	1.935	1.38#2	1.514	2.552	1.21#1	1.678	2.064	2.16#2
4.00	1.931	2.037	1.50#2	1.850	2.208	1.58#2	1.576	2.875	1.33#1	1.704	2.360	2.48#2
4.50	1.951	2.295	1.70#2	1.881	2.476	1.79#2	1.637	3.186	1.45#1	1.729	2.651	2.81#2

（续表）

E_0/MeV	水			干燥空气			铅玻璃（$\rho=6.22$ g/cm³）			混凝土（$\rho=2.3$ g/cm³）		
	dE/dx	射程	Y_0	dE/dx	射程	Y_0	dE/dx	射程	Y_0	dE/dx	射程	Y_0
5.00	1.971	2.550	1.91#2	1.911	2.740	2.00#2	1.698	3.486	1.57#1	1.754	2.938	3.13#2
5.50	1.991	2.802	2.12#2	1.940	2.999	2.21#2	1.758	3.775	1.68#1	1.778	3.221	3.47#2
6.00	2.010	3.052	2.34#2	1.967	3.255	2.42#2	1.818	4.055	1.79#1	1.801	3.501	3.80#2
7.00	2.047	3.545	2.77#2	2.020	3.757	2.85#2	1.936	4.588	2.00#1	1.846	4.049	4.46#2
8.00	2.082	4.030	3.20#2	2.068	4.246	3.27#2	2.054	5.089	2.19#1	1.890	4.584	5.12#2
9.00	2.116	4.506	3.64#2	2.115	4.724	3.69#2	2.171	5.563	2.38#1	1.932	5.108	5.78#2
10.0	2.149	4.975	4.07#2	2.159	5.192	4.11#2	2.287	6.012	2.55#1	1.973	5.620	6.44#2
12.5	2.230	6.117	5.16#2	2.262	6.323	5.16#2	2.578	7.041	2.94#1	2.074	6.855	8.05#2
15.0	2.306	7.219	6.24#2	2.359	7.405	6.18#2	2.869	7.959	3.29#1	2.171	8.033	9.62#2
17.5	2.381	8.286	7.31#2	2.450	8.445	7.19#2	3.160	8.789	3.60#1	2.267	9.160	1.11#1
20.0	2.454	9.320	8.36#2	2.539	9.447	8.17#2	3.453	9.546	3.87#1	2.362	10.24	1.26#1
25.0	2.598	11.30	1.04#1	2.707	11.35	1.01#1	4.040	10.88	4.34#1	2.548	12.28	1.54#1
30.0	2.738	13.17	1.23#1	2.868	13.15	1.19#1	4.632	12.04	4.74#1	2.733	14.17	1.80#1
35.0	2.876	14.96	1.42#1	3.020	14.85	1.36#1	5.227	13.05	5.07#1	2.916	15.94	2.04#1
40.0	3.013	16.65	1.59#1	3.167	16.46	1.52#1	5.825	13.96	5.35#1	3.099	17.61	2.27#1
45.0	3.150	18.28	1.76#1	3.311	18.01	1.68#1	6.426	14.78	5.60#1	3.281	19.17	2.48#1
50.0	3.286	19.83	1.92#1	3.452	19.48	1.83#1	7.029	15.52	5.82#1	3.463	20.66	2.67#1

表2 材料的元素质量成分百分比　　　　　　　　单位：%

	H	C	O	Na	Mg	Al	Si	K	Ca	Ti	Fe	As	Pb
铅玻璃	—	—	15.65	—			8.09	—	—	0.81	—	0.27	75.19
普通混凝土	1.00	0.10	52.91	1.60	0.20	3.39	33.70	1.30	4.40	—	1.40	—	—

表3 各种材料中单能光子的衰减系数和能量吸收系数

E_0/MeV	H元素 衰减系数	H元素 吸收系数	C元素 衰减系数	C元素 吸收系数	N元素 衰减系数	N元素 吸收系数	O元素 衰减系数	O元素 吸收系数
1.0#3	7.217	6.820	2 211	2 209	3 311	3 306	4 590	4 576
1.5#3	2.148	1.752	700.2	699	1 083	1 080	1 549	1 545
2.0#3	1.059	6.64#1	302.6	301.6	476.9	475.5	694.9	692.6
3.0#3	5.61#1	1.69#1	90.33	89.63	145.6	144.7	217.1	215.8
4.0#3	4.55#1	6.55#2	37.78	37.23	61.66	60.94	93.15	92.21
5.0#3	4.19#1	3.28#2	19.12	18.66	31.44	30.86	47.90	47.15
6.0#3	4.04#1	2.00#2	10.95	10.54	18.09	17.59	27.70	27.08
8.0#3	3.91#1	1.16#2	4.576	4.242	7.562	7.170	11.63	11.16
1.0#2	3.85#1	9.85#3	2.373	2.078	3.879	3.545	5.952	5.565
1.5#2	3.76#1	1.10#2	8.07#1	5.63#1	1.236	9.72#1	1.836	1.545
2.0#2	3.70#1	1.36#2	4.42#1	2.24#1	6.18#1	3.87#1	8.65#1	6.18#1
3.0#2	3.57#1	1.86#2	2.56#1	6.61#2	3.07#1	1.10#1	3.78#1	1.73#1
4.0#2	3.46#1	2.32#2	2.08#1	3.34#2	2.29#1	5.05#2	2.59#1	7.53#2
5.0#2	3.36#1	2.71#2	1.87#1	2.40#2	1.98#1	3.22#2	2.13#1	4.41#2
6.0#2	3.26#1	3.05#2	1.75#1	2.10#2	1.82#1	2.55#2	1.91#1	3.21#2
8.0#2	3.09#1	3.62#2	1.61#1	2.04#2	1.64#1	2.21#2	1.68#1	2.47#2
0.10	2.94#1	4.06#2	1.51#1	2.15#2	1.53#1	2.23#2	1.55#1	2.36#2
0.15	2.65#1	4.81#2	1.35#1	2.45#2	1.35#1	2.47#2	1.36#1	2.51#2
0.20	2.43#1	5.25#2	1.23#1	2.66#2	1.23#1	2.67#2	1.24#1	2.68#2
0.30	2.11#1	5.70#2	1.07#1	2.87#2	1.07#1	2.87#2	1.07#1	2.88#2
0.40	1.89#1	5.86#2	9.55#2	2.95#2	9.56#2	2.95#2	9.57#2	2.95#2

(续表)

E_0/MeV	H元素 衰减系数	H元素 吸收系数	C元素 衰减系数	C元素 吸收系数	N元素 衰减系数	N元素 吸收系数	O元素 衰减系数	O元素 吸收系数
0.50	1.73♯1	5.90♯2	8.72♯2	2.97♯2	8.72♯2	2.97♯2	8.73♯2	2.97♯2
0.60	1.60♯1	5.88♯2	8.06♯2	2.96♯2	8.06♯2	2.96♯2	8.07♯2	2.96♯2
0.80	1.41♯1	5.74♯2	7.08♯2	2.89♯2	7.08♯2	2.89♯2	7.09♯2	2.89♯2
1.00	1.26♯1	5.56♯2	6.36♯2	2.79♯2	6.36♯2	2.79♯2	6.37♯2	2.79♯2
1.25	1.13♯1	5.31♯2	5.69♯2	2.67♯2	5.69♯2	2.67♯2	5.70♯2	2.67♯2
1.50	1.03♯1	5.08♯2	5.18♯2	2.55♯2	5.18♯2	2.55♯2	5.19♯2	2.55♯2
2.0	8.77♯2	4.65♯2	4.44♯2	2.35♯2	4.45♯2	2.35♯2	4.46♯2	2.35♯2
3.0	6.92♯2	3.99♯2	3.56♯2	2.05♯2	3.58♯2	2.06♯2	3.60♯2	2.07♯2
4.0	5.81♯2	3.52♯2	3.05♯2	1.85♯2	3.07♯2	1.87♯2	3.10♯2	1.88♯2
5.0	5.05♯2	3.17♯2	2.71♯2	1.71♯2	2.74♯2	1.73♯2	2.78♯2	1.76♯2
6.0	4.50♯2	2.91♯2	2.47♯2	1.61♯2	2.51♯2	1.64♯2	2.55♯2	1.67♯2
8.0	3.75♯2	2.52♯2	2.15♯2	1.47♯2	2.21♯2	1.51♯2	2.26♯2	1.55♯2
10.0	3.25♯2	2.25♯2	1.96♯2	1.38♯2	2.02♯2	1.43♯2	2.09♯2	1.48♯2
15.0	2.54♯2	1.84♯2	1.70♯2	1.26♯2	1.78♯2	1.33♯2	1.87♯2	1.40♯2
20.0	2.15♯2	1.61♯2	1.58♯2	1.20♯2	1.67♯2	1.29♯2	1.77♯2	1.36♯2

说明：♯2 的含义是 $\times 10^{-2}$。

表3(续)　各种材料中单能光子的衰减系数和能量吸收系数

Al元素 E_0/MeV	衰减系数	吸收系数	Si元素 E_0/MeV	衰减系数	吸收系数	S元素 E_0/MeV	衰减系数	吸收系数
1.00♯3	1 185	1 183	1.00♯3	1 570	1 567	1.00♯3	2 429	2 426
1.50♯3	402.2	400.1	1.50♯3	535.5	533.1	1.50♯3	834.2	831.4
1.56♯3	362.1	360.0	1.84♯3	309.2	307.0	2.00♯3	385.3	382.8
K1.56♯3	3 957	3 829	K1.84♯3	3 192	3 059	2.47♯3	216.8	214.5
2.00♯3	2 263	2 204	2.00♯3	2 777	2 669	K2.47♯3	2 070	1 935
3.00♯3	788.0	773.2	3.00♯3	978.4	951.6	3.00♯3	1 339	1 265
4.00♯3	360.5	354.5	4.00♯3	452.9	442.7	4.00♯3	633.8	606.6
5.00♯3	193.4	190.2	5.00♯3	245.0	240.0	5.00♯3	348.7	336.0

(续表)

Al 元素			Si 元素			S 元素		
E_0/MeV	衰减系数	吸收系数	E_0/MeV	衰减系数	吸收系数	E_0/MeV	衰减系数	吸收系数
6.00♯3	115.3	113.3	6.00♯3	147.0	143.9	6.00♯3	211.6	204.6
8.00♯3	50.33	49.18	8.00♯3	64.68	63.13	8.00♯3	94.65	91.71
1.00♯2	26.23	25.43	1.00♯2	33.89	32.89	1.00♯2	50.12	48.47
1.50♯2	7.955	7.487	1.50♯2	10.34	9.794	1.50♯2	15.50	14.77
2.00♯2	3.441	3.094	2.00♯2	4.464	4.076	2.00♯2	6.708	6.235
3.00♯2	1.128	8.78♯1	3.00♯2	1.436	1.164	3.00♯2	2.113	1.809
4.00♯2	5.69♯1	3.60♯1	4.00♯2	7.01♯1	4.78♯1	4.00♯2	9.87♯1	7.47♯1
5.00♯2	3.68♯1	1.84♯1	5.00♯2	4.39♯1	2.43♯1	5.00♯2	5.85♯1	3.78♯1
6.00♯2	2.78♯1	1.10♯1	6.00♯2	3.21♯1	1.43♯1	6.00♯2	4.05♯1	2.20♯1
8.00♯2	2.02♯1	5.51♯2	8.00♯2	2.23♯1	6.90♯2	8.00♯2	2.59♯1	1.00♯1
1.00♯1	1.70♯1	3.79♯2	1.00♯1	1.84♯1	4.51♯2	1.00♯1	2.02♯1	6.05♯2
1.50♯1	1.38♯1	2.83♯2	1.50♯1	1.45♯1	3.09♯2	1.50♯1	1.51♯1	3.52♯2
2.00♯1	1.22♯1	2.75♯2	2.00♯1	1.28♯1	2.91♯2	2.00♯1	1.30♯1	3.08♯2
3.00♯1	1.04♯1	2.82♯2	3.00♯1	1.08♯1	2.93♯2	3.00♯1	1.09♯1	2.98♯2
4.00♯1	9.28♯2	2.86♯2	4.00♯1	9.61♯2	2.97♯2	4.00♯1	9.67♯2	2.99♯2
5.00♯1	8.45♯2	2.87♯2	5.00♯1	8.75♯2	2.97♯2	5.00♯1	8.78♯2	2.98♯2
6.00♯1	7.80♯2	2.85♯2	6.00♯1	8.08♯2	2.95♯2	6.00♯1	8.10♯2	2.96♯2
8.00♯1	6.84♯2	2.78♯2	8.00♯1	7.08♯2	2.88♯2	8.00♯1	7.10♯2	2.88♯2
1.00	6.15♯2	2.69♯2	1.00	6.36♯2	2.78♯2	1.00	6.37♯2	2.78♯2
1.25	5.50♯2	2.57♯2	1.25	5.69♯2	2.65♯2	1.25	5.70♯2	2.65♯2
1.50	5.01♯2	2.45♯2	1.50	5.18♯2	2.54♯2	1.50	5.19♯2	2.54♯2
2.0	4.32♯2	2.27♯2	2.0	4.48♯2	2.35♯2	2.0	4.50♯2	2.35♯2
3.0	3.54♯2	2.02♯2	3.0	3.68♯2	2.10♯2	3.0	3.72♯2	2.12♯2
4.0	3.11♯2	1.88♯2	4.0	3.24♯2	1.96♯2	4.0	3.29♯2	1.99♯2
5.0	2.84♯2	1.80♯2	5.0	2.97♯2	1.88♯2	5.0	3.04♯2	1.92♯2
6.0	2.66♯2	1.74♯2	6.0	2.79♯2	1.83♯2	6.0	2.87♯2	1.88♯2

（续表）

Al 元素			Si 元素			S 元素		
E_0/MeV	衰减系数	吸收系数	E_0/MeV	衰减系数	吸收系数	E_0/MeV	衰减系数	吸收系数
8.0	2.44#2	1.68#2	8.0	2.57#2	1.77#2	8.0	2.68#2	1.85#2
10.0	2.32#2	1.65#2	10.0	2.46#2	1.75#2	10.0	2.59#2	1.85#2
15.0	2.20#2	1.63#2	15.0	2.35#2	1.75#2	15.0	2.52#2	1.86#2
20.0	2.17#2	1.63#2	20.0	2.34#2	1.76#2	20.0	2.53#2	1.89#2

说明：K 表示电子轨道 K 壳层共振吸收峰。

表 3（续）　各种材料中单能光子的衰减系数和能量吸收系数

Cu 元素			Fe 元素			Ti 元素		
E_0/MeV	衰减系数	吸收系数	E_0/MeV	衰减系数	吸收系数	E_0/MeV	衰减系数	吸收系数
1.00#3	10 570	10 490	1.00#3	9 085	9 052	1.00#3	5 869	5 860
1.05#3	9 307	9 241	1.50#3	3 399	3 388	1.50#3	2 096	2 091
1.10#3	8 242	8 186	2.00#3	1 626	1 620	2.00#3	986.0	982.4
L 1.10#3	9 347	9 282	3.00#3	557.6	553.5	3.00#3	332.3	329.5
1.50#3	4 418	4 393	4.00#3	256.7	253.6	4.00#3	151.7	149.4
2.00#3	2 154	2 142	5.00#3	139.8	137.2	4.97#3	83.80	81.88
3.00#3	748.8	743.0	6.00#3	84.84	82.65	K 4.97#3	687.8	568.4
4.00#3	347.3	343.2	7.11#3	53.19	51.33	5.00#3	683.8	565.7
5.00#3	189.9	186.6	K 7.11#3	407.6	297.8	6.00#3	432.3	369.1
6.00#3	115.6	112.8	8.00#3	305.6	231.6	8.00#3	202.3	179.3
8.00#3	52.55	50.54	1.00#2	170.6	136.9	1.00#2	110.7	100.1
8.98#3	38.29	36.52	1.50#2	57.08	48.96	1.50#2	35.87	33.11
K 8.98#3	278.4	182.4	2.00#2	25.68	22.60	2.00#2	15.85	14.65
1.00#2	215.9	148.4	3.00#2	8.176	7.251	3.00#2	4.972	4.488
1.50#2	74.05	57.88	4.00#2	3.629	3.155	4.00#2	2.214	1.904
2.00#2	33.79	27.88	5.00#2	1.958	1.638	5.00#2	1.213	9.74#1
3.00#2	10.92	9.349	6.00#2	1.21	9.56#1	6.00#2	7.66#1	5.63#1
4.00#2	4.862	4.163	8.00#2	5.95#1	4.10#1	8.00#2	4.05#1	2.42#1
5.00#2	2.613	2.192	1.00#1	3.72#1	2.18#1	1.00#1	2.72#1	1.31#1

(续表)

Cu 元素			Fe 元素			Ti 元素		
E_0/MeV	衰减系数	吸收系数	E_0/MeV	衰减系数	吸收系数	E_0/MeV	衰减系数	吸收系数
6.00#2	1.593	1.290	1.50#1	1.96#1	7.96#2	1.50#1	1.65#1	5.39#2
8.00#2	7.63#1	5.58#1	2.00#1	1.46#1	4.83#2	2.00#1	1.31#1	3.73#2
1.00#1	4.58#1	2.95#1	3.00#1	1.10#1	3.36#2	3.00#1	1.04#1	3.01#2
1.50#1	2.22#1	1.03#1	4.00#1	9.40#2	3.04#2	4.00#1	9.08#2	2.86#2
2.00#1	1.56#1	5.78#2	5.00#1	8.41#2	2.91#2	5.00#1	8.19#2	2.80#2
3.00#1	1.12#1	3.62#2	6.00#1	7.70#2	2.84#2	6.00#1	7.53#2	2.76#2
4.00#1	9.41#2	3.12#2	8.00#1	6.70#2	2.71#2	8.00#1	6.57#2	2.66#2
5.00#1	8.36#2	2.93#2	1.00	6.00#2	2.60#2	1.00	5.89#2	2.56#2
6.00#1	7.63#2	2.83#2	1.25	5.35#2	2.47#2	1.25	5.26#2	2.44#2
8.00#1	6.61#2	2.68#2	1.50	4.88#2	2.36#2	1.50	4.80#2	2.33#2
1.00	5.90#2	2.56#2	2.0	4.27#2	2.20#2	2.0	4.18#2	2.17#2
1.25	5.26#2	2.43#2	3.0	3.62#2	2.04#2	3.0	3.51#2	1.99#2
1.50	4.80#2	2.32#2	4.0	3.31#2	1.99#2	4.0	3.17#2	1.91#2
2.0	4.21#2	2.16#2	5.0	3.15#2	1.98#2	5.0	2.98#2	1.88#2
3.0	3.60#2	2.02#2	6.0	3.06#2	2.00#2	6.0	2.87#2	1.88#2
4.0	3.32#2	1.99#2	8.0	2.99#2	2.05#2	8.0	2.76#2	1.90#2
5.0	3.18#2	2.00#2	10.0	2.99#2	2.11#2	10.0	2.73#2	1.93#2
6.0	3.11#2	2.03#2	15.0	3.09#2	2.22#2	15.0	2.76#2	2.01#2
8.0	3.07#2	2.10#2	20.0	3.22#2	2.29#2	20.0	2.84#2	2.07#2
10.0	3.10#2	2.17#2						
15.0	3.25#2	2.31#2						
20.0	3.41#2	2.39#2						

说明：L 表示电子轨道 L 壳层共振吸收峰。

表3(续)　各种材料中单能光子的衰减系数和能量吸收系数

Mo 元素			Hg 元素			Ta 元素		
E_0/MeV	衰减系数	吸收系数	E_0/MeV	衰减系数	吸收系数	E_0/MeV	衰减系数	吸收系数
1.00#3	4 942	4 935	1.00#3	4 830	4 817	1.00#3	3 510	3 498
1.50#3	1 925	1 918	1.50#3	2 174	2 161	1.50#3	1 566	1 555

（续表）

Mo 元素			Hg 元素			Ta 元素		
E_0/MeV	衰减系数	吸收系数	E_0/MeV	衰减系数	吸收系数	E_0/MeV	衰减系数	吸收系数
2.00♯3	959.3	953.1	2.00♯3	1 184	1 172	1.74♯3	1 154	1 144
2.52♯3	541.5	535.8	2.29♯3	877.3	866.0	$M_5$1.74♯3	1 417	1 401
$L_3$2.52♯3	1 979	1 924	$M_5$2.29♯3	992.5	977.8	1.76♯3	2 053	2 024
2.57♯3	1 854	1 802	2.34♯3	1 407	1 378	1.79♯3	3 082	3 034
2.63♯3	1 750	1 703	2.38♯3	2 151	2 101	$M_4$1.79♯3	3 421	3 367
$L_2$2.63♯3	2 433	2 360	$M_4$2.38♯3	2 316	2 261	2.00♯3	3 771	3 711
2.74♯3	2 183	2 119	2.61♯3	2 257	2 202	2.19♯3	2 985	2 939
2.87♯3	1 961	1 906	2.85♯3	2 080	2 030	$M_3$2.19♯3	3 464	3 411
$L_1$2.87♯3	2 243	2 179	$M_3$2.85♯3	2 400	2 343	2.33♯3	3 003	2 957
3.00♯3	2 011	1 956	3.00♯3	2 117	2 069	2.47♯3	2 604	2 566
4.00♯3	970.3	947.5	3.28♯3	1 704	1 666	$M_2$2.47♯3	2 768	2 727
5.00♯3	545.0	532.8	$M_2$3.28♯3	1 808	1 767	2.59♯3	2 486	2 449
6.00♯3	337.3	329.5	3.42♯3	1 638	1 600	2.71♯3	2 233	2 201
8.00♯3	156.5	152.2	3.56♯3	1 486	1 454	$M_1$2.71♯3	2 329	2 296
1.00♯2	85.76	82.75	$M_1$3.56♯3	1 549	1 515	3.00♯3	1 838	1 812
1.50♯2	28.54	26.84	4.00♯3	1 179	1 153	4.00♯3	922.2	907.3
2.00♯2	13.08	11.93	5.00♯3	686.9	671.0	5.00♯3	532.8	522.3
2.00♯2	80.55	32.93	6.00♯3	438.7	427.2	6.00♯3	338.2	329.9
K 2.00♯2	80.54	33.36	8.00♯3	214.0	206.5	8.00♯3	163.9	157.9
3.00♯2	28.10	16.64	1.00♯2	122.1	116.4	9.88♯3	95.99	91.17
4.00♯2	12.94	8.757	1.23♯2	72.66	68.21	$L_3$9.88♯3	244.3	207.3
5.00♯2	7.037	5.074	$L_3$1.23♯2	178.0	143.7	1.00♯2	237.9	202.1
6.00♯2	4.274	3.178	1.32♯2	146.4	119.7	1.11♯2	179.1	154.0
8.00♯2	1.962	1.477	1.42♯2	120.9	99.9	$L_2$1.11♯2	244.9	201.8
1.00♯1	1.096	8.04♯1	$L_2$1.42♯2	166.3	128.9	1.14♯2	239.3	191.7
1.50♯1	4.21♯1	2.69♯1	1.45♯2	167.4	123.3	1.17♯2	218.2	181.1

（续表）

Mo 元素			Hg 元素			Ta 元素		
E_0/MeV	衰减系数	吸收系数	E_0/MeV	衰减系数	吸收系数	E_0/MeV	衰减系数	吸收系数
2.00♯1	2.42♯1	1.32♯1	1.48♯2	150.1	117.3	$L_1$1.17♯2	251.8	207.7
3.00♯1	1.38♯1	5.92♯2	$L_1$1.48♯2	172.8	134.0	1.50♯2	134.0	114.3
4.00♯1	1.05♯1	4.12♯2	1.50♯2	168.1	130.7	2.00♯2	63.34	55.32
5.00♯1	8.85♯2	3.44♯2	2.00♯2	81.23	66.47	3.00♯2	21.87	19.23
6.00♯1	7.85♯2	3.10♯2	3.00♯2	28.41	24.10	4.00♯2	10.25	8.899
8.00♯1	6.62♯2	2.76♯2	4.00♯2	13.42	11.41	5.00♯2	5.717	4.854
1.00	5.84♯2	2.57♯2	5.00♯2	7.504	6.321	6.00♯2	3.569	2.947
1.25	5.17♯2	2.39♯2	6.00♯2	4.683	3.878	6.74♯2	2.652	2.139
1.50	4.71♯2	2.26♯2	8.00♯2	2.259	1.782	K 6.74♯2	11.80	3.379
2.0	4.16♯2	2.12♯2	8.31♯2	2.055	1.607	8.00♯2	7.587	2.924
3.0	3.68♯2	2.05♯2	K 8.31♯2	8.464	2.384	1.00♯1	4.302	2.092
4.0	3.50♯2	2.08♯2	1.00♯1	5.279	2.043	1.50♯1	1.531	9.19♯1
5.0	3.44♯2	2.15♯2	1.50♯1	1.909	1.036	2.00♯1	7.60♯1	4.78♯1
6.0	3.44♯2	2.23♯2	2.00♯1	9.46♯1	5.66♯1	3.00♯1	3.15♯1	1.92♯1
8.0	3.52♯2	2.38♯2	3.00♯1	3.83♯1	2.34♯1	4.00♯1	1.88♯1	1.07♯1
10.0	3.65♯2	2.51♯2	4.00♯1	2.22♯1	1.30♯1	5.00♯1	1.35♯1	7.25♯2
15.0	3.98♯2	2.73♯2	5.00♯1	1.56♯1	8.71♯2	6.00♯1	1.08♯1	5.55♯2
20.0	4.26♯2	2.84♯2	6.00♯1	1.21♯1	6.54♯2	8.00♯1	7.98♯2	3.96♯2
			8.00♯1	8.68♯2	4.49♯2	1.00	6.57♯2	3.24♯2
			1.00	6.99♯2	3.56♯2	1.25	5.55♯2	2.74♯2
			1.25	5.81♯2	2.94♯2	1.50	4.98♯2	2.47♯2
			1.50	5.18♯2	2.61♯2	2.0	4.41♯2	2.25♯2
			2.0	4.58♯2	2.34♯2	3.0	4.06♯2	2.23♯2
			3.0	4.21♯2	2.31♯2	4.0	4.02♯2	2.35♯2
			4.0	4.17♯2	2.44♯2	5.0	4.08♯2	2.50♯2
			5.0	4.25♯2	2.59♯2	6.0	4.19♯2	2.64♯2

（续表）

Mo 元素			Hg 元素			Ta 元素		
E_0/MeV	衰减系数	吸收系数	E_0/MeV	衰减系数	吸收系数	E_0/MeV	衰减系数	吸收系数
			6.0	4.36#2	2.73#2	8.0	4.45#2	2.87#2
			8.0	4.64#2	2.98#2	10.0	4.72#2	3.06#2
			10.0	4.94#2	3.17#2	15.0	5.35#2	3.35#2
			15.0	5.61#2	3.46#2	20.0	5.85#2	3.46#2
			20.0	6.15#2	3.58#2			

说明：L_1 表示电子轨道 L 壳层 1 号共振吸收峰，L_2、L_3 的含义以此类推；M_1 表示电子轨道 M 壳层 1 号共振吸收峰，M_2、M_3、M_4、M_5 的含义以此类推。

表3（续）　各种材料中单能光子的衰减系数和能量吸收系数

Pb 元素			W 元素			铅玻璃($\rho=6.22$ g/cm³)		
E_0/MeV	衰减系数	吸收系数	E_0/MeV	衰减系数	吸收系数	E_0/MeV	衰减系数	吸收系数
1.00#3	5 210	5 197	1.00#3	3 683	3 671	1.00#3	4 816	4 804
1.50#3	2 356	2 344	1.50#3	1 643	1 632	1.15#3	3 619	3 607
2.00#3	1 285	1 274	1.81#3	1 108	1 097	1.32#3	2 704	2 693
2.48#3	800.6	789.5	1.81#3	1 327	1 311	L_3 As1.32#3	2 713	2 702
2.48#3	1 397	1 366	1.84#3	1 911	1 883	1.34#3	2 639	2 628
2.53#3	1 726	1 682	1.87#3	2 901	2 853	1.36#3	2 567	2 556
2.59#3	1 944	1 895	1.87#3	3 170	3 116	L_2 As1.36#3	2 571	2 560
2.59#3	2 458	2 390	2.00#3	3 922	3 853	1.50#3	2 088	2 078
3.00#3	1 965	1 913	2.28#3	2 828	2 781	1.53#3	2 012	2 002
3.07#3	1 857	1 808	2.28#3	3 279	3 226	L_1 As1.53#3	2 014	2 004
3.07#3	2 146	2 090	2.42#3	2 833	2 786	1.68#3	1 646	1 636
3.30#3	1 796	1 748	2.57#3	2 445	2 407	1.84#3	1 339	1 330
3.55#3	1 496	1 459	2.57#3	2 599	2 558	K Si1.84#3	1 573	1 552
3.55#3	1 585	1 546	2.69#3	2 339	2 301	2.00#3	1 316	1 298
3.70#3	1 442	1 405	2.82#3	2 104	2 071	2.48#3	802.6	789.7
3.85#3	1 311	1 279	2.82#3	2 194	2 160	M_5 Pb2.48#3	1 251	1 223
3.85#3	1 368	1 335	3.00#3	1 902	1 873	2.53#3	1 488	1 451
4.00#3	1 251	1 221	4.00#3	956.4	940.5	2.59#3	1 641	1 600

(续表)

Pb 元素			W 元素			铅玻璃($\rho=6.22 \text{ g/cm}^3$)		
E_0/MeV	衰减系数	吸收系数	E_0/MeV	衰减系数	吸收系数	E_0/MeV	衰减系数	吸收系数
5.00#3	730.4	712.4	5.00#3	553.4	542.3	M_4Pb2.59#3	2 027	1 973
6.00#3	467.2	454.6	6.00#3	351.4	342.8	3.00#3	1 596	1 555
8.00#3	228.7	220.7	8.00#3	170.5	164.3	3.07#3	1 508	1 469
1.00#2	130.6	124.7	1.00#2	96.91	92.04	M_3Pb3.07#3	1 726	1 681
1.30#2	67.01	62.70	1.02#2	92.01	87.24	3.30#3	1 440	1 404
1.30#2	162.1	129.1	1.02#2	233.4	196.6	3.55#3	1 199	1 170
1.50#2	111.6	91.0	1.09#2	198.3	168.4	M_2Pb3.55#3	1 266	1 235
1.52#2	107.8	88.1	1.15#2	168.9	144.4	3.70#3	1 150	1 122
1.52#2	148.5	113.1	1.15#2	231.2	188.9	3.85#3	1 045	1 020
1.55#2	141.6	108.3	1.18#2	226.8	179.7	M_1Pb3.85#3	1 088	1 062
1.59#2	134.4	103.2	1.21#2	206.5	169.9	4.00#3	994.5	970.9
1.59#2	154.8	118.0	1.21#2	238.2	194.8	4.97#3	587.5	573.3
2.00#2	86.36	68.99	1.50#2	138.9	117.2	K Ti4.97#3	592.4	577.2
3.00#2	30.32	25.36	2.00#2	65.73	56.97	5.00#3	582.8	567.8
4.00#2	14.36	12.11	3.00#2	22.73	19.91	6.00#3	371.5	361.2
5.00#2	8.041	6.740	4.00#2	10.67	9.24	8.00#3	180.8	174.4
6.00#2	5.021	4.149	5.00#2	5.949	5.050	1.00#2	102.9	98.2
8.00#2	2.419	1.916	6.00#2	3.713	3.070	1.19#2	66.66	62.88
8.80#2	1.910	1.482	6.95#2	2.552	2.049	K As1.19#2	67.07	63.08
8.80#2	7.683	2.160	6.95#2	11.23	3.212	1.24#2	66.25	55.80
1.00#1	5.549	1.976	8.00#2	7.810	2.879	1.30#2	52.88	49.37
1.50#1	2.014	1.056	1.00#1	4.438	2.100	L_3Pb1.30#2	124.4	99.27
2.00#1	9.99#1	5.87#1	1.50#1	1.581	9.38#1	1.50#2	85.57	69.91
3.00#1	4.03#1	2.46#1	2.00#1	7.84#1	4.91#1	1.52#2	82.66	67.66
4.00#1	2.32#1	1.37#1	3.00#1	3.24#1	1.97#1	L_2Pb1.52#2	113.2	86.49
5.00#1	1.61#1	9.13#2	4.00#1	1.93#1	1.10#1	1.55#2	108.0	82.79

（续表）

Pb 元素			W 元素			铅玻璃($\rho=6.22\ \text{g/cm}^3$)		
E_0/MeV	衰减系数	吸收系数	E_0/MeV	衰减系数	吸收系数	E_0/MeV	衰减系数	吸收系数
6.00#1	1.25#1	6.82#2	5.00#1	1.38#1	7.44#2	1.59#2	102.5	78.88
8.00#1	8.87#2	4.64#2	6.00#1	1.09#1	5.67#2	L₁Pb1.59#2	117.8	89.98
1.00	7.10#2	3.65#2	8.00#1	8.07#2	4.03#2	2.00#2	65.68	52.52
1.25	5.88#2	2.99#2	1.00	6.62#2	3.28#2	3.00#2	23.05	19.27
1.50	5.22#2	2.64#2	1.25	5.58#2	2.76#2	4.00#2	10.93	9.198
2.0	4.61#2	2.36#2	1.50	5.00#2	2.48#2	5.00#2	6.134	5.118
3.0	4.23#2	2.32#2	2.0	4.43#2	2.26#2	6.00#2	3.843	3.152
4.0	4.20#2	2.45#2	3.0	4.08#2	2.24#2	8.00#2	1.869	1.458
5.0	4.27#2	2.60#2	4.0	4.04#2	2.36#2	8.80#2	1.483	1.129
6.0	4.39#2	2.74#2	5.0	4.10#2	2.51#2	K Pb8.80#2	5.824	1.639
8.0	4.68#2	2.99#2	6.0	4.21#2	2.65#2	1.00#1	4.216	1.498
10.0	4.97#2	3.18#2	8.0	4.47#2	2.89#2	1.50#1	1.550	8.04#1
15.0	5.66#2	3.48#2	10.0	4.75#2	3.07#2	2.00#1	7.82#1	4.51#1
20.0	6.21#2	3.60#2	15.0	5.38#2	3.36#2	3.00#1	3.30#1	1.93#1
			20.0	5.89#2	3.48#2	4.00#1	1.98#1	1.11#1
						5.00#1	1.43#1	7.68#2
						6.00#1	1.14#1	5.92#2
						8.00#1	8.42#2	4.25#2
						1.00	6.91#2	3.47#2
						1.25	5.83#2	2.93#2
						1.50	5.21#2	2.64#2
						2.0	4.57#2	2.37#2
						3.0	4.08#2	2.28#2
						4.0	3.94#2	2.34#2
						5.0	3.92#2	2.44#2
						6.0	3.96#2	2.54#2

Pb 元素			W 元素			铅玻璃($\rho=6.22 \text{ g/cm}^3$)		
E_0/MeV	衰减系数	吸收系数	E_0/MeV	衰减系数	吸收系数	E_0/MeV	衰减系数	吸收系数
						8.0	4.11#2	2.72#2
						10.0	4.30#2	2.88#2
						15.0	4.77#2	3.14#2
						20.0	5.17#2	3.26#2

说明：L_3As表示砷原子L壳层3号共振吸收峰，其余类似符号的含义以此类推。

表3(续)　各种材料中单能光子的衰减系数和能量吸收系数

干燥空气			普通混凝土($\rho=2.3 \text{ g/cm}^3$)			水		
E_0/MeV	衰减系数	吸收系数	E_0/MeV	衰减系数	吸收系数	E_0/MeV	衰减系数	吸收系数
1.00#3	3 606	3 599	1.00#3	3 466	3 456	1.00#3	4 078	4 065
1.50#3	1 191	1 188	1.04#3	3 164	3 156	1.50#3	1 376	1 372
2.00#3	527.9	526.2	1.07#3	2 889	2 880	2.00#3	617.3	615.2
3.00#3	162.5	161.4	K Na1.07#3	2 978	2 968	3.00#3	192.9	191.7
3.20#3	134.0	133.0	1.18#3	2 302	2 295	4.00#3	82.78	81.91
K Ar3.20#3	148.5	146.0	1.31#3	1 775	1 769	5.00#3	42.58	41.88
4.00#3	77.88	76.36	K Mg1.31#3	1 781	1 775	6.00#3	24.64	24.05
5.00#3	40.27	39.31	1.50#3	1 227	1 223	8.00#3	10.370	9.915
6.00#3	23.41	22.70	1.56#3	1 104	1 100	1.00#2	5.329	4.944
8.00#3	9.921	9.446	K Al1.56#3	1 176	1 169	1.50#2	1.673	1.374
1.00#2	5.120	4.742	1.69#3	941.9	936.5	2.00#2	8.10#1	5.50#1
1.50#2	1.614	1.334	1.84#3	752.5	748.2	3.00#2	3.76#1	1.56#1
2.00#2	7.78#1	5.39#1	K Si1.84#3	1 631	1 587	4.00#2	2.68#1	6.95#2
3.00#2	3.54#1	1.54#1	2.00#3	1 368	1 333	5.00#2	2.27#1	4.22#2
4.00#2	2.49#1	6.83#2	3.00#3	464.6	455.2	6.00#2	2.06#1	3.19#2
5.00#2	2.08#1	4.10#2	3.61#3	280.4	275.1	8.00#2	1.84#1	2.60#2
6.00#2	1.88#1	3.04#2	K K3.61#3	291.1	284.4	1.00#1	1.71#1	2.55#2
8.00#2	1.66#1	2.41#2	4.00#3	218.8	213.9	1.50#1	1.51#1	2.76#2
1.00#1	1.54#1	2.33#2	4.04#3	213.1	208.4	2.00#1	1.37#1	2.97#2

(续表)

干燥空气			普通混凝土($\rho=2.3\,\text{g/cm}^3$)			水		
E_0/MeV	衰减系数	吸收系数	E_0/MeV	衰减系数	吸收系数	E_0/MeV	衰减系数	吸收系数
1.50#1	1.36#1	2.50#2	K Ca4.04#3	252.0	241.5	3.00#1	1.19#1	3.19#2
2.00#1	1.23#1	2.67#2	5.00#3	140.1	134.8	4.00#1	1.06#1	3.28#2
3.00#1	1.07#1	2.87#2	6.00#3	84.01	80.94	5.00#1	9.69#2	3.30#2
4.00#1	9.55#2	2.95#2	7.11#3	51.87	49.95	6.00#1	8.96#2	3.28#2
5.00#1	8.71#2	2.97#2	K Fe7.11#3	54.15	51.53	8.00#1	7.87#2	3.21#2
6.00#1	8.06#2	2.95#2	8.00#3	38.78	36.89	1.00	7.07#2	3.10#2
8.00#1	7.07#2	2.88#2	1.00#2	20.45	19.37	1.25	6.32#2	2.97#2
1.00	6.36#2	2.79#2	1.50#2	6.351	5.855	1.50	5.75#2	2.83#2
1.25	5.69#2	2.67#2	2.00#2	2.806	2.462	2.0	4.94#2	2.61#2
1.50	5.18#2	2.55#2	3.00#2	9.60#1	7.16#1	3.0	3.97#2	2.28#2
2.0	4.45#2	2.35#2	4.00#2	5.06#1	3.00#1	4.0	3.40#2	2.07#2
3.0	3.58#2	2.06#2	5.00#2	3.41#1	1.56#1	5.0	3.03#2	1.92#2
4.0	3.08#2	1.87#2	6.00#2	2.66#1	9.55#2	6.0	2.77#2	1.81#2
5.0	2.75#2	1.74#2	8.00#2	2.01#1	5.05#2	8.0	2.43#2	1.66#2
6.0	2.52#2	1.65#2	1.00#1	1.74#1	3.65#2	10.0	2.22#2	1.57#2
8.0	2.23#2	1.53#2	1.50#1	1.44#1	2.90#2	15.0	1.94#2	1.44#2
10.0	2.05#2	1.45#2	2.00#1	1.28#1	2.87#2	20.0	1.81#2	1.38#2
15.0	1.81#2	1.35#2	3.00#1	1.10#1	2.97#2			
20.0	1.71#2	1.31#2	4.00#1	9.78#2	3.02#2			
			5.00#1	8.92#2	3.03#2			
			6.00#1	8.24#2	3.02#2			
			8.00#1	7.23#2	2.94#2			
			1.00	6.50#2	2.84#2			
			1.25	5.81#2	2.72#2			
			1.50	5.29#2	2.60#2			
			2.0	4.56#2	2.40#2			

（续表）

干燥空气			普通混凝土($\rho=2.3\ \mathrm{g/cm^3}$)			水		
E_0/MeV	衰减系数	吸收系数	E_0/MeV	衰减系数	吸收系数	E_0/MeV	衰减系数	吸收系数
			3.0	3.70♯2	2.12♯2			
			4.0	3.22♯2	1.95♯2			
			5.0	2.91♯2	1.84♯2			
			6.0	2.70♯2	1.76♯2			
			8.0	2.43♯2	1.67♯2			
			10.0	2.28♯2	1.62♯2			
			15.0	2.10♯2	1.56♯2			
			20.0	2.03♯2	1.54♯2			

表 4 薄膜材料对电子束的影响

薄膜材料及厚度/μm		不同电子注入能量(keV)的 T_n					不同电子注入能量(keV)的 R_n				
		100	150	200	300	400	100	150	200	300	400
铍	50.8	0.73	0.98	0.992	1.005	1.005	0.018	0.013	0.006	0.003	0.002
	76.2	0.205	0.902	0.978	1.003	1.006	0.018	0.017	0.012	0.005	0.003
	127	0.0	0.471	0.881	0.996	1.005	0.018	0.017	0.018	0.009	0.005
铝	12.7	0.91	0.987	0.992	1.002	1.003	0.076	0.018	0.008	0.005	0.002
	25.4	0.602	0.918	0.968	0.997	1.004	0.124	0.07	0.031	0.01	0.005
	50.8	0.046	0.601	0.845	0.979	0.996	0.125	0.118	0.1	0.03	0.014
钛	12.7	0.599	0.887	0.949	0.995	1.0	0.216	0.112	0.052	0.013	0.007
	25.4	0.105	0.597	0.808	0.957	0.985	0.224	0.213	0.161	0.053	0.024
	50.8	0.0	0.095	0.43	0.796	0.918	0.224	0.22	0.219	0.166	0.091

表 4(续) 薄膜材料对电子束的影响

薄膜材料及厚度/μm		不同电子注入能量(keV)的 T_e					不同电子注入能量(keV)的 R_e				
		100	150	200	300	400	100	150	200	300	400
铍	50.8	0.407	0.782	0.876	0.938	0.959	0.009	0.007	0.004	0.001	0.001
	76.2	0.068	0.606	0.795	0.902	0.936	0.009	0.008	0.006	0.003	0.001
	127	0.0	0.197	0.573	0.822	0.899	0.009	0.008	0.008	0.004	0.002

（续表）

薄膜材料及厚度/μm		不同电子注入能量(keV)的 T_e					不同电子注入能量(keV)的 R_e				
		100	150	200	300	400	100	150	200	300	400
铝	12.7	0.766	0.918	0.955	0.978	0.987	0.05	0.014	0.005	0.002	0.0
	25.4	0.393	0.766	0.88	0.949	0.969	0.071	0.045	0.022	0.007	0.002
	50.8	0.017	0.384	0.66	0.873	0.926	0.072	0.066	0.058	0.021	0.009
钛	12.7	0.43	0.768	0.881	0.957	0.974	0.139	0.08	0.04	0.009	0.004
	25.4	0.05	0.419	0.662	0.873	0.931	0.142	0.133	0.107	−.039	0.018
	50.8	0.0	0.043	0.265	0.632	0.799	0.142	0.136	0.134	0.107	0.064

表 4(续)　薄膜材料对电子束的影响

薄膜材料及厚度/μm		不同电子注入能量(keV)的 E_{av}/E_0					不同电子注入能量(keV)的 W/E_0				
		100	150	200	300	400	100	150	200	300	400
铍	50.8	0.557	0.799	0.883	0.993	0.954	0.186	0.078	0.04	0.021	0.014
	76.2	0.332	0.672	0.813	0.9	0.93	0.284	0.123	0.073	0.033	0.02
	127	—	0.418	0.65	0.825	0.885	—	0.259	0.147	0.062	0.036
铝	12.7	0.842	0.93	0.963	0.976	0.984	0.091	0.038	0.026	0.015	0.01
	25.4	0.653	0.835	0.909	0.952	0.965	0.185	0.076	0.048	0.025	0.016
	50.8	0.115	0.638	0.781	0.892	0.929	0.326	0.197	0.102	0.046	0.026
钛	12.7	0.718	0.866	0.928	0.961	0.974	0.183	0.074	0.044	0.023	0.018
	25.4	0.476	0.702	0.819	0.912	0.945	0.37	0.174	0.099	0.045	0.031
	50.8	—	0.458	0.617	0.794	0.87	—	0.359	0.237	0.102	0.06

附录 B：彩图

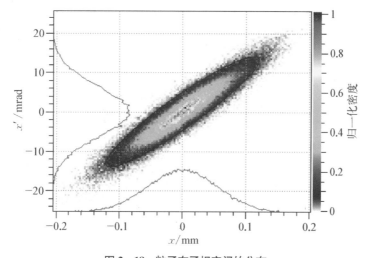

图 2‒18 粒子在子相空间的分布

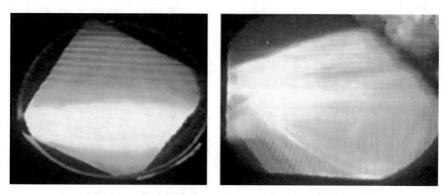

图 5‒25 极头修改前后的第一次加速输出的束斑形状

图 5‑31　腔体表面功率损耗

图 5‑32　脊板表面功率损耗

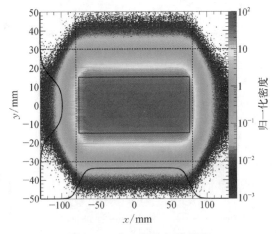

图 6‑4　方斑栅格扫描效果

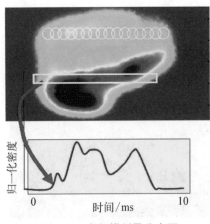

图 6‑8　点扫描剂量分布图

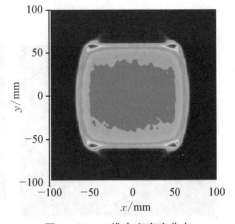

图 6‑35　二维束斑密度分布

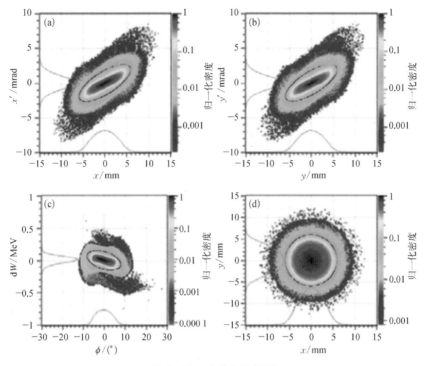

图 6-50　光路入口相图

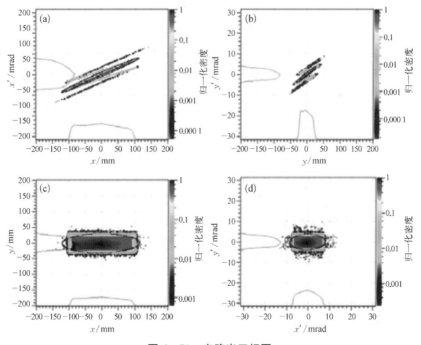

图 6-51　光路出口相图

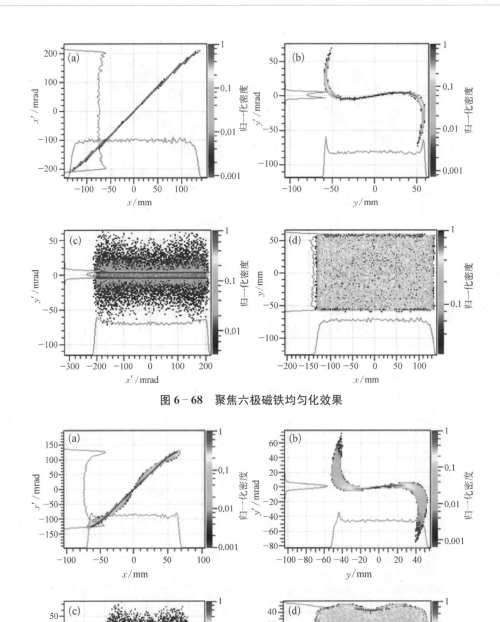

图 6 - 68　聚焦六极磁铁均匀化效果

图 6 - 70　小尖峰均匀化效果

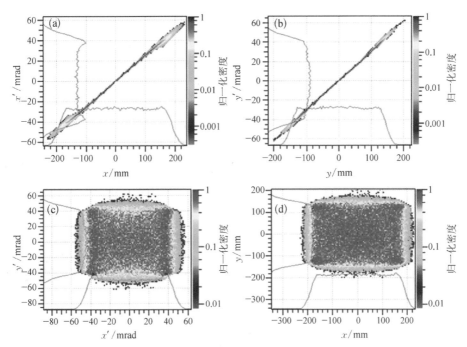

图 6-72 聚焦六极磁铁非丝化均匀化效果

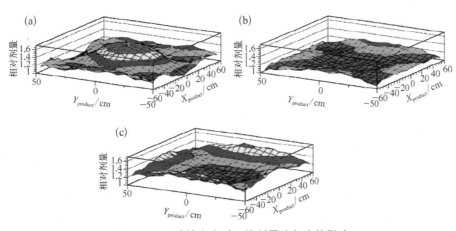

图 6-108 狭缝宽度对二维剂量均匀度的影响

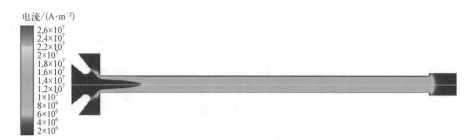

图 7 - 40　电流分布图

图 7 - 41　温度分布图

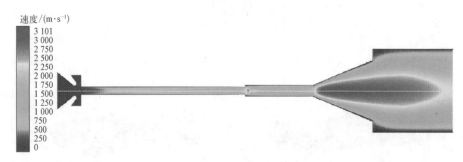

图 7 - 42　速度分布图

图 7 - 43　压强分布图

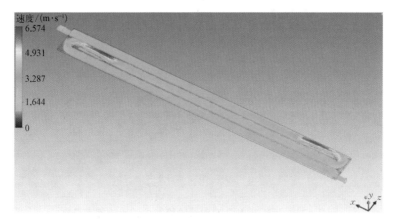

图 7 - 69　Z 形水流回路的水流速度分布

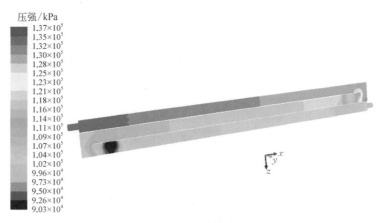

图 7 - 70　Z 形水流回路的水流压强分布

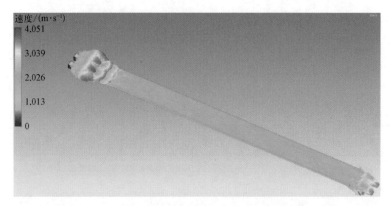

图 7‑72 无隔条夹层 X 射线转换靶内的水流速度分布

图 7‑73 无隔条夹层 X 射线转换靶内的水流压强分布

索　引

A

安全联锁　67—71

B

八极磁铁　184,185,188—191,
193,196,211,215,216,219

半导体器件改性　6

半值层　247—249

比活度　25,288,318

边耦合　11,100,101

边缘场　23,24,60,127,132,133,
146,147,178,222

波导窗　30

波导电桥　41,43

波导弯头　47,48

薄膜隔离　254,255,262

C

参数测试　72

差分抽气　254,262,263,266,
267,270,272,273,278

超声气体喷流　267—270

传输矩阵　16,23,24,133,186

D

带宽　35,37,39,43,48,51,98

单参数扫描　139—141

等离子体窗　274,275,278,279

等离子体隔离　254,273,275,276

低能电子辐照加速器　6

点扫描　167,170

电离激发　241,243

电子枪　2,6,29—33,35,36,54—
56,69—71,86—89,91,107,124,
136,150—154,267,269

电子束固化　3,310—312,323

定向耦合器　30,41—44,52,53,
77

渡越时间因子　21,80,114,126

F

发射度　17—20,33,88,131,154,
157,177,188,189,194,215

樊式永磁铁　216—219

反射系数　15,257

返屯加速器　123,158,161,163

分水器　290—292

风冷散热　259

核能与核技术出版工程
书 目